Électrochimie

Fabien Miomandre
Saïd Sadki
Pierre Audebert
Rachel Méallet-Renault

Électrochimie

Des concepts aux applications

Préfacé par
Christian Amatore

2e édition

DUNOD

Illustration de couverture : © Digital Vision

ISBN 978-2-10-056654-9

TABLE DES MATIÈRES

NOTATIONS

NOTATIONS LATINES

A	cm^2	aire de l'électrode
$A(s)$	*	constante d'intégration dans l'espace de Laplace
AE	$J.mol^{-1}$	affinité électronique
a_k	–	activité de l'espèce k dans l'espace de Laplace
$B(s)$	*	constante d'intégration
C	F	capacité électrique
C_d ou C_{dc}	$F.cm^{-2}$	capacité de double couche surfacique
C	A.h	capacité d'une cellule galvanique
C_H	$F.cm^{-2}$	capacité de Helmholtz
C_{GC}	$F.cm^{-2}$	capacité de Gouy-Chapman
C°	$mol.L^{-1}$	concentration totale
C_k	$mol.L^{-1}$	concentration de l'espèce k
C^S ou C^*	$mol.L^{-1}$	concentration au sein de la solution
C^{el}	$mol.L^{-1}$	concentration à l'électrode
C^g	$mol.L^{-1}$	concentration dans une goutte de mercure
C^{ref}	$mol.L^{-1}$	concentration de référence (= 1 $mol.L^{-1}$)
c_k	*	paramètre adimensionnel = C_k/C^*
D	$cm^2.s^{-1}$	coefficient de diffusion
E	$V.cm^{-1}$	champ électrique
E	V	potentiel d'électrode ou potentiel redox (par rapport à une électrode de référence)
$\mathsf{E}^{\#}$	J	énergie d'activation
E_b	V	potentiel d'abandon
E_{corr}	V	potentiel de corrosion
E_{el}	J	énergie potentielle électrostatique
E_F	V	potentiel de Flade
E_F	J	énergie de Fermi
E_F^{redox}	J	énergie de Fermi redox
$\mathsf{E}_{F.0}$	J	énergie de Fermi à potentiel nul

* dépend du contexte d'utilisation de la notation.

E_m	V	potentiel de membrane
$E_{1/2}$	V	potentiel de demi-vague
$E^\circ_{/\mathrm{ESH}}$	V	potentiel standard *vs.* ESH
E_{eq}	V	potentiel redox à l'équilibre
E_{PCN}	V	potentiel de charge nulle
$\mathcal{EI}$	$\mathrm{J.mol^{-1}}$	énergie d'ionisation
E_j	V	potentiel de jonction
$\mathcal{E}^\ell$	$\mathrm{J.mol^{-1}}$	énergie de liaison
$\mathcal{E}_\lambda$	J	énergie de réorganisation
$\mathbf{e}$	cm	épaisseur
e	C	charge élémentaire
f	Hz	fréquence
F	$\mathrm{C.mol^{-1}}$	constante de Faraday
g	$\mathrm{cm.s^{-2}}$	accélération de la pesanteur
$\mathbf{G}$	S	conductance
G	$\mathrm{J.mol^{-1}}$	enthalpie libre chimique
$\tilde{G}$	$\mathrm{J.mol^{-1}}$	enthalpie libre électrochimique
h	J.s	constante de Planck
$\mathbf{H}$	cm	hauteur de colonne
H	$\mathrm{J.mol^{-1}}$	enthalpie
I	$\mathrm{mol.L^{-1}}$	force ionique
i	A	intensité du courant
i^o	A	courant d'échange
i^c	A	courant capacitif
i_{corr}	A	courant de corrosion
i^k	A	courant dû à une réaction chimique couplée
i^ℓ	A	courant limite de diffusion
i^p	A	courant de pic
j	$\mathrm{A.cm^{-2}}$	densité de courant
j^o	$\mathrm{A.cm^{-2}}$	densité de courant d'échange
j^d	$\mathrm{A.cm^{-2}}$	densité de courant de diffusion
J^m	$\mathrm{A.cm^{-2}}$	densité de courant de migration
J	$\mathrm{mol.cm^{-2}.s^{-1}}$	flux molaire global
J_k	$\mathrm{mol.cm^{-2}.s^{-1}}$	flux molaire de l'espèce *k*
J^ℓ	$\mathrm{mol.cm^{-2}.s^{-1}}$	flux limite
$J^{\ell,a}$	$\mathrm{mol.cm^{-2}.s^{-1}}$	flux limite anodique
$J^{\ell,c}$	$\mathrm{mol.cm^{-2}.s^{-1}}$	flux limite cathodique

J_k^m	mol.cm^{-2}.s^{-1}	flux molaire de migration de l'espèce k
K_a	–	constante d'acidité
K_{ea}	–	constante d'équilibre
K_e	–	constante d'autoprotolyse de l'eau
K_s	–	constante de solubilité
k	*	constante de vitesse de réaction homogène
k_a	cm.s^{-1}	constante de vitesse anodique (R → O)
k_B	J.K^{-1}	constante de Boltzmann
k_c	cm.s^{-1}	constante de vitesse cathodique (O → R)
k_{cell}	cm^{-1}	constante de cellule conductimétrique
k^d	A.mol^{-1}.L	constante de diffusion (k^d = FAm)
$k°$	cm.s^{-1}	constante de vitesse standard hétérogène
ℓ	cm	longueur caractéristique
ℓ_{D}	cm	longueur de Debye
L		transformée de Laplace
M	g.moL^{-1}	masse molaire
m	g	masse
m_k	cm.s^{-1}	vitesse de diffusion de l'espèce k
$\mathcal{N}_{\mathrm{A}}$	mol^{-1}	nombre d'Avogadro
n	–	nombre d'électrons échangés au cours de la réaction électrochimique
N_k	mol	nombre de moles de l'espèce k par unité de volume
$P°$	bar	pression standard (= 1 bar)
P_k	bar	pression partielle de k
Q	C	quantité d'électricité
Q	–	quotient de la réaction chimique
q	*	coordonnée réactionnelle
R	J.moL^{-1}.K^{-1}	constante des gaz parfaits
R_e	W	résistance de l'électrolyte
R_{tc}	W	résistance de transfert de charge
r_0	cm	rayon de l'électrode
r	cm	distance en coordonnées polaires ou sphériques
r	Ω	résistance interne d'une cellule galvanique
s	s^{-1}	variable de Laplace associée au temps
S	J.mol^{-1}.K^{-1}	entropie
t	s	temps
t_k	–	nombre de transport de l'espèce k

* dépend du contexte d'utilisation de la notation.

T	K	température absolue
u_k	$cm^2.V^{-1}.s^{-1}$	mobilité de l'espèce k
U	V	tension de cellule
V	cm^3	volume
v_a	$mol.cm^{-2}.s^{-1}$	Vitesse de la réaction électrochimique dans le sens $R \rightarrow O$
v_c	$mol.cm^{-2}.s^{-1}$	Vitesse de la réaction électrochimique dans le sens $O \rightarrow R$
v_f	$cm.s^{-1}$	Vitesse du fluide
v	$V.s^{-1}$	vitesse de balayage en potentiel
W	J	travail
X	*	constante d'intégration
$\bar{X}$	–	variable de Laplace associée à X
x	cm	distance à l'électrode
Y	*	constante d'intégration
y	–	paramètre adimensionnel = x/Ω
Z	W	impédance
$\mathbf{Z}_F$	W	impédance faradique
z_k	–	nombre de charges portées par l'espèce k

Notations grecques

α	–	coefficient de transfert
α_i	–	coefficient d'ionisation (acide faible)
β	–	coefficient de Tafel
β_L	–	constante de complexation par le ligand L
Γ_k	$mol.cm^{-2}$	concentration surfacique de l'espèce k
γ	$N.cm^{-1}$	tension superficielle
γ_k	–	coefficient d'activité de l'espèce k
ΔE^{imp}	V	Amplitude d'impulsion de potentiel
$\Delta_r X(=\partial X/\partial \xi)T.P$	*	variation molaire de X associée à la réaction r
$\Delta G^{\#}$	$J.mol^{-1}$	enthalpie libre molaire d'activation
$\Delta G_c^{\bullet}$	$J.mol^{-1}$	enthalpie libre molaire standard pour la réaction $O \rightarrow R$
ΔG_λ°	$J.mol^{-1}$	enthalpie libre molaire de réorganisation
$\Delta\Phi$	V	différence de potentiel de Galvani à une interface
δ	cm	épaisseur de la couche de diffusion (de Nernst)
δ_P	cm	épaisseur de la couche hydrodynamique de Prandtl

* dépend du contexte d'utilisation de la notation.

ε	$F.cm^{-1}$	permittivité (constante diélectrique)
ε_0	$F.cm^{-1}$	permittivité du vide
ε_r	$F.cm^{-1}$	permittivité relative
ζ_k	$g.s^{-1}$	coefficient de friction de l'espèce *k*
η	poise	viscosité dynamique
η	V	surtension d'électrode
η_a	V	surtension anodique
η_c	V	surtension cathodique
Θ	$g.s^{-1}$	débit massique
κ	–	coefficient de transmission
κ_d	cm^{-1}	inverse de la longueur de Debye
Λ	$W^{-1}.cm^3.mol^{-1}$	conductivité molaire
λ	–	paramètre adimensionnel = $k/(nF\upsilon/RT)$ ou $k\delta^2/D$
λ_k	$W^{-1}.cm^3.mol^{-1}$	conductivité ionique de l'espèce *k*
μ	D	moment dipolaire
μ_k	$J.mol^{-1}$	potentiel chimique de l'espèce *k*
$\tilde{\mu}_k$	$J.mol^{-1}$	potentiel électrochimique de l'espèce *k*
ν	$cm^2.s^{-1}$	viscosité cinématique
ν_k	–	coefficient stoechiométrique de l'espèce *k*
ξ	–	paramètre adimensionnel = $-F(E-E°)/RT$
ξ	mol	avancement de la réaction
ρ	$C.cm^{-3}$	densité volumique de charge
ρ_κ	$g.cm^{-3}$	masse volumique de l'espèce *k*
σ	S	conductivité électrique
σ_+, σ_-	–	coefficient de Hammett
σ_i	$C.cm^{-2}$	charge surfacique de la phase *i*
τ	–	paramètre adimensionnel = Fvt/RT
τ	s	temps caractéristique
Φ_i	V	potentiel électrostatique de Galvani de la phase *i* (potentiel interne)
φ	–	Déphasage ou paramètre adimensionnel $= k°/(\pi Fv/RT)^{1/2}$
φ_e	V	potentiel électrostatique externe
χ	–	paramètre adimensionnel = K/C^*
χ_m	–	électronégativité
χ_s	V	potentiel de surface
Ψ	–	paramètre adimensionnel = $i(\delta/FADC^*)$ ou $i/[FAC^*(F_v/RT)^{1/2}]$
ω	$rad.s^{-1}$	vitesse de rotation de l'électrode ou pulsation

Liste des abréviations

AE	affinité électronique
BV	plus basse orbitale vacante
CA	chronoampérométrie
CE	mécanisme de réaction chimique + transfert électronique
cosh	cosinus hyperbolique
CV	voltamétrie cyclique
ddp	différence de potentiel
DIM	mécanisme de transfert électronique + dimérisation
DPV	voltamétrie différentielle pulsée
ECS	électrode au calomel saturée
EIS	spectroscopie d'impédance électrochimique
EC	mécanisme de transfert électronique + réaction chimique
ECE	mécanisme de transfert électronique + réaction chimique + transfert électronique
EGM	électrode à goutte de mercure
EI	énergie d'ionisation
EIP	électrode idéalement polarisée
erf	fonction erreur
ESH	électrode standard à hydrogène
f.é.m.	force électromotrice
GOD	glucose oxydase
HO	plus haute orbitale occupée
ln	logarithme népérien
log	logarithme décimal
M	métal
M|S	interface métal|solution
n.o.	,nombre d'oxydation
O	oxydant ou forme oxydée
PCE	polymères conducteurs électroniques
PCN	potentiel de charge nulle
p.e.	point équivalent
PCE	polymère conducteur électronique
PEH	plan externe de Helmholtz
PID	polarographie impulsionnelle différentielle
PIH	plan interne de Helmholtz
PIN	polarographie impulsionnelle normale
PTAS	polarographie à tension alternative surimposée
R	réducteur ou forme réduite
RA	radical anion
RC	radical cation
RDE	électrode à disque tournant
sinh	sinus hyperbolique
tanh	tangente hyperbolique
SECM	microscop(i)e électrochimique à balayage
SWV	voltampérométrie à tension carrée
TC	transfert de charge
TL	transformée de Laplace
TM	transfert de matière
UME	ultramicroélectrode

PRÉFACE

Peut-on définir ce que recouvre véritablement le mot Électrochimie ? L'un de ses premiers véritables maîtres, le grand Michaël Faraday, y voyait le chaînon manquant entre les deux piliers de la connaissance expérimentale de son époque, la Physique, science de l'énergie et de ses transformations, et la Chimie, science de la matière et de ses transformations. Galvani, quant à lui, y voyait la discipline qui détenait la clef du mystère de la vie, celle qui reliait la Physique, la Chimie, les deux sciences maîtresses de l'inanimé et de ses transformations, à celle qui restait encore à inventer et que nous appellerions aujourd'hui la Biologie. Volta, plus prosaïque, y voyait la première source d'énergie transportable, modulable, activable ou débrayable selon la nécessité, rechargeable, et surtout virtuellement inépuisable compte tenu des standards de son temps. Très rapidement, c'est-à-dire dès que la pile Volta fut disponible, d'autres scientifiques y ont vu l'une des premières méthodes « douces » pour activer les molécules et les ions et inverser ainsi la fuite inexorable de l'énergie chimique, puisque celle-ci ne nous laisse accéder qu'aux corps les plus stables. Bien plus tard, avec la polarographie, Heyrovsky lui a donné ses premières lettres de noblesse en chimie analytique, puis en ce qu'il est convenu de dénommer aujourd'hui comme l'électrochimie moléculaire...

L'électrochimie s'est ainsi progressivement enrichie, diversifiée au point de devenir à elle seule une véritable science dont les concepts de base fédèrent toute une série de disciplines sœurs. Celles-ci, comme dans toutes les bonnes familles, n'interagissant généralement que très peu entre elles, mais sont au contraire souvent en interaction très forte avec la plupart des autres grandes sciences expérimentales et en particulier à leurs frontières et sur leurs axes les plus émergents, depuis la biologie jusqu'aux nanosciences et aux nanosystèmes.

Pourtant, que reste-t-il de cette grande fresque scientifique dans la plupart de nos « bons » ouvrages destinés aux étudiants ? En général, à peu près rien. Dans le meilleur des cas – ne parlons que de ceux-là ; les autres, sous prétexte de pédagogie, font honte –, ils nous restituent de la très bonne électrochimie de base mais dont on se bien demande à quoi elle peut servir. On y apprend une foultitude de choses déconnectées tant entre elles qu'avec les autres connaissances scientifiques. De plus, elles sont habituellement peu palpitantes puisqu'on se borne à les exposer sans en expliquer toute la dimension scientifique. Comment un étudiant d'aujourd'hui peut-il alors comprendre que de très grands scientifiques comme Debye et Hückel, Fick, Nernst, Einstein, etc., aient pu se passionner pour trouver la solution du problème qui vient d'être exposé, en allant même jusqu'à se battre et se déchirer, comme Gouy, Chapman et Stern, ou comme Nernst qui voua une haine à Einstein après que ce dernier ait résolu le problème qui le tourmentait par ce que l'on connait aujourd'hui sous le titre conciliatoire de « relation de Nernst-Einstein ».

Sait-on par exemple que Fick n'a « inventé » ses équations qu'afin de comprendre comment nos capillaires sanguins réussissaient à distribuer un flux d'oxygène plus ou moins constant à l'ensemble de nos neurones ?

En revanche, l'omniprésent Nernst y est mis à toutes les sauces, depuis la prédiction de réactions redox inintéressantes car exclusivement inventées pour la pure cause de casser la tête des malheureux étudiants qui auront à les équilibrer, jusqu'aux piles où le cynisme va jusqu'à faire que le pôle positif n'est pas celui que l'on croirait... On y donne ainsi souvent à voir l'électrochimiste comme une sorte de sadique cynique, chimiste un peu fruste – il ne travaille qu'avec des bouts de métaux plongés dans les solutions salines les plus banales ! – et physicien tout aussi primitif puisque uniquement obsédé par la mesure de potentiels redox dont on se demande bien ce qu'il peut en faire en secret ? Bien entendu, la cinétique électrochimique est habituellement taboue : il ne faut surtout pas effrayer les jeunes étudiants en leurs révélant les mystères de la vie ! Si on en lève quelques fois pudiquement le voile, ce n'est que pour mieux asséner toute une série de méthodes aux noms barbares : *voltammétrie*, *chronoampérométrie*, *chronocoulommétrie*, etc., dont la mise en œuvre semble plus qu'effroyable car toutes demandent toutes qu'on soit intime avec ce fameux *potentiostat* , instrument qui a inquiété des générations d'étudiants au point que, comparativement, le *locking* d'un appareil RMN le plus sophistiqué leur semble être une partie de plaisir.

La première édition de cet ouvrage constituait déjà, tout au moins à ma connaissance, l'un des seuls livres écrit en langue française qui abordait l'électrochimie selon une démarche à la fois rigoureuse et très documentée mais toujours facilement accessible aux non-spécialistes, tout en permettant aux spécialistes de rafraîchir leur mémoire lorsque nécessaire. Cette deuxième édition s'est enrichie tout en restant fidèle à cet esprit particulier de la première. Elle vient y compléter certains points, en particulier avec une introduction remaniée et un chapitre sur le transport de matière (chapitre 4) plus complet. Elle introduit aussi un nouveau chapitre spécifique aux méthodes à modulations de potentiel surimposées (chapitre 9), et complète le corpus de problèmes proposés au lecteur par une vingtaine de nouveaux exercices.

On y retrouve ainsi la plupart des grands concepts fondamentaux qui sous-tendent la discipline depuis ses notions thermodynamiques de base jusqu'à ses fondements analytiques spécifiques et ses visions cinétiques propres et particulières à chaque méthode électrochimique. Ces concepts alimentent la plupart des perspectives modernes de la discipline, depuis les plus fondamentaux jusqu'aux plus appliqués. Dans la plupart des cas, c'est-à-dire lorsque cela se prêtait au niveau visé, les auteurs on voulu poursuivre l'exposé d'une notion ou d'une démarche en y adjoignant des fiches expérimentales détaillées permettant de très bien en illustrer la mise en œuvre pratique.

Sommes toutes, c'est là un très bel ouvrage ! Un ouvrage qui donne enfin une vision moderne et correcte de notre discipline telle que l'on peut l'exposer au niveau du Master, mais qui sera tout aussi précieux pour la préparation du CAPES ou de l'Agrégation, et pourquoi pas destiné à figurer en bonne place sur les étagères de nombreux laboratoires et non parmi les moindres.

Christian Amatore
Directeur de Recherches au CNRS
Membre de l'Institut, Académie des Sciences

AVANT-PROPOS

L'électrochimie est aujourd'hui une science qui, bien qu'apparaissant de moins en moins explicitement sous cette appellation, se situe souvent en arrière-plan de nombreuses problématiques scientifiques actuelles. Que ce soit dans le domaine des énergies nouvelles avec les batteries, piles à combustible et autres cellules solaires, de la chimie « verte » avec l'électrocatalyse, des nano- et neurosciences avec les ultramicroélectrodes et la microscopie électrochimique ou encore de l'électronique moléculaire avec les jonctions molécule-métal, l'électrochimie est bien souvent présente et la compréhension des phénomènes physico-chimiques qui régissent la problématique électrochimique est un passage obligé vers le développement de ces domaines à fort impact technologique et sociétal. C'est pourquoi il nous apparaît fondamental que l'électrochimie, située intrinsèquement à l'interface de multiples domaines de la physique et de la chimie (et même de la biologie au travers de son utilisation), continue d'être enseignée de façon à la fois rigoureuse et attractive, en mettant en avant son apport dans la science contemporaine.

Cette deuxième édition est pour nous l'occasion de parfaire le travail accompli lors de l'édition précédente, tout en apportant une dose indispensable de modernité. Le plan de l'ouvrage reprend le découpage en trois parties : concepts, méthodes et applications. Le premier chapitre présente les différentes composantes de la réaction électrochimique : entités redox, électrodes, électrolytes. Puis sont successivement passés en revue les aspects thermodynamiques, cinétiques et de transport de matière pour en arriver aux relations courant-potentiel. Un effort a été entrepris afin de créer des passerelles entre des concepts propres à l'électrochimie (notions d'oxydant-réducteur, potentiel redox, courant) et d'autres plus généraux (niveaux d'énergie électronique, potentiel chimique, vitesse de réaction, mécanismes réactionnels, catalyse hétérogène). Au-delà de la présentation des concepts de base, certains développements très récents de l'électrochimie sont également mentionnés comme l'utilisation des liquides ioniques ou la microscopie électrochimique. La deuxième partie consacrée aux méthodes électrochimiques offre une place importante aux techniques électroanalytiques modernes comme celles utilisant une modulation de potentiel surimposée (impulsionnelle, carrée, sinusoïdale ...) ou encore la spectroscopie d'impédance électrochimique. L'utilisation des ultramicroélectrodes, de plus en plus répandue grâce aux apports technologiques à la fois dans la fabrication des électrodes mais aussi dans la détection des faibles courants, est également développée du point de vue fondamental (principe, avantages...) et pratique (un TP y est consacré depuis la réalisation des électrodes jusqu'à leur mise en œuvre). Dans le même souci de réactualiser les connaissances nécessaires pour aborder l'électrochimie dans le contexte de la science du XXIe siècle, le chapitre consacré aux piles et accumulateurs consacre une place importante aux dispositifs qui sont les enjeux de recherche fondamentale et finalisée importante, tels que les piles pour pacemakers, les accumulateurs au lithium, les piles à combustible ou encore les supercondensateurs. La question du rapport puissance/autonomie, point important pour le développement du véhicule électrique, est abordée via la comparaison de ces différents systèmes.

Enfin, dans un souci de clarté de présentation, le volumineux chapitre consacré à l'électrochimie organique a été divisé en deux, séparant ainsi les aspects mécanistiques (influence d'une réaction chimique couplée au transfert électronique, du point de vue thermodynamique et cinétique) de la partie moléculaire (formation et réactivité des ions radicaux). Un encart décrivant la modification électrochimique de surfaces par la réduction des sels de diazonium, procédé déjà partiellement industrialisé et en pleine expansion, a été rajouté. Afin que le lecteur puisse se familiariser avec les concepts présentés et parfois en approfondir certains, une série d'exercices corrigés est proposée à la fin de l'ouvrage.

Nous espérons que le lecteur, qu'il soit étudiant, enseignant, chercheur, industriel, novice ou ayant déjà une expérience en la matière, trouvera dans cet ouvrage les connaissances fondamentales permettant d'appréhender la compréhension des réactions et dispositifs électrochimiques à la fois du point de vue théorique, phénoménologique et pratique et selon une démarche progressive, cohérente et logique. Nous souhaitons aussi que cet ouvrage donne un aperçu de l'étendue de cette discipline en termes de champ d'application mais aussi comme outil d'analyse riche en informations pour peu que l'on sache les décrypter et les mettre en œuvre à bon escient.

Partie 1
Principes

INTRODUCTION 1

L'électrochimie est une discipline dont on peut dire, schématiquement, qu'elle étudie la relation entre transformations chimiques et passage de courant électrique. Son domaine d'application est extrêmement vaste : production d'énergie électrique à partir de réactions chimiques (piles et accumulateurs), réalisation de réactions chimiques à partir d'énergie électrique (électrolyses), détection et dosage d'espèces chimiques (électrochimie analytique), détermination de mécanismes et de cinétique réactionnels (électrochimie organique, corrosion), réalisation de dispositifs (batteries, capteurs), etc.

L'étude des réactions électrochimiques fait appel à des connaissances dans des domaines également très variés de la chimie et de la physique : thermodynamique, cinétique, phénomènes de transport, électricité, hydrodynamique … Le but de ce chapitre est d'introduire quelques-unes des notions de base nécessaires à l'étude des réactions électrochimiques : il s'agit principalement des notions d'oxydant-réducteur, d'électrolyte, d'électrode, de cellule, de potentiel électrochimique.

Encart 1.1 – Histoire de l'électrochimie

La naissance de l'électrochimie remonte historiquement à 1786, lorsque Luigi Galvani à Bologne démontra qu'un muscle de grenouille se contracte au contact de deux métaux différents reliés par un conducteur électrique. Galvani eut le génie d'interpréter ce phénomène grâce aux connaissances de l'électrostatique de l'époque. Cependant, ne pouvant interpréter les phénomènes biologiques liés à sa découverte, il développa le concept stérile d'« électricité animale ». En 1800, Alessandro Volta reprit l'expérience de Galvani, en utilisant cette fois sa langue comme détecteur. En effet, à l'époque, les chimistes avaient l'habitude de goûter leurs produits ! Volta comprit que l'association de deux métaux différents et d'une solution aqueuse générait de l'électricité. C'est ainsi que naquit le premier générateur électrochimique.

Le tableau ci-dessous regroupe les principales dates, ainsi que les principaux inventeurs de l'histoire de l'électrochimie :

Année	INVENTEUR (Nationalité*)	Découverte
1786	GALVANI (I)	Électricité « animale »
1800	VOLTA (I)	Pile et électrolyse de l'eau
1807	DAVY (GB)	Sodium
1812	BERZELIUS (S)	Théorie électrochimique des réactions chimiques
1834	FARADAY (GB)	Lois de l'électrolyse
1836	DANIELL (GB)	Pile impolarisable
1859	PLANTE (F)	L'accumulateur au plomb
1866	LECLANCHÉ (F)	Pile saline Zn–MnO_2
1886	MOISSAN (F)	Élaboration du fluor
1886	HALL (US) HEROULT (F)	Élaboration de l'aluminium
1888	NERNST (D)	Loi des équilibres électrochimiques
1920	HEYROWSKY (CZ)	Polarographie
1924	BUTLER (GB) VOLMER (D)	Lois de la cinétique électrochimique

* Nationalités : I = Italie ; GB = Grande-Bretagne ; F = France ; D = Allemagne ; S = Suède ; US = États-Unis ; CZ = Tchécoslovaquie.

L'histoire contemporaine de l'électrochimie est notamment marquée par la compréhension des mécanismes du transfert électronique (H. Taube, Prix Nobel en 1983 et R.A. Marcus, prix Nobel en 1992).

1.1 Notions d'oxydant et de réducteur

1.1 Définitions

Les notions d'oxydant et de réducteur sont définies relativement à un échange d'électron(s) entre un accepteur et un donneur. Par définition, on appelle **oxydant** l'**accepteur** d'électron, et **réducteur** le **donneur** d'électron.

En conséquence, l'**oxydation** est une **perte** d'électron subie par le réducteur, alors que la **réduction** est un **gain** d'électron subie par l'oxydant.

Remarque

Il faut noter que la réduction est définie comme un gain d'électron, ce qui n'est pas intuitif par rapport à la signification usuelle du terme « réduction ». En fait, ceci provient de la définition « historique » du terme, qui faisait référence à une diminution du nombre d'atomes d'oxygène, comme lors de la transformation de l'oxyde métallique en métal par exemple.

Exemple

Le passage du métal M au cation métallique M^{z+} est une oxydation (perte de z électrons). Le passage du cation M^{z+} au cation M^{y+} est une réduction dans le cas où z > y, une oxydation sinon.

On peut schématiser cet échange d'électron entre l'oxydant O et le réducteur R sous la forme générale :

$$\nu_O O + ne^- \rightleftarrows \nu_R R \qquad \text{(E)}$$

où ν_k représente le coefficient stœchiométrique associé à l'espèce k et n le nombre total d'électrons échangés.

La conservation de la charge s'écrit implicitement : $\nu_R z_R = \nu_O z_O - n$.

Remarque

Cette définition peut être mise en parallèle avec celle de l'acido-basicité de Brönsted[1], du point de vue du transfert de « particules » : la « particule » échangée est l'électron au lieu du proton, l'oxydant jouant un rôle analogue à celui de la base et le réducteur à celui de l'acide. On peut ainsi définir des couples oxydant/réducteur, de même qu'on pouvait définir des couples acide/base. Il est généralement d'usage de citer l'oxydant en premier dans le couple.

Exemples

Ag^+_{aq} / $Ag_{(s)}$; $O_{2(g)}$ / $H_2O_{(l)}$; H^+_{aq} / $H_{2(g)}$; $MnO^-_{4\,aq}/Mn^{2+}_{aq}$

L'équation chimique (E) traduit un équilibre hétérogène, l'électron n'étant pas présent dans la même phase que les espèces O et R[2].

En conséquence, la réaction d'échange d'électrons n'est possible que dans deux configurations :

- à l'interface entre un conducteur électronique et le milieu électrolytique contenant les espèces chimiques O et/ou R (cf. figure 1.1, cas a) ;
- en présence d'un autre couple O′/R′ réalisant un échange analogue en sens inverse : les électrons cédés par R, pour donner O, sont instantanément captés par O′ pour donner R′ (cf. figure 1.1, cas b).

1. J. Brönsted (1879-1947), physico-chimiste danois.
2. L'électron peut être présent dans la même phase que R, lorsque R est le matériau d'électrode lui-même ; en revanche, sa durée de vie en solution est en général trop faible pour y être présent à l'état « libre » (sauf exception, telle que l'électron solvaté dans l'ammoniac liquide).

Figure 1.1 – Représentation de la réaction de transfert d'électrons entre le réducteur R et l'oxydant O dans les deux configurations possibles : réaction électrochimique à l'interface conducteur-solution (a) ; réaction chimique en solution (b).

Le premier cas correspond au domaine des **réactions électrochimiques,** alors que le second correspond au domaine des **réactions d'oxydoréduction**. Dans la suite, nous nous intéresserons principalement au cas des réactions électrochimiques.

1.2 Prévision du caractère oxydant/réducteur

Le caractère oxydant peut être défini comme l'aptitude à capter un électron, et le caractère réducteur comme l'aptitude à en céder. Nous allons essayer de dégager quelques caractéristiques essentielles permettant de prévoir de manière qualitative le caractère oxydant ou réducteur d'espèces chimiques de différentes natures.

1.2.1 Utilisation de l'électronégativité

a) Considérons un atome A à l'état gazeux :

La variation d'enthalpie réactionnelle associée au retrait d'un électron de valence de l'atome A est égale à l'énergie d'ionisation EI, quantité positive :

$$A_{(g)} \rightarrow A^+_{(g)} + e^-_{(g)} \tag{1.1}$$

De même, la variation d'enthalpie réactionnelle associée à l'ajout d'un électron de valence à l'atome A est égale à l'opposé de l'affinité électronique ***AE***, quantité le plus souvent positive[1] :

$$A_{(g)} + e^-_{(g)} \rightarrow A^-_{(g)} \tag{1.2}$$

On définit alors l'électronégativité χ_m de A (selon Mulliken[2]) par :

$$\chi_m \propto \frac{\mathsf{EI} + \mathsf{AE}}{2}$$

1. Sauf pour Be, Mg, N et les gaz rares. On parle aussi d'énergie d'attachement électronique pour la variation d'enthalpie associée à (1.2).
2. R.S. Mulliken (1896-1986) chimiste américain (Prix Nobel de chimie, 1966). À noter qu'il existe aussi une définition de l'électronégativité basée sur les énergies de liaison (échelle de Pauling) et une autre basée sur l'interaction coulombienne électron-noyau (Allred-Rochow).

D'un point de vue qualitatif, on peut énoncer les principes généraux suivants :

- Le caractère réducteur de A sera d'autant plus marqué que la réaction (1.1) sera facile et la réaction (1.2) difficile : ceci correspond à une faible valeur de χ_m, *i.e.* une faible énergie d'ionisation et/ou une faible affinité électronique. C'est notamment le cas des éléments des deux premières colonnes de la classification périodique (métaux alcalins et alcalino-terreux).
- Le caractère oxydant de A sera d'autant plus marqué que la réaction (1.1) sera difficile et la réaction (1.2) facile : ceci correspond à une forte valeur de χ_m, *i.e.* une forte énergie d'ionisation et une affinité électronique élevées. C'est le cas d'éléments tels que l'oxygène ou le fluor.

L'électronégativité est donc un bon critère prévisionnel du caractère oxydo-réducteur d'un élément à l'état atomique. Cependant, son utilisation est très limitée, car les espèces chimiques à considérer ne sont que très rarement monoatomiques et à l'état gazeux. Afin de se rapprocher du cas réel, il convient de prendre en considération la phase dans laquelle sont présentes les espèces, ainsi que leur caractère polyatomique.

1.2.2 Utilisation de cycles thermodynamiques

Une première approche permettant de prévoir le caractère oxydant/réducteur d'une espèce dans une autre phase que la phase gazeuse repose sur la construction de cycles thermodynamiques, permettant de décomposer la réaction d'échange électronique en plusieurs étapes, dont une correspond à l'ionisation ou l'attachement électronique.

a) Considérons le cas d'une molécule en solution

L'oxydation (resp. la réduction) d'une espèce en solution $A_{(solv)}$ en $A^+_{(solv)}$ (resp. $A^-_{(solv)}$) peut être décomposée grâce au cycle thermodynamique suivant :

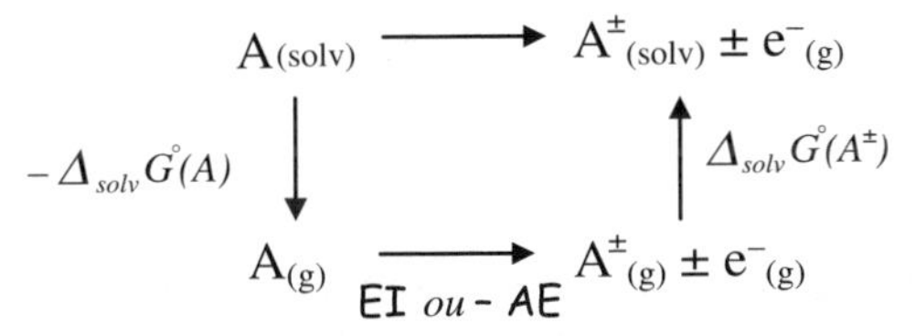

La variation globale d'enthalpie libre standard associée à l'oxydation de $A_{(solv)}$ en $A^+_{(solv)}$ peut se décomposer en la somme de 3 termes :

$$\Delta_{ox}G^\circ = \mathrm{EI} + \Delta_{solv}G^\circ(A^+) - \Delta_{solv}G^\circ(A) \qquad (1.3a)$$

où $\Delta_{solv}G^\circ$ désigne l'enthalpie libre standard de solvatation.

Dans le cas de la réduction de $A_{(solv)}$ en $A^-_{(solv)}$, on obtient une relation analogue :

$$\Delta_{red}G^\circ = -\mathrm{AE} + \Delta_{solv}G^\circ(A^-) - \Delta_{solv}G^\circ(A) \qquad (1.3b)$$

Les équations (1.3) montrent que les enthalpies libres d'oxydation (resp. de réduction) de la molécule A en solution sont reliées à son énergie d'ionisation (resp. affinité électronique) ainsi qu'à la différence de solvatation des formes oxydées et réduites. Lorsque ce dernier terme change peu dans une série, on peut alors directement corréler *le caractère réducteur à l'énergie d'ionisation* et *le caractère oxydant à l'affinité électronique.*

C'est le cas par exemple les molécules polycycliques aromatiques[1] pour lesquelles on observe une corrélation entre affinité électronique et potentiel standard :

	Naphtalène	**Anthracène**	**Benzapyrène**	**Pérylène**	**Tétracène**
		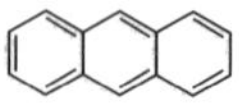	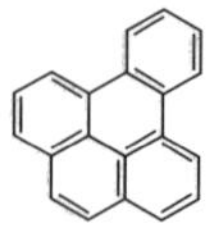	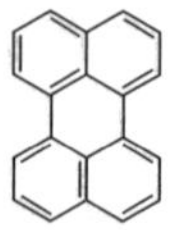	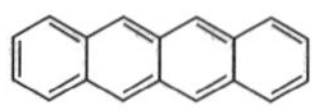
AE ($kJ \cdot mol^{-1}$)	– 18,4	55,2	76,1	93,2	99,9
E°(A/A⁻) (V)	– 2,26	– 1,72	–1,61	–1,43	–1,34

b) Considérons le cas d'un métal M et de son cation M⁺ solvaté :

L'oxydation d'un métal solide $M_{(s)}$ en son cation hydraté M^+_{aq} peut être décomposée grâce au cycle thermodynamique suivant :

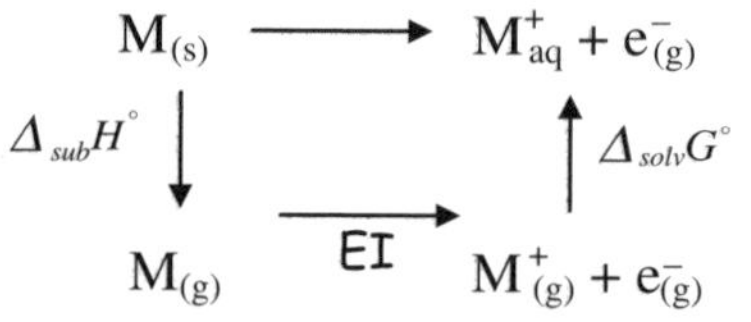

La variation globale d'enthalpie libre standard associée à l'oxydation de $M_{(s)}$ en M^+_{aq} peut se décomposer en la somme de 3 termes :

$$\Delta_{ox}G^\circ = \Delta_{sub}H^\circ + EI + \Delta_{solv}G^\circ_{(M^+)} \qquad (1.4)$$

où $\Delta_{sub}H^\circ$ désigne l'enthalpie de sublimation[2] de $M_{(s)}$ et $\Delta_{solv}G^\circ$ désigne l'enthalpie libre standard de solvatation de M^+ (hydratation dans le cas de M^+_{aq}).

Les deux premiers termes de cette somme sont positifs et le dernier négatif. Le caractère réducteur de M sera d'autant plus important que les termes enthalpiques positifs seront faibles et le terme négatif élevé. Ces considérations peuvent être utiles pour comparer le caractère réducteur de deux métaux : ainsi, dans le cas de deux éléments voisins de la classification périodique donnant des cations de même charge, seuls diffèrent notablement les termes d'enthalpie de sublimation. Dans le cas des éléments cuivre et zinc, la faible enthalpie de sublimation du zinc comparée à celle du cuivre explique le caractère réducteur plus marqué du métal zinc (cf. tableau 1.1) :

1. Ces molécules présentant une forte délocalisation de la charge, le changement d'état redox modifie peu les énergies de solvatation.
2. Il s'agit de l'enthalpie à la température de changement d'état, on ne tient pas compte ici de la variation d'enthalpie libre pour passer de 298 K à cette température.

Tableau 1.1 – Enthalpies de sublimation, somme des énergies d'ionisation (1re+2e), enthalpies d'hydratation et enthalpie globale d'oxydation (en kJ · mol-1) à 298 K pour le cuivre et le zinc.

M	$\Delta_{sub}H°$	ΣEI	$\Delta_{hydr}G°(M^{2+})$[1]	$\Delta_{ox}G°(M \rightarrow M2^{+})$
Cu	317	2 705	– 2 010	1 012
Zn	122	2 639	– 1 955	806

c) Considérons le cas d'une molécule diatomique en phase gazeuse

La réaction à prendre en compte est cette fois la réduction de $A_{2(g)}$ en A^-_{aq} que l'on peut décomposer selon le cycle suivant :

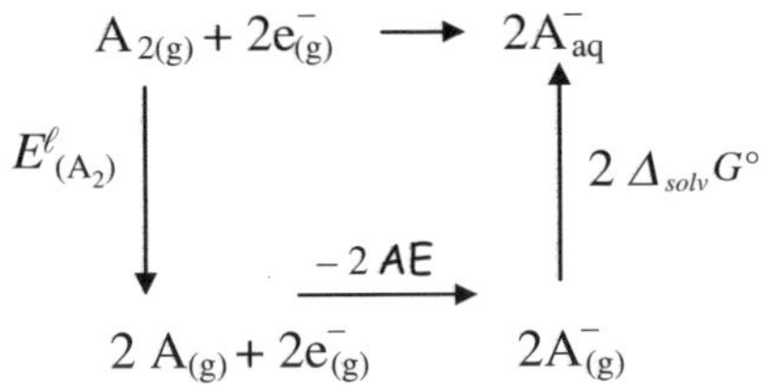

La variation globale d'enthalpie libre de réduction de $A_{2(g)}$ en A^-_{aq} apparaît donc comme la somme de trois termes :

$$\Delta_{red}G° = E^{\ell}_{(A_2)} - 2AE + 2\ \Delta_{solv}G°_{(A^-)} \tag{1.5}$$

où $E^{\ell}_{(A2)}$ désigne l'énergie de liaison de $A_{2(g)}$ et $\Delta_{solv}G°$ désigne l'enthalpie libre standard de solvatation de A^- (hydratation dans le cas de A^-_{aq}).

Le premier terme de cette somme est positif et les deux derniers négatifs. Le caractère oxydant de $A_{2(g)}$ sera d'autant plus marqué que l'enthalpie de dissociation sera faible et que l'enthalpie de solvatation et l'affinité électronique seront élevées en valeur absolue. C'est notamment le cas pour le difluor, dont la faible énergie de cohésion, ainsi que l'électronégativité élevée de l'élément F, expliquent le fort caractère oxydant. En outre, la comparaison de ces trois paramètres pour la série des halogènes montre également le rôle joué par l'enthalpie libre de solvatation dans le classement des pouvoirs oxydants des dihalogènes[2] (cf. tableau 1.2).

Tableau 1.2 – Énergie de liaison, affinité électronique, enthalpies libre d'hydratation et enthalpie globale de réduction (en kJ · mol-1) à 298 K pour le difluor, le dichlore et le diiode.

A	$E^{\ell}(A_2)$	–AE	$\Delta_{hydr}G°(A^-)$[1]	$\Delta_{red}G°(A_2 \rightarrow A^-)$
F	155	– 328	– 465	– 1 431
Cl	239	– 343	– 340	– 1 127
I	149	– 295	– 275	– 991

1. D'après *J. Chem. Soc. Faraday Trans.*, 1991, *87*, 2995.
2. Sans tenir compte de la comparaison des enthalpies d'hydratation de la molécule de dihalogène.

En conclusion, le caractère oxydo-réducteur des molécules en solution, des métaux et molécules diatomiques gazeuses peut être prévu à partir de critères thermodynamiques, faisant intervenir les *enthalpies de dissociation* des molécules et de *solvatation* des molécules et des ions, *l'affinité électronique ou l'énergie d'ionisation* de l'élément considéré, ainsi que des *enthalpies de changement d'état.* Cette approche s'avère particulièrement utile pour une comparaison des propriétés d'oxydo-réduction relatives de deux composés de structures chimiques similaires.

1.2.3 Utilisation des orbitales moléculaires

Lorsque les espèces sont de structure complexe, on peut corréler leur caractère oxydo-réducteur à leur diagramme d'orbitales moléculaires[1] ; c'est le cas notamment lorsque le transfert d'électron n'implique pas de réorganisation importante (en particulier lorsque la solvatation change peu entre les formes oxydée et réduite). En effet dans ce cas, l'enthalpie libre d'oxydation ou de réduction va dépendre essentiellement de l'énergie de l'électron dans l'orbitale appropriée.

Comme en ce qui concerne la réactivité nucléophile/électrophile, le caractère donneur ou accepteur d'électron d'une molécule est fortement dépendant de l'énergie des orbitales frontières, à savoir la **HO** (plus haute orbitale occupée) et la **BV** (plus basse orbitale vacante). On peut établir le constat simplifié suivant :

- Le caractère *oxydant* sera généralement associé l'énergie de l'orbitale *BV* : il sera d'autant plus marqué lorsque la BV sera *basse en énergie* (cf. figure 1.2). c'est le cas des orbitales π^* des molécules organiques conjuguées substituées par des groupements électroaccepteurs (exemple : quinones, tétracyanoquinodiméthane TCNQ).

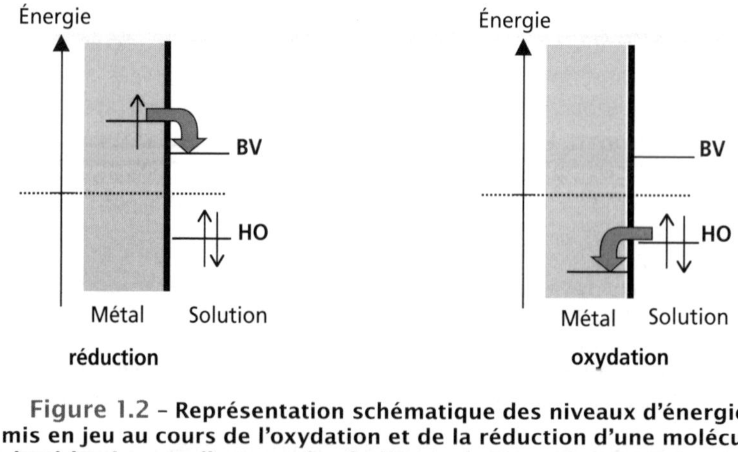

Figure 1.2 – Représentation schématique des niveaux d'énergie mis en jeu au cours de l'oxydation et de la réduction d'une molécule : la réduction est d'autant plus facile que la BV est basse en énergie, l'oxydation que la HO est haute en énergie.

1. La forme et l'énergie de ces orbitales peut être calculée à l'aide de logiciels de modélisation moléculaire (Hyperchem, Gaussian ...)

- Le caractère *réducteur* sera associé à l'énergie de l'orbitale *HO* : il sera plus marqué lorsque la HO sera *haute en énergie* : c'est le cas des orbitales π des molécules organiques conjuguées comportement un hétéroatome et/ou des substituants électro-donneurs (exemples : pyrrole, éthylènedioxythiophène, phénols…).

Encart 1.2 – Oxydants et réducteurs usuels

Les oxydants utilisés couramment en chimie inorganique peuvent être classés en plusieurs catégories :

– les composés à base d'éléments fortement électronégatifs (oxygène, halogènes) : citons le dioxygène O_2, le peroxyde d'hydrogène H_2O_2, le dioxyde d'azote NO_2, l'ion nitrate NO_3^-, l'ion perchlorate ClO^{4-}, l'ion hypochlorite ClO^-, le dichlore Cl_2, le dibrome Br_2, l'ion peroxodisulfate $S_2O_8^{2-}$… ;

– les cations métalliques multichargés : Fe^{3+}, Ce^{4+}, Co^{3+} … ;

– les composés à base d'éléments de transition fortement électrodéficitaires : l'ion dichromate $Cr_2O_7^{2-}$, l'ion permanganate MnO_4^- …

En chimie organique, les oxydants courants sont principalement de deux types :

– les oxydes métalliques : CrO_3 (réactifs de Jones, Sarrett) , $KMnO_4$, SeO_2, OsO_4 … ;

– les peroxydes : acide métachloroperbenzoïque (MCPBA), peroxyde de benzoyle…

On trouve aussi d'autres composés comme le tétraacétate de plomb $Pb(CH_3CO_2)_4$ ou l'acide périodique HIO_4.

Remarque

Le fort caractère oxydant est souvent un critère de dangerosité (risque de réaction violente, explosive,…) et la manipulation de ces composés requiert des précautions particulières, surtout en cas de toxicité importante (cas du dibrome, des sels de chrome, des ions cérium). Dans tous les cas, il convient d'éviter la mise en présence de ces composés avec des réducteurs forts (vide infra) : ainsi, les sels associant un oxydant puissant (nitrate, perchlorate) et un réducteur (ammonium) sont hautement instables (cf. explosion de l'usine AZF de Toulouse en 2001).

Les réducteurs utilisés en chimie inorganique sont principalement :

– des métaux : alcalins (Li et Na principalement), alcalino-terreux (Mg, Ca), métaux lourds (Zn, Hg, Cd) ;

– des dérivés azotés et soufrés : hydrazine $NH_2–NH_2$, nitrite NO_2^-, sulfure S^{2-}, sulfite SO_3^{2-} thiosulfate $S_2O_3^2$;

– les ions oxalate $(CO_2^-)_2$.

En chimie organique, on peut regrouper les réducteurs en plusieurs catégories :

– les hydrures : $LiAlH_4$, $NaBH_4$, NaH, hydrures sélectifs (« selectride »)… ;

– les sels de métaux aux degrés d'oxydation intermédiaires : SmI_2, $SnCl_2$, $MnCl_2$… ;

– les métaux : Zn, Sn ... ;
– le dihydrogène : sur Pt, Pd, Nickel de Raney ... ;
– des dérivés carbonés : aldéhydes (formaldéhyde), sucres (glucose, acide ascorbique), alcools (éthanol)...

Remarque

Les métaux fortement réducteurs (K, Na, Li) ainsi que les hydrures peuvent être fortement réactifs et nécessitent donc des précautions d'emploi particulières (absence d'eau, voire atmosphère inerte).

Signalons enfin quelques couples oxydant/réducteur ayant un rôle biologique important :
– NAD^+/NADH
– Pyruvate/lactate
– Acide gluconique/glucose.

1.2.4 Notion de nombre d'oxydation d'un élément

Compte tenu des considérations précédentes, il est possible de prévoir le caractère oxydo-réducteur d'un élément donné en fonction de l'environnement électronique de celui-ci dans l'entité moléculaire où il est présent. Le caractère *oxydant* sera d'autant plus marqué que l'environnement sera constitué d'atomes *plus électronégatifs* que l'élément considéré, ou de groupe d'atomes ayant un caractère électroaccepteur. En effet, la présence d'un tel environnement rend l'élément considéré électrodéficient et donc plus enclin à accepter des électrons. Au contraire, le caractère *réducteur* sera plus important lorsque l'environnement sera constitué d'atomes *moins électronégatifs* que l'élément considéré, ou de groupe d'atomes ayant un caractère électrodonneur, rendant l'élément plus riche en électron et donc plus apte à en céder.

On peut rendre cette classification quantitative en introduisant la notion de *nombre d'oxydation* (n.o.).

a) Définition et calcul

Le **nombre d'oxydation** (n.o.) d'un élément dans une entité chimique (ion, molécule, ...) est la charge fictive portée par l'élément, en attribuant tous les électrons de liaison aux atomes les plus électronégatifs.

C'est une grandeur algébrique, notée en chiffres romains pour éviter toute confusion avec une charge réelle. Un n.o. positif traduit que globalement l'élément cède plus d'électrons qu'il n'en capte, ce qui est le cas s'il est lié à des éléments plus électronégatifs.

Le nombre d'oxydation d'un élément peut être calculé par différence en appliquant la conservation de la charge :

$$\sum_{\text{éléments}} n.o. = Z$$

où Z est la charge totale de l'entité chimique considérée.

On utilise aussi le fait que les éléments les plus électronégatifs ont un n.o. en général égal à la différence entre leur nombre d'électrons de valence et le nombre d'électrons de la couche complète : (–II) pour O (sauf dans O_2, OF_2, KO_2, H_2O_2 et les peroxydes) et (–I) pour F (sauf dans F_2). De même, les éléments les moins électronégatifs possèdent généralement un n.o. égal à leur nombre d'électrons de valence[1] : (+I) pour H (sauf dans H_2 et les hydrures), Na, K ; (+II) pour Ca, Mg, (+III) pour Al …

Exemple

n.o. de Cr dans $Cr_2O_7^{2-}$ = [(–II) – 7x(–II)]/2 = +VI

Cependant, ce mode de calcul ne fonctionne pas dans certains cas, notamment lorsqu'un même élément possède des n.o. différents dans une même entité (comme le soufre dans $S_2O_3^{2-}$ ou l'oxygène dans $S_2O_8^{2-}$). Il faut alors écrire la formule de Lewis du composé pour attribuer les électrons de chaque liaison et en déduire le nombre d'oxydation de l'élément considéré.

Exemples

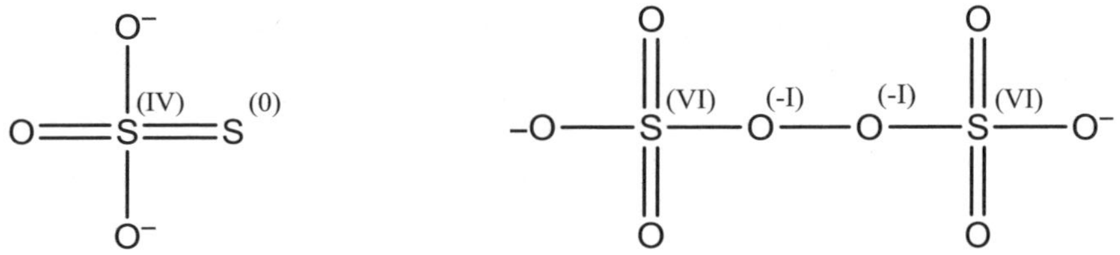

$S_2O_3^{2-}$ $S_2O_8^{2-}$

b) Utilisations des nombres d'oxydation

• *Identification et équilibrage des réactions d'oxydoréduction :*

La variation du nombre d'oxydation d'un élément indique que l'on a affaire à une réaction d'oxydoréduction, bien que l'échange d'électrons ne soit pas apparent.

Exemple

$$Mg^{(0)} + \frac{1}{2}O_2^{(0)} \rightarrow Mg^{(+II)}O^{(-II)}$$

La considération des n.o. montre que la combustion du magnésium métal dans l'air correspond à une oxydation de l'élément magnésium et à une réduction de l'élément oxygène.

Le nombre d'électrons échangés dans une réaction d'oxydation ou de réduction est égal à la variation du nombre d'oxydation de l'élément concerné :

1. Sauf dans le métal correspondant où le n.o. vaut 0.

Exemples :

$$Mn^{(VII)}O_4^- + 8H^+ + 5e^- \rightarrow Mn^{(II)2+} + 4H_2 \qquad \Delta n.o.(Mn) = +V$$

$$Cl^{(I)}O^- + H_2O + 2e^- \rightarrow Cl^{(-I)-} + OH^- \qquad \Delta n.o.(Cl) = +II$$

• *Construction d'échelles de n.o. pour un élément donné :*

Ces échelles permettent de visualiser la variation du caractère oxydo-réducteur d'un élément dans différents composés (voir aussi les diagrammes de Frost et Latimer). Les tableaux 1.3 et 1.4 représentent cette variation pour l'azote et le carbone.

Tableau 1.3 - Nombre d'oxydation de l'élément azote

	NH_3	NH_2NH_2	NH_2OH	N_2	NO	HNO_2	NO_2	HNO_3
n.o.(N)	–III	–II	–I	0	+II	+III	+IV	+V

Tableau 1.4 - Nombre d'oxydation du carbone dans les groupes fonctionnels (R désigne un groupe alkyle)

	RCH_3	$RR'CH_2$	RCH_2OH	RR'CHOH	RCHO	RR'CO	RCOOH
n.o.(C)	–III	–II	–I	0	+I	+II	+III

Remarque

Dans le cas des molécules organiques, on est amené à calculer le n.o. des carbones fonctionnels, en comptant 0 pour le n.o. des autres carbones liés à celui-ci. Les n.o. extrêmes correspondant au nombre d'électrons de valence du carbone : de –IV (CH_4) à +IV (CO_2).

1.3 Électrolytes

1.3.1 Définitions

On appelle électrolyte une substance pouvant exister sous forme *d'ions mobiles*. Le plus souvent, il s'agira d'un soluté qui, mis en présence d'un solvant, forme une *solution électrolytique*[1], c'est-à-dire une solution contenant des ions.

La caractéristique d'une *solution électrolytique* est de conduire le courant électrique, grâce au déplacement des ions qui la constituent. En outre, parmi les solutés électrolytiques, on distingue les électrolytes forts qui se dissocient totalement en solution et les électrolytes faibles qui se dissocient partiellement.

1. D'autres cas d'électrolytes existent, tels que les sels fondus, les liquides ioniques ou les polymères comportant des fonctions ionisables.

Exemples

Le nitrate de potassium KNO_3, le perchlorate de lithium $LiClO_4$, l'acide chlorhydrique HCl sont des électrolytes forts en solution aqueuse, car leur dissociation en ions est totale :

$$HCl \xrightarrow{H_2O} H_3O^+_{aq} + Cl^-_{aq}$$

L'acide éthanoïque CH_3COOH est un électrolyte faible car sa dissociation est partielle dans l'eau :

$$CH_3COOH + H_2O \rightleftharpoons CH_3COO^-_{aq} + H_3O^+_{aq}$$

Le méthanol CH_3OH et le glucose $C_6H_{12}O_6$ ne sont pas des électrolytes en solution aqueuse car ils ne génèrent pas d'ions par réaction avec l'eau :

$$CH_3OH \xrightarrow{H_2O} CH_3OH_{aq}$$

Encart 1.1 Svante ARRHENIUS (1859-1927)

L'œuvre de Svante ARRHENIUS porte sur la dissociation électrolytique. Une étude de la conductivité des solutions mise en rapport avec leurs propriétés chimiques et thermodynamiques permit à Arrhenius d'établir la dissociation des électrolytes en l'absence de toute excitation électrique. La théorie qu'il en tira exerça un rôle déterminant sur le développement de la chimie physique. Mal reçue par son jury de thèse, cette théorie fut combattue par des chimistes qui s'étonnaient que des composés très stables fussent dissociés sans effet thermique notable. Il faudra le soutien d'OSTWALD pour faire triompher la théorie de la dissociation électrolytique.

1.3.2 Formation d'une solution électrolytique

Lorsqu'on dissout un électrolyte dans un solvant pour former une solution électrolytique[1], on distingue trois phases :

- l'ionisation (formation de paires d'ions),
- la dissociation,
- la solvatation

$$AC_{(s)} \longrightarrow (C^+, A^-)_{\text{paire d'ions}} \qquad \text{phase d'ionisation}$$

$$(C^+, A^-)_{\text{paire d'ions}} \longrightarrow C^+_{(g)} + A^-_{(g)} \qquad \text{phase de dissociation}$$

$$C^+_{(g)} + A^-_{(g)} \longrightarrow C^+_{aq} + A^-_{aq} \qquad \text{phase de solvatation (hydratation)}$$

La première étape est endothermique et est d'autant plus facile que l'énergie réticulaire du cristal est faible. L'étape de solvatation est exothermique, de sorte que le processus global peut être soit endothermique soit exothermique[2].

1. Par abus de langage, on confond souvent le sel et la solution sous la même appellation d'électrolyte.
2. La formation d'une solution à partir d'un sel est le plus souvent endothermique, ce qui explique le recours au chauffage pour améliorer la solubilisation.

a) Importance du caractère polaire du solvant

Une molécule possède un moment dipolaire non nul lorsque le barycentre des charges positives (q+) n'est pas confondu avec celui des charges négatives (q–)[1].

Soit $\vec{\mu}$ le moment dipolaire d'une liaison A–B (figure 2.2). Ce moment dipolaire $\vec{\mu}$ est une fonction de la charge du dipôle constitué et de la distance d entre les charges +q et –q.

$$\mu = q.d$$

$\vec{\mu}$ est dirigé du – vers le + (convention internationale) et s'exprime en coulomb·mètre (C·m) ou en debye (D) avec :

$$1\text{ D} = \frac{1}{3}\ 10^{-29}\text{ C·m.}$$

Remarque

δ×100 est appelé pourcentage ionique de la liaison (et noté % ionique). ($|q| = \delta\cdot e$) : et $\vec{\mu} = q.\vec{d} = \delta\cdot e.\vec{d}$

Les molécules qui possèdent un moment dipolaire permanent non nul sont dites *polaires* (ex : H_2O, HCl, $(CH_3)_2O$). Les molécules qui n'en possèdent pas sont *apolaires* (O_2, CO_2, CCl_4). Les molécules *apolaires* qui peuvent posséder un moment dipolaire induit par le voisinage d'une autre molécule polaire, sont dites *polarisables* (I_2).

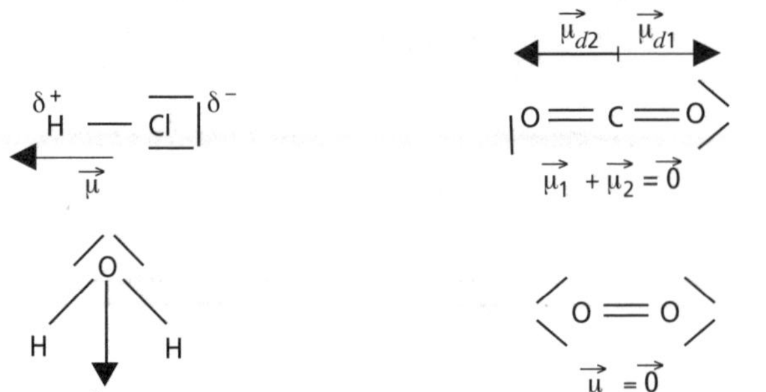

Figure 1.3 – **Molécules polaires (HCl, H_2O) et non polaires (CO_2, O_2).**

Remarque 1

Lorsqu'il y a plusieurs liaisons dans une molécule, il y additivité vectorielle des moments dipolaires : $\vec{\mu} = \sum_i \vec{\mu_i}$

1. On notera que $|q+| = |q-| = q$.

Remarque 2

Une molécule parfaitement apolaire présente à tout instant un dipôle non nul dit instantané. Il provient d'une répartition du nuage électronique non symétrique à un instant t donné. Seule la moyenne sur le temps de tous ces dipôles instantanés est nulle. En présence d'un champ électrostatique généré par une molécule polaire ou un ion, la molécule apolaire peut présenter un dipôle dit induit, d'autant plus important que la molécule est polarisable.

Le tableau 1.5 donne quelques exemples de valeurs de moments dipolaires de solvants usuels.

Tableau 1.5 – **Valeur du moment dipolaire μ de quelques solvants à 25 °C.**

solvant	eau	NH_3	éthanol	acétone	éther	CCl_4	hexane
μ (en D)	1,86	1,50	1,70	2,90	1,15	0	0

Pour permettre la séparation des charges intervenant dans la formation de la solution électrolytique, la molécule de *solvant* doit être *polaire*. Le moment dipolaire du solvant interagit avec celui du soluté : on dit qu'il y a polarisation complète de la liaison dans le soluté. Le solvant est dit ionisant. Le caractère ionisant d'un solvant est lié à la valeur de son moment dipolaire. Ainsi l'eau est un solvant ionisant alors que l'hexane et le benzène ne sont pas ionisants.

Plus l'espèce est petite et chargée, mieux elle est solvatée dans un solvant polaire. Ainsi les cations multichargés sont généralement très fortement solvatés dans l'eau, à la différence des gros anions.

b) Rôle de la constante diélectrique du solvant.

La loi de Coulomb donne l'expression de la force électrostatique qui s'exerce entre deux charges quelconques q_1 et q_2 distantes de r :

$$F = \frac{q_1 q_2}{4\pi\varepsilon_0\varepsilon_r r^2}$$

ε_0 est la permittivité diélectrique du vide et ε_r est la permittivité diélectrique relative du milieu, *i.e.* sa permittivité ε par rapport à celle du vide, soit $\varepsilon_r = \frac{\varepsilon}{\varepsilon_0}$.

La constante diélectrique du solvant joue un rôle primordial dans la séparation des charges intervenant dans la formation de la solution électrolytique (dissociation des paires d'ions). On voit que le processus de dissociation est d'autant plus favorisé que ε_r est grand. Dans l'eau, solvant de constante diélectrique élevée, les paires d'ions sont rares[1]. Dans des solvants de plus faible constante diélectrique (cf. tableau 1.6), la dissociation peut ne pas être totale, ce qui peut limiter la conductivité ionique.

1. Les sulfates comme le sulfate de calcium $CaSO_4$ par exemple sont en partie sous forme de paires d'ions. En revanche, les sels monochargés comme le chlorure de potassium y sont totalement dissociés.

Tableau 1.6 – **Valeurs de la permittivité diélectrique relative pour quelques solvants.**

solvant	eau	acétonitrile	éthanol	acétone	NH_3	éther diéthylique
ε_r	80	37	24	21	17	4

En résumé, l'utilisation d'un solvant polaire et à constante diélectrique élevée permet la formation de solutions électrolytiques, qui constituent un élément indispensable de la cellule électrochimique.

1.4 Notions d'électrode et de potentiel d'électrode

1.4.1 Définitions

L'électrode est un conducteur électronique (métal, semi-conducteur, métalloïde[1]), au contact d'un conducteur ionique (solution, polymère chargé...) appelé électrolyte (voir §3).

Parmi les différents types d'électrodes, on s'intéressera plus particulièrement au cas des métaux (Pt, Au, Fe, etc.), que l'on supposera au contact d'une solution électrolytique. L'interface électrode|électrolyte sera ainsi symbolisée par M|S.

1.4.2 Énergie de Fermi et potentiel d'électrode absolu

Nous pouvons partir du constat suivant : dans un métal, les électrons transférables possèdent tous la même énergie E_F : celle du niveau de Fermi[2].

Le niveau de Fermi est, par définition, le niveau d'énergie correspondant à une probabilité égale à 1/2 d'y trouver un électron. D'après la statistique de Fermi-Dirac[3], on sait qu'en l'absence d'activation thermique (T = 0 K), les niveaux d'énergie sont tous occupés en dessous de E_F et vides au-delà. À température ambiante, la courbe décrivant la probabilité d'occupation d'un niveau en fonction de l'énergie ne présente une variation importante qu'au voisinage de E_F : ainsi, en première approximation, on pourra considérer que les électrons transférables du métal possèdent également l'énergie du niveau de Fermi à température ambiante.

De plus, d'après le théorème de Gauss[4], le potentiel électrostatique interne Φ_M de la phase métallique est uniforme (car le champ électrique est nul au sein d'un conducteur métallique).

1. On entend par métalloïde un élément non métallique pouvant posséder des propriétés de conduction électronique : c'est notamment le cas du carbone (graphite, vitreux) en électrochimie.
2. E. Fermi (1901-1954), physicien italien (Prix Nobel de physique, 1938).
3. P.A.M. Dirac (1902-1984), physicien britannique (Prix Nobel de physique, 1933).
4. C.F. Gauss (1777-1855), physicien allemand.

Remarque

Ce potentiel interne Φ, appelé potentiel de Galvani, est la somme d'un potentiel externe φ (potentiel de Volta) et d'un potentiel de surface χ. Ce dernier est lié à l'anisotropie des forces agissant sur les charges situées en surface de la phase considérée (électrons, ions ou dipôles). On peut représenter ces différents potentiels dans le cas d'un conducteur sphérique de charge Q et de rayon R, au contact d'un milieu de constante diélectrique ε.

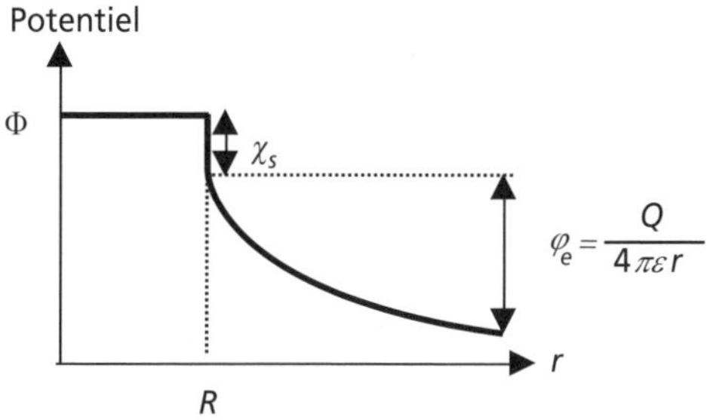

Figure 1.4 - **Potentiel d'un conducteur sphérique.**

La relation entre ces deux grandeurs E_F et Φ_M s'obtient très simplement en calculant le travail nécessaire pour amener une charge –e de l'infini dans le vide (où, par convention, $\Phi = 0$) dans la phase de potentiel Φ_M. On obtient :

$$E_F = -e\Phi_M + E_{F,0} \tag{1.6}$$

où $E_{F,0}$ représente l'énergie de Fermi à potentiel nul[1].

Cette relation montre que l'énergie des électrons transférables dans le métal varie de manière inversement proportionnelle au potentiel interne de la phase métallique.

Par analogie, on peut également définir une énergie de Fermi redox E_F^{redox} pour l'électron en solution. Rappelons que l'électron n'existe pas à l'état « libre » en solution[2], mais qu'il se trouve localisé sur une espèce chimique. Si l'espèce chimique est susceptible de transférer un électron vers l'électrode (cas d'une espèce réductrice) ou bien d'accepter un électron de l'électrode (cas d'une espèce oxydante), elle est dite électroactive.

Cette énergie de Fermi redox correspond au travail qu'il faut fournir pour amener cet électron du vide (Φ=0) jusqu'à l'endroit de la solution où se produit le transfert correspondant à la transformation de O en R et où existe un potentiel électrostatique interne Φ_s :

$$E_F^{redox} = -e\Phi_S + E_{F,0}^{redox} \tag{1.7}$$

À partir des équations (1.6) et (1.7), on obtient :

$$(\Phi_M - \Phi_S) = \left(\frac{E_F - E_F^{redox}}{-e}\right) - \left(\frac{E_{F,0} - E_{F,0}^{redox}}{-e}\right) \tag{1.8}$$

1. Cette énergie correspond au travail d'extraction du métal, au terme de potentiel de surface près.
2. sauf dans certains solvants comme l'ammoniac liquide, où des électrons solvatés présentent des durées de vie importantes.

La différence ($\Phi_M - \Phi_S$) s'appelle **différence de potentiel de Galvani**[1] ou **tension de Galvani**. Ce n'est pas une grandeur directement mesurable, puisque la mesure d'une différence de potentiel requiert au minimum deux interfaces électrode|électrolyte. D'autre part, la connexion de cette interface à l'instrument de mesure (voltmètre) engendre la prise en compte d'une autre interface, du type métal$_1$|métal$_2$ (voir figure 1.5).

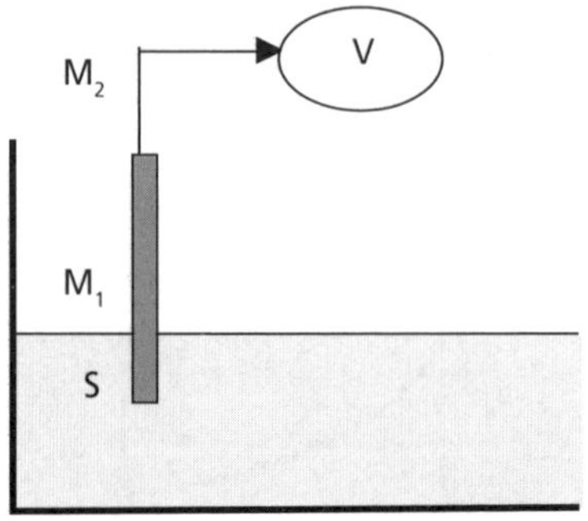

Figure 1.5 – **Représentation de l'interface électrode|électrolyte et connexion avec l'instrument de mesure (voltmètre). M_1 et M_2 symbolisent deux métaux différents (généralement M_2 = Cu).**

On appellera **potentiel d'électrode absolu**, noté E, la différence :

$$E = (\Phi_{M2} - \Phi_S) = (\Phi_{M2} - \Phi_{M1}) + (\Phi_{M1} - \Phi_S)$$

Remarque 1

Le premier terme de cette somme est généralement une constante. Ainsi, les variations de la tension de Galvani ($\Phi_M - \Phi_S$) examinées dans la suite refléteront les variations du potentiel d'électrode.

Remarque 2

On peut aussi trouver une définition du potentiel d'électrode absolu qui inclut le potentiel chimique de l'électron dans le métal :

$$E = (\Phi_M - \Phi_S) - \mu_e/F$$

Ainsi, l'équation (1.8) montre que le potentiel d'électrode varie de manière inversement proportionnelle à la différence des énergies de Fermi de part et d'autre de l'interface : une différence de potentiel d'électrode ΔE, exprimée en volt (V), correspond à la même valeur numérique de la différence ($-\Delta \mathsf{E}_F$) des énergies de Fermi correspondantes, exprimée en électron-Volt (eV)[2].

La condition d'équilibre de l'interface électrode|électrolyte correspond à l'égalité des énergies de Fermi de l'électron de part et d'autre de l'interface, soit :

$$\boxed{\mathsf{E}_F = \mathsf{E}_F^{redox}}$$

1. L. Galvani (1737-1798), physicien italien.
2. Rappel : 1 eV = $1{,}6.10^{-19}$ J.

À partir de l'équation (1.8), on peut exprimer cette condition d'équilibre sous la forme :

$$(\Phi_M - \Phi_S)_{eq} = \frac{E_{F,0}^{redox} - E_{F,0}}{-e} \tag{1.9}$$

L'équation (1.9) traduit le fait que l'équilibre électrochimique de l'interface est atteint pour une valeur particulière de la tension de Galvani (donc du potentiel d'électrode), généralement non nulle du fait de l'existence d'origines différentes pour les niveaux de Fermi de l'électron selon qu'on considère celui-ci dans l'électrode ou l'électrolyte.

1.5 Notion de potentiel électrochimique

1.5.1 Énergie de Fermi et potentiel chimique

Nous avons vu que la notion d'énergie de Fermi est utile pour définir le potentiel d'électrode. Cependant, du point de vue du chimiste, qui manipule des quantités de matières de l'ordre de la mole, il est plus commode de raisonner en termes d'énergie molaire, donc de potentiel chimique.

On introduit donc le potentiel chimique de l'électron μ_e dans la phase métallique :

$$\mu_e = N_a E_{F,0} \tag{1.10}$$

et l'on peut écrire par analogie :

$$N_a E_{F,0}^{redox} (= \mu_e^s) = \frac{1}{n}(\nu_R \mu_R - \nu_O \mu_O) \tag{1.11}$$

où μ_k représente le potentiel chimique de l'espèce k, N_a le nombre d'Avogadro.

L'équation (1.10) découle du fait que le potentiel chimique n'est autre que la conversion d'une énergie absolue en une énergie molaire[1]. En l'absence de potentiel électrostatique, l'énergie de Fermi par mole d'électrons se confond avec le potentiel chimique de l'électron.

Remarque

Dans le cas d'espèces chargées, nous appellerons « potentiel chimique » de l'espèce, la contribution chimique à l'énergie interne molaire, *i.e.* en l'absence de potentiel électrostatique. Ainsi la prise en compte de l'énergie potentielle électrostatique se fait au travers du potentiel électrochimique (vide *infra*).

L'équation (1.11) traduit, toujours à l'échelle molaire, le fait que l'énergie de Fermi redox à potentiel nul est égale à l'énergie mise en jeu dans la conversion chimique de ν_O/n moles de O en ν_R/n moles de R. Le second terme de l'équation (1.11) représente *le potentiel chimique de l'électron (virtuel) en solution.*

1. À partir de $N_a = 6{,}02\ 10^{23}$ mol^{-1}, on obtient que 1 eV équivaut à environ 96 kJ.mol^{-1}.

1.5.2 Définition du potentiel électrochimique

La notion de potentiel électrochimique constitue l'équivalent de la notion de potentiel chimique, dans le cas où l'on a affaire à des espèces chargées soumises à un champ électrique. En effet, les espèces de charge z présentes au voisinage de l'interface M|S possèdent chacune une énergie potentielle électrostatique E_{el} que l'on peut exprimer sous la forme :

$$E_{el} = ze\Phi$$

À l'échelle molaire, il en résulte une contribution supplémentaire au potentiel chimique égale à $zF\Phi$, où $F = e{\cdot}N_a$ est la constante de Faraday[1], qui représente la charge (en valeur absolue) d'une mole d'électrons[2].

On peut ainsi définir le **potentiel électrochimique** $\tilde{\mu}_k$ de l'espèce k par la relation :

$$\boxed{\tilde{\mu}_k = \mu_k + z_k F\Phi} \tag{1.12}$$

Ainsi, le potentiel électrochimique est constitué de deux composantes : l'une est le potentiel chimique de l'espèce, l'autre est une contribution purement électrostatique liée à la charge z de l'espèce et au potentiel électrostatique Φ de la phase où elle se trouve.

Par extension, il est possible de définir **l'enthalpie libre électrochimique** $\tilde{G}$, par la relation similaire à celle liant potentiel chimique et enthalpie libre :

$$\tilde{G} = \sum_k n_k \tilde{\mu}_k \tag{1.13}$$

où n_k est le nombre de moles de l'espèce k.

Il en résulte que la variation d'enthalpie libre réactionnelle (à T et P constants) pour la réaction électrochimique symbolisée par :

$$\nu_O O + ne^- \rightleftarrows \nu_R R$$

s'écrit :

$$\Delta_r \tilde{G} = \left(\frac{\partial \tilde{G}}{\partial \xi}\right)_{T,P} = \sum_k \nu_k \tilde{\mu}_k \tag{1.14}$$

La notion de potentiel électrochimique est donc très utile car elle permet d'adapter le formalisme utilisé en thermodynamique chimique pour décrire les équilibres en phase homogène, à l'étude des réactions électrochimiques à l'interface M|S. Nous verrons dans le chapitre suivant l'utilisation de ce formalisme pour établir la condition d'équilibre électrochimique de l'interface.

1.5.3 Potentiel électrochimique de l'électron

L'équation (1.12) s'applique à toutes les espèces participant à l'équilibre électrochimique, donc en particulier à l'électron. Dans ce cas, on obtient pour le potentiel électrochimique de l'électron :

$$\tilde{\mu}_e = \mu_e - F\Phi_M \tag{1.15}$$

1. M. Faraday (1791-1867), physicien britannique.
2. $1\ F = 1{,}6\ 10^{-19} \times 6{,}02\ 10^{23} = 96\ 485$ C.mol^{-1}.

Compte tenu des équations (1.6) et (1.10), on obtient :

$$\tilde{\mu}_e = N_a E_F \qquad (1.16)$$

Ainsi, le potentiel électrochimique de l'électron représente simplement la conversion, à l'échelle molaire, de l'énergie de Fermi de l'électron dans le métal. En l'absence de potentiel dans la phase métallique, le potentiel électrochimique de l'électron se réduit à sa composante chimique μ_e, qui est une constante (à température fixée) qui ne dépend que de la nature chimique du métal.

1.6 La réaction électrochimique

Dans le paragraphe 4.2, nous avons vu que l'existence d'une différence de potentiel à l'équilibre pour l'interface électrode|électrolyte était liée à la différence des niveaux de Fermi de l'électron à potentiel nul dans les deux milieux (cf. équation 1.9). Ceci se traduit par une valeur particulière du potentiel d'électrode E_{eq} permettant de réaliser l'équilibre électrochimique, *i.e.* l'égalité des niveaux de Fermi de part et d'autre de l'interface : $E_F = E_F^{redox}$. Cette configuration de l'interface est représentée sur la figure 1.6, cas ❷.

Remarque

Par analogie avec la définition du niveau de Fermi dans une phase solide, on considérera le niveau de Fermi redox comme la moyenne des énergies des niveaux HO de la forme R et BV de la forme O. Il s'agit d'une approximation qui ne tient pas compte notamment des fluctuations de polarisation du solvant.

De façon schématique, on peut représenter les 3 situations possibles pour l'état de l'interface électrode|électrolyte :

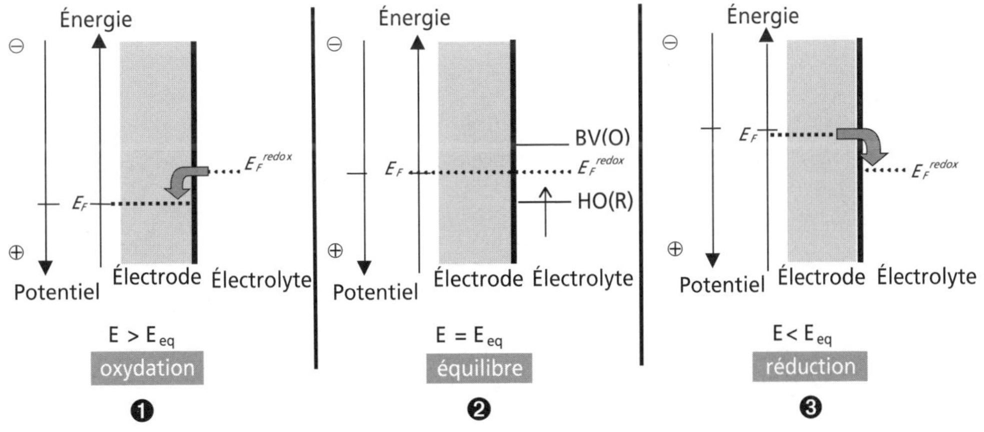

Figure 1.6 – Représentation schématique de l'interface électrode|électrolyte dans les 3 configurations possibles : équilibre (❷), oxydation prédominante (❶), réduction prédominante (❸).

L'application d'un potentiel d'électrode supérieur à la valeur d'équilibre (figure 1.6, cas ❶) entraîne l'abaissement du niveau de Fermi de l'électron dans l'électrode : il en résulte un transfert d'électrons de l'électrolyte vers l'électrode, donc une oxydation de l'espèce chimique, afin de ramener le niveau de Fermi redox au même niveau que le niveau de Fermi dans le métal[1]. *L'augmentation du potentiel d'électrode au-delà du niveau d'équilibre entraîne donc majoritairement une réaction d'oxydation de l'espèce chimique à l'interface.*

Inversement, l'abaissement du potentiel d'électrode par rapport à la valeur d'équilibre (figure 1.6, cas ❸) entraîne un transfert d'électrons de l'électrode vers l'électrolyte, d'où résulte la réduction de l'espèce chimique. *L'abaissement du potentiel d'électrode en deçà du niveau d'équilibre entraîne donc majoritairement une réaction de réduction de l'espèce chimique à l'interface.*

Nous voyons donc que le potentiel d'électrode constitue le paramètre de contrôle du sens de l'évolution de la réaction électrochimique : à partir d'une situation d'équilibre, il est possible de :

- favoriser la transformation de R en O en augmentant le potentiel d'électrode ;
- favoriser la transformation de O en R en diminuant le potentiel d'électrode.

1.7 Cellules électrochimiques

1.7.1 Cellules électrochimiques et potentiels d'électrode

a) Définitions

Le potentiel d'électrode absolu n'est pas mesurable ; cependant on peut, en associant deux interfaces électrode|électrolyte, mesurer un potentiel d'électrode relatif. Pour ce faire, on réalise une **cellule électrochimique** (cf. figure 1.7).

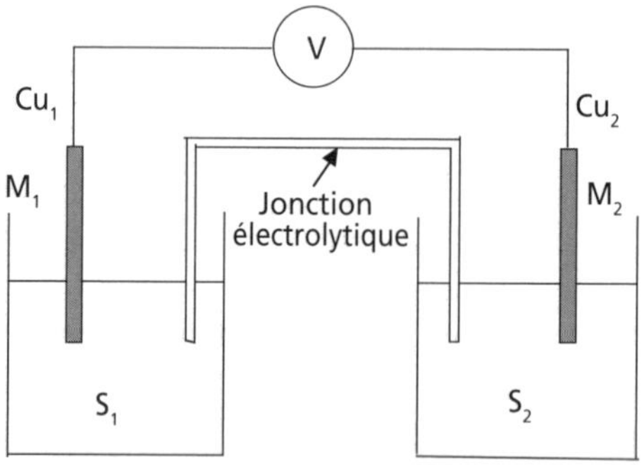

Figure 1.7 – Représentation d'une cellule électrochimique et mesure de la tension de cellule en circuit ouvert

1. Nous verrons dans le chapitre suivant que la position du niveau de Fermi redox dépend non seulement des formes O et R mais aussi de leur proportion relative : la conversion entre les formes O et R va donc modifier la position de ce niveau.

Une cellule électrochimique est constituée par l'association de deux interfaces électrode|électrolyte et de deux interfaces $métal_1|métal_2$ telles que représentées sur la figure 1.7 ci-dessus (on prendra dans la suite $métal_2 = Cu$). De plus, les deux électrolytes sont reliés par une jonction électrolytique (membrane, pont ionique, verre fritté) permettant le passage des ions d'un compartiment à l'autre.

La cellule ci-dessus est schématisée par l'écriture symbolique suivante :

$$Cu_1|M_1|S_1||S_2|M_2|Cu_2$$

dans laquelle le symbole | représente une interface électrode|électrolyte et le symbole || une jonction entre deux électrolytes.

b) Tension de cellule et potentiel d'électrode relatif

La tension U mesurée aux bornes de la cellule en circuit ouvert par le millivoltmètre s'exprime par :

$$\begin{aligned} U &= \Phi_{Cu_2} - \Phi_{Cu_1} \\ &= \left(\Phi_{Cu_2} - \Phi_{M_2}\right) + \left(\Phi_{M_2} - \Phi_{S_2}\right) + \left(\Phi_{S_2} - \Phi_{S_1}\right) + \left(\Phi_{S_1} - \Phi_{M_1}\right) + \left(\Phi_{M_1} - \Phi_{Cu_1}\right) \end{aligned}$$

Soit : $$U = E_2 - E_1 + E_j \qquad (1.17)$$

On reconnaît en effet, dans l'expression de U, les potentiels d'électrode E_1 et E_2 pour les interfaces $M_1|S_1$ et $M_2|S_2$. En outre, il apparaît un terme $E_j = (\Phi_{S2} - \Phi_{S1})$ appelé **potentiel de jonction.** Généralement, le potentiel de jonction est négligeable[1] devant la différence des potentiels d'électrode, d'où :

$$U \cong E_2 - E_1$$

U est appelée **tension de cellule en circuit ouvert,** mais on rencontre encore fréquemment la terminologie de « force électromotrice ».

Remarque

De façon générale, on écrit : $U = E_{droite} - E_{gauche}$, de sorte que la tension de cellule en circuit ouvert peut être positive ou négative. Cependant, on s'arrange pour représenter la cellule de sorte que U soit le plus souvent définie comme une quantité positive.

Ainsi, si l'un des potentiels d'électrode est connu, la mesure de la tension de cellule U permet de déduire l'autre. On peut ainsi construire une échelle de potentiels d'électrode relatifs, en choisissant une demi-cellule de référence. Celle-ci est constituée par **l'électrode standard à hydrogène (ESH)**, qui associe une électrode de platine platinée et une solution contenant des ions H^+_{aq} d'activité unitaire et du dihydrogène sous la pression standard ($P° = 1$ bar).

Par convention, le potentiel d'électrode de l'ESH est pris égal à 0,00 V à toute température, de sorte que la valeur du potentiel d'électrode se confond avec la tension de cellule en circuit ouvert lorsque la demi-cellule de gauche est l'ESH.

1. Le potentiel de jonction peut être rendu négligeable en utilisant comme électrolyte un sel concentré d'anion et de cation de mobilités voisines (cf. chap. 3, § 5.2)

Remarque

On peut remarquer que l'ESH est une électrode de référence virtuelle : en effet, l'état standard d'un soluté est l'état hypothétique dans lequel le soluté est à la concentration de 1 mol·L^{-1} et se comporte de manière idéale, c'est-à-dire comme en solution infiniment diluée. On ne peut donc pas réaliser directement une solution d'ions H^+_{aq} d'activité unitaire. Toutefois, on peut déterminer le potentiel relatif d'une ESH (par rapport à une autre référence) de manière indirecte, par extrapolation à concentration nulle du potentiel d'une électrode réelle. En pratique, on utilisera donc préférentiellement d'autres électrodes de référence, plus faciles à mettre en œuvre, dont la composition sera détaillée plus loin (cf. chap. 6).

Exemple

Échelle de potentiels standard d'électrode pour les métaux usuels

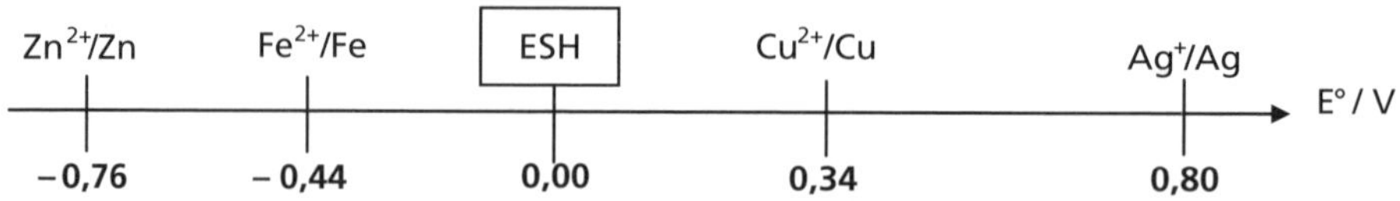

On peut étendre la notion de potentiel d'électrode relatif au cas où le réducteur du couple n'est pas un métal, mais une espèce chimique en solution. Dans ce cas, on définira le *potentiel redox* du couple comme le potentiel d'électrode relatif mesuré pour la demi-cellule constituée par l'association de ce couple redox avec un métal inerte servant de collecteur d'électron (en général le platine).

Exemple : $E(Fe^{3+}_{aq}/Fe^{2+}_{aq}) = E(Pt| \, Fe^{3+}_{aq}/Fe^{2+}_{aq})$.

c) Échelles d'énergie électronique et de potentiel d'électrode

Il est possible de relier l'échelle des potentiels d'électrode relatifs avec l'échelle des énergies électroniques. Ces deux échelles ont des origines différentes : le zéro de l'échelle des potentiels d'électrode est le potentiel de l'ESH, tandis que le zéro de l'échelle des énergies électroniques est l'énergie de l'électron dans le vide. Il suffit donc d'exprimer le potentiel d'électrode de l'ESH dans l'échelle des énergies électroniques.

Compte tenu de l'équation (1.9), on montre aisément qu'à l'équilibre, le potentiel d'électrode standard relatif à l'ESH $E°_{/ESH}$ s'exprime par :

$$E°_{/ESH} = \frac{-\left(E^{\circ redox}_{F,0} - E^{\circ ESH}_{F,0}\right)}{e}$$

On peut calculer $E^{\circ ESH}_{F,0}$ grâce à un cycle thermodynamique :

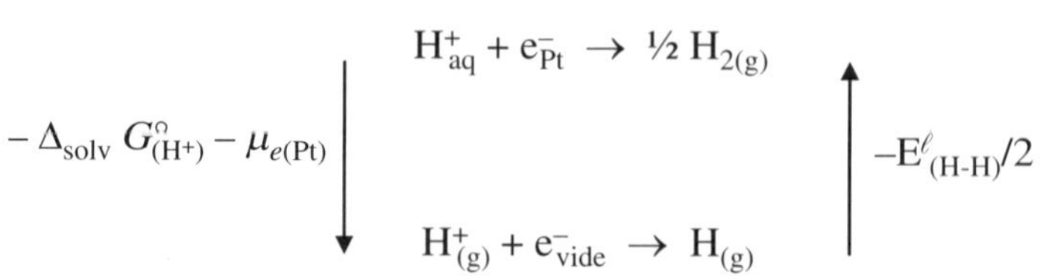

d'où l'on tire[1] :

$$E^{\circ ESH}_{F,0} = \left(\frac{1}{2}\mu^{\circ}_{H_2} - \mu^{\circ}_{H^+}\right) = -\left[\frac{1}{2}E^{\ell}_{(H-H)} + EI_{(H)} + \Delta_{solv}G^{\circ}_{(H^+)}\right]$$

$$\cong -(218 + 1310 - 1104) / 96{,}37 = -4{,}4\ eV$$

Ainsi, on obtient la relation permettant de convertir les potentiels d'électrode relatifs à l'ESH en énergies de Fermi absolues en solution :

$$E^{redox}_{F,0/eV} = -E_{/V} - 4{,}4$$

On peut donc établir la correspondance entre les valeurs de potentiel d'électrode mesurées par rapport à l'ESH et les valeurs d'énergie de Fermi redox mesurées par rapport au niveau d'énergie de l'électron dans le vide :

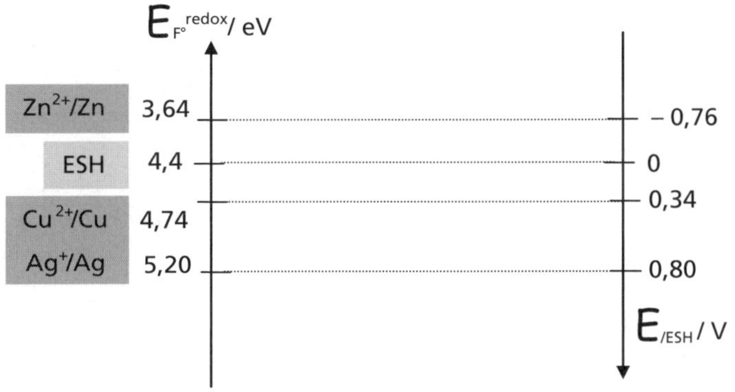

Le graphe ci-dessus montre que la force de l'oxydant augmente avec le potentiel, puisque l'électron se trouve d'autant plus stabilisé. *A contrario*, les niveaux d'énergie plus élevés correspondent à un caractère donneur accru : les meilleurs réducteurs seront donc associés aux potentiels d'électrode les plus bas.

1.7.2 Cellules galvaniques et électrolytiques

Considérons l'enchaînement suivant : $Cu_1|M_1|S_1(O_1,R_1)||S_2(O_2,R_2)|M_2|Cu_2$, symbolisant une cellule reliant deux compartiments contenant respectivement les couples O_1/R_1 et O_2/R_2.

On supposera arbitrairement : $E_2 > E_1$, soit $U = E_2 - E_1 > 0$.

a) Cellules galvaniques

Lorsqu'une cellule électrochimique, de tension de cellule en circuit ouvert U non nulle, est connectée à un circuit extérieur de résistance R_u non infinie, on observe le passage d'un courant : $i \approx U/R_u$ (cf. figure 1.8)[2].

1. Avec 1 eV = 96,37 kJ.mol^{-1}.
2. En négligeant la résistance interne de la cellule devant la résistance R_u.

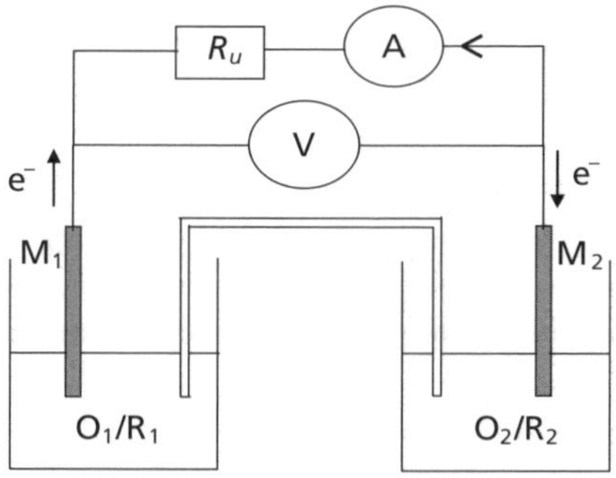

Figure 1.8 – **Représentation d'une cellule galvanique associant les couples O_1/R_1 et O_2/R_2 de potentiels d'électrode respectifs E_1 et E_2 avec $E_1 < E_2$.**

Du point de vue du fonctionnement de la cellule galvanique, on observe la réduction du côté du potentiel le plus élevé (réduction de O_2, meilleur oxydant que O_1) et l'oxydation du côté du potentiel le plus faible (oxydation de R_1, meilleur réducteur que R_2) conformément aux prévisions du §7.1. Ainsi, le compartiment 1 cède des électrons et le compartiment 2 en capte, la circulation entre les deux compartiments étant assurée par le circuit extérieur. Ceci correspond au sens de fonctionnement spontané de la cellule (*i.e.* $\Delta_r G < 0$ pour la réaction globale). L'énergie chimique de la réaction globale (proportionnelle à $\Delta_r G$) est ainsi convertie en énergie électrique ($R_u i^2 \Delta t$, où Δt est la durée de fonctionnement).

Conventionnellement, on appellera **cathode** le pôle de la cellule où se produit la **réduction**, et **anode** celui où se produit l'**oxydation**. Dans le cas de la cellule galvanique, le pôle positif joue le rôle de cathode et le pôle négatif celui d'anode.

Enfin, la fermeture du circuit requiert le passage d'ions entre les 2 compartiments au moyen de la jonction (pont ionique, membrane,...), afin de maintenir l'électroneutralité dans la solution après le changement de charge à l'électrode.

Des exemples de cellules galvaniques avec leurs caractéristiques principales seront détaillés au chapitre 11. Nous nous contenterons ici de mentionner les plus courants :

- pile Daniell[1] : $Zn|ZnSO_{4aq}||CuSO_{4aq}|Cu$
- pile Leclanché[2] « saline » : $Zn|ZnCl_{2aq},NH_4Cl_{aq}||MnOOH|MnO_2|C$
- pile « alcaline » : $Zn|ZnO||KOH_{aq}|\ MnOOH|MnO_2|C$

b) Cellules électrolytiques

Dans ce type de cellule, le sens des réactions aux électrodes est l'inverse de ce qu'il était dans la cellule galvanique (cf. figure 1.9).

Grâce au générateur de tension extérieur, on impose le sens de parcours des électrons pour permettre la réduction du moins bon oxydant (O_1) et l'oxydation du moins bon réducteur (R_2), autrement dit réaliser la réaction chimique dans le sens *non spontané* ($\Delta_r G > 0$ pour la réaction globale). L'énergie électrique fournie est convertie en énergie chimique :

1. J.F. Daniell (1790-1845), physicien britannique.
2. G. Leclanché (1839-1882), ingénieur français.

en théorie, il suffit d'appliquer aux bornes de la cellule une tension U au moins égale à la différence ΔE des potentiels d'électrode, pour réaliser l'électrolyse[1]. En pratique, il faut aussi tenir compte des surtensions aux électrodes et des pertes par effet Joule dues notamment à la résistance interne non nulle de la cellule et on a donc toujours : $U > \Delta E$.

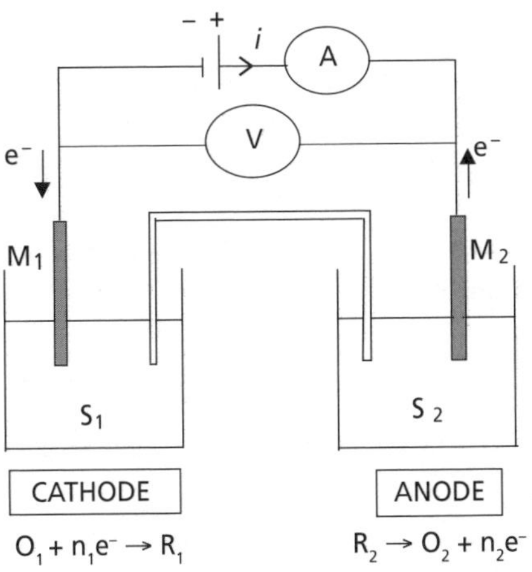

Figure 1.9 – Représentation d'une cellule électrolytique associant les couples O_1/R_1 et O_2/R_2 de potentiels redox respectifs E_1 et E_2 avec $E_1 < E_2$.

On remarquera que les deux compartiments jouent des rôles inversés par rapport au cas de la cellule galvanique : anode pour le pôle positif, cathode pour le pôle négatif. Des exemples de cellules électrolytiques avec leurs caractéristiques principales seront détaillés au chapitre 16. Citons ici les applications les plus importantes :

- synthèse en chimie minérale : chlore / soude (électrolyse de NaClaq) ;
- élaboration des métaux de haute pureté à partir de leurs sels : Cu, Zn, Ni (en solution aqueuse) ; Al, Na, Mg (en sel fondu) ;
- synthèse de l'adiponitrile[2] $NC–(CH_2)_4–CN$ à partir de l'acrylonitrile $CH_2=CH–CN$ (procédé Monsanto) ;
- raffinage électrolytique des métaux (Cu principalement) ;
- protection contre la corrosion : électrodéposition de couches minces de Zn, Cr, Ni,…à la surface de pièces métalliques.

c) Accumulateurs

Il s'agit d'une cellule électrochimique pouvant fonctionner à la fois dans le sens galvanique (lors de la décharge de l'accumulateur) et dans le sens électrolytique (lors de la charge).

1. L'énergie électrique fournie s'exprime par $U.i.\Delta t = U.nF$ *(n : nb de moles d'électrons),* tandis que l'énergie chimique s'exprime par $N\Delta_rG = nF\Delta E$ *(N = nombre de moles d'espèces converties).*
2. L'adiponitrile est ensuite réduit chimiquement en hexanediamine, précurseur de la synthèse du Nylon 6,6.

La réalisation d'un accumulateur requiert au minimum 3 états redox A, B et C, formant 2 couples A/B et B/C pour lesquels l'échange électronique est totalement réversible. Le fonctionnement global de l'accumulateur peut être schématisé par l'équation :

$$A + C \underset{charge}{\overset{décharge}{\rightleftarrows}} B$$

Au cours de la décharge, la cellule fonctionne dans le sens galvanique, et fournit de l'énergie électrique au milieu extérieur. Puis au cours de la charge, la cellule fonctionne dans le sens électrolytique, afin de régénérer les espèces électroactives A et C, dans chaque compartiment.

Dans l'exemple le plus courant d'accumulateur, celui au plomb[1], les états A, B et C correspondent respectivement aux espèces $Pb_{(s)}$, $PbSO_{4(s)}$ et $PbO_{2(s)}$. La représentation symbolique de l'accumulateur est :

$$- Pb|PbSO_4||H_2SO_4||PbSO_4|PbO_2|Pb +$$

Le bilan de fonctionnement et les performances de cet accumulateur seront détaillés au chapitre 11.

Bibliographie

J. Sarrazin et M. Verdaguer, *L'oxydoréduction*, Ellipses, 1998, chap. 1.

B. Trémillon, *Électrochimie analytique et réactions en solution*, tome 2, Masson, 1997, chap. 8.

A.-J. Bard and L.-R. Faulkner, *Electrochemical Methods, Fundamentals and Applications,* Wiley, 2001, chap. 1.

H. H. Girault, *Électrochimie physique et analytique*, 2e éd., Presses Polytechniques et Universitaires Romandes, 2007, chap. 1.

M. Laing, *J. Chem. Ed.*, vol. 80 (9), 2003 p. 1057.

D. Devilliers, E. Mahé, *L'actualité chimique,* 2003, p.31.

V. Bertagna, M. Chemla, *L'indispensable en électrochimie*, Bréal.

C. Lefrou, P. Fabry, J.-C. Poignet, *L'électrochimie : fondamentaux avec exercices corrigés,* Grenoble Sciences, 2009, chap. 1.

Internet

http://hyperphysics.phy-astr.gsu.edu/hbase/chemical/echemcon.html

1. Mis au point en 1859 par G. Planté (1834-1889), ingénieur français.

2 ASPECTS THERMODYNAMIQUES DE LA RÉACTION ÉLECTROCHIMIQUE

Dans le chapitre 1, nous avons introduit les concepts de base permettant de comprendre, de façon qualitative, comment évolue un système électrochimique. L'objectif de ce chapitre est d'apporter une description plus quantitative des phénomènes qui se produisent à l'interface entre une électrode et un électrolyte. La stratégie consiste à adapter aux systèmes électrochimiques les lois bien connues de la thermodynamique des réactions chimiques en phase homogène (solution). Pour ce faire, il convient de garder à l'esprit une différence fondamentale entre les deux situations : les phases en présence dans le cas d'une réaction électrochimique sont chargées. La conséquence est, qu'en plus des variables habituelles permettant de décrire l'état d'un système chimique (pression, température, composition), nous devrons également tenir compte du potentiel électrostatique de chacune des phases en présence. Enfin, nous décrirons brièvement les processus non faradiques conduisant à une réorganisation des charges à l'interface électrode/électrolyte.

2.1 PROCESSUS FARADIQUES ET NON FARADIQUES

Dans le chapitre 1, nous avons considéré la réaction électrochimique comme un transfert d'électron(s) à l'interface entre un métal et un électrolyte, entraînant une modification de la composition chimique de ce dernier. Lorsque la polarisation de l'interface M|S conduit, via un transfert d'électron, à une conversion d'une forme oxydée en une forme réduite (ou inversement), on parle de **processus faradiques**. Cela sous-entend que ce processus suit **la loi de Faraday**[1], qui stipule que la quantité de matière convertie par la réaction électrochimique est proportionnelle à la quantité d'électricité Q ayant traversé l'interface :

Nombre de moles converties = $\nu Q/nF$

1. Il existe en réalité plusieurs lois de Faraday, dont une en électrodynamique reliant flux d'induction et champ électrique.

Cette relation traduit simplement la stœchiométrie de l'équation (E), puisque Q/F n'est autre que le nombre de moles de charges ayant traversé l'interface.

Remarque

On peut noter que le même type de relation s'applique plus généralement pour calculer la quantité d'électricité Q équivalente à une population de n moles d'espèces chargées, que celles-ci aient été produites par une réaction électrochimique, ou par n'importe quelle transformation (dissolution d'un sel par exemple).

Cependant, le passage d'une certaine quantité d'électricité à l'interface électrode|électrolyte n'entraîne pas nécessairement une transformation chimique de O en R ou inversement. En effet, l'existence d'une différence de potentiel à l'interface ($\Phi_M - \Phi_S$) entraîne une certaine répartition des charges de part et d'autre de l'interface, de manière similaire à ce que l'on observe dans un condensateur. Dans ce cas, il se peut que la modification de la différence ($\Phi_M - \Phi_S$) n'entraîne pas de transfert d'électron au travers de l'interface M|S, mais simplement *une réorganisation de la répartition des charges au voisinage de cette interface* : on parle alors de **processus non faradiques**.

L'étude des processus non faradiques peut être réalisée lorsque l'électrode se comporte comme une Électrode Idéalement Polarisée (EIP), *i.e.* lorsqu'il existe une plage de potentiel où aucune réaction redox n'a lieu au travers de l'interface : c'est le cas par exemple d'une électrode de platine en contact avec une solution aqueuse, ne comportant pas d'autres espèces électroactives que le solvant lui-même : la plage de potentiel où l'électrode est une EIP est alors celle qui encadre les potentiels de réduction et d'oxydation du solvant.

La modélisation des processus non faradiques requiert une description de l'interface au niveau microscopique. Du côté du métal, on sait, d'après le théorème de Gauss, qu'il ne peut y avoir *d'excès de charge qu'en surface*. Ainsi, selon la valeur de Φ_M, et la nature du métal, il existera un excès de charge positif ou négatif du côté métallique de l'interface. L'interface étant globalement neutre, cet excès de charge doit être compensé du côté de la solution. La question qui se pose est de savoir de quelle manière l'excès de charge positif ou négatif, destiné à compenser celui qui apparaît à la surface du métal, se répartit dans l'électrolyte. La réponse à cette question fait l'objet du paragraphe suivant.

2.2 Processus non faradiques : modélisation de la double couche

Nous avons vu précédemment que l'interface M|S est généralement polarisée, c'est-à-dire qu'il existe un excès de charge positif d'un côté de l'interface et négatif de l'autre côté : on parle alors de **double couche électrochimique**.

Afin de connaître la structure de cette double couche, *i.e.* la répartition des charges de part et d'autre de l'interface M|S, en fonction de la différence de potentiel interfaciale ($\Phi_M - \Phi_S$), différents modèles ont été proposés. Nous allons en détailler les principales caractéristiques dans ce paragraphe.

2.2.1 Modèle de Helmholtz[1]

Ce modèle fut proposé en 1879. Il s'agit d'un modèle très simple, dans lequel l'excès de charge du côté de l'électrolyte est réparti de manière uniforme en vis-à-vis de celui du métal, à une distance x_H de l'interface (cf. figure 2.1).

L'interface se comporte alors comme un condensateur plan, de capacité surfacique $C_H = \varepsilon / x_H$, où ε désigne la constante diélectrique de la solution. La variation du potentiel au voisinage de l'interface est donc linéaire entre les valeurs Φ_M en $x = 0$ et Φ_S en $x = x_H$.

La principale limitation de ce modèle est de ne faire intervenir ni la concentration de l'électrolyte ni la tension interfaciale dans l'expression de la capacité de double couche, ce qu'infirment les résultats expérimentaux.

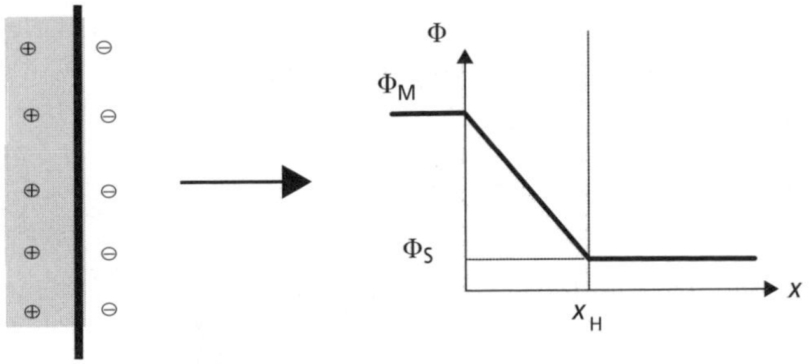

Figure 2.1 – **Représentation de la répartition des charges et du profil de potentiel à l'interface dans le modèle de Helmholtz.**

2.2.2 Modèle de Gouy-Chapman

Ce modèle, proposé en 1913 par Gouy et Chapman[2], considère que l'excès de charge du côté de l'électrolyte se répartit dans une certaine zone de l'espace, dont l'épaisseur caractéristique ℓ_D est appelée longueur de Debye[3]. À la différence du modèle de Helmholtz, qui suppose une double couche *compacte*, le modèle de Gouy-Chapman prévoit une double couche *diffuse*, où la chute de potentiel interfaciale s'atténue progressivement en fonction de la distance.

Remarque

La notion de *couche diffuse* ne doit pas être confondue avec celle de *couche de diffusion* (cf. chapitre 4) ; il faut comprendre cette notion comme une zone de transition où la distribution de charges tend graduellement vers une situation de répartition homogène.

1. H. von Helmholtz (1821-1894), physicien allemand.
2. L.G. Gouy (1854-1926), physico-chimiste français, D.L.Chapman (1869-1958), physico-chimiste britannique.
3. P. Debye (1884-1966), physico-chimiste néerlandais, naturalisé américain (Prix Nobel de chimie, 1936).

Les équations de base permettant d'obtenir la variation du potentiel Φ en fonction de la distance x à l'interface sont :

- l'équation de Poisson[1], reliant le potentiel Φ à la concentration volumique de charges ρ, dont l'expression, pour une variation unidimensionnelle, est :

$$\frac{\partial^2\Phi}{\partial x^2} = -\frac{\rho}{\varepsilon} \tag{2.1}$$

- l'expression de la concentration volumique de charges du côté de l'électrolyte en fonction du potentiel ; en supposant une répartition des charges suivant une statistique de Boltzmann[2], on obtient dans le cas d'un électrolyte (z:z) de concentration molaire C^*:

$$\rho(x) = \rho_0\left[\exp\left(\frac{-zF(\Phi(x) - \Phi_S)}{RT}\right) - \exp\left(\frac{+zF(\Phi(x) - \Phi_S)}{RT}\right)\right] \tag{2.2}$$

avec : $\rho_0 = zFC^*$: concentration volumique de charge au sein de l'électrolyte

$\Phi_S = \Phi_{(x \to \infty)}$: potentiel au sein de la solution

$\Phi_M = \Phi_{(x = 0)}$: potentiel du métal

Par ailleurs, la condition d'électroneutralité de la solution impose : $\left(\frac{\partial\Phi}{\partial x}\right)_{x\to\infty} = 0$

La résolution des deux équations (2.1) et (2.2), avec les conditions aux limites ci-dessus[3], conduit à :

$$\frac{d\Phi}{dx} = -\sqrt{\frac{8RT}{\varepsilon}C^*}\,\sinh\left[\frac{zF}{2RT}(\Phi - \Phi^S)\right] \tag{2.3}$$

L'équation (2.3) s'intègre sous la forme :

$$\int_{\Phi^M-\Phi^S}^{\Phi} \frac{d\Phi}{\sinh\left[\frac{zF}{2RT}(\Phi - \Phi^S)\right]} == -\sqrt{\frac{8RT}{\varepsilon}C^*}\,x$$

ce qui donne[4] pour $\Phi(x)$:

$$\frac{\tanh\left[\frac{zF\Phi_{(x)}}{4RT}\right]}{\tanh\left[\frac{zF(\Phi_M - \Phi_S)}{4RT}\right]} = \exp(-\kappa x) \tag{2.4}$$

---

1. S. Poisson (1781-1840), mathématicien français.
2. L. Boltzmann (1844-1906), physicien autrichien.
3. En utilisant les relations mathématiques : $\frac{d^2\Phi}{dx^2} = \frac{1}{2}\frac{d}{d\Phi}\left(\frac{d\Phi}{dx}\right)^2$ et $\cosh(2x) - 1 = 2\sinh^2 x$
4. En utilisant la relation mathématique : $\frac{1}{\sinh 2x} = \frac{1}{2}\frac{d}{dx}(\ln\tanh x)$

avec :

$$\kappa = 1/\ell_D = F\sqrt{\frac{2C^*}{\varepsilon RT}} \quad (2.5)$$

ℓ_D s'appelle la longueur de Debye. Elle traduit l'étendue spatiale de la chute de potentiel interfaciale.

L'équation (2.4) se simplifie, pour les valeurs suffisamment faibles[1] de $(\Phi_M - \Phi_S)$, en :

$$\Phi(x) \approx [\Phi_M - \Phi_S]\exp\left(-\frac{x}{\ell_D}\right) \quad (2.6)$$

Ainsi, les équations (2.5)-(2.6) montrent que la chute de potentiel à l'interface sera d'autant plus localisée que la longueur de Debye sera faible, donc que l'électrolyte sera concentré et la constante diélectrique du solvant sera faible[2] (cf. figure 2.2).

Pour l'eau ($\varepsilon \approx 80\varepsilon_0$ avec ε_0 : permittivité du vide) en présence d'un électrolyte 1:1 à 0,1 mol·L^{-1}, l'ordre de grandeur de la *longueur de Debye est de 1 nm environ, i.e.* que le potentiel électrostatique est sensiblement uniforme au-delà de cette épaisseur.

Dans le modèle de Gouy-Chapman, la capacité surfacique de la double couche n'est plus une constante, à la différence du condensateur plan, mais dépend de la différence de potentiel interfaciale.

On définit alors la *capacité différentielle de double couche* C_{dc} :

$$C_{dc} = \frac{\partial \sigma_M}{\partial(\Phi_M - \Phi_S)} \quad (2.7)$$

$$\text{Or : } \sigma^M = -\int_0^\infty \rho_{(x)}\,dx = -\varepsilon\left[\frac{d\Phi}{dx}\right]_{(x=0)} = \sqrt{8RT\varepsilon C^*}\,\sinh\left[\frac{zF}{2RT}(\Phi^M - \Phi^S)\right] \quad (2.8)$$

Des équations (2.7)-(2.8), on tire l'expression de la capacité surfacique différentielle :

$$C_{dc} = zF\sqrt{\frac{2\varepsilon C^*}{RT}}\,\cosh\left[\frac{zF}{2RT}(\Phi^M - \Phi^S)\right] \quad (2.9)$$

Cette capacité est typiquement[3] de l'ordre de la centaine de µF·cm^{-2} pour l'interface entre un métal et un électrolyte aqueux à 0,1 mol·L^{-1}. Elle est minimale pour une valeur particulière de la différence du potentiel d'électrode que l'on appelle **potentiel de charge nulle (PCN) :** pour cette valeur particulière, l'interface est non chargée ($\sigma = 0$).

Lorsqu'on compare les prévisions du modèle de Gouy-Chapman aux résultats expérimentaux, on constate un bon accord au voisinage du PCN, mais des différences importantes au-delà, d'où la nécessité d'affiner encore ce modèle.

---

1. pour $(\Phi_M - \Phi_S) << 4RT/zF \approx 100/z$ mV à 298 K et en utilisant : $\tanh x \rightarrow x$ quand $x \rightarrow 0$
2. Dans ce cas en effet, les charges sont peu écrantées et la zone de charge d'espace nécessairement très réduite.
3. La capacité au PCN vaut $\left(228z\sqrt{C^*_{(molL^{-1})}}\right)$ F.cm^{-2} pour un électrolyte aqueux à 298 K.

Remarque

Une limitation du modèle de Gouy-Chapman provient de la croissance non limitée de la capacité différentielle de double couche : en effet, dans ce modèle les charges sont considérées comme ponctuelles et peuvent donc s'approcher au plus près de l'électrode.

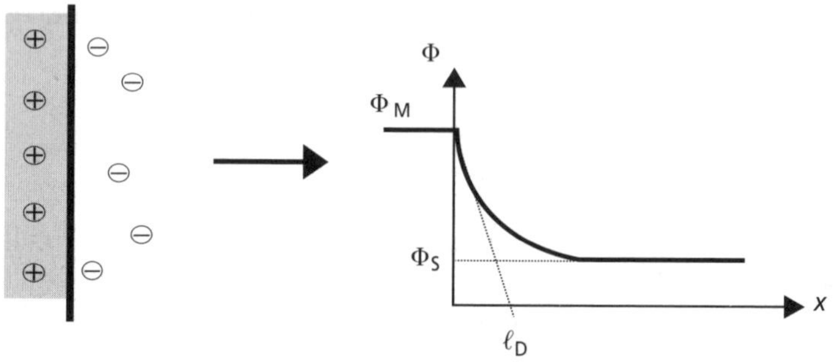

Figure 2.2 – **Représentation de la répartition des charges et du profil de potentiel à l'interface dans le modèle de Gouy-Chapman.**

2.2.3 Modèle de Stern[1]

Ce modèle, proposé en 1924, peut être considéré comme la « juxtaposition » des deux précédents : il postule l'existence d'une couche compacte à l'interface (type Helmholtz) ainsi que d'une couche diffuse (type Gouy-Chapman) au-delà de la couche compacte, jusqu'à la zone de potentiel uniforme.

Le profil de potentiel se déduit donc directement des résultats précédents : on observe une variation linéaire entre $x = 0$ et $x = x_H$, suivie d'une décroissance exponentielle pour $x > x_H$ (*cf.* figure 2.3).

La capacité de double couche résulte de la mise en série de deux condensateurs : l'un correspondant à la couche compacte (C_H), l'autre à la couche de Gouy-Chapman (C_{GC}). On a donc :

$$\frac{1}{C_{dc}} = \frac{1}{C_H} + \frac{1}{C_{GC}} \qquad (2.10)$$

La capacité de Gouy-Chapman ne joue un rôle qu'au voisinage du PCN (là ou elle est minimale), tandis que la capacité de Helmholtz est prédominante loin du PCN et aux concentrations d'électrolyte élevées. Dans ces conditions, il est important de mentionner que la chute de potentiel est localisée principalement dans la couche compacte, zone d'épaisseur inférieure à l'angström. Les champs électriques générés sont donc très importants (de l'ordre de 10 MV·cm^{-1}).

1. O. Stern (1888-1969), physicien américain d'origine allemande (prix Nobel de Physique, 1943).

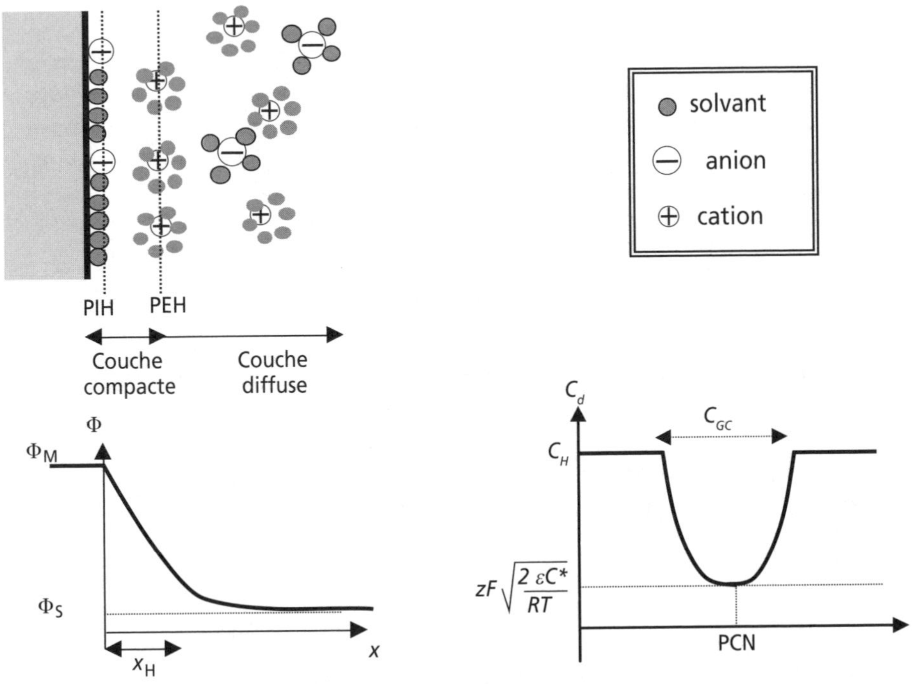

Figure 2.3 – **Représentation de la double couche électrochimique et du profil de potentiel dans le modèle de Stern : on observe une couche compacte de capacité équivalente de type Helmholtz C_H, et une couche diffuse de capacité équivalente de type Gouy-Chapman C_{GC}.**

Enfin, il est possible de proposer une interprétation microscopique de ce modèle. La couche compacte peut être divisée en deux zones (*cf.* figure 2.3) ; la première correspond à la distance entre l'interface et le **plan interne de Helmholtz** (PIH), qui correspond au lieu des premières molécules de solvant, et, le cas échéant, des ions spécifiquement adsorbés (les ions non solvatés les plus proches de l'interface)[1]. La seconde zone de la couche compacte est celle qui se poursuit jusqu'au **plan externe de Helmholtz** (PEH), lieu des ions solvatés les plus proches de l'interface (généralement des cations). La couche diffuse s'étend enfin au-delà du PEH, jusqu'à l'endroit de la solution où le potentiel est à nouveau uniforme.

2.2.4 Mesure de la capacité de double couche et du PCN

Les premières mesures de capacité de double couche ont été réalisées par Lipmann[2] en 1875 sur l'électrode à gouttes de mercure. Elles sont obtenues à partir des **courbes électrocapillaires** (*cf.* figure 2.4), qui décrivent la variation de la tension superficielle γ du mercure en fonction du potentiel appliqué à l'électrode.

1. Dans le cas de solutions aqueuses, ces ions sont principalement des anions, car ils sont moins bien solvatés que les cations.
2. G. Lippmann (1845-1921), physicien français (Prix Nobel de physique, 1908).

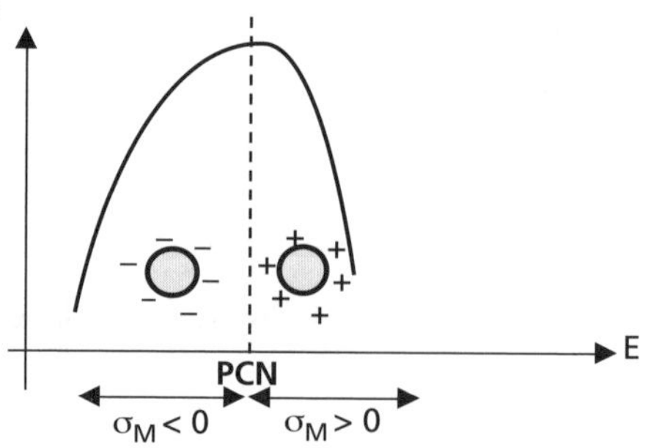

Figure 2.4 – **Exemple de courbe électrocapillaire sur électrode à gouttes de mercure : variation de la tension superficielle γ en fonction du potentiel appliqué.**

La concentration surfacique de charge du métal σ_M et la capacité différentielle de double couche C_{dc} se déduisent des équations suivantes :

$$\sigma_M = -\left(\frac{\partial \gamma}{\partial E}\right)_{T,P,\mu_k} \tag{2.11}$$

$$C_{dc} = \frac{\partial \sigma_M}{\partial E} = -\left(\frac{\partial^2 \gamma}{\partial E^2}\right)_{T,P,\mu_k} \tag{2.12}$$

Remarque 1

L'équation (2.11) peut s'obtenir facilement à partir de l'équation de Gibbs[1] : $d\gamma = -\sum \Gamma_k d\tilde{\mu}_k$, (avec Γ_k = concentration surfacique de k), laquelle constitue l'expression de la relation de Gibbs-Duhem en tenant compte de la tension interfaciale γ de l'interface M|S.

Remarque 2

L'équation (2.12) est à rapprocher de l'équation de (2.7), le potentiel d'électrode E étant une fonction linéaire de la tension interfaciale de Galvani.

La courbe électrocapillaire met en évidence les zones de potentiel où l'électrode est respectivement chargée négativement (potentiels les plus bas) et positivement (potentiels les plus élevés) de part et d'autre du PCN. La tension de surface diminue d'autant plus vite que les interactions entre l'électrode et les anions de l'électrolyte sont importantes. La nature du cation influe peu sur la distribution de charge, ce qui confirme la validité de la structure postulée pour la double couche dans le modèle de Stern.

1. J.W. Gibbs (1839-1903), physico-chimiste américain.

2.3 L'ÉQUILIBRE ÉLECTROCHIMIQUE DE L'INTERFACE MÉTAL|SOLUTION

Dans cette partie, nous allons revenir sur la réaction d'échange d'électrons à l'interface mettant en jeu une conversion oxydant-réducteur, afin d'en décrire les caractéristiques thermodynamiques. Pour ce faire, nous utiliserons le concept de potentiel électrochimique introduit dans le chapitre 1.

2.3.1 Rappels sur les équilibres chimiques en phase homogène

La condition d'équilibre chimique en phase homogène (pour un système en équilibre thermique, mécanique, électrique etc.) peut être établie à partir de deux variables thermodynamiques : l'enthalpie libre G, variable d'état du système, ou le potentiel chimique μ_k de l'espèce k, qui permet de quantifier la contribution de chaque espèce à l'enthalpie libre du système.

La relation entre ces deux variables est :

$$G = \sum_k n_k \mu_k \tag{2.13}$$

où n_k désigne le nombre de moles de l'espèce k.

Dans le cas d'un équilibre chimique liant les k espèces, on peut exprimer la variation d'enthalpie libre molaire réactionnelle[1] $\Delta_r G$ (à T et P constants) en fonction des potentiels chimiques μ_k par la relation :

$$\Delta_r G = \sum_k \nu_k \mu_k \tag{2.14}$$

où ν_k représente le coefficient stœchiométrique (algébrique) de l'espèce k.

La condition d'équilibre chimique (à température et pression fixées) s'écrit alors :

$$\boxed{\Delta_r G = \sum_k \nu_k \mu_k = 0} \tag{2.15}$$

Le potentiel chimique s'exprime en fonction de l'activité a_k de l'espèce k considérée par :

$$\mu_k = \mu_k^\circ + RT \ln a_k \tag{2.16}$$

où μ_k° est le potentiel chimique standard de l'espèce k.

Remarque

Rappelons que l'activité a_k est égale à la pression partielle P_k de k, exprimée en bar (cas d'un gaz parfait) ou à la fraction molaire x_k de k (cas d'un mélange idéal). Dans le cas des solutions, l'activité du soluté est égale à sa concentration C_k, exprimée

1. Rappelons que la variation d'enthalpie libre molaire est défini par : $\Delta_r G = \left(\frac{\partial G}{\partial \xi}\right)_{T,P}$ où ξ représente l'avancement de la réaction chimique.

en mol·L^{-1}, à condition que la solution soit suffisamment diluée pour que tous les types d'interaction (soluté-solvant, soluté-soluté et solvant-solvant) puissent être considérés comme identiques (solution idéale). L'état standard du soluté correspond alors à l'état hypothétique du soluté pris à la concentration de 1 mol·L^{-1} mais présentant le comportement idéal (*i.e.* celui d'une solution infiniment diluée). L'écart à l'idéalité est mesuré par l'introduction d'un coefficient de proportionnalité γ_k entre l'activité et la grandeur caractéristique (P_k, x_k ou C_k) et tel que $\gamma_k \to 1$ lorsqu'on tend vers l'idéalité.

La combinaison des équations (2.15) et (2.16) conduit alors à l'expression de la condition d'équilibre donnée par la relation de Guldberg et Waage :

$$\prod_k (a_k)^{\nu_k} = K_{eq} = \exp\left(-\frac{\Delta_r G^\circ}{RT}\right) \tag{2.17}$$

avec : $\Delta_r G^\circ = \sum_k \nu_k \mu_k^\circ$

K_{eq} est la constante d'équilibre de la réaction, qui ne dépend que de la température.

2.3.2 Condition d'équilibre électrochimique

Considérons la réaction électrochimique à l'interface électrode|électrolyte, symbolisée par l'écriture générique suivante :

$$\sum_O \nu_O O + ne^- \rightleftarrows \sum_R \nu_R R \tag{E}$$

Dans cette équation, la somme tient compte de toutes les espèces oxydantes et réductrices participant à l'échange d'électrons. Nous supposerons dans la suite que ces espèces sont présentes en solution, mais la même démonstration s'applique sans cette hypothèse, par exemple si R est le matériau d'électrode.

Le chapitre 1 nous a permis de définir la notion de *potentiel électrochimique*, et nous avons vu que le principal intérêt de cette notion réside dans la possibilité d'utiliser le même formalisme thermodynamique que pour décrire des équilibres entre espèces non chargées. Ainsi, nous pouvons exprimer la condition d'équilibre électrochimique à l'interface M|S en utilisant les potentiels électrochimiques des différentes espèces O, R et e$^-$, sous la forme suivante, analogue de l'équation (2.15) :

$$\boxed{\Delta_r \tilde{G} = \sum_k \nu_k \tilde{\mu}_k = 0} \tag{2.18}$$

Compte tenu de la définition du potentiel électrochimique (*cf.* chapitre 1), et en séparant, dans le terme électrostatique, la contribution des espèces en solution (O, R) et celle de l'électron, l'équation (2.18) devient :

$$\sum_k \nu_k \tilde{\mu}_k = \sum_k \nu_k \mu_k + F\left(\sum_{k \neq e^-} \nu_k z_k \Phi_S + n\Phi_M\right) = 0 \tag{2.19}$$

Or, la conservation de la charge au cours de la réaction électrochimique impose :

$$\left(\sum_{k \neq e^-} \nu_k z_k\right) + n = 0 \tag{2.20}$$

d'où, en reportant (2.20) dans (2.19) :

$$\sum_k \nu_k \mu_k = -nF(\Phi_M - \Phi_S)_{eq} \tag{2.21}$$

Le premier terme de l'équation (2.21) n'est autre que la variation d'enthalpie libre molaire réactionnelle $\Delta_r G$, associée à l'équilibre électrochimique[1]. Ainsi, la condition d'équilibre électrochimique à l'interface s'écrit :

$$\boxed{(\Phi_M - \Phi_S)_{eq} = \frac{-\Delta_r G}{nF} = \frac{-\sum_k \nu_k \mu_k}{nF}} \tag{2.22}$$

Remarque

Signalons au passage que ce résultat peut être également obtenu en exprimant la condition d'équilibre comme l'égalité des énergies de Fermi de part et d'autre de l'interface : il s'agit de l'équation (1.9) du chapitre 1 :

$$(\Phi_m - \Phi_s)_{eq} = \frac{E_{F,0}^{redox} - E_{F,0}}{-e}$$

Dans ce cas, compte tenu des relations entre les énergies de Fermi à potentiel nul et les potentiels chimiques des différentes espèces (*cf.* équations (1.10) et (1.11)), on obtient immédiatement pour la réaction O + ne^- → R :

$$(\Phi_M - \Phi_S)_{eq} = \frac{\frac{1}{n}(\mu_R - \mu_O) - \mathsf{N_a} E_{F,0}}{-F} = \frac{\frac{1}{n}(\mu_R - \mu_O) - \mu_e}{-F} = \frac{-\Delta_r G}{nF}$$

L'équation (2.22) montre donc que l'équilibre de l'interface est atteint pour une valeur particulière de la tension interfaciale, telle que la variation d'énergie (molaire) *d'origine électrostatique* compense exactement la variation d'énergie (molaire) *d'origine chimique.*

1. Cette grandeur inclut le potentiel chimique de l'électron, considéré comme une espèce à part entière, puisqu'apparaissant dans l'équation bilan de la réaction électrochimique.

2.4 Expression du potentiel d'électrode à l'équilibre électrochimique : loi de Nernst

2.4.1 Établissement de la loi de Nernst[1]

Compte tenu de la condition d'équilibre électrochimique exprimée par l'équation (2.22) et de l'expression générale du potentiel chimique de l'espèce k donnée par la relation (2.16), il est désormais aisé d'établir l'expression de la tension de Galvani à l'équilibre :

$$(\Phi_M - \Phi_S)_{eq} = \frac{-\sum_k \nu_k \mu_k^\circ - RT\sum_k \nu_k \ln a_k}{nF} = \frac{-\sum_k \nu_k \mu_k^\circ}{nF} - \frac{RT}{nF}\ln\left(\prod_k a_k^{\nu_k}\right) \quad (2.23)$$

Le premier terme du second membre de l'équation (2.23) peut se mettre sous la forme $-\Delta_r G°/nF$, que l'on définit comme la tension de Galvani standard $\Delta\Phi^\circ$ du couple O/R considéré, en accord avec l'équation (2.22). Ainsi, l'équation (2.23) peut être réécrite sous la forme :

$$\Delta\Phi_{eq} = \Delta\Phi^\circ - \frac{RT}{nF}\ln\left(\prod_k a_k^{\nu_k}\right) \quad (2.24)$$

On peut aisément exprimer cette équation en terme de potentiel d'électrode relatif en lieu et place de la tension de Galvani. Il suffit pour cela de considérer une cellule électrochimique dans laquelle la demi-cellule de gauche est l'ESH :

$$Cu_1|ESH||(O/R)|M|Cu_2$$

Par définition, la tension en circuit ouvert pour une telle cellule vaut :

$$U = \Phi_{Cu_2} - \Phi_{Cu_1} = E_{(O/R)} - E_{ESH} + E_j \cong E_{(O/R)} - E_{ESH}$$

et, compte tenu de l'équation (2.24), on peut écrire :

$$\boxed{E_{(O/R)} = E^\circ_{(O/R)} + \frac{RT}{nF}\ln\frac{\prod_O a_O^{\nu_O}}{\prod_R a_R^{\nu_R}}} \quad (2.25)$$

avec :

$$E^\circ_{(O/R)} = \Delta\Phi^\circ + (\Phi_{Cu} - \Phi_M) = \Delta\Phi^\circ - \frac{\left(\mu^\circ_{H^+} - \frac{1}{2}\mu^\circ_{(H_2)}\right)}{F} \quad (2.26)$$

$E_{(O/R)}$ représente le potentiel d'électrode relatif du couple O/R (*i.e.* le potentiel redox du couple) à l'équilibre et $E^\circ_{(O/R)}$ le potentiel standard correspondant.

1. W. Nernst (1864-1941) physico-chimiste allemand (prix Nobel de chimie, 1920)

Remarque

Les valeurs mesurées pour ces potentiels sont donc relatives à une référence, en l'occurrence l'ESH, c'est pourquoi leur expression fait intervenir les potentiels chimiques des espèces H^+_{aq} et $H_{2(g)}$ (voir 1.7.1 pour la valeur numérique du second terme dans (2.26)).

Ainsi, on aboutit finalement à l'équation (2.25) qui avait été établie empiriquement en 1889 par W. Nernst. Elle est donc communément appelée *loi de Nernst*, ou équation de Nernst.

2.4.2 Analogie avec la relation de Guldberg et Waage[1]

La loi de Nernst n'est autre que l'expression de la loi de Guldberg et Waage dans le cas des équilibres électrochimiques. Elle montre qu'il existe une relation entre le potentiel d'électrode et les activités de O et R, pour que l'équilibre soit réalisé à l'interface entre l'électrode et la solution contenant le couple O/R. Ce potentiel d'équilibre est la somme de deux termes : le premier est le potentiel standard du couple O/R, constante thermodynamique tabulée (fonction uniquement de la température), qui joue le même rôle vis-à-vis de l'équilibre électrochimique que la constante d'équilibre K_{eq} dans le cas des équilibres chimiques. Le second terme est une fraction dépendant des activités (donc des concentrations ou des pressions partielles selon les conditions) de l'oxydant et du réducteur : il s'agit du terme analogue au « quotient de la réaction » Q des équilibres chimiques. Ainsi, l'équation de Nernst constitue l'adaptation aux équilibres électrochimiques de la relation fondamentale des équilibres chimiques en phase homogène :

$$\Delta_r G = \Delta_r G^\circ + RT \ln Q = RT \ln \frac{Q}{K_{eq}} \tag{2.27}$$

La similarité des équations[2] (2.25) et (2.27) provient de la proportionnalité entre l'enthalpie libre réactionnelle $\Delta_r G$ et le potentiel d'électrode E, le signe « moins » ayant pour conséquence l'apparition *au numérateur* de l'équation de Nernst de l'activité du réactif (*l'oxydant*), contrairement à l'expression « habituelle » de Q.

2.4.3 Évolution de la réaction électrochimique par rapport à l'équilibre

Rappelons que, dans le cas des équilibres chimiques, l'évolution du système peut être prévue par la comparaison du quotient de la réaction Q à l'instant considéré et de la constante d'équilibre K_{eq}. On distingue trois situations :

- $Q = K_{eq}$: le système est à l'équilibre chimique ;
- $Q < K_{eq}$: le système évolue spontanément dans le sens « direct » de la réaction (en faveur des produits) jusqu'à un nouvel état d'équilibre ;
- $Q > K_{eq}$: le système évolue spontanément dans le sens « inverse » de la réaction (en faveur des réactifs) jusqu'à un nouvel état d'équilibre.

1. C. Guldberg (1836-1902), P. Waage (1833-1900), chimistes norvégiens.
2. Attention toutefois à ne pas oublier que l'équilibre électrochimique ne correspond pas à $\Delta_r G = 0$, mais à $\Delta_r \tilde{G} = 0$, à cause du terme électrostatique.

Il en est de même pour la réaction électrochimique : lorsque le rapport $a_O^{\nu O}/a_R^{\nu R}$ est *supérieur à sa valeur d'équilibre*, le système évolue dans le sens direct de la réaction électrochimique[1] : il y a majoritairement *réduction de O.* Au contraire, lorsque ce même rapport est *inférieur à sa valeur à l'équilibre*, le système évolue spontanément dans le sens inverse de la réaction électrochimique : il y a majoritairement *oxydation de R.*

Cependant, à la différence des équilibres en phase homogène, les quantités respectives des réactifs et produits ne sont pas les seuls paramètres permettant d'influer sur l'évolution du système : nous pouvons obtenir le même effet en jouant sur le potentiel d'électrode, comme cela avait été indiqué au chapitre 1, § 6.

Il avait été indiqué que l'imposition à l'interface d'un potentiel d'électrode E supérieur à sa valeur d'équilibre entraînait une évolution de la réaction électrochimique en faveur de l'oxydation. L'équation de Nernst confirme cette évolution, le raisonnement étant le suivant : afin d'élever son potentiel d'équilibre pour l'ajuster au potentiel imposé et atteindre un nouvel état d'équilibre, le couple O/R devra majoritairement transformer R en O, donc le système va évoluer dans le sens de l'oxydation.

2.4.4 Expression numérique de la loi de Nernst

Nous avons déjà indiqué que le potentiel d'équilibre était la somme de deux termes : le potentiel standard, grandeur caractéristique du couple O/R, et un terme dépendant des activités de O et de R de manière logarithmique. Il est donc important de connaître la valeur du facteur *RT/F* de façon à évaluer l'amplitude des variations du potentiel d'équilibre en fonction des variations des activités de O et R.

À température ambiante (25 °C), on obtient :

$$RT/F = 8{,}314 {*} 298/96485 = 0{,}0257 \text{ V}$$

On peut ainsi réécrire l'équation de Nernst sous la forme suivante[2], valable à 25 °C :

$$\boxed{E_{eq}(V) = E^\circ(V) + \frac{0{,}059}{n}\log\frac{\prod_O a_O^{\nu_O}}{\prod_R a_R^{\nu_R}}} \tag{2.28}$$

L'équation ci-dessus montre, qu'à température ambiante, une variation du rapport $a_O^{\nu O}/a_R^{\nu R}$ *d'un facteur 10* entraîne une variation du potentiel d'équilibre du couple O/R d'environ *60/n mV.*

Remarque

En pratique, lorsque l'oxydant et le réducteur du couple sont présents simultanément, le potentiel d'équilibre du système est donc peu différent du potentiel standard. Celui-ci peut donc être utilisé, en première approximation, pour prévoir le caractère oxydant/réducteur d'un composé donné.

---

1. Attention : le rapport $a_O^{\nu O}/a_R^{\nu R}$ est l'analogue de *1/Q*, compte tenu de l'écriture de la réaction électrochimique.
2. Après transformation du ln en log, d'où une multiplication du facteur *RT/F* par $\ln 10 \approx 2{,}3$.

2.5 Applications des équilibres électrochimiques

2.5.1 Expression de la tension de cellule pour une cellule électrochimique

Considérons une cellule électrochimique associant deux couples redox en solution (O_1/R_1) et (O_2/R_2), échangeant respectivement n_1 et n_2 électrons, que nous pouvons représenter par l'écriture symbolique suivante :

$$Cu_1 | M_1 | (O_1/R_1) || (O_2/R_2) | M_2 | Cu_2$$

Nous appellerons E_1 et E_2 les potentiels redox relatifs respectivement aux couples 1 et 2.

En supposant l'équilibre électrochimique réalisé à chaque interface de la cellule et en négligeant le potentiel de jonction entre les deux compartiments, on peut exprimer la tension de cellule en circuit ouvert U par :

$$U = E_2 - E_1 = \frac{-\Delta_r G_2}{n_2 F} + \frac{\Delta_r G_1}{n_1 F} = \frac{-n_1 \Delta_r G_2 + n_2 \Delta_r G_1}{n_1 n_2 F} = \frac{-\Delta_r G}{n_1 n_2 F} \tag{2.29}$$

Dans l'équation (2.29), $\Delta_r G$ représente l'enthalpie libre de réaction associée à l'équation bilan de fonctionnement de la cellule :

$$n_1 O_2 + n_2 R_1 \rightarrow n_2 O_1 + n_1 R_2$$

La loi de Hess indique que $\Delta_r G$ est une combinaison linéaire des enthalpies libres réactionnelles $\Delta_r G_1$ et $\Delta_r G_2$ associées respectivement aux transformations de O_1 en R_1 et de O_2 en R_2, ce qui permet d'établir l'expression de U ci-dessus.

L'équation (2.29) montre que U est proportionnel à $-\Delta_r G$, qui représente le travail maximal que pourrait fournir la cellule, dans le sens galvanique, si celle-ci fonctionnait de manière thermodynamiquement réversible. En d'autres termes, plus la tension de cellule en circuit ouvert est élevée, plus la cellule peut fournir de travail électrique lorsque celle-ci fonctionne dans le sens galvanique (pile).

À partir de l'équation de Nernst, on peut obtenir très simplement une expression de la différence des potentiels redox des deux couples ($E_2 - E_1$), en fonction du quotient réactionnel Q associé à l'équation bilan de la cellule :

$$E_2 - E_1 = E_2^\circ - E_1^\circ + \frac{RT}{n_2 F}\ln\frac{a_{(O_2)}}{a_{(R_2)}} - \frac{RT}{n_1 F}\ln\frac{a_{(O_1)}}{a_{(R_1)}} = E_2^\circ - E_1^\circ - \frac{RT}{n_1 n_2 F}\ln Q$$

$$\text{avec : } Q = \frac{a_{(O_1)}{}^{n_2}\, a_{(R_2)}{}^{n_1}}{a_{(O_2)}{}^{n_1}\, a_{(R_1)}{}^{n_2}} \tag{2.30}$$

Si, globalement, la cellule est à l'équilibre thermodynamique[1], alors $E_2 = E_1$ et $Q = K_{eq}$, d'où on déduit :

$$E_2^\circ - E_1^\circ = \frac{RT}{n_1 n_2 F}\ln K_{eq} = \frac{0{,}059}{n_1 n_2}\log K_{eq} \tag{2.31}$$

1. L'équilibre chimique pour le fonctionnement global de la cellule correspondrait à l'état d'une pile totalement déchargée.

L'équation (2.31) montre que la *différence des potentiels standard* des deux couples redox associés dans la cellule est reliée à la constante d'équilibre de l'équation bilan de la cellule, *i.e.* à la *position de l'équilibre*. Plus l'écart des potentiels standard est important, plus l'équilibre est déplacé en faveur de O_1 et R_2, qui sont respectivement le moins bon oxydant et le moins bon réducteur des deux couples. L'inversion de l'équation (2.31) montre qu'un écart de 600 mV se traduit, dans le cas d'échanges monoélectroniques, par une constante d'équilibre d'environ 10^{10} : concrètement, si l'on court-circuite les deux pôles de la cellule et que l'on attend l'état d'équilibre final de celle-ci, il n'y aura plus dans chaque compartiment que O_1 et R_2[1]. Ce résultat est également valable pour les réactions d'oxydoréduction en phase homogène et explique pourquoi ces réactions sont généralement quantitatives.

En combinant les équations (2.30) et (2.31), il vient :

$$E_2 - E_1 = \frac{RT}{n_1 n_2 F}\ln\frac{K_{eq}}{Q} = \frac{0,059}{n_1 n_2}\log\frac{K_{eq}}{Q} \qquad (2.32)$$

Ainsi, *l'écart des potentiels redox* des deux couples est proportionnel au rapport K_{eq}/Q : il indique donc le *sens de déplacement du système* pour tendre vers l'état d'équilibre. Si $E_2 > E_1$, le système évoluera spontanément dans le sens « direct » ($Q < K_{eq}$) de l'équation bilan : si l'on court-circuite les deux bornes de la cellule, un courant électrique va traverser le circuit extérieur, du fait de la transformation de O_2 en R_2 et de R_1 en O_1. On retrouve bien que le *sens de fonctionnement spontané* de la cellule électrochimique est celui dans lequel le *meilleur oxydant est réduit* et simultanément le *meilleur réducteur est oxydé.*

2.5.2 Expression du potentiel de jonction

Considérons la pile de concentration symbolisée par l'enchaînement suivant :

$$Pt|H_{2(g)}|HCl_{(aq)}(C_1)||HCl_{(aq)}(C_2)|H_{2(g)}|Pt$$

où deux solutions aqueuses de HCl de concentration C_1 et C_2 sont séparées par une jonction électrolytique (paroi poreuse, verre fritté…).

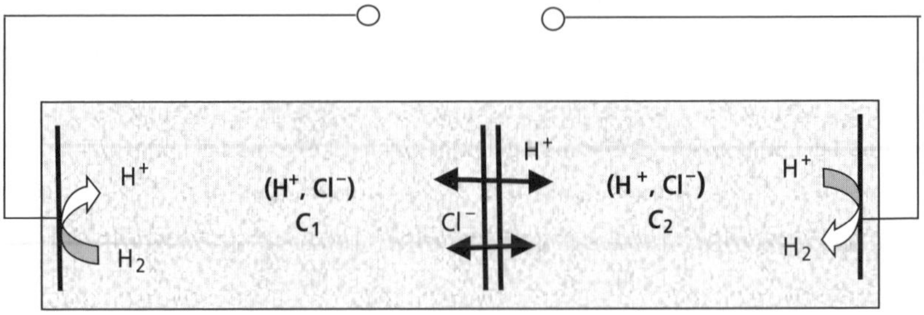

Figure 2.5 – **Représentation schématique des réactions aux interfaces dans la pile de concentration $Pt|H_{2(g)}|HCl_{(aq)}(C_1)||HCl_{(aq)}(C_2)|H_{2(g)}|Pt$.**

1. Il peut rester du réactif en excès si l'on ne part pas des proportions stœchiométriques.

Les réactions électrochimiques à chaque électrode de platine sont respectivement pour les compartiments 1 et 2 (*cf.* figure 2.5) :

$$\frac{1}{2}H_{2(g)} \rightleftharpoons H^+_{aq}(1) + e^-$$

$$H^+_{aq}(2) + e^- \rightleftharpoons \frac{1}{2}H_{2(g)}$$

À courant nul, l'ensemble du système peut être considéré comme étant à l'équilibre : si les interfaces électrode|solution sont à l'équilibre électrochimique, alors l'interface solution (1)||solution (2) l'est également. *Or cette interface ne peut être à l'équilibre qu'en présence d'un champ électrique* : en effet, la diffusion des ions sous l'action du gradient de concentration va entraîner un déséquilibre de la répartition des charges, du fait que H^+ est plus mobile que Cl^- (voir chapitre 4, § 3.3). L'accumulation momentanée de charges positives d'un côté et négatives de l'autre conduit à l'apparition d'un champ électrique qui s'oppose au mouvement précédent. Ainsi, en régime permanent, il doit exister un champ électrique au niveau de la jonction, qui contrebalance la différence de mobilité des ions.

Pour décrire le transfert de charge à cette jonction, on peut considérer que les cations et les anions migrent en sens opposé proportionnellement à leur nombre de transport :

$$t_+H^+_{aq}(1) + t_-Cl^-_{aq}(2) \rightleftharpoons t_+H^+_{aq}(2) + t_-Cl^-_{aq}(1) \tag{2.33}$$

où t_+ et t_- figurent les nombres de transport[1] respectifs du cation et de l'anion.

La condition d'équilibre électrochimique à l'interface entre les deux solutions est traduite par : $\sum_k \nu_k \tilde{\mu}_k = 0$ qui s'exprime, pour l'équilibre (2.33), sous la forme :

$$t_+\tilde{\mu}_{H^+}(2) + t_-\tilde{\mu}_{Cl^-}(1) - t_+\tilde{\mu}_{H^+}(1) - t_-\tilde{\mu}_{Cl^-}(2) = 0 \tag{2.34}$$

Or, par définition du potentiel électrochimique, on a :

$$\tilde{\mu}_{H^+}(2) - \tilde{\mu}_{H^+}(1) = RT\ln\frac{a_2}{a_1} + F(\Phi_2 - \Phi_1) \tag{2.35}$$

$$\tilde{\mu}_{Cl^-}(2) - \tilde{\mu}_{Cl^-}(1) = RT\ln\frac{a_2}{a_1} - F(\Phi_2 - \Phi_1) \tag{2.36}$$

où a_1,a_2 représentent les activités des espèces ioniques, et Φ_1,Φ_2 représentent les potentiels locaux, respectivement dans les compartiments 1 et 2.

En injectant les équations (2.35)-(2.36) dans l'équation (2.34), on obtient :

$$t_+\left[RT\ln\frac{a_2}{a_1} + F(\Phi_2 - \Phi_1)\right] + t_-\left[RT\ln\frac{a_1}{a_2} + F(\Phi_2 - \Phi_1)\right] = 0 \tag{2.37}$$

1. Le nombre de transport d'un ion est, par définition, la fraction du courant total transporté par cet ion, par exemple sous l'action d'un champ électrique (*cf.* chapitre 4, § 3.3). Il dépend essentiellement de la conductivité ionique équivalente et de la concentration de l'ion dans la solution.

Compte tenu de la condition : $t_+ + t_- = 1$, on en déduit l'expression du potentiel de jonction E_j à l'équilibre électrochimique :

$$E_j = (\Phi_2 - \Phi_1) = (t_+ - t_-)\frac{RT}{F}\ln\frac{a_1}{a_2} \approx (t_+ - t_-)\frac{RT}{F}\ln\frac{C_1}{C_2} \quad (2.38)$$

Cette expression est valable pour les jonctions de type 1 (même électrolyte en concentrations différentes de part et d'autre de la jonction) et des électrolytes 1:1.

Elle montre que l'équilibre de l'interface entre deux électrolytes identiques en concentrations différentes est obtenu lorsqu'il existe à l'interface une différence de potentiel, appelée **potentiel de jonction**, qui dépend essentiellement *de la différence des nombres de transport de l'anion et du cation* composant l'électrolyte.

Remarque 1

C'est pour cette raison qu'en pratique, on utilise pour réaliser les jonctions, des sels d'électrolyte dans lesquels le cation et l'anion ont des mobilités voisines, comme KNO_3 ou KCl.

Remarque 2

Dans le cas de la pile de concentration ci-dessus, la différence des mobilités de H^+_{aq} et Cl^-_{aq} ($t_+ = 0{,}83$; $t_- = 0{,}17$) conduit à un potentiel de jonction à 25 °C de 39 mV par décade de différence de concentration.

2.6 Influence de différents facteurs sur le potentiel d'équilibre

2.6.1 Rôle de la température

L'équation de Nernst montre que la température peut influencer le potentiel d'équilibre de deux manières :

- directement, via le terme RT/F : l'influence est néanmoins assez faible puisque passer de la température ambiante à 100 °C ne modifie ce facteur que d'un rapport 373/298 $\approx 1{,}25$;
- indirectement, via le potentiel standard : en effet, comme toute grandeur thermodynamique standard, celui-ci dépend de la température. Sa variation peut être obtenue à partir des relations :

$$E^\circ = \frac{-\Delta_r G^\circ}{nF} = \frac{-\Delta_r H^\circ + T\Delta_r S^\circ}{nF} \quad (2.39)$$

d'où l'on déduit :

$$\frac{\partial E^\circ}{\partial T} = \frac{\Delta_r S^\circ}{nF} \quad (2.40)$$

en supposant que les enthalpies et entropies standard de réaction ne dépendent pas de la température sur l'intervalle considéré. Cette hypothèse est validée si la variation de $E°$ avec T suit un profil linéaire, et l'on peut alors en déduire des estimations des enthalpies et entropies standard de réaction.

Remarque

On peut mesurer de cette manière les enthalpies et entropies standard de réaction associées au fonctionnement d'une cellule électrochimique, en suivant les variations de la tension de cellule en circuit ouvert en fonction de la température.

2.6.2 Influence du pH

Les ions H^+_{aq} en solution aqueuse sont des oxydants. Ils peuvent être réduits directement en dihydrogène H_2, ou participer à la réduction d'autres espèces pour permettre la formation de molécules d'eau.

Dans ces cas, l'équation de Nernst permet de quantifier très aisément l'influence du pH sur le potentiel d'équilibre du système.

Exemples

$$H^+ + e^- \rightarrow \frac{1}{2}H_2$$

$$E_{(V)} = 0 + \frac{0,059}{2}\log\frac{|H^+|^2}{P_{H_2}} = -0,059\,\text{pH}$$

– Réduction de l'eau sous pression $P° = 1$ bar : couple $H^+_{aq}/H_{2(g)}$ ($E° = 0,00$ V) ;
– Réduction du dioxygène sous pression $P° = 1$ bar : couple $O_{2(g)}/H_2O_{(l)}$ ($E° = 1,23$ V).

$$O_2 + 4H^+ + 4e^- \rightarrow 2H_2O$$

$$E_{(V)} = 1,23 + \frac{0,059}{4}\log P_{O_2}|H^+|^4 = 1,23 - 0,059\ \text{pH}$$

– Réduction des ions permanganate en ions manganèse (II) : couple MnO_4^-/Mn^{2+} ($E° = 1,51$ V) ;

$$E_{(V)} = 1,51 + \frac{0,059}{5}\log\frac{|MnO_4^-||H^+|^8}{|Mn^{2+}|} = 1,51 - 0,096\ \text{pH} + 0,059\log\frac{|MnO_4^-|}{|Mn^{2+}|}$$

$$MnO_4^- + 8H^+ + 5e^- \rightarrow Mn^{2+} + 4H_2O$$

Du fait du rôle oxydant des ions H^+, on observe généralement un abaissement du pouvoir oxydant lorsque le pH augmente, comme l'illustrent les exemples ci-dessus : *le potentiel redox est donc une fonction décroissante du pH.*

Dans certains cas, l'influence du pH n'est pas aussi apparente. Considérons le couple $Fe^{3+}_{aq}/Fe^{2+}_{aq}$ ($E° = 0,77$ V). L'application de l'équation de Nernst donne, pour le potentiel d'équilibre de ce couple :

$$E_{(V)} = 0,77 + 0,059\log\frac{|Fe^{3+}|}{|Fe^{2+}|}$$

Cette fois, le pH n'apparaît pas directement dans l'expression du potentiel.

Pourtant, son influence est bien réelle, les espèces $Fe^{3+}{}_{aq}$ et $Fe^{2+}{}_{aq}$ n'étant stables que dans un certain domaine de pH. En effet, à partir d'une certaine valeur de pH, il convient de prendre en compte les équilibres de formation des hydroxydes de fer $Fe(OH)_{3(s)}$ et $Fe(OH)_{2(s)}$. Ainsi, en milieu basique, lorsque les deux hydroxydes sont susceptibles de se former, on obtient :

$$E_{(V)} = 0{,}77 + 0{,}059\log\frac{K_{s,3}}{K_{s,2}|OH^-|} = 0{,}77 + 0{,}059\left(pK_{s,3} - pK_{s,2} + pK_e\right) - 0{,}059\text{pH}$$

où $K_{s,3}$ et $K_{s,2}$ représentent respectivement les constantes de solubilité des hydroxydes de $Fe(OH)_{3(s)}$ et $Fe(OH)_{2\,(s)}$ et K_e le produit ionique de l'eau.

2.6.3 Influence d'un équilibre chimique couplé à la réaction électrochimique

Il arrive très fréquemment qu'une réaction chimique (complexation, précipitation…) se produise de manière concomitante à la réaction électrochimique, entraînant une transformation de l'une des espèces du couple oxydant/réducteur en une autre espèce.

Par exemple, pour un couple M^{n+}/M où M est un métal, la présence dans le milieu d'un ligand L^{q-} du cation M^{n+} conduit à la formation d'un complexe stable $ML_y^{(n-yq)+}$. La forme oxydée du couple se trouvant stabilisée sous la forme complexée, on peut en déduire que le potentiel redox apparent du couple $ML_y^{(n-yq)+}/M$, sera inférieur à celui du couple M^{n+}/M. Il en résulte que, du point de vue thermodynamique, le pouvoir réducteur de M est renforcé en présence du ligand L^{q-}.

Ce résultat est tout à fait généralisable, sous la formulation suivante : toute réaction chimique entraînant une *stabilisation* de la forme *oxydée* (resp. réduite) du couple conduit à une *diminution* (resp. augmentation) du potentiel redox apparent du couple.

L'équation de Nernst permet de quantifier cet effet, en mesurant la différence des potentiels d'équilibre du couple M^{n+}/M en l'absence et en présence de ligand L^{q-}. En effet, pour les deux équilibres suivants :

$$M^{n+} + ne^- \rightleftarrows M_{(s)}$$

$$M^{n+} + yL^{q-} \rightleftarrows ML_y^{(n-yq)+}$$

la condition d'équilibre s'exprime par :

$$E = E^\circ_{(M^{n+}/M)} + \frac{0{,}059}{n}\log\frac{|M^{n+}|}{1} \tag{2.41}$$

$$\text{et}\quad \frac{|ML_y^{(n-yq)+}|}{|M^{n+}||L^{q-}|^y} = \beta_y \tag{2.42}$$

soit, en combinant les équations (2.41) et (2.42) :

$$\begin{aligned} E &= E^\circ_{(M^{n+}/M)} - \frac{0{,}059}{n}\log\beta_y + \frac{0{,}059}{n}\log\frac{|ML_y^{(n-yq)+}|}{|L^{q-}|} \\ &= E^\circ_{(ML_y^{(n-yq)+}/M)} + \frac{0{,}059}{n}\log\frac{|ML_y^{(n-yq)+}|}{|L^{q-}|} \end{aligned} \tag{2.43}$$

L'équation (2.43) fait apparaître le *potentiel standard apparent* (ou conditionnel) du couple $M^{(n)}/M^{(0)}$ en présence de ligand L^{q-} :

$$E^{\circ}_{(ML_y^{(n-yq)+}/M)} = E^{\circ}_{(M^{n+}/M)} - \frac{0,059}{n}\log\beta_y \qquad (2.44)$$

L'équation (2.44) montre que celui-ci est abaissé, pour un échange monoélectronique, d'une quantité égale à environ (0,06 log β_y) V, par rapport au potentiel standard du même couple en l'absence de ligand L^{q-}, β_y étant la constante de formation du complexe à y ligands : ainsi, *plus le complexe est stable, plus la diminution de potentiel redox est importante.*

Il peut arriver que les deux formes oxydée et réduite du couple soient stabilisées par une même réaction chimique. C'est notamment le cas lorsque le couple redox fait intervenir deux cations métalliques à deux degrés d'oxydation différents, chacun étant susceptible d'être complexé par un même ligand. Le sens de variation du potentiel redox apparent du couple dépend alors de la stœchiométrie des complexes formés et de leur stabilité respective.

Exemple

Pour le couple $Fe^{3+}_{aq}/Fe^{2+}_{aq}$ en présence d'ions CN^-, on observe la formation des complexes « ferricyanure » $Fe(CN)_6^{3-}$ et « ferrocyanure » $Fe(CN)_6^{4-}$. L'expression de l'équation de Nernst conduit à :

$$E = E^{\circ}_{(Fe^{3+}/Fe^{2+})} - 0,059\log\frac{\beta_{6(Fe(CN)_6^{3-})}}{\beta_{6(Fe(CN)_6^{4-})}} + 0,059\log\frac{|Fe(CN)_6^{3-}|}{|Fe(CN)_6^{4-}|} \qquad (2.45)$$

Le complexe « ferricyanure » étant plus stable que le complexe « ferrocyanure », le potentiel standard apparent du couple $Fe^{(III)}/Fe^{(II)}$ est abaissé en présence d'ions cyanure.

En conclusion, l'existence d'un équilibre chimique stabilisant l'une ou les deux formes d'un couple redox entraîne une modification du potentiel redox correspondant : la stabilisation préférentielle de la forme oxydée conduit à l'abaissement du potentiel redox. On peut ainsi modifier la stabilité relative des degrés d'oxydation d'un même élément en jouant sur les conditions expérimentales (pH, présente d'une espèce chimique réagissant avec la forme oxydée ou réduite).

Bibliographie

A.-J. Bard and L.R. Faulkner, *Electrochemical Methods, Fundamentals and Applications,* Wiley, 2001, chap. 2 et 13.

H.-H. Girault, *Électrochimie physique et analytique*, Presses Polytechniques et Universitaires Romandes, 2001, chap. 1 et 2.

J. Besson, *Précis de thermodynamique et cinétique électrochimique,* Ellipses, 1984.

C. Lefrou, P. Fabry, J.-C. Poignet, *L'Électrochimie : fondamentaux avec exercices corrigés,* Grenoble Sciences, 2009, chap. 3.

Internet

http://www.tannerm.com/electrochem.htm

http://chemed.chem.purdue.edu/genchem/topicreview/bp/ch20/electroframe.html

http://www.enseeg.inpg.fr/enseignements/cours/cineelec/Chapter1/interfat_fr.html

Aspects cinétiques de la réaction électrochimique

3

Les considérations thermodynamiques vues au chapitre précédent nous ont permis entre autres de prévoir dans quel sens évolue le système et quelle sera sa composition dans l'état d'équilibre final. Toutefois, bien que nous disposions des outils pour prévoir comment le système va évoluer et jusqu'où, nous ne savons encore rien de la vitesse avec laquelle il va le faire : c'est l'objet de ce chapitre que de déterminer les caractéristiques cinétiques d'une réaction électrochimique.

Comme nous l'avons fait au chapitre précédent, nous nous appuierons sur les résultats connus pour les réactions chimiques en solution et nous verrons quelles sont les « adaptations » nécessaires à prendre en compte pour transposer ces résultats au cas de la réaction électrochimique. Puis nous nous intéresserons brièvement au mécanisme des réactions électrochimiques, afin de faire le lien entre aspects microscopiques et lois macroscopiques, et de déterminer des critères nous permettant de prévoir la rapidité d'une réaction de transfert électronique.

3.1 Rappels de cinétique homogène

3.1.1 Définitions

Considérons une réaction chimique symbolisée par :

$$\nu_A A + \nu_B B \;\rightarrow\; \nu_M M + \nu_N N$$

On définit la vitesse de cette réaction par :

$$\mathsf{v} = \frac{d\xi}{dt} = \frac{1}{-\nu_A}\frac{dn_A}{dt} = \frac{1}{-\nu_B}\frac{dn_B}{dt} = \frac{1}{\nu_M}\frac{dn_M}{dt} = \frac{1}{\nu_N}\frac{dn_N}{dt} \tag{3.1}$$

La vitesse v est définie de manière générale comme la dérivée par rapport au temps de l'avancement ξ de la réaction[1] ; elle s'exprime donc en mol·s^{-1}.

Lorsque les réactions ont lieu à volume constant (cas des réactions en solution), on peut définir la vitesse relativement au volume V du réacteur, ce qui permet d'exprimer celle-ci en fonction des concentrations des réactifs ou des produits :

$$\text{v}_{/V} = \frac{1}{V}\frac{d\xi}{dt} = \frac{1}{-\nu_A}\frac{d[A]}{dt} = \frac{1}{-\nu_B}\frac{d[B]}{dt} = \frac{1}{\nu_M}\frac{d[M]}{dt} = \frac{1}{\nu_N}\frac{d[N]}{dt} \quad (3.2)$$

Lorsque la réaction considérée possède un ordre, la vitesse v s'exprime comme un produit de puissances des concentrations des réactifs (et éventuellement des produits) :

$$\text{v} = k[A]^{\alpha_A}[B]^{\beta_B} \quad (3.3)$$

α_A et β_B sont les ordres partiels de la réaction vis-à-vis des espèces A, B et ($\alpha_A+\beta_B$) est l'ordre global de la réaction. Le coefficient de proportionnalité entre la vitesse de réaction et ce produit de puissances des concentrations des espèces réagissantes est une constante, notée *k*, appelée **constante de vitesse**.

La vitesse v s'exprimant désormais en mol·L^{-1}·s^{-1}, la constante de vitesse s'exprime donc en s^{-1} pour une réaction d'ordre 1, ou en mol^{-1}·L·s^{-1} pour une réaction d'ordre 2.

3.1.2 Mécanismes réactionnels ; notion d'état de transition

Le mécanisme réactionnel est la suite d'étapes (actes) élémentaires qui composent la réaction. Cette suite sera d'autant plus importante que la réaction est complexe. On appelle *acte élémentaire* une étape au cours de laquelle se produit un réarrangement minimal d'atomes : il s'agit en général de la rencontre entre deux molécules de réactifs pour donner le produit ou un intermédiaire *via* une entité hypothétique appelée *complexe activé* ou état de transition. Le nombre d'entités moléculaires impliquées dans un acte élémentaire est appelé molécularité et ne peut être supérieur à 3.

Dans le cas où une réaction constitue un seul acte élémentaire, l'ordre global est égal à la molécularité et les ordres partiels sont égaux aux coefficients stœchiométriques simplifiés. L'expression de la vitesse d'un acte élémentaire se déduit donc directement de l'équation chimique de celui-ci.

On peut alors représenter le profil énergétique de la réaction (figure 3.1) : la coordonnée réactionnelle figurant en abscisse est un paramètre qui rend compte de l'évolution de la réaction le long du chemin réactionnel choisi (longueur ou angle de liaison par exemple). Les minima d'énergie correspondent à l'état des réactifs et des produits. Le maximum d'énergie représente l'état de transition de la transformation entre réactifs et produits. La transformation des réactifs en produits nécessite donc un apport minimum d'énergie, correspondant à la différence entre le niveau des réactifs et celui du complexe activé : on parle d'énergie d'activation de la réaction, notée $E^{\#}$ (> 0).

1. L'avancement est la différence de quantité de matière à un instant donné par rapport à l'instant initial divisée par le coefficient stœchiométrique. Il s'exprime donc indifféremment par rapport aux réactifs et aux produits de la réaction.

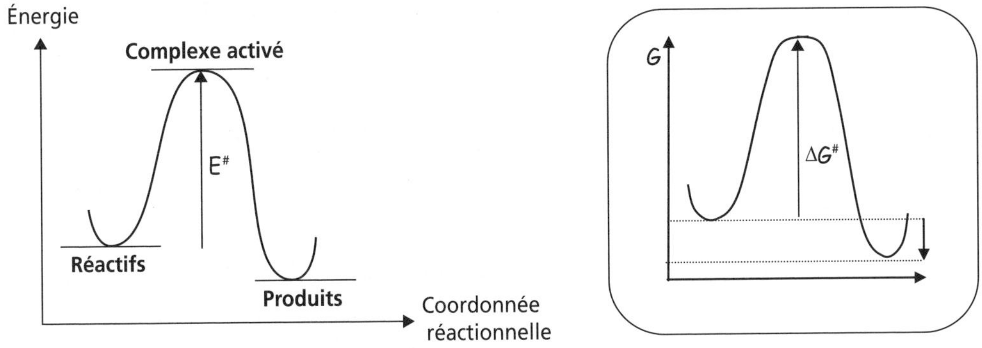

Figure 3.1 – Profil d'énergie d'une réaction chimique constituant un acte élémentaire au niveau microscopique (l'encart représente le profil au niveau macroscopique).

3.1.3 Loi d'Arrhénius et postulat de Hammond

Au niveau microscopique, l'expression de la constante de vitesse de la réaction se déduit de l'énergie d'activation selon la loi d'Arrhénius[1] :

$$k = A.\exp\left(\frac{-E^{\#}}{k_B T}\right) \tag{3.4}$$

A est appelé facteur de fréquence et traduit la fréquence des collisions efficaces entre molécules de réactifs. La loi d'Arrhénius montre que la constante de vitesse *k* sera d'autant plus élevée (et la réaction d'autant plus rapide) que l'énergie d'activation sera faible devant l'énergie d'agitation thermique. Elle est une fonction croissante de la température.

Une autre expression de cette loi peut être établie au niveau macroscopique (molaire) à partir de la mécanique statistique en introduisant les grandeurs thermodynamiques liées à la formation du complexe activé :

$$k = \kappa \frac{k_B T}{h} \exp\left(\frac{-\Delta G^{\circ\#}}{RT}\right) \tag{3.5}$$

Dans l'équation (3.5), connue sous le nom d'équation d'Eyring[2], k_B est la constante de Boltzmann, h la constante de Planck et $\Delta G^{\circ\#} = -RT\ln K^{\#}$ est *l'enthalpie libre molaire standard d'activation*, reliée à la constante d'équilibre $K^{\#}$ de l'étape : « réactifs → complexe activé ». κ est appelé coefficient de transmission ($0<\kappa<1$) et traduit la possibilité pour l'état de transition de conduire aux produits ou de redonner l'état initial.

Enfin, un point important à considérer est l'influence de l'enthalpie libre molaire de réaction sur la cinétique réactionnelle. On peut montrer qu'il existe généralement une relation de proportionnalité entre le paramètre cinétique $\Delta G^{\circ\#}$ et le paramètre thermodynamique $\Delta_r G^{\circ}$. Le postulat de Hammond[3] indique par ailleurs que, plus la réaction considérée est exergonique ($\Delta_r G^{\circ} < 0$), plus l'état de transition est proche des réactifs :

1. S. Arrhénius (1859-1927), physicien suédois (Prix Nobel 1903).
2. H. Eyring (1901-1981), chimiste théoricien américain.
3. G.S. Hammond (1921-2005), chimiste américain. Pour le postulat de Hammond, cf. JACS 77 (1955) 334.

il s'ensuit que $\Delta G^{\circ\#}$ est alors plus petit et la réaction est plus rapide, lorsque celle-ci est thermodynamiquement favorisée[1].

3.2 Vitesse de la réaction électrochimique

3.2.1 Définitions

Considérons la réaction électrochimique symbolisée par :

$$\nu_O O + ne^- \rightleftharpoons \nu_R R \text{ (E)}$$

La vitesse de la réaction est définie par :

$$\text{v} = \frac{d\xi}{dt} = \frac{1}{-\nu_O}\frac{dn_O}{dt} = \frac{1}{\nu_R}\frac{dn_R}{dt} = \frac{1}{-n}\frac{dn_e}{dt} = \frac{1}{-nF}\frac{dQ}{dt} \quad (3.6)$$

où n_O, n_R, n_e représentent les nombres de moles respectifs de O, R et d'électrons transférés et Q la quantité d'électricité correspondante (en coulomb[2]). L'équation (3.6) est obtenue en utilisant la loi de Faraday, qui relie la quantité d'électricité échangée au nombre de moles d'électrons transférés (cf. chap. 2, §1)

L'équation (3.6) montre que la vitesse de la réaction électrochimique est proportionnelle à la quantité d'électricité transférée par unité de temps, c'est-à-dire à l'intensité du courant.

À la différence des réactions en solution, les réactions électrochimiques ont lieu à une interface entre deux milieux (électrode et électrolyte) ; il est donc logique de normaliser la vitesse par rapport à l'aire A de cette interface. Ainsi, en définissant la vitesse normalisée par unité de surface d'électrode, on obtient :

$$\text{v}_{/A} = \frac{1}{-nFA}\frac{dQ}{dt} = \frac{-i}{nFA} = \frac{-j}{nF} \quad (3.7)$$

j représente la densité de courant, *i.e.* l'intensité du courant par unité d'aire d'électrode (en $A \cdot cm^{-2}$). Cette grandeur est donc une mesure de la vitesse de la réaction électrochimique (à une constante de proportionnalité près), qui s'exprime, quant à elle, en $mol \cdot cm^{-2} \cdot s^{-1}$.

On peut également définir, de manière similaire, la vitesse v_c de la réaction cathodique (*i.e.* dans le sens de la réduction de O) :

$$\text{v}_c = \frac{-i_c}{nFA} = \frac{-j_c}{nF} \quad (3.8a)$$

et la vitesse v_a de la réaction anodique (*i.e.* dans le sens de l'oxydation de R) :

$$\text{v}_a = \frac{+i_a}{nFA} = \frac{+j_a}{nF} \quad (3.8b)$$

1. Ce postulat s'applique notamment pour prévoir la vitesse comparée de deux réactions passant par un intermédiaire réactionnel selon la stabilité de celui-ci.
2. 1 C (coulomb) = 1 A.s

i_c et j_c sont respectivement l'intensité du courant et la densité de courant associées à la réaction dans le sens cathodique (transformation de O en R), tandis que i_a et j_a sont respectivement l'intensité du courant et la densité de courant associées à la réaction dans le sens anodique (transformation de R en O).

Remarque

Dans l'équation (3.8b), le signe + provient du fait que, dans la réaction d'oxydation de R, l'électron est un produit et non un réactif, donc son coefficient stœchiométrique est égal à $+n$.

Des équations (3.8), il résulte que la vitesse globale de la réaction électrochimique écrite dans le sens O + ne⁻ → R, peut être définie par l'expression suivante :

$$\mathrm{v}_{O\to R} = \mathrm{v}_c - \mathrm{v}_a = \frac{i_c + i_a}{-nFA} = \frac{-i}{nFA} \qquad (3.9a)$$

Remarque

On peut également définir la vitesse globale de la réaction électrochimique dans le sens $R \to O + ne^-$ par :

$$\mathrm{v}_{R\to O} = \mathrm{v}_a - \mathrm{v}_c = \frac{i_c + i_a}{nFA} = \frac{i}{nFA} \qquad (3.9b)$$

3.2.2 Convention de signe de l'intensité

Il est d'usage d'attribuer un signe à l'intensité du courant selon le sens de transfert des électrons entre l'électrode et l'électrolyte. Les équations (3.9) montrent que, pour que les vitesses des réactions anodique et cathodique soient des quantités positives, il convient de considérer :

- l'intensité **négative** lorsque les électrons sont transférés de l'électrode vers la solution, *i.e.* dans le sens de la **réduction**[1] ($i_c < 0$)
- l'intensité **positive** lorsque les électrons sont transférés de l'électrolyte vers l'électrode, *i.e.* dans le sens de l'**oxydation** ($i_a > 0$)

Ainsi d'après les équations (3.9), l'intensité totale i pour une réaction d'échange d'électron entre O et R à une électrode métallique, est le résultat de la somme algébrique des intensités anodique et cathodique, quantités de signes opposés : i sera positif si la vitesse d'oxydation est supérieure à la vitesse de réduction ($i_a > |i_c|$) ; i sera négatif dans le cas contraire $i_a < |i_c|$). Enfin, i est nulle lorsque la vitesse des réactions d'oxydation et de réduction sont identiques ($i_a = |i_c|$), c'est-à-dire à l'équilibre.

3.2.3 Loi de vitesse

La vitesse de la réaction électrochimique ayant été définie, l'étape suivante consiste à relier cette vitesse aux concentrations de O et/ou R au voisinage de l'électrode : pour ce

1. Il s'agit de la convention recommandée par l'I.U.P.A.C., généralement utilisée en Europe. Aux États-Unis, l'usage est de définir les courants cathodiques positifs, ce qui explique que dans certains manuels anglo-saxons, les expressions de l'intensité du courant font apparaître un signe opposé.

faire, il est nécessaire de postuler un ordre pour la réaction électrochimique, compatible avec le mécanisme de celle-ci. Dans le cas où la transformation de O en R (ou réciproquement) est constituée d'un seul transfert monoélectronique[1], celui-ci constitue un acte élémentaire : on peut donc supposer un ordre égal au coefficient stœchiométrique de O ou R. Généralement, les coefficients stœchiométriques associés à O et R, compatibles avec un **acte élémentaire** pour le transfert d'électron, sont égaux à 1. Ainsi, on peut écrire les expressions suivantes des vitesses anodique et cathodique pour une étape élementaire du transfert d'électron :

$$\mathrm{v}_a = k_a[R]_{el} \tag{3.10a}$$

$$\mathrm{v}_C = k_C[O]_{el} \tag{3.10b}$$

où k_a et k_c représentent les constantes de vitesse associées respectivement aux réactions d'oxydation et de réduction, et $[X]_{el}$ la concentration de l'espèce X au voisinage de l'électrode. Les équations (3.9) et (3.10) conduisent alors à l'expression générale de l'intensité en fonction des concentrations en forme oxydée et réduite à l'électrode pour cet acte élémentaire :

$$\boxed{i = nFA(k_a[R]_{el} - k_c[O]_{el})} \tag{3.11}$$

Remarque 1

Les formes O et R intervenant dans la loi de vitesse peuvent être différentes de celles intervenant dans la réaction électrochimique globale (cf. exemples au §4.1). Dans ce cas, l'expression du courant en fonction des concentrations de O et R, réactif et produit de la réaction globale, s'obtient en supposant les équilibres établis pour les réactions antécédentes et postérieures à l'acte élémentaire de transfert monoélectronique, ce qui permet d'obtenir des relations entre les concentrations des espèces intermédiaires :

$\nu_O O + n'e^- \rightleftharpoons O'$ (équilibre)

$O' + e^- \rightleftharpoons R'$ (étape cinétiquement déterminante)

$R' + n''e^- \rightleftharpoons \nu_R R$ (équilibre)

avec : $n = n' + n'' + 1$

Remarque 2

Les constantes de vitesse « hétérogènes » k_a et k_c s'expriment dans une unité différente ($cm \cdot s^{-1}$) de leurs homologues en solution homogène : cela provient du fait que la vitesse de la réaction électrochimique est définie relativement à une surface et non à un volume.

1. Les transferts polyélectroniques ne sont généralement pas simultanés mais successifs, le premier étant généralement plus facile que les suivants.

3.3 Théorie de la cinétique électrochimique : loi de Butler-Volmer

3.3.1 Rôle du potentiel d'électrode dans la cinétique

Nous avons rappelé au § 1 de ce chapitre, l'expression générale de la constante de vitesse donnée par la loi d'Arrhénius. Dans le cas des réactions chimiques en phase homogène, l'énergie d'activation de la réaction est, en première approximation, une constante caractéristique de la réaction. Il va de soi que, dans le cas des réactions électrochimiques à l'interface M|S, le potentiel d'électrode va jouer un rôle important dans la cinétique de la réaction : l'énergie d'activation de la réaction va donc dépendre fortement du potentiel appliqué à l'électrode.

Considérons la réaction élémentaire de transfert d'un électron entre O et R :

$$\mathrm{O} + e^- \underset{k_a}{\overset{k_c}{\rightleftarrows}} \mathrm{R}$$

L'imposition à l'interface électrode|solution d'un potentiel plus positif que la valeur d'équilibre va entraîner l'abaissement de l'énergie de l'électron dans l'électrode (cf. chap. 1), donc de l'énergie de l'état des réactifs ($O + e^-$) de la réaction électrochimique écrite dans le sens indiqué ci-dessus. D'après le postulat de Hammond, la position de l'état de transition va se trouver modifiée (ici décalée du côté des produits) et la réaction de transformation de O en R va donc être ralentie.

D'un point de vue quantitatif, il s'agit de déterminer comment la différence[1] d'énergie (ici d'enthalpie libre) entre les produits et les réactifs (ce qu'on appelle fréquemment la force motrice de la réaction électrochimique, notée ΔG°_c) agit sur la hauteur de la barrière d'activation de la réaction. Il convient donc de déterminer la loi de variation de l'enthalpie libre molaire d'activation de la réaction $\Delta G^{\circ\#}$ en fonction du paramètre thermodynamique ΔG°_c, qui vaut $-F(\mathrm{E}-\mathrm{E}^\circ)$, si l'on part de l'état d'équilibre à E° (E° étant le potentiel standard du couple O/R) et que l'on applique à l'électrode un potentiel $\mathrm{E} \neq \mathrm{E}^\circ$.

Remarque

Cette expression de ΔG°_c découle directement de l'équation (2.22), en considérant la différence entre la situation initiale d'équilibre à $\mathrm{E} = \mathrm{E}^\circ$ et finale à $\mathrm{E} \neq \mathrm{E}^\circ$, pour un transfert monoélectronique.

3.3.2 Modèle de Butler-Volmer[2]

Du point de vue énergétique, l'application d'un potentiel d'électrode E inférieur à la valeur d'équilibre E°, entraîne une élévation du niveau d'énergie de l'électron dans l'électrode (cf. chap. 1), donc de l'état d'énergie des réactifs lorsqu'on considère la réaction

1. Attention, il ne s'agit pas à proprement parler d'une différence, mais bien d'une enthalpie libre molaire réactionnelle, puisque correspondant à une variation de l'enthalpie libre le long d'un chemin réactionnel, au bout d'un certain avancement exprimé en nombre de moles.
2. J.A.V.Butler (1899-1977) électrochimiste britannique ; M. Volmer (1885-1965), électrochimiste allemand.

électrochimique dans le sens de la réduction. L'état d'énergie des réactifs étant plus élevé, la vitesse de la transformation des réactifs en produits se trouve logiquement augmentée. Ce que postule la théorie de Butler-Volmer, c'est qu'une *fraction de l*'enthalpie libre *molaire de réaction* correspondant à l'application du potentiel E à l'électrode, va servir à *augmenter la barrière d'activation dans un sens* (l'oxydation de R si E < E°), tandis qu'une autre fraction de cette même quantité (en général la fraction complémentaire) va servir à abaisser la barrière d'activation dans l'autre sens (la réduction de O si E < E°).

On peut visualiser ce phénomène sur le graphe de la figure 3.2.

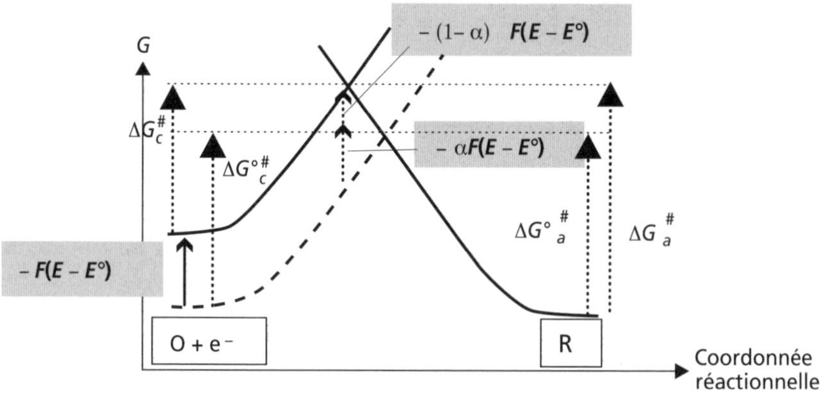

Figure 3.2 – **Représentation du profil réactionnel de la réaction électrochimique. L'application d'un potentiel d'électrode $E<E^0$ (courbe en traits pleins) entraîne un abaissement du niveau d'énergie de l'électron, donc de l'état des réactifs O+e-, par rapport à la situation où $E=E^0$ (courbe discontinue) : ceci se traduit par une modification des barrières d'activation pour les réactions de réduction de O et d'oxydation de R, d'une quantité égale à une fraction de l'enthalpie libre réactionnelle -F(E-E°).**

On voit que l'application d'une différence de potentiel (E–E°) négative, entraîne une augmentation de l'enthalpie libre molaire d'activation dans le sens anodique ($\Delta G_a^{\#} > \Delta G°_a^{\#}$) et corrélativement un abaissement de l'enthalpie libre molaire d'activation dans le sens cathodique ($\Delta G_c^{\#} < \Delta G°_c^{\#}$). Le coefficient de proportionnalité entre la différence des enthalpies libres molaires d'activation ($\Delta G^{\#} - \Delta G^{\circ\#}$) et l'enthalpie libre molaire de réaction $\Delta G°_c$, est lié à la symétrie du profil énergétique au voisinage de l'état de transition : si le profil est symétrique, le coefficient de proportionnalité est le même pour les réactions anodique et cathodique ; lorsque le profil est dissymétrique, l'un des deux sens est favorisé par rapport à l'autre : la diminution de la barrière d'activation dans un sens sera plus importante que ne le sera l'augmentation de la barrière correspondante dans l'autre sens.

On obtient ainsi l'expression suivante des barrières d'activation anodique et cathodique en fonction du potentiel d'électrode :

$$\Delta G_c^{\#} = \Delta G°_c^{\#} + \alpha F(E - E°) \tag{3.12a}$$

$$\Delta G_a^{\#} = \Delta G°_a^{\#} - (1 - \alpha) F(E - E°) \tag{3.12b}$$

où α représente un coefficient compris entre 0 et 1.

Les équations (3.12) sont obtenues en supposant une variation linéaire de l'enthalpie libre en fonction de l'avancement[1], au voisinage de l'état de transition. Le schéma simplifié ci-dessous (figure 3.3) montre comment la linéarisation du profil énergétique au voisinage de l'état de transition conduit aux expressions des équations ci-dessus.

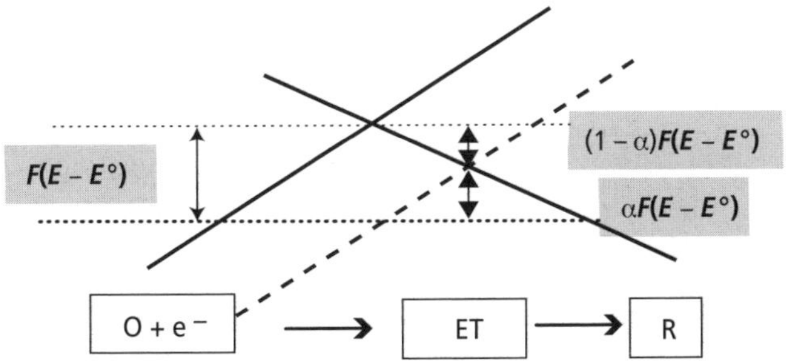

Figure 3.3 – Linéarisation du profil d'énergie au voisinage de l'état de transition (ET) et conséquences de l'application d'un potentiel d'électrode (trait plein) inférieur au potentiel standard (trait interrompu) sur la barrière d'activation.

Le coefficient α est appelé coefficient de transfert ; comme indiqué ci-dessus, il quantifie la symétrie de l'état de transition vis-à-vis du sens du transfert électronique (cf. figure 3.4). Lorsque α est proche de 1, l'état de transition est proche des réactifs (en termes de coordonnée réactionnelle) et l'effet du potentiel est surtout sensible sur la réaction dans le sens O $\rightarrow$ R (réduction). Inversement, si α est proche de 0, l'état de transition est proche des produits et l'effet du potentiel est surtout sensible sur la réaction dans le sens R $\rightarrow$ O (oxydation). Dans le cas général, α est proche de 0,5 ce qui signifie que la variation de potentiel d'électrode affecte de manière symétrique la barrière d'activation de l'oxydation et de la réduction.

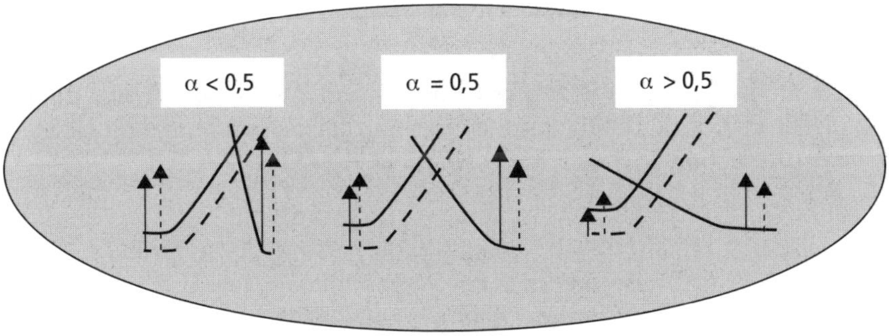

Figure 3.4 – Représentation du profil réactionnel de la réaction électrochimique en fonction du coefficient de transfert α. Les flèches indiquent la hauteur comparée de la barrière d'activation cathodique (à gauche) et anodique (à droite) en présence d'un potentiel d'électrode plus négatif (traits pleins) que le potentiel standard (traits interrompus).

1. Ce qui revient à postuler α indépendant du potentiel (cf. § 4).

L'application de la loi d'Arrhénius, combinée aux équations (3.12) permet de déduire l'expression des constantes de vitesse k_a et k_c en fonction du potentiel d'électrode :

$$k_c = \kappa \frac{k_B T}{h} \exp\left(-\frac{\Delta G_c^{\#}}{RT}\right) = \kappa \frac{k_B T}{h} \exp\left(-\frac{\Delta G_c^{\circ\#}}{RT}\right) \exp\left[-\alpha \frac{F}{RT}(E - E^\circ)\right]$$

$$k_a = \kappa \frac{k_B T}{h} \exp\left(-\frac{\Delta G_a^{\#}}{RT}\right) = \kappa \frac{k_B T}{h} \exp\left(-\frac{\Delta G_a^{\circ\#}}{RT}\right) \exp\left[(1-\alpha) \frac{F}{RT}(E - E^\circ)\right]$$

On peut enfin éliminer les pré-facteurs en remarquant que $\Delta G_c^{\circ\#} = \Delta G_a^{\circ\#}$. En effet, en considérant l'état d'équilibre électrochimique au potentiel standard E°, $[O]_{el}=[R]_{el}$ (d'après la loi de Nernst) et comme $i = 0$ (condition d'équilibre), d'après (3.11), on doit avoir :

$$k_a = k_c = k^\circ \text{ pour } E_{eq} = E^\circ.$$

Il s'en déduit les expressions suivantes de k_a et k_c :

$$k_c = k^\circ \exp\left[-\alpha \frac{F}{RT}(E - E^\circ)\right] \quad (3.13a)$$

$$k_a = k^\circ \exp\left[(1-\alpha) \frac{F}{RT}(E - E^\circ)\right] \quad (3.13b)$$

k°, valeur commune de k_a et k_c au potentiel standard, est appelée **constante de vitesse standard** de la réaction électrochimique.

La figure 3.5 montre la variation de k_a et k_c en fonction du potentiel prévue par la théorie de Butler-Volmer. On observe qu'à partir d'une situation d'équilibre au potentiel standard où la vitesse « intrinsèque » du transfert électronique est donnée par la valeur de k°, il est possible d'activer la réaction électrochimique par l'application à l'électrode d'un « surpotentiel » :

- positif pour activer l'oxydation de R
- négatif pour activer la réduction de O

Ainsi l'électrode apparaît-elle non seulement comme le lieu d'échange des électrons entre les formes O et R de la substance chimique, mais aussi comme un catalyseur très efficace de cette réaction de transfert électronique.

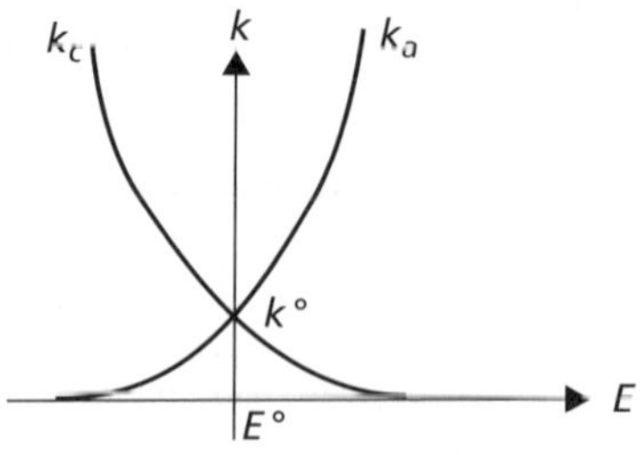

Figure 3.5 – **Représentation de la variation des constantes de vitesse anodique et cathodique k_a et k_c en fonction du potentiel d'électrode.**

L'expression du courant se déduit directement de la combinaison des équations (3.11) et (3.13). On obtient l'expression courant-potentiel, dite relation de Butler-Volmer, qui s'écrit[1] :

$$i = nFAk°\left([R]_{el} \exp\left((1-\alpha)\frac{F}{RT}(E - E°)\right) - [O]_{el} \exp\left(-\alpha \frac{F}{RT}(E - E°)\right)\right) \quad (3.14)$$

L'équation (3.14) montre que le courant est la somme algébrique de deux termes qui varient exponentiellement, mais de manière opposée, en fonction du potentiel d'électrode. La validité de l'expression ci-dessus peut être vérifiée en considérant le cas particulier de l'équilibre de l'interface : en posant $i = 0$, on retrouve une condition sur le rapport $[O]_{el}/[R]_{el}$ qui n'est autre que l'expression de la loi de Nernst, laquelle correspond bien à la situation d'équilibre attendue :

$$\frac{[O]_{el}}{[R]_{el}} = \exp\left(\frac{F}{RT}(E_{eq} - E°)\right)$$

Encart 3.1 – Constantes de vitesse standard de réactions redox

Expérimentalement, on constate une très grande diversité des valeurs de constante de vitesse standard des réactions électrochimiques (cf. tableau 3.1), selon notamment :
- la nature des espèces chimiques impliquées,
- la nature du milieu réactionnel (nature du solvant, viscosité du milieu),
- la nature et l'état de surface du métal de l'électrode.

Le tableau ci-dessous donne quelques valeurs numériques de constantes de vitesse standard pour des couples redox en solution aqueuse sur diverses électrodes :

Tableau 3.1 – Valeurs de constantes de vitesse standard pour des réactions de transfert monoélectronique de diverses espèces en solution.

Couple O/R	Conditions	$k°$ (cm·s^{-1})
I_2/I^-	Pt / $HClO_{4aq}$	60
An/An^- (An = anthracène)	Pt/NEt_4BF_4 (CH_3CN)	5
$Pb^{2+}/Pb_{(Hg)}$	Hg / KCl_{aq}	0,2
$Fe(CN)_6^{3-}$/ $Fe(CN)_6^{4-}$	Pt / K_2SO_{4aq}	7 10^{-2}
Fe^{3+}/Fe^{2+}	Pt / K_2SO_{4aq}	1,7 10^{-3}
Ag^+/Ag	Ag/ $HClO_{4aq}$	1,1 10^{-4}
H^+/H_2	Pt platiné /H_2SO_4	10^{-3}
H^+/H_2	Pt poli /H_2SO_4	2,5 10^{-6}
H^+/H_2	Fe /H_2SO_4	10^{-8}
H^+/H_2	Hg/ H_2SO_4	3 10^{-15}
O_2/H_2O	Pt / H_2SO_4	10^{-12}

1. Lorsque la réaction électrochimique implique globalement plusieurs électrons, ce nombre se retrouve dans le coefficient multiplicateur de conversion du flux en courant ($i = nFAJ$), mais l'acte élémentaire reste monoélectronique.

La vitesse intrinsèque d'échange électronique mesurée par la constante $k°$ dépend non seulement du couple O/R, mais aussi de la nature et de l'état de surface de l'électrode. Ainsi, dans certains cas, $k°$ peut varier de plusieurs ordres de grandeur pour un même couple redox (cf. tableau 3.1). Les couples dits « rapides » sont caractérisés par des valeurs de $k°$ supérieures à 0,01 $cm{\cdot}s^{-1}$, tandis que les couples les plus lents ont des constantes de vitesse standard inférieures à 10^{-10} $cm{\cdot}s^{-1}$; ceci donne un aperçu du spectre très étendu des valeurs de $k°$ possibles.

3.4 Mécanismes de la réaction électrochimique

3.4.1 Existence de réactions chimiques couplées au transfert d'électron

Dans la plupart des cas, la réaction électrochimique permettant de transformer une forme oxydée en une forme réduite (ou réciproquement) ne se réduit pas à un simple transfert d'électron(s) comme le suggère l'équation-bilan. Un certain nombre de réarrangements de liaisons sont nécessaires et le mécanisme réactionnel global fait apparaître des étapes de transformation chimique (protonation, déprotonation, adsorption, cristallisation, ...) en plus de la ou des étapes de transfert électronique.

Ainsi, le mécanisme de la réduction du dioxygène en peroxyde d'hydrogène en milieu protique peut se décomposer en 4 étapes : deux étapes de transfert d'électron et deux étapes de protonation :

$$O_2 + e^- \rightarrow O_2^-$$

$$O_2^- + H^+ \rightarrow HO_2^\bullet$$

$$HO_2^\bullet + e^- \rightarrow HO_2^-$$

$$HO_2^- + H^+ \rightarrow H_2O_2$$

Remarque

L'espèce radicalaire intermédiaire $HO_2^\bullet$ étant plus facilement réductible que O_2, le transfert apparaît globalement biélectronique, bien que l'étape cinétiquement déterminante (la première) soit monoélectronique.

Un autre exemple de mécanisme multi-étapes est la réduction de H^+_{aq} en $H_{2(g)}$:

$$H^+_{aq} + e^- \rightarrow H^\bullet_{ads}$$

$$2H^\bullet_{ads} \rightarrow H_2$$

$$\text{ou } H^\bullet_{ads} + H^+_{aq} + e^- \rightarrow H_{(2g)}$$

Après adsorption sur l'électrode de l'atome d'hydrogène électrogénéré (réaction de Volmer), deux mécanismes sont possibles selon la nature de l'électrode pour obtenir le dihydrogène : couplage de deux atomes $H^\bullet$ adsorbés (réaction de Tafel[1]) ou réduction de l'atome $H^\bullet$ adsorbé assistée par H^+ (réaction de Heyrovsky[2]).

Enfin, dans le cas de la réduction d'un cation métallique M_{aq}^{z+} en métal cristallisé M_{cr}, le mécanisme réactionnel fait généralement intervenir au moins deux étapes :

$$M_{aq}^{z+} + ze^- \rightarrow M_{ad}$$
$$M_{ad} \rightarrow M_{cr}$$

La réduction du cation donne un ad-atome déposé à la surface du métal, qui doit ensuite diffuser pour venir occuper un site cristallographique disponible afin de générer l'espèce M_{cr}.

Dans tous ces mécanismes multi-étapes, la cinétique globale peut être contrôlée soit par le transfert d'électron, soit par une transformation chimique[3]. En général, les transformations correspondant à ces couples redox sont souvent lentes, car la présence de plusieurs étapes dans le mécanisme rend plus probable l'existence d'une étape lente, ralentissant ainsi la vitesse globale du processus.

3.4.2 Mécanismes de l'étape de transfert électronique

a) Classification

Intéressons-nous maintenant de plus près à l'étape de transfert électronique. Nous allons distinguer deux situations :

- celle mettant en jeu une forte interaction entre l'électrode et le réactif et/ou le produit (comme pour la réduction des protons ou du dioxygène, cf. ci-dessus)
- celle où ni le réactif ni le produit n'interagit directement avec l'électrode (comme la réduction de $Fe(CN)_6^{3-}$ en $Fe(CN)_6^{4-}$).

De manière générale, lorsque le mécanisme électrochimique fait intervenir une forte interaction entre un réactif et l'électrode[4], on parle de mécanisme par « **sphère interne** ». À l'opposé, lorsque le mécanisme se fait sans interaction forte entre le réactif et l'électrode, on parle de mécanisme par « **sphère externe** ». Les mécanismes par « sphère interne » conduisent généralement à des constantes de vitesse très dépendantes du matériau d'électrode, ceux par « sphère externe » l'étant beaucoup moins et de manière indirecte[5].

Remarque

Cette classification est analogue à celle se rapportant aux réactions de transfert d'électron des complexes métalliques en solution homogène, la distinction dans ce cas-là se faisant généralement selon qu'il y a interpénétration ou non des sphères de coordination des cations métalliques.

1. J. Tafel (1862-1918), chimiste allemand.
2. J. Heyrovsky (1890-1967), chimiste tchèque (prix Nobel de chimie en 1959).
3. Dans le cas de la réduction de H_{aq}^+, on observe un contrôle cinétique par la réaction de Volmer sur mercure, et par la réaction de Heyrovsky sur aluminium.
4. Cette interaction se manifeste généralement, soit par le biais d'une espèce adsorbée, soit par l'existence d'un ligand « pontant » entre un complexe métallique et l'électrode.
5. Via une modification des caractéristiques de la double couche notamment.

b) Profil énergétique

Intéressons-nous maintenant à l'étape de transfert électronique proprement dite. Même pour un couple redox ne faisant pas intervenir de transformation chimique entre les formes oxydée et réduite (ex : $Fe(CN)_6^{3-}/Fe(CN)_6^{4-}$), le mécanisme de la réaction électrochimique peut être décomposé en plusieurs étapes, du simple fait que la charge est modifiée par le transfert d'électron.

De façon générale, la réaction électrochimique peut se décomposer en :

1. transport du réactif vers l'électrode,
2. formation d'un précurseur à partir du réactif,
3. transfert d'électron proprement dit,
4. destruction de la forme chargée du précurseur pour donner le produit,

transport du produit vers la solution.

Les étapes de transport de matière (1 et 5) seront abordées au chapitre 4 et nous considèrerons dans la suite que le réactif est présent à une distance suffisante de l'électrode pour pouvoir réagir. Les étapes 2-4 incluent elles-mêmes différentes transformations telles que :

- réorganisation de la sphère de solvatation de l'espèce considérée,
- réorganisation de l'atmosphère ionique environnante,
- relaxation vibrationnelle et/ou rotationnelle de l'espèce considérée.

Or, les étapes 2 et 4 d'une part, puis 3 d'autre, part sont régies par des cinétiques très différentes : le transfert électronique est toujours beaucoup plus rapide (≈ 0,1 fs) que les étapes de réorganisation et de relaxation (≈ 0,1 ns). En conséquence (et en application du principe de Franck-Condon[1]), l'étape 3 est *isoénergétique* ; autrement dit, pour que le transfert d'électron ait lieu, les formes O et R doivent adopter *une configuration commune* et les transformations nécessaires pour cela ont lieu avant et après, mais pas pendant le transfert d'électron. C'est ce qu'illustre le schéma de la figure 3.6.

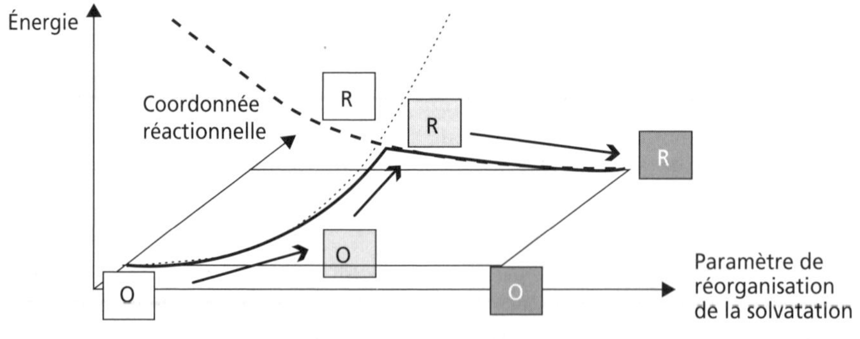

Figure 3.6 – Profil énergétique accompagnant la réorganisation de la sphère de solvatation des espèces O (...) et R (- - -) au cours de la réaction électrochimique. Le fond clair dans le cadre symbolise l'état de solvatation préférentiel de O, le fond foncé l'état de solvatation préférentiel de R. Le chemin réactionnel est figuré en traits épais et illustre le principe de Franck-Condon : il passe par un état de solvatation intermédiaire commun à O et R (figuré par le fond gris du cadre) au moment du transfert électronique proprement dit.

1. J. Franck (1882-1964), physicien américain d'origine allemande (prix Nobel de physique, 1925) ; E.U. Condon (1902-1974), physicien américain.

Ainsi la vitesse du transfert d'électron sera limitée par la cinétique de réorganisation préalable et postérieure à l'échange électronique proprement dit. Nous allons maintenant examiner de manière quantitative quelle est l'influence de cette réorganisation sur la valeur de la constante de vitesse standard.

3.4.3 Approche théorique du transfert d'électron : le modèle de Marcus

Le **modèle de Marcus**[1] est le modèle le plus connu permettant de décrire le mécanisme de transfert électronique d'un point de vue quantitatif. Il repose sur des calculs relativement simples et s'est avéré très efficace pour prédire des valeurs de constantes de vitesse corroborées par l'expérience.

Les hypothèses de base du modèle sont les suivantes :

- le transfert d'électron, de type « sphère externe », est vu de manière quantique : il se produit par effet tunnel entre l'électrode et le réactif ;
- l'électron transféré provient (ou est injecté) du (au) niveau de Fermi du métal constituant l'électrode ;
- le réactif (O ou R) est situé à une distance fixe de l'électrode pendant le transfert d'électron ;
- l'enthalpie libre standard de O et R varie, en fonction de la coordonnée réactionnelle, selon un profil parabolique (conformément au modèle de l'oscillateur harmonique).

Dans ces conditions, le transfert électronique entre O et R peut être représenté dans un diagramme d'énergie par le croisement de deux paraboles, correspondant chacune à la variation de l'enthalpie libre du système ($O + e^-$) d'une part, et R d'autre part (cf. figure 3.7) : ce graphe n'est autre que la projection de celui de la figure 3.6 dans le plan « énergie – coordonnée réactionnelle ».

Remarque

Lorsqu'un fort couplage électronique a lieu entre réactif et électrode, le croisement peut être évité et conduit alors à deux courbes distinctes : à deux minima pour celle de basse énergie et un seul au niveau de l'état de transition pour celle de haute énergie. La conséquence est un coefficient de transmission $\kappa = 1$ (on parle de transfert d'électron adiabatique).

L'équation de chacune des paraboles de la figure 3.7 est donnée par :

$$G^{\circ}_{O+e^-}(q) = \frac{k_q}{2}(q - q_O)^2 - (\Delta G^{\circ}_c)\xi \tag{3.15a}$$

$$G^{\circ}_R(q) = \frac{k_q}{2}(q - q_R)^2 \tag{3.15b}$$

où q désigne une coordonnée réactionnelle permettant de décrire la transformation de O en R[2], q_O et q_R sont les valeurs de q correspondant aux minima d'enthalpie libre de O et

1. R.A. Marcus (1923-), physico-chimiste américain d'origine canadienne (Prix Nobel de Chimie en 1992).
2. q peut être un paramètre décrivant la position des molécules de solvant entourant l'espèce considérée.

R (*i.e.* à la configuration d'équilibre de O et R), k_q est une constante de proportionnalité (correspondant par exemple à la constante de force associée à une longueur de liaison dans O et R), ξ est l'avancement molaire de la réaction pour passer des réactifs au produit et enfin ΔG°_c représente l'enthalpie libre molaire réactionnelle[1] associée à la réduction de O. Cette enthalpie libre molaire réactionnelle est reliée au potentiel d'électrode E par la relation (cf. figure 3.2) :

$$\Delta G^\circ_c = F(E - E^\circ) < 0$$

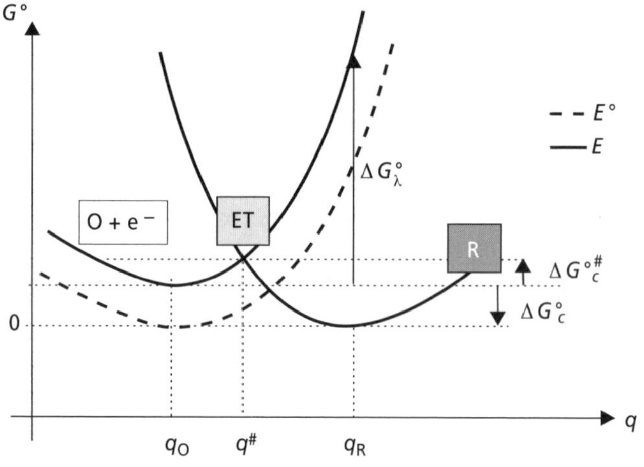

Figure 3.7 – Profil énergétique du transfert électronique entre O et R dans le modèle de Marcus. G^0 est l'enthalpie libre standard du système ($O+e^-$) pour la parabole de gauche et R pour la parabole de droite ; q est la coordonnée réactionnelle permettant de décrire le chemin réactionnel entre réactif et produit. Le point de croisement des deux paraboles (état de transition, ET) figure l'endroit où a lieu le transfert électronique proprement dit. La courbe en pointillés correspond au profil pour E = E°, la courbe en trait plein au profil pour $E < E^0$.

L'intersection des deux paraboles est donnée par la résolution du système constitué des deux équations (3.15) ; elle permet d'obtenir l'expression de la coordonnée de réaction correspondant à l'état de transition $q^\#$:

$$q^\# = \frac{q_R + q_O}{2} + \frac{(\Delta G^\circ_c)\xi}{k_q(q_R - q_O)} \tag{3.16}$$

En réinjectant cette expression dans celle de l'équation (3.15a), on obtient pour l'enthalpie libre molaire d'activation cathodique :

$$\Delta G^{\circ\#}_c = \frac{G^\circ_O(q^\#) - G^\circ_O(q_O)}{\xi} = \frac{k_q}{2\xi}\left(\frac{q_R - q_O}{2} + \frac{(\Delta G^\circ_c)\xi}{k_q(q_R - q_O)}\right)^2$$

1. Rappelons que : $\Delta G^\circ_c = \left(\frac{\partial G^\circ}{\partial \xi}\right)_{T,P}$

soit :

$$\Delta G^{\circ\#}_c = \frac{\Delta G^\circ_\lambda}{4}\left(1 + \frac{\Delta G^\circ_c}{\Delta G^\circ_\lambda}\right)^2 \quad (3.17)$$

en posant :

$$\Delta G^\circ_\lambda = \frac{G^\circ_R(q_O)}{\xi} = \frac{k_q}{2\xi}(q_R - q_O)^2$$

ΔG°_λ est un paramètre correspondant à **l'enthalpie libre molaire de réorganisation** nécessaire pour passer de la forme oxydée à la forme réduite : comme on le voit sur la figure 3.7, c'est la différence d'énergie entre les deux abscisses q_O et q_R en restant sur la même parabole.

L'équation (3.17) permet donc de relier le paramètre cinétique de la réaction $\Delta G^\circ{}_c^\#$ au paramètre thermodynamique ΔG°_c. On observe tout d'abord que, lorsque le potentiel d'électrode est égal au potentiel standard du couple O/R, l'enthalpie libre molaire d'activation vaut $\Delta G^\circ_\lambda/4$[1] : la constante de vitesse standard k° va donc dépendre essentiellement du paramètre de réorganisation. Ce résultat peut être généralisé à d'autres valeurs de potentiel proches du potentiel standard, le terme de réorganisation étant le plus souvent dominant par rapport au terme d'enthalpie libre réactionnelle ($\Delta G^\circ_\lambda >> -\Delta G^\circ_c$) comme indiqué sur la figure 3.7. Dans ce cas, l'enthalpie libre molaire d'activation de la réaction de transfert d'électron, et donc la constante de vitesse correspondante, dépendent essentiellement du paramètre de réorganisation : *la réaction sera d'autant plus rapide qu'elle nécessitera une faible réorganisation entre les formes oxydées et réduites,* en particulier en termes de solvatation.

Remarque

En pratique, on peut ainsi prévoir que des réactions de transfert électronique entre espèces chargées de même signe, ou entre espèces de taille importante ou dans lesquelles la charge est fortement délocalisée (cf. molécules aromatiques polycycliques) seront plus rapides que les réactions entre espèces porteuses de charges différentes (une molécule et une espèce chargée) ou entre espèces de petite taille (cations multichargés), pour lesquelles la solvatation est importante.

Cependant, la conséquence la plus marquante du modèle de Marcus est qu'il existe une valeur de $-\Delta G^\circ_c$ (ici égale à ΔG°_λ), telle que $\Delta G^\circ{}_c^\#$ soit minimale (en l'occurrence nulle). En corollaire, l'enthalpie libre molaire d'activation va donc augmenter lorsque l'enthalpie libre molaire de réaction sera plus négative que $-\Delta G^\circ_\lambda$ (*i.e.* $-\Delta G^\circ_c > \Delta G^\circ_\lambda$) ; on aboutit alors à un résultat apparemment paradoxal : la « barrière d'activation » devient d'autant plus importante, donc la réaction d'autant plus lente, que $-\Delta G^\circ_c$ augmente, c'est-à-dire que la réaction est plus exergonique : on parle de « **région inverse de Marcus**[2] ».

1. Ce résultat est général : lorsque la force motrice est nulle, la barrière d'activation est égale à un quart de l'énergie de la transition verticale.
2. Une interprétation de l'existence de ce domaine provient du fait que, lorsque la force motrice de la réaction devient très importante, une grande quantité d'énergie doit être libérée lors de la transformation de O en R ; celle-ci doit être convertie soit sous forme de relaxation vibrationnelle, soit sous forme de radiation lumineuse (életrochimiluminescence), avec dans chaque cas, un effet de ralentissement de la cinétique.

Ce résultat n'était pas du tout prévu par la théorie de Butler-Volmer, qui montrait une croissance exponentielle de la constante de vitesse avec l'enthalpie libre de réaction. En réalité, ce phénomène de région inverse est surtout observé pour des réactions de transfert d'électron homogènes (réactions d'oxydoréduction) et non à l'interface M|S. Dans le second cas en effet, lorsque le potentiel d'électrode devient très inférieur au potentiel standard pour une réaction dans le sens cathodique (pour obtenir $-\Delta G°_c > \Delta G°_\lambda$), il y a possibilité de transférer des électrons provenant de niveaux d'énergie inférieurs au niveau de Fermi, ce que ne prévoit pas le modèle de Marcus. La prise en compte de ce phénomène intervient dans l'approche basée sur la densité d'états (cf. § 4.4).

Enfin, en combinant les équations (3.5) et (3.17), on obtient directement l'expression de la constante de vitesse k_c :

$$k_c = \frac{k_B T}{h}\kappa \exp\left(\frac{-\Delta G°_\lambda}{4RT}\left(1 + \frac{2\Delta G°_c}{\Delta G°_\lambda} + \frac{\Delta G°^2_c}{\Delta G°^2_\lambda}\right)\right) \tag{3.18}$$

Dans le cas le plus fréquent où $\Delta G°_\lambda \gg -\Delta G°_c$, on peut négliger le terme quadratique et l'équation (3.18) devient, compte tenu de l'expression de $\Delta G°_c$ en fonction du potentiel :

$$\begin{aligned} &k_c \cong \kappa\frac{k_B T}{h}\exp\left(\frac{-\Delta G°_\lambda}{4RT}\right)\exp\left(\frac{-F(E - E°)}{2RT}\right) \cong k°\exp\left(-\frac{F(E - E°)}{2RT}\right) \\ &avec : k° = \kappa\frac{k_B T}{h}\exp\left(\frac{-\Delta G°_\lambda}{4RT}\right) \end{aligned} \tag{3.19}$$

L'équation (3.19) est identique à l'expression de k_c déduite du modèle de Butler-Volmer – équation (3.13a) – en posant $\alpha = ½$, ce qui montre que les deux approches se rejoignent lorsque l'énergie de réorganisation est importante devant l'enthalpie libre réactionnelle.

Cependant, le modèle de Marcus prévoit que le coefficient de transfert puisse, dans certains cas, dépendre du potentiel, ce que ne prévoyait pas le modèle de Butler-Volmer; en effet, l'expression du coefficient de transfert peut être déduite de la dépendance de l'enthalpie libre molaire d'activation avec le potentiel d'électrode :

$$\alpha = \frac{1}{F}\frac{\partial \Delta G°^{\#}_c}{\partial E} = \frac{1}{2} + \frac{F(E - E°)}{2\Delta G°_\lambda} \tag{3.20}$$

L'équation (3.20) montre que, dans le cas le plus fréquent où $\Delta G°_\lambda \gg -\Delta G°_c$, le coefficient de transfert est voisin de ½, comme indiqué précédemment ; cependant, il est possible d'obtenir des valeurs de α dépendant du potentiel d'électrode dès lors que cette condition sur $\Delta G°_\lambda$ et $\Delta G°_c$ n'est pas satisfaite. C'est notamment le cas lorsque la réaction de transfert électronique est fortement exergonique (E << E° pour une réaction cathodique) ou très rapide ($\Delta G°_\lambda$ très faible). La présence du terme quadratique dans l'équation (3.19) se traduit notamment par des valeurs de α s'écartant de ½ pour les potentiels extrêmes, contrairement à ce que laissait prévoir le modèle de Butler-Volmer.

3.4.4 Approche basée sur la distribution des niveaux d'énergie

Une approche alternative pour décrire le transfert électronique à l'interface électrode|électrolyte a été proposée par Gerischer[1]. Nous ne développerons pas ici les calculs permettant de déterminer l'expression de la constante de vitesse en fonction de la densité d'états d'énergie accessibles pour l'espèce chimique considérée ; les principaux résultats de ce modèle peuvent être représentés sous la forme du schéma de la figure 3.8.

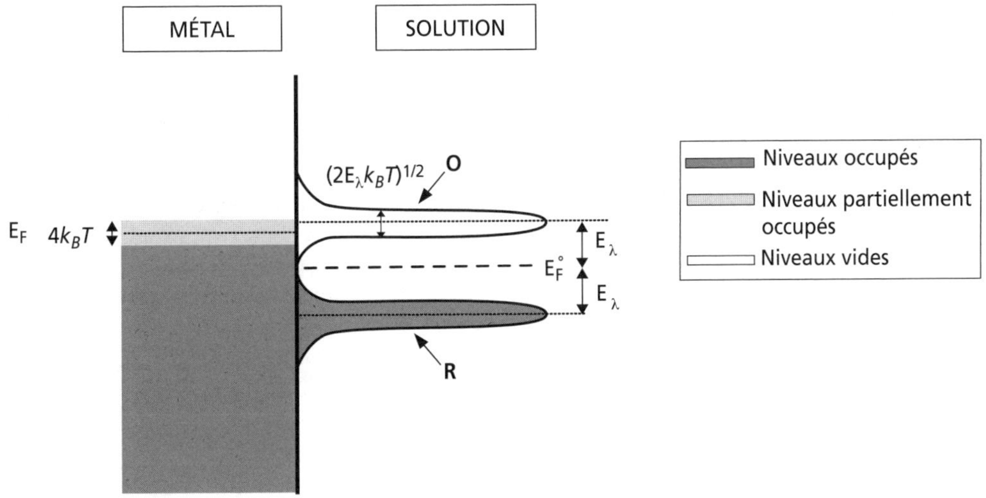

Figure 3.8 – Représentation de la densité d'états électroniques à l'interface M|S à 25 °C. E_F représente le niveau de Fermi du métal pour un potentiel d'électrode donné ($E < E^0$). E_F^0 représente le niveau d'énergie de fermi redox standard du couple O/R. $E_\lambda = (\Delta G^0_\lambda)\xi$ est l'énergie associée au paramètre de réorganisation défini au § 4.3.

Dans cette approche, on considère que le transfert d'électron n'a lieu, dans le sens de la réduction, que s'il existe des niveaux d'énergie vides, pour l'espèce acceptrice en solution, de même énergie que des niveaux occupés dans le métal, qui joue alors le rôle de donneur d'électron (comme représenté sur la figure 3.8) ; inversement, le transfert d'électron, dans le sens de l'oxydation, requiert l'existence de niveaux d'énergie occupés du donneur en solution, qui coïncident en énergie avec des niveaux vacants dans le métal, qui joue alors le rôle d'accepteur d'électron. D'autre part, la vitesse de la réaction de réduction ou d'oxydation est directement proportionnelle à la densité d'états d'énergie répondant au critère précédent, à la fois pour l'espèce en solution et le métal constituant l'électrode.

Du côté du métal, les niveaux occupés sont situés en dessous du niveau de Fermi, et, compte tenu de l'agitation thermique, il existe des niveaux partiellement occupés dans un intervalle de largeur $4k_BT$ ($\approx$ 0,1 eV à 25 °C) autour du niveau de Fermi (cf. chapitre 1).

1. H. Gerischer, *Physical Chemistry : an advanced treatise, vol. 9A,* (H. Eyring, D. Henderson, W. Jost).

Le principal résultat de l'approche de Gerischer concerne la répartition de la densité d'états pour l'espèce en solution (O ou R) : le calcul montre que la densité d'états suit une distribution gaussienne[1], centrée à une distance $\pm E_\lambda$ du niveau de Fermi redox standard ($E_F°$) du couple et de largeur proportionnelle à la racine carrée de E_λ. En conséquence, plus le facteur de réorganisation est important, plus la distribution de la densité d'états occupés (pour la forme R) ou vacants (pour la forme O) est large, mais surtout plus son centre est éloigné du niveau $E_F°$: la réaction de transfert électronique cathodique (resp. anodique), nécessitant pour avoir lieu un recouvrement entre niveaux occupés (resp. vacants) du métal et niveaux vacants (resp. occupés) de l'espèce en solution, ne se fera avec une vitesse notable qu'en présence d'une surtension[2] η_c négative (resp. η_a positive), permettant de mettre en « vis-à-vis » les niveaux d'énergie impliqués (cf. figure 3.9a). Au contraire, lorsque le facteur de réorganisation est petit (cas représenté sur la figure 3.9b), non seulement le transfert peut avoir lieu avec un faible apport d'énergie supplémentaire (η_a ou $|\eta_c|$ petit) mais le recouvrement des niveaux occupés du métal et vacants de R d'une part, et celui des niveaux vacants du métal et occupés de O d'autre part, peut avoir lieu dans la même zone de potentiel d'électrode autour de la position d'équilibre : ainsi, l'oxydation et la réduction ne peuvent avoir lieu simultanément que si l'énergie de réorganisation est faible c'est-à-dire si le transfert d'électron est rapide.

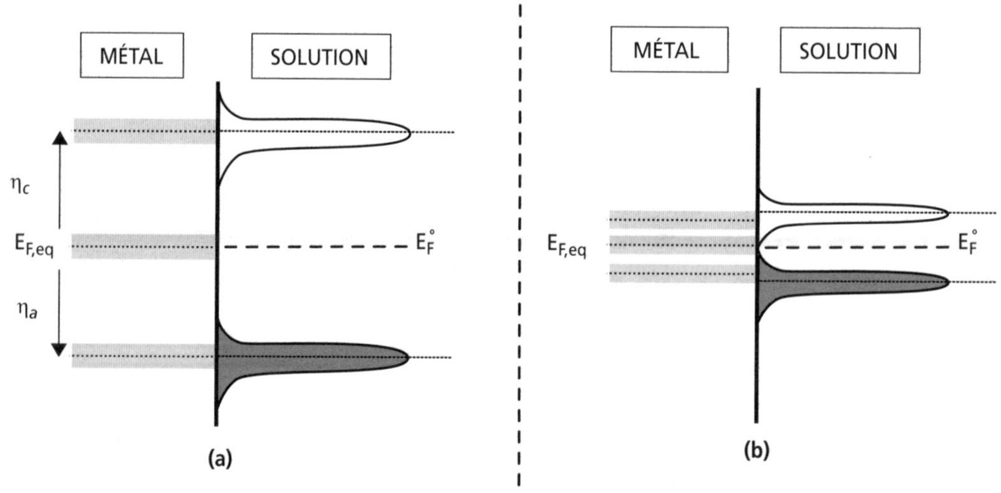

Figure 3.9 – Représentation de la densité d'états électroniques à l'interface M|S à 25 °C : le cas a) correspond à une énergie de réorganisation forte (typiquement $E_\lambda \approx 1{,}5$ eV) ; le cas b) correspond à une énergie de réorganisation faible (typiquement $E_\lambda \approx 0{,}3$ eV). $E_{F,eq}$ représente le niveau de Fermi du métal pour une interface à l'équilibre. $E_F{}^0$ représente le niveau d'énergie de Fermi redox du couple O/R dans les conditions standard. η_a et η_c sont les surtensions anodique et cathodique à l'électrode.

1. Cette distribution est liée à la solvatation qui entraîne une fluctuation des niveaux d'énergie moléculaires.
2. Pour la définition de la surtension, voir le chapitre 6, §3.1.

En conclusion, les différentes approches des mécanismes de transfert électronique du point de vue microscopique font apparaître le rôle déterminant dans la cinétique d'un paramètre énergétique $\Delta G°_{\lambda}$ caractéristique du degré de réorganisation nécessaire pour passer de la forme oxydée à la forme réduite : ainsi la réaction de transfert d'autant plus rapide que le degré de ressemblance des formes oxydée et réduite sera important. Dans le cas des mécanismes par « sphère externe », *i.e.* mettant en jeu une faible interaction entre le réactif et l'électrode, ce sont essentiellement des phénomènes de solvatation et de réorganisation de l'atmosphère ionique entre les formes O et R qui entrent en ligne de compte dans la valeur de ce paramètre $\Delta G°_{\lambda}$ et donc dans les enthalpies libres d'activation.

Bibliographie

A. J. Bard and L.R. Faulkner, *Electrochemical Methods, Fundamentals and Applications*, 2nd éd.,Wiley, 2001, chap. 3.

B. Trémillon, *Électrochimie analytique et réactions en solution*, tome 2, Masson, 1993, chap. 8.

C. M. A Brett and M. O. Brett, *Electrochemistry: principles, methods and applications*, Oxford, 1993, chap. 4.

J. Albery, *Electrode kinetics*, Clarendon Press, 1975.

J. Besson, *Précis de thermodynamique et cinétique électrochimique*, Ellipses, 1984, 2e partie.

A. C Fisher, *Electrode Dynamics*, Oxford Chemistry Primers, 1996, chap. 1.

C. Amatore, *Organic Electrochemistry*, Marcel Dekker, 2001, chap. 1

Internet

http://www.tannerm.com/electrochem.htm

TRANSPORT DE MATIÈRE

4

Dans ce chapitre, nous allons nous intéresser à ce qui se passe en amont ou en aval de la réaction de transfert d'électron à l'électrode. Il s'agit essentiellement de processus de transport des espèces entre le sein de la solution et l'interface avec l'électrode. Nous décrirons les différents modes de transport possibles et leurs caractéristiques principales dans les cas les plus fréquemment rencontrés dans les problèmes d'électrochimie.

4.1 LES DIFFÉRENTS MODES DE TRANSPORT

Les espèces électroactives disposent de plusieurs « modes de transport » pour se rendre sur le lieu de la réaction de transfert d'électron, à savoir l'interface électrode|électrolyte. Nous pouvons distinguer les modes de transport «collectifs », qui concernent l'ensemble des espèces présentes et les modes « individuels », qui sont caractéristiques de l'espèce concernée.

Dans la première catégorie, on trouve essentiellement la **convection**, qui représente le mouvement d'ensemble du fluide constitué par l'électrolyte (solution ou sel fondu). Ce mouvement peut être :

- **naturel** : il est alors dû à l'existence de gradients de densité, de température, de pression... au sein du fluide. Ces phénomènes n'intervenant que dans des conditions très particulières, on n'en tiendra pas compte dans la suite ;
- **forcé** : le mouvement est imposé de l'extérieur (par l'utilisateur) sous forme d'agitation mécanique par exemple, ou par la rotation de l'électrode. La conséquence est de mettre en mouvement le fluide dans son ensemble par rapport à l'électrode, dans des conditions hydrodynamiques que l'on supposera relever du régime laminaire.

Dans la deuxième catégorie, on rencontre principalement :

- La **diffusion** : il s'agit du mouvement des espèces sous l'action d'un gradient de potentiel chimique, dû essentiellement à un gradient de concentration s'établissant entre l'interface et la partie homogène du fluide. Ce mode de transport ne concerne, en première approximation, que les espèces électroactives, les autres gardant a priori une concentration uniforme dans le milieu[1]. Il dépend de caractéristiques de l'espèce,

1. À l'exception d'espèces participant à une réaction chimique avec une espèce électroactive ou de co-adsorbats.

notamment sa mobilité, liée à son rayon hydrodynamique, et de caractéristiques du milieu comme la viscosité (vide infra).

- La **migration** : il s'agit du mouvement des espèces sous l'action d'un champ électrique (gradient de potentiel électrostatique) pouvant exister dans la zone interfaciale[1]. Ce mode de transport ne concerne évidemment que les espèces chargées.

En résumé, il existe principalement 3 modes de transport pour les espèces concernées par l'existence d'une réaction électrochimique (en phase liquide ou gaz) : convection, diffusion et migration. Dans la suite, nous allons examiner les caractéristiques de ces différents modes et leurs conséquences sur le flux d'espèces à l'interface.

Remarque

D'autres modes de transport d'espèces peuvent exister, notamment en phase solide : le saut d'électron (hopping), que l'on peut assimiler à une pseudo-diffusion, la percolation, etc. Ces modes plus spécifiques ne seront pas décrits dans le cadre de ce chapitre.

4.2 L'ÉQUATION GÉNÉRALE DU TRANSPORT DE NERNST-PLANCK

4.2.1 Équation phénoménologique

Hormis pour la convection, qui est un mode collectif, les considérations précédentes montrent qu'il est possible d'établir, pour chaque espèce individuellement, une équation phénoménologique liant l'**effet** (le flux de l'espèce en un point) à la **cause** (un gradient de paramètre intensif). Les phénomènes considérés étant linéaires, l'équation générale doit être de la forme :

$$\vec{J}_k = -\mathsf{L}_k.\overrightarrow{\text{grad}}X \tag{4.1}$$

et l'additivité des flux conduit à :

$$\vec{\mathrm{J}} = \sum_k \vec{\mathrm{J}}_k$$

Remarque

L'équation (4.1) découle directement de la thermodynamique des processus irréversibles et des équations phénoménologiques d'Onsager.

Dans l'équation (4.1), J_k représente le flux de matière de l'espèce k en un point et à un instant donné, défini comme la quantité de matière traversant l'interface par unité de

1. Dans le cas particulier d'une électrolyse entre deux électrodes parallèles, la migration ne concerne pas uniquement la zone interfaciale mais l'ensemble de la solution. On s'intéressera plus particulièrement ici à ce qui se passe à une seule interface électrode|électrolyte, indépendamment de l'autre.

temps ; L_k est une constante caractéristique de l'espèce k (et éventuellement du milieu) et X est une variable intensive molaire, dont le gradient constitue la force motrice du flux.

En outre, le flux molaire s'exprime, en régime permanent, comme le produit de la concentration molaire par une vitesse ; cette vitesse est celle obtenue, en régime permanent, lorsque la force motrice s'exerçant sur *une* particule ($-\mathsf{L}_k \mathcal{N}_A^{-1}\overrightarrow{\text{grad}}\,X$) est exactement compensée par la force de « freinage » visqueuse ($\zeta_k \cdot v$), de sorte que :

$$J_k = C_k v = -\frac{C_k}{\mathcal{N}_A \zeta_k}\mathsf{L}_k \left\|\overrightarrow{\text{grad}}X\right\| \tag{4.2}$$

où ζ_k est le coefficient de friction pour l'espèce k et v la vitesse de la particule.

C'est le cas par exemple lorsque l'on considère comme force motrice la force électrostatique s'exerçant sur une particule k de charge z_k :

$$\vec{F}^{el} = z_k e\vec{\mathsf{E}} = -z_k \frac{F}{\mathcal{N}_A}\overrightarrow{\text{grad}}\Phi$$

En tenant compte de la force de freinage s'exerçant sur cette particule se déplaçant à la vitesse $\vec{\mathrm{V}}$, l'équation du mouvement s'écrit :

$$z_k e\vec{\mathsf{E}} - \zeta_k \vec{\mathrm{V}} = m\frac{d\vec{\mathrm{V}}}{dt}$$

Un régime stationnaire est très rapidement atteint (de l'ordre de 10^{-10} s) lorsque $\dfrac{d\vec{\mathrm{V}}}{dt} = 0$:

$$\left\|\vec{\mathrm{V}}\right\| = \frac{|z_k|e}{\zeta_k}\left\|\vec{\mathsf{E}}\right\| = u_k \left\|\vec{\mathsf{E}}\right\|$$

avec :

$$u_k = \frac{|z_k|e}{\zeta_k} = \frac{|z_k|F}{\mathcal{N}_A \zeta_k} \tag{4.3}$$

u_k qui est appelé **mobilité électrique** de l'espèce k, est par définition la vitesse acquise par l'espèce en régime permanent sous l'action d'un champ électrique unitaire.

Remarque

On définit également parfois la mobilité électrochimique : $\tilde{u}_k = \dfrac{u_k}{|z_k|F} = \dfrac{1}{\mathcal{N}_A \zeta_k}$.

Dans la suite, nous simplifierons le problème, en considérant des mouvements unidimensionnels en géométrie plane, de sorte que :

$$\overrightarrow{\text{grad}} = \frac{\partial}{\partial x}\vec{u}_x$$

$\vec{u}_x$ étant un vecteur unitaire, perpendiculaire à la surface de l'électrode (considérée comme origine de l'axe des x) et orienté de l'électrode vers la solution, l'équation générale du transport a la forme suivante :

$$J = \sum_k J_k = \sum_k -\frac{C_k}{\mathcal{N}_A \zeta_k}\frac{\partial X}{\partial x} = \sum_k -\frac{C_k u_k}{|z_k|F}\frac{\partial X}{\partial x} \tag{4.4}$$

4.2.2 Équation générale de Nernst-Planck[1]

Nous avons vu précédemment que la diffusion et la migration avaient pour origine, respectivement un gradient de potentiel chimique ($X = \mu$) et un gradient de potentiel électrostatique ($X = \Phi$). On peut regrouper ces deux termes en considérant comme variable intensive le potentiel électrochimique de l'espèce considérée ($X = \tilde{\mu}$), qui se trouve donc être à l'origine des flux non convectifs dans la réaction électrochimique.

En outre, en présence d'un mouvement de convection forcée, entraînant une vitesse d'ensemble du fluide v_f, l'équation (4.3) devient :

$$\boxed{J = \sum_k -\left(\frac{C_k u_k}{|z_k|F}\right)\frac{\partial \tilde{\mu}_k}{\partial x} + \sum_k C_k \mathbf{v}_f} \qquad (4.5)$$

L'équation (4.5) est l'équation générale du transport ou **équation de Nernst-Planck**. On peut la mettre sous une forme plus explicite en utilisant l'expression du potentiel électrochimique donnée au chapitre 1 § 5 et celle du coefficient de diffusion, provenant du modèle de Stokes-Einstein[2] :

$$D_k = \frac{k_B T}{\zeta_k} = \frac{k_B T}{6\pi.\eta.r_{solv}} \qquad (4.6)$$

r_{solv} est le rayon de l'espèce solvatée et η est la viscosité dynamique du milieu.

Remarque

Dans l'eau à 25 °C, la relation de Stokes-Einstein prévoit un coefficient de diffusion qui varie en fonction du rayon solvaté selon :

$$D\ (\text{cm}^2.\text{s}^{-1}) = 2.1\ 10^{-6} / r_{solv}\ (\text{nm})$$

En combinant (4.3) et (4.6), on obtient la relation entre mobilité électrique et coefficient de diffusion :

$$u_k = \frac{|z_k|F}{RT} D_k \qquad (4.7)$$

d'où, en réinjectant dans (4.5) :

$$J_k = -\frac{D_k c_k}{RT}\left(\frac{\partial \mu_k}{\partial C_k}\frac{\partial C_k}{\partial x} + z_k F \frac{\partial \Phi}{\partial x}\right) + C_k \mathbf{v}_f \qquad (4.8)$$

En utilisant l'expression du potentiel chimique en fonction de l'activité (équation 2.16) et la relation entre activité et concentration ($a_k = \gamma_k C_k$), on obtient :

$$\frac{\partial \mu_k}{\partial C_k} = \frac{RT}{C_k}$$

1. M. Planck (1858-1947), physicien allemand (Prix Nobel de physique, 1918).
2. G. Stokes (1819-1903), physicien irlandais ; A. Einstein (1879-1955), physicien allemand naturalisé américain (Prix Nobel de physique, 1921).

d'où finalement :

$$J_k = -D_k \frac{\partial C_k}{\partial x} - z_k F \frac{D_k C_k}{RT} \frac{\partial \Phi}{\partial x} + C_k \mathsf{v}_\mathrm{f}$$

et :

$$\boxed{J = -\sum_k D_k \frac{\partial C_k}{\partial x} - \left(\frac{F}{RT}\frac{\partial \Phi}{\partial x}\right)\sum_k z_k D_k c_k + \mathsf{v}_\mathrm{f} \sum_k C_k} \tag{4.9}$$

L'équation (4.9) fait apparaître 3 termes, correspondant chacun aux 3 modes de transport énoncés au § 1. On retrouve, pour le terme décrivant le transport par diffusion, **la première équation de Fick**[1]. Le deuxième terme caractérise le flux dû à la migration des espèces sous l'action du champ électrique régnant dans la zone de l'espace considérée. Enfin, le troisième terme n'intervient qu'en présence d'un mouvement de convection, imprimant à l'ensemble du fluide une vitesse v_f.

4.3 Étude de la migration

4.3.1 Expression de la loi d'Ohm[2]

Dans le paragraphe précédent, nous avons obtenu une expression de la contribution de la migration au flux de l'espèce k, notée $J_k^{\,m}$:

$$J_k^m = -\left(\frac{F}{RT}\frac{\partial \Phi}{\partial x}\right) z_k D_k C_k = \frac{F}{RT} z_k D_k C_k \mathsf{E} \tag{4.10}$$

Dans l'équation (4.10), $J_\mathrm{k}^{\,\mathrm{m}}$ est l'expression d'un flux molaire (en mol·cm^{-2}s^{-1}), qui apparaît proportionnel au champ électrique E, le signe du coefficient de proportionnalité dépendant du signe de la charge de l'espèce : flux de migration dans le sens du champ pour un cation ($z_\mathrm{k} > 0$), en sens opposé pour un anion ($z_\mathrm{k} < 0$).

Ce flux d'espèces chargées (en mol·cm^{-2}·s^{-1}) peut être converti[3] en densité de courant à l'électrode j^m (en A·cm^{-2}) :

$$\boxed{j^m = F\sum_k z_k J_k^m = F\sum_k \left[\frac{|z_k| F D_k}{RT}\right]|z_k| C_k \mathsf{E}} \tag{4.11}$$

Dans l'équation (4.11), le terme entre crochets représente la mobilité u_k de l'espèce k, cf. (4.7). Ainsi, l'équation (4.11) n'est autre que l'expression de la loi d'Ohm :

$$\boxed{j^m = F\sum_k |z_k| u_k C_k \mathsf{E} = \sigma \mathsf{E}} \tag{4.12}$$

où σ représente la conductivité de la solution.

1. A. Fick (1829-1901), physicien et physiologiste allemand.
2. G.S. Ohm (1789-1854), physicien allemand.
3. en tenant compte que chaque espèce k apporte z_k charges et que le nombre de moles d'espèces chargées est convertie en quantité d'électricité par multiplication par le Faraday (loi de Faraday).

Ainsi, on déduit l'expression de la conductivité σ de la solution en fonction des mobilités et concentrations des différentes espèces présentes :

$$\sigma = F\sum_k |z_k| u_k C_k = \sum_k \lambda_k C_k \tag{4.13}$$

On retrouve que la conductivité de la solution s'exprime comme la somme des conductivités ioniques λ_k des espèces chargées, pondérée par leur concentration respective.

Remarque

On définit également la conductivité molaire Λ de la solution électrolytique de concentration C par :

$$\Lambda = \frac{\sigma}{C} = \nu_+\lambda_+ + \nu_-\lambda_- \tag{4.14}$$

où λ_+ et λ_- représentent les conductivités ioniques respectivement des cations et anions de l'électrolyte, ν_+ et ν_- étant les coefficient stœchiométriques associés au cation et à l'anion dans la formule de l'électrolyte.

4.3.2 Mesures conductimétriques

Principe de fonctionnement d'un conductimètre

La conductance **G** d'une solution se mesure à l'aide d'un conductimètre (ou ohmmètre) et d'une cellule conductimétrique (figure 4.1). Cette cellule est constituée d'un corps en verre supportant deux plaques métalliques parallèles de même surface S, distantes de ℓ. Ces deux plaques sont des électrodes de platine recouvertes de noir de platine.

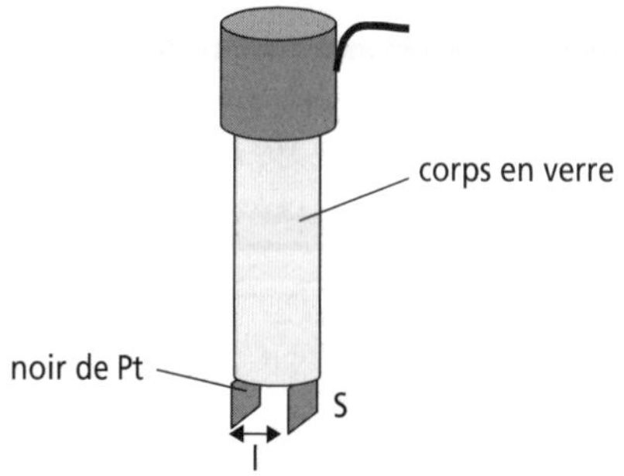

Figure 4.1 – Électrode utilisée en conductimétrie.

La conductance **G** de la solution exprimée en siemens (S) représente l'inverse de la résistance R. Elle est liée à la conductivité σ (inverse de la résistivité) par la relation :

$$\mathbf{G} = \sigma\frac{S}{\ell} = k_{cell}\sigma$$

où k_{cell} est la constante de cellule.

Remarque

Dans la pratique, la constante de cellule vaut environ 1 cm. Lorsqu'on désire mesurer des valeurs absolues de conductivité, on étalonne préalablement la cellule conductimétrique en utilisant des solutions KCl de concentrations et de conductivités connues, ce qui permet de connaître précisément la valeur de k_{cell}. L'étalonnage n'est pas nécessaire lorsqu'on souhaite mesurer seulement *la variation* de la conductivité, au cours d'une réaction de titrage par exemple afin de déterminer le point équivalent.

On peut représenter le circuit équivalent à la cellule conductimétrique par le schéma suivant (cf. chap. 9, §3) :

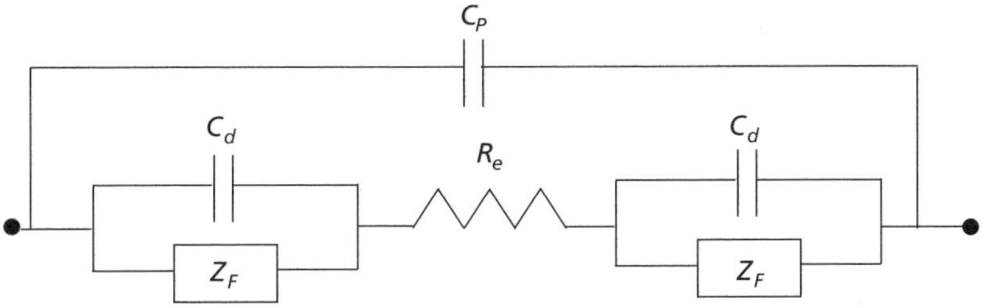

Figure 4.2 – **Circuit équivalent de la cellule de conductimétrie.**

L'amplitude de la tension est suffisamment faible (dizaine de mV) de façon à éviter les réactions d'électrolyse aux électrodes. Ainsi l'impédance faradique $\mathbf{Z}_F$ est négligeable devant les capacités interfaciales de double couche $\mathbf{C}_d$. Le passage d'un courant impose l'utilisation d'une tension alternative, ce qui par ailleurs évite la polarisation des électrodes pouvant modifier leur surface.

La fréquence de cette tension ne doit être quelconque : ni trop faible, sinon la réponse sera dominée par les capacités interfaciales de double couche[1], ni trop grande sinon il y a risque de shunt par la capacité des plaques de Pt en regard (C_P). Ainsi une fréquence intermédiaire de l'ordre du kHz est le plus souvent utilisée.

Remarque

À la différence des mesures électrochimiques où l'on s'intéresse aux interfaces, ce qui impose que la résistance d'électrolyte soit faible devant les impédances interfaciales (en particulier devant l'impédance faradique), les mesures conductimétriques nécessitent un rapport inverse : l'impédance interfaciale ne doit pas être limitante, quel que soit le potentiel, pour accéder à R_e.

4.3.3 Nombres de transport

Il ressort de l'équation (4.12) que la contribution de chaque espèce ionique k au transport du courant par migration peut être quantifiée à l'aide d'un nombre sans dimension, compris entre 0 et 1, appelé **nombre de transport** t_k et défini par :

$$t_k = \frac{j_k^m}{j^m} = \frac{|z_k|u_k C_k}{\sum_k |z_k|u_k C_k} \qquad (4.15)$$

1. L'impédance correspondante variant comme 1/jCω, elle augmente lorsque la fréquence diminue, jusqu'à devenir bloquante.

L'équation (4.15) montre, qu'en présence de plusieurs électrolytes à des concentrations fortement différentes, le transport par migration sera assuré principalement par l'électrolyte le plus concentré, les mobilités des espèces en solution étant généralement du même ordre de grandeur[1].

a) Mesure des nombres de transport

Pour mesurer les nombres de transport des ions en solution, on utilise un appareil de HITTORF dont le schéma est donné ci-dessous (figure 4.3) :

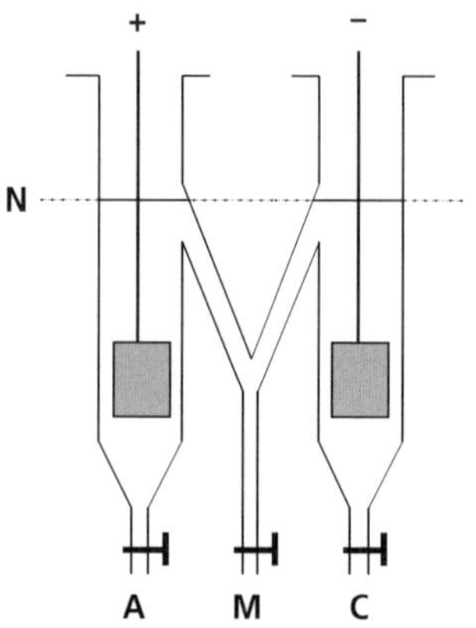

Figure 4.3 – **Schéma de la cellule de Hittorf.**

Cette cellule est constituée de trois compartiments anodique, médian et cathodique (A, M, C). Les compartiments extrêmes reçoivent les électrodes. Chaque compartiment est muni d'un robinet qui permet de recueillir les différentes fractions à la fin de l'électrolyse. La cellule est alimentée en courant continu à l'aide d'une alimentation stabilisée ; on évalue le nombre de coulombs ayant traversé le circuit en mesurant exactement le temps d'électrolyse.

Le calcul de la quantité d'ions transportés se fait grâce au changement de concentration des compartiments anodique et cathodique, déterminé par dosage une fois l'électrolyse terminée (voir fiche TP 5 pour le détail des calculs). La détermination des nombres de transport permet d'en déduire les conductivités ioniques.

b) Électrolyse d'un sel d'électrolyte

Considérons un électrolyte binaire $C^{z+}A^{z-}$ soumis à une électrolyse entre deux électrodes de même aire A (cf. figure 4.4). Pour une densité de courant j, le nombre de moles de l'espèce k migrant par seconde est égal à $|j^m|A/|z_k|F = t_k|j|A/|z_k|F$. Si cette espèce est électrolysée à l'électrode, en mettant en jeu n électrons par réactif, le nombre de moles de l'espèce k consommées par seconde du fait de la réaction est égal à $|j|A/nF$. On en déduit que le

1. À l'exception de H^+ et OH^- en solution aqueuse, qui présentent un mode de transport particulier utilisant le réseau de liaisons hydrogènes entre molécules d'eau.

système ne peut atteindre un régime permanent avec la migration comme seule mode d'apport de réactif à l'électrode que si ces deux quantités sont égales, ce qui impose :

$$1 = \frac{t_k n}{|z_k|} \tag{4.16}$$

L'équation (4.16) montre que la migration ne permet pas d'approvisionner à elle seule l'électrode au cours de l'électrolyse d'un sel[1], et qu'une partie de la matière électroactive doit donc arriver par diffusion (au voisinage des électrodes).

Le courant de diffusion correspondant j^{d} est défini comme le complément de j^{m} par rapport à j, d'où :

$$\boxed{j^d = j - j^m = j\left(1 \mp \frac{nt_k}{z_k}\right)} \tag{4.17}$$

Remarque 1

Pour la réduction d'un cation (ou l'oxydation d'un anion), le courant de migration et le courant total sont de même signe, d'où le signe – dans (4.17), alors qu'ils sont de signes opposés pour la réduction d'un anion (ou l'oxydation d'un cation) d'où un signe + dans (4.17).

Remarque 2

Le traitement ci-dessus suppose évidemment que les nombres de transport ne sont pas modifiés par les variations de concentration dues aux réactions aux électrodes (autrement dit, le nombre de transport reste uniforme dans toute la solution), ce qui est généralement vrai si l'on part de concentrations d'électrolyte élevées.

Exemple

Considérons l'électrolyse de HCl entre deux électrodes de Pt. Compte tenu des nombres de transport respectifs de H^+_{aq} ($t_+ = 0{,}8$) et Cl^-_{aq} ($t_- = 0{,}2$), il vient que 80 % du courant total à la cathode est véhiculé par migration de H^+ et donc il reste 20 % véhiculé par diffusion de H^+, tandis que seulement 20 % du courant total à l'anode est véhiculé par migration de Cl^- et donc il reste 80 % pris en charge par diffusion (cf. figure 4.4) :

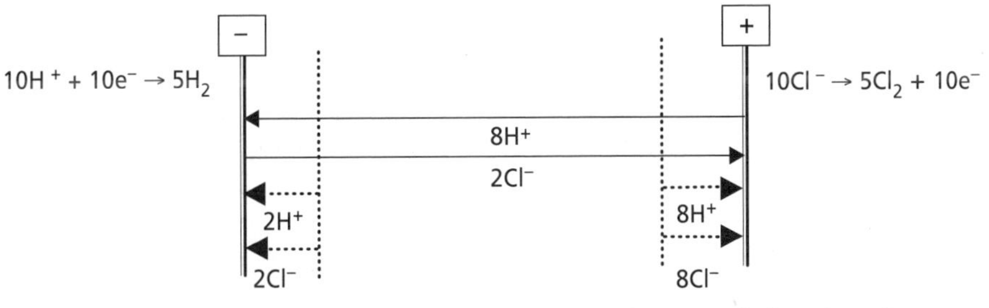

Figure 4.4 – Schéma représentant les contributions de la migration (flèches en traits pleins) et de la diffusion (flèche en traits pointillés) aux flux de matière lors de l'électrolyse de 10 moles de HCl_{aq} (t+ = 0,8 ; t- = 0,2).

1. En effet pour $n=|z_k|$, la condition impose $t_k=1$, ce qui est non réaliste, car ne pouvant être réalisé pour les deux ions de l'électrolyte binaire.

4.3.4 Électrolyte support

L'équation (4.17) montre que la contribution du courant de diffusion au courant total sera d'autant plus importante que le nombre de transport de l'espèce sera faible. Or, on peut aisément rendre ce nombre petit pour une espèce électroactive, en ajoutant au milieu *un électrolyte en concentration beaucoup plus élevée et ne participant pas aux réactions aux électrodes* : on parle dans ce cas d'électrolyte support. Pour des mobilités voisines d'espèces ioniques en solution, on pourra considérer que la contribution des espèces électroactives au courant de migration sera négligeable si leur concentration est environ 100 fois inférieure à celle de l'électrolyte support. En effet, dans ce cas, on a, pour une espèce électroactive k par rapport à un ion $k_{\text{el.sup}}$ de l'électrolyte support :

$$C_{k,el.\text{sup}} \succ\!\succ C_k \Rightarrow t_k \prec\!\prec 1 \Rightarrow j_k^d \approx j$$

L'ajout d'électrolyte support est très fréquent en électrochimie, car il offre plusieurs avantages :

- supprimer la contribution des espèces électroactives au courant de migration, ce qui simplifie les relations entre courant et concentrations (cf. ci-dessous, § 4) ;
- fixer la conductivité de la solution, afin d'éviter que celle-ci ne soit abaissée par les réactions aux électrodes, et la maintenir à un niveau élevé pour minimiser la chute ohmique ;
- fixer la force ionique du milieu à une valeur élevée, ce qui limite les phénomènes capacitifs à une zone de très faible épaisseur au voisinage de l'interface M|S ;

Remarque

Les électrolytes supports les plus couramment utilisés sont les sels de métaux alcalins en solution aqueuse (KNO_3, KCl, $LiClO_4$, ...) et les sels d'alkylammonium en solvant organique (Bu_4NClO_4, Et_4NClO_4, Bu_4NBF_4, ...).

Dans la suite, on se placera dans les conditions où un électrolyte support assure l'essentiel du transport par migration.

4.4 ÉTUDE DE LA DIFFUSION

La contribution des espèces électroactives k_{el} au courant de migration étant négligeable, l'équation (4.9) se réduit donc à :

$$J = \sum_{k_{el}} J_k = -\sum_{k_{el}} D_k \frac{\partial C_k}{\partial x} + \mathrm{v_f} \sum_{k_{el}} C_k \qquad (4.18)$$

où J représente le flux d'espèces électroactives, aisément convertible en flux d'électrons échangés et donc en courant par la loi de Faraday.

En outre, chaque espèce vérifie l'équation de conservation de la matière. Celle-ci s'établit de la manière suivante : considérons un élément cylindrique de la solution, d'axe x comme sur la figure 4.5 ci-dessous :

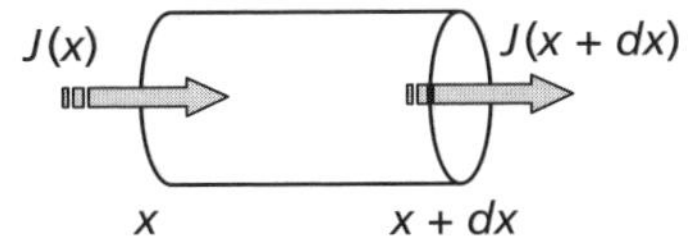

Figure 4.5 – Représentation des flux entrant et sortant pour un élément de longueur *dx* et de section A de la solution.

La conservation de la matière impose que la variation de la quantité de matière dans le cylindre pendant l'instant dt soit égale à la différence entre les flux sortants et entrants multipliée par la durée et l'aire, soit : $[J(x,t) - J(x + dx,t)]Adt$.

Elle est d'autre part égale au volume que multiplie la variation de concentration, soit $Adx\ dC$.

La conservation s'exprime donc par :

$$[J(x,t) - J(x + dx,t)]dt = dC.dx$$

soit encore :

$$\frac{\partial J_k}{\partial x} = -\frac{\partial C_k}{\partial t} \tag{4.19}$$

Remarque

On peut écrire une équation plus générale pour un problème à 3 dimensions sous la forme :

$$\partial C / \partial t = -div\vec{J}$$

La combinaison des équations (4.18) et (4.19) donne une équation aux dérivées partielles ne faisant plus intervenir que la concentration[1] :

$$\boxed{\frac{\partial C}{\partial t} = D\frac{\partial^2 C}{\partial x^2} - v_{f(x)}\frac{\partial C}{\partial x}} \tag{4.20}$$

Cette équation est appelée **deuxième loi de Fick** pour une solution immobile ($v_f = 0$).

La résolution analytique de l'équation (4.20) en régime de diffusion convective requiert la connaissance du profil de vitesse. Pour contourner cet écueil, on peut utiliser l'approximation de la couche de diffusion. Elle consiste à considérer qu'il existe une zone proche de l'électrode où seule la diffusion intervient[2] ($v_f = 0$). La convection est prise en compte par une condition sur la concentration à l'extrémité de cette couche de la forme :

$$C(x \geq \delta) = C^S$$

où C^S représente la concentration au sein de la solution.

1. La condition d'incompressibilité du liquide annule les termes faisant intervenir les dérivées partielles de la vitesse pour obtenir (4.20).
2. On montre en effet en hydrodynamique qu'il existe toujours une couche stagnante de fluide au voisinage de la paroi, que la convection ne peut réhomégéniser. À l'intérieur de cette couche, le transport se réduit à la seule diffusion.

δ est une longueur caractéristique, appelée épaisseur de la couche de diffusion. Cette longueur est directement dépendante des conditions hydrodynamiques liées au terme convectif : vitesse d'agitation, viscosité de la solution, ... ainsi que du coefficient de diffusion de l'espèce considérée.

Ainsi, nous pouvons obtenir une expression du flux total J_k de l'espèce k et de la concentration C_k en fonction de la distance x (lorsque $x \leq \delta$) et du temps t, en résolvant les deux équations de Fick :

$$J_k(x,t) = -D_k \frac{\partial C_k(x,t)}{\partial x} \tag{4.21a}$$

$$\frac{\partial J_k}{\partial x} = -\frac{\partial C_k}{\partial t} \tag{4.21b}$$

soit, en combinant ces deux équations :

$$D\frac{\partial^2 C_k}{\partial x^2} = \frac{\partial C_k}{\partial t} \tag{4.22}$$

que l'on résout avec les conditions initiales et aux limites suivantes lorsque k est le réactif dans la réaction électrochimique (O pour la réduction)[1] :

$$\begin{aligned} C_O(t = 0, x) &= C_O^S \\ C_O(t, x = 0) &= C_O^{el}(E) \\ C_O(t, x \geq \delta) &= C_O^S \end{aligned} \tag{4.23}$$

Remarque

Ces conditions correspondent à l'application d'un saut de concentration à l'électrode, obtenu le plus souvent par l'application d'un saut de potentiel (cf. chronoampérométrie, chapitre 10).

4.4.1 Cas du régime stationnaire

Lorsque la convection est suffisante pour assurer un renouvellement continu du voisinage de l'électrode (au-delà de δ) en réactif, un régime stationnaire est susceptible de s'établir entre la consommation du réactif à l'électrode du fait de la réaction électrochimique et son renouvellement par convection. Dans ces conditions :

$$\frac{\partial J_O}{\partial x} = -\frac{\partial C_O}{\partial t} = 0 \tag{4.24}$$

Le flux J_O est alors constant dans toute la zone où règne le gradient de concentration, c'est-à-dire $0 \leq x \leq \delta$. De la première loi de Fick (4.20), on déduit que la concentration de O varie de façon affine avec x et, compte tenu des conditions aux limites du problème (4.23), on obtient :

$$C_O(x) = C_O^{el} + (C_O^S - C_O^{el})\frac{x}{\delta} \qquad (0 \leq x \leq \delta) \tag{4.25}$$

1. La concentration de O à l'électrode est une fonction du potentiel appliqué à l'électrode, qui peut, par exemple se déduire de l'équation de Nernst si l'interface est à l'équilibre électrochimique.

On en déduit également l'expression du flux de O à l'électrode ($x = 0$) :

$$J_O^{el} = J_O(x = 0) = -\frac{D_O}{\delta}(C_O^S - C_O^{el}) = -m_O(C_O^S - C_O^{el}) \qquad (4.26)$$

L'équation (4.26) montre que le flux de O à l'électrode est proportionnel à la différence de concentration de O entre l'interface et le sein de la solution, avec un coefficient de proportionnalité m_O qui a la dimension d'une constante de vitesse : il s'agit de la vitesse de diffusion de O. Ainsi, il apparaît que, dans les conditions de diffusion stationnaire, le flux à l'électrode est maximal lorsque les conditions de potentiel à l'interface sont telles que $C_O^{el} = 0$ (le réactif est instantanément consommé à l'électrode) : ce flux maximal est alors directement proportionnel à la concentration du réactif au sein de la solution. Il est appelé **flux limite** et noté J^{ℓ}. D'après (4.26), on peut définir les flux limites anodique $J^{\ell,a}$ et cathodique $J^{\ell,c}$ par :

$$\begin{aligned} J^{\ell,a} &= m_R C_R^s \\ J^{\ell,c} &= -m_O C_O^s \end{aligned} \qquad (4.27)$$

La figure 4.6 représente le profil de concentration caractéristique de la diffusion en régime stationnaire : le gradient de concentration est constant et localisé dans une couche d'épaisseur δ constante, appelée **couche de diffusion** ou **couche de Nernst**. L'équation (4.27) correspond à l'asymptote représentée en traits pointillés sur la figure 4.6 ; lorsqu'on s'approche de l'électrode, le profil de concentration reste horizontal tant que la convection assure le renouvellement de l'espèce consommée à l'électrode. L'intersection des deux asymptotes définit la valeur de δ.

Dans les conditions expérimentales habituelles (solution aqueuse, régime hydrodynamique laminaire, espèces électroactives en solution ...), l'épaisseur de la couche de diffusion δ est de l'ordre de quelques µm à quelques dizaines de µm.

Remarque

Cette épaisseur ne doit pas être confondue avec celle de la double couche électrochimique (cf. chap. 2), qui elle, est de l'ordre de quelques nm.

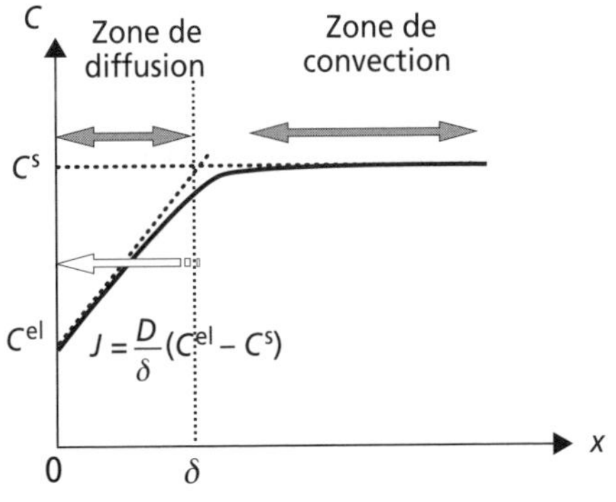

Figure 4.6 – **Profil de concentration de l'espèce électroactive réagissant à l'électrode en fonction de la distance à l'électrode en régime de diffusion stationnaire (diffusion + convection). La flèche blanche indique la direction du flux.**

4.4.2 Cas du régime transitoire

En l'absence de convection, ou lorsque la vitesse d'agitation est très faible, il ne peut s'établir de régime stationnaire pendant la durée de la réaction électrochimique. La résolution des équations de Fick (4.20)-(4.21), avec les conditions initiales et aux limites (4.23), correspondant au problème de la diffusion plane linéaire semi-infinie, est plus complexe et nécessite de recourir à la transformation de Laplace[1]. Nous ne donnerons pas les détails de la résolution mathématique[2], mais seulement le résultat pour le profil de concentration $C_O(x,t)$:

$$C_O(x,t) = (C_O^S - C_O^{el})\, erf\left[\frac{x}{2\sqrt{Dt}}\right] + C_O^{el}$$
$$\text{avec : } erf(x) = \frac{2}{\sqrt{\pi}}\int_O^x e^{-y^2}\,dy \quad \text{(fonction erreur)} \qquad (4.28)$$

Le profil de concentration correspondant de C_O est représenté sur la figure 4.7 : il traduit une déplétion progressive en réactif au cours du temps de la zone interfaciale. Le gradient de concentration dû à la consommation de O à l'électrode ne s'étend plus sur une zone d'épaisseur constante, mais croissante au cours du temps. Il s'ensuit que le flux de O au voisinage de l'électrode, si sa concentration à l'électrode est maintenue constante, décroît au cours du temps, selon l'équation :

$$J_O(O,t) = (C_O^S - C_O^{el})\sqrt{\frac{D}{\pi t}} \qquad (4.29)$$

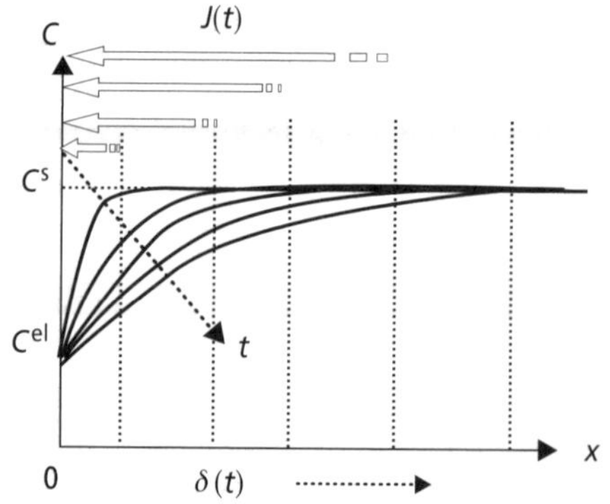

Figure 4.7 – Profil de concentration de l'espèce électroactive réagissant à l'électrode au cours du temps, en fonction de la distance à l'électrode, en régime de diffusion transitoire.

Remarque

L'équation (4.29) est identique à l'équation de Cottrell (cf. chapitre 10). Elle prévoit un flux infini à t=0, ce qui n'est bien sûr pas observé expérimentalement (cf. 10.4).

1. P.S. de Laplace (1749-1827), mathématicien et physicien français.
2. Un aperçu de cette résolution est donné au chapitre 10 pour établir la variation du courant dans l'expérience de chronoampérométrie en régime diffusif.

Par identification de l'équation (4.29) avec (4.26), on peut déduire l'expression de l'épaisseur de la couche de diffusion en régime non stationnaire :

$$\delta = \sqrt{\pi D t}$$

Cette expression montre que l'épaisseur de la couche de diffusion croît au cours du temps ; une conséquence importante de cela est que la durée de la réaction électrochimique (qui est généralement modulée par l'expérimentateur) est un paramètre qui influe directement sur la réponse du système en régime de diffusion pure : en effet, plus la durée de l'expérience est longue, plus la zone d'espace concernée par les modifications de concentration engendrées par la réaction à l'électrode s'étend vers le sein de la solution. Par conséquent, lorsqu'on ne souhaite pas modifier notablement les concentrations des espèces électroactives présentes en solution (conditions de microélectrolyse), la durée de la réaction électrochimique devra rester courte (quelques secondes au maximum). Au contraire, pour modifier significativement ces concentrations (conditions de macroélectrolyse), la durée de l'expérience devra être beaucoup plus longue (plusieurs dizaines de minutes).

Encart 4.1 – Diffusion en géométrie sphérique

Le développement présenté dans ce chapitre concerne la diffusion en géométrie plane. Il s'agit du modèle le mieux adapté pour décrire les interfaces entre une électrode constituée d'un disque métallique dont le rayon r_0 est de l'ordre du millimètre et un électrolyte dont le volume est au moins de l'ordre de quelques millilitres. Lorsque la taille de l'électrode diminue, le modèle plan ne s'applique plus et l'électrode doit être considérée comme ponctuelle : la zone interfaciale présente alors une symétrie radiale et la variable à considérer est la distance r du point considéré au centre de l'électrode. Dans ces conditions, l'expression de la 2e équation de Fick fait apparaître un terme supplémentaire :

$$D\left[\frac{\partial^2 C_O(r,t)}{\partial r^2} + \frac{2}{r}\frac{\partial C_O(r,t)}{\partial r}\right] = -\frac{\partial C_O(r,t)}{\partial t} \qquad (4.30)$$

La résolution de l'équation (4.30) pour les mêmes conditions initiale et aux limites que précédemment (en remplaçant $x = 0$ par $r = r_0$) donne alors l'expression suivante du flux J_O d'espèce O à l'électrode :

$$J_O(O,t) = D(C_O^S - C_O^{el})\left[\frac{1}{\sqrt{\pi D t}} + \frac{1}{r_0}\right] \qquad (4.31)$$

L'équation (4.31) montre que, lorsque le rayon de l'électrode est grand (ou lorsque la durée de l'expérience est suffisamment courte), on retrouve une expression analogue à celle de la diffusion plane semi-infinie (équation 4.29). L'approximation est valable typiquement à 10 % près, pour $t < 0{,}01 r_0^2/\pi D \approx 3$ s pour une électrode de 1 mm de rayon.

En revanche, si le rayon de l'électrode est petit (ou la durée de l'expérience est longue), le flux tend rapidement vers une valeur constante. Ainsi, l'utilisation d'électrodes de taille micrométrique (ultramicroélectrodes) permet d'opérer en régime de diffusion stationnaire, même en l'absence de convection forcée (cf. chap. 8). De plus, le courant étant proportionnel au flux à l'électrode et à la surface de celle-ci, l'intensité sera d'autant plus faible que l'électrode sera petite. On mesure ainsi tout l'intérêt de disposer d'électrodes de taille micrométrique, afin de minimiser les problèmes de chute ohmique et donc de permettre l'utilisation de solvants à faible constante diélectrique (peu conducteurs).

Bibliographie

A.-J. Bard and L.-R. Faulkner, *Electrochemical Methods, Fundamentals and Applications,* Wiley, 2001, chap. 1, 2 et 4.

C. M. A Brett and M. O. Brett, *Electrochemistry: principles, methods and applications,* Oxford, 1993, chap. 5.

A. C. Fisher, *Electrode Dynamics,* Oxford Chemistry Primers, 1996, chap. 2.

B. Fosset, C. Lefrou, A. Masson, C. Mingotaud, *Chimie physique expérimentale*, Hermann, 2000, chap. 1.

C. Lefrou, P. Fabry, J.-C. Poignet, *L'Électrochimie : fondamentaux avec exercices corrigés,* Grenoble Sciences, 2009, chap. 4.

COURBES INTENSITÉ-POTENTIEL EN RÉGIME STATIONNAIRE

5

Après avoir passé successivement en revue les aspects thermodynamique, cinétique et de transport de matière liés à la réaction électrochimique, nous allons au cours de ce chapitre examiner l'influence mutuelle de ces phénomènes sur la cinétique globale de la réaction. Nous allons ainsi être amenés à distinguer un certain nombre de cas limites, selon que le phénomène qui impose sa vitesse est le transport de matière (systèmes réversibles) ou le transfert de charge à l'interface (systèmes quasi-réversibles ou irréversibles). Pour chaque cas limite, nous montrerons comment l'on peut obtenir simplement l'expression mathématique et les caractéristiques morphologiques de la courbe intensité-potentiel associée.

5.1 RÔLE DU TRANSPORT DE MATIÈRE DANS LA CINÉTIQUE GLOBALE DE LA RÉACTION ÉLECTROCHIMIQUE

5.1.1 Aspect qualitatif

La réaction électrochimique globale, symbolisée par l'écriture : $\nu_O O + ne^- \rightleftarrows \nu_R R$, combine en réalité deux phénomènes de natures et de vitesses différentes :

- **le transfert de charge (TC)** à l'interface (l'échange électronique proprement dit), dont les caractéristiques ont été décrites au chapitre 3 ;
- **le transport de matière (TM),** qui permet « l'approvisionnement » en réactif à l'électrode et « l'évacuation » du produit[1] formé à l'électrode, et dont les caractéristiques ont été décrites au chapitre 4.

1. Le transport de matière est généralement un phénomène spatial, procédant par diffusion, migration, convection. On peut toutefois généraliser l'approche utilisée au cas d'un phénomène temporel (dissolution ou accumulation progressive d'une quantité de matière à l'électrode par exemple) en parlant de *transfert* de matière.

Ces deux phénomènes interviennent de manière successive au cours de la réaction électrochimique, comme l'illustre le schéma de la figure 5.1 ; on a ainsi un processus « en série », où les deux phénomènes présentent a priori des constantes de vitesse différentes, que l'on notera m pour le transport de matière et k pour le transfert de charge.

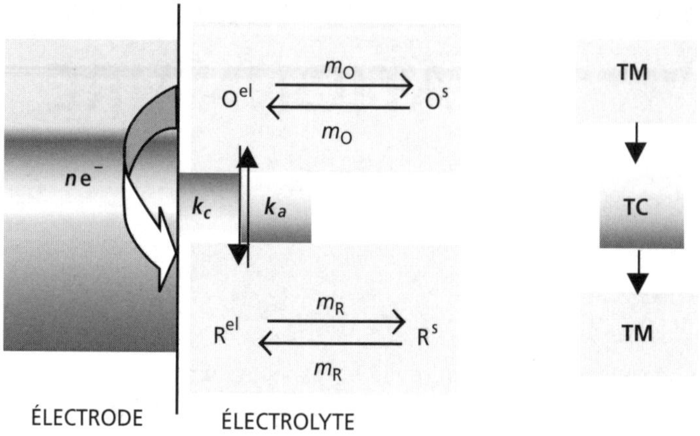

Figure 5.1 – **Schéma illustrant le rôle des phénomènes de transport de matière (TM) et de transfert de charge (TC) dans la réaction électrochimique globale.**

Afin de simplifier l'étude et pour se conformer aux situations expérimentales les plus courantes, nous n'allons considérer dans la suite de ce chapitre que le cas du **régime stationnaire.** Nous supposerons donc que les conditions de réalisation du régime stationnaire pour le transport de matière sont établies (cf. chapitre 8). Alors, les vitesses des deux phénomènes TC et TM sont identiques et le flux de chaque espèce participant à la réaction électrochimique (O, R, e^-) est unique[1]. Cette vitesse (ou ce flux global) sera naturellement imposé par le phénomène le plus lent, qui constituera l'étape cinétiquement limitante du processus. Ainsi, on est amené à distinguer deux cas limites :

1. le phénomène cinétique limitant est le **transport de matière,** quelle que soit la valeur du potentiel d'électrode : on parle dans ce cas de **système réversible** (ou système rapide) ;

2. le phénomène cinétique limitant est le **transport de charge,** quelle que soit la valeur du potentiel d'électrode : on parle alors de système **irréversible** (ou système lent).

Remarque

La notion de « réversibilité » est à prendre ici au sens chimique et non thermodynamique : le TM est limitant lorsque le TC est très rapide à l'interface et celui-ci peut alors être considéré comme à l'équilibre à tout instant. Inversement, lorsque le TC est lent, la réaction de transfert électronique ne peut procéder avec une vitesse

1. On peut faire l'analogie avec un circuit électrique dans lequel les éléments constitutifs sont placés en série : le flux de charge (*i.e.* le courant) global est alors le même dans chaque élément.

notable que dans un seul sens selon la valeur du potentiel d'électrode : le système devient alors irréversible.

Il existe naturellement des cas intermédiaires, en particulier celui où l'on passe du cas limite 1 au cas limite 2, selon la valeur du potentiel appliqué à l'électrode : on parle dans ce cas de système quasi-réversible (ou système mixte). Chacun de ces cas sera analysé successivement dans les paragraphes 2 à 4, notamment du point de vue des caractéristiques des courbes i(E) correspondantes.

5.1.2 Aspects quantitatifs

Suite aux études menées dans les chapitres précédents, nous disposons maintenant des équations de base permettant l'établissement d'une relation générale entre le flux de charge à l'interface (donc le courant) et le potentiel d'électrode. Ainsi, compte tenu des conditions de régime stationnaire entraînant l'égalité des flux pour le TC et le TM, on peut écrire :

$$J = m_O\left([O]^{el} - [O]^{s}\right) = k_a[R]^{el} - k_c[O]^{el} = -m_R\left([R]^{el} - [R]^{s}\right) \quad (5.1)$$

Dans l'équation (5.1), la première et la troisième équation représentent l'expression des flux de matière à l'électrode J_O pour O et $-J_R$ pour R, tels qu'elles ont été établies au chapitre 4. Rappelons que les flux de O et R sont nécessairement de signes opposés, O étant consommé (resp. produit) à l'électrode, tandis que R y est produit (resp. consommé).

L'équation centrale dans (5.1) représente quant à elle l'expression du flux électronique à l'interface ($J = i/nFA$), telle qu'établie au chapitre 3. Elle fait apparaître les contributions anodique et cathodique au flux global d'électrons.

Remarque 1

L'additivité des courants ($i = i_a + i_c$) relative au TC et qui apparaît dans la partie centrale de l'équation (5.1), n'implique pas d'additivité sur les flux de matière de O et de R. En effet, même en l'absence de O ou R dans la solution, la réaction électrochimique induit un flux de matière pour O et R à l'électrode. L'équation (5.1) indique qu'en régime stationnaire, O et R étant inter-convertis à l'électrode par la réaction d'échange d'électrons, leurs flux sont couplés. La loi de Faraday permet ensuite de déduire le flux d'électron (et donc le courant) en fonction des flux de O ou R à l'électrode.

Remarque 2

Comme dans un circuit électrique où les dipôles sont placés en série, le courant stationnaire qui les traverse est unique et sa valeur est limitée par l'impédance la plus élevée. On a donc un flux unique pour les étapes de TC et TM lorsqu'elles sont couplées.

Remarque 3

Le signe du flux dans (5.1) tient compte de la convention du flux positif lorsque les électrons traversent l'interface dans le sens électrolyte → électrode (sens anodique).

On peut réécrire l'équation (5.1) en introduisant les flux limites anodique $J^{\ell,a}$ et cathodique $J^{\ell,c}$, qui permettent d'obtenir les expressions des concentrations de O et R à l'électrode :

$$[O]^{el} = \frac{J - J^{\ell,c}}{m_O} \qquad [R]^{el} = \frac{J^{\ell,a} - J}{m_R} \tag{5.2}$$

d'où l'on tire, en reportant dans l'équation centrale, l'expression suivante :

$$J = \frac{\dfrac{k_a}{m_R} J^{\ell,a} + \dfrac{k_c}{m_O} J^{\ell,c}}{1 + \dfrac{k_a}{m_R} + \dfrac{k_c}{m_O}} \tag{5.3}$$

On peut simplifier l'équation (5.3) dans le cas (fréquent) où O et R sont dans la même phase (électrolyte), en posant[1] $m_O = m_R = m$; on obtient alors :

$$\boxed{J = \frac{k_a J^{\ell,a} + k_c J^{\ell,c}}{k_a + k_c + m}} \tag{5.4}$$

On obtient ainsi une expression simple du flux global pour la réaction électrochimique, en fonction des constantes de vitesse des étapes de TM (m) et TC (k). On remarque que, lorsque m est nettement plus petit que ($k_a + k_c$), *i.e.* lorsque le TM est l'étape limitante (cas limite 1), le flux global dépend essentiellement des caractéristiques de celui-ci : en effet, si k_a et k_c sont du même ordre de grandeur (*i.e.* lorsque $E \approx E°$), le flux global est de l'ordre de la demi-somme des flux limites. Lorsque le potentiel d'électrode s'éloigne du potentiel standard, la cinétique de Butler-Volmer implique que l'une des constantes de vitesse devient prédominante devant l'autre (cf. figure 3.5) et l'équation (5.4) indique que le flux tend alors rapidement vers le flux limite correspondant au sens de la réaction ($J^{\ell,a}$ si $E \gg E°$, $J^{\ell,c}$ si $E \ll E°$). Quel que soit le potentiel d'électrode, le flux global est donc quasiment indépendant des constantes de vitesse du TC et ne dépend que des flux limites anodique et cathodique, *i.e.* de la constante de vitesse m.

À l'opposé, lorsque m est nettement plus grand que ($k_a + k_c$), *i.e.* lorsque le TC est l'étape limitante (cas limite 2), le facteur m se simplifie dans l'équation (5.4) qui devient :

$$J \approx \frac{k_a J^{\ell,a} + k_c J^{\ell,c}}{m} \approx k_a [R]^s - k_c [O]^s \tag{5.5}$$

qui n'est autre que l'équation de Butler-Volmer (cf. équation 3.11) en posant :

$$[R]^{el} \approx [R]^s \qquad [O]^{el} \approx [O]^s$$

1. Cette approximation se justifie car les coefficients de diffusion de O et R sont proches, dès lors que ces espèces ont des rayons hydrodynamiques voisins, d'après l'équation de Stokes-Einstein.

Ainsi, dans ce cas, le flux global ne dépend que des constantes de vitesse k_a et k_c du TC.

Remarque

Lorsque seul O (ou R) est présent en solution, l'équation (5.4) se simplifie en :

$$J = \frac{k_c J^{\ell,c}}{m + k_c} \quad (O \text{ seul})$$

$$\text{ou } J = \frac{k_a J^{\ell,a}}{m + k_a} \quad (R \text{ seul})$$

que l'on peut réécrire sous la forme :

$$\begin{aligned} \frac{1}{J} &= \frac{1}{k_c[O]^s} + \frac{1}{m[O]^s} \quad (O \text{ seul}) \\ \text{ou } \frac{1}{J} &= \frac{1}{k_a[R]^s} + \frac{1}{m[R]^s} \quad (R \text{ seul}) \end{aligned} \tag{5.6}$$

Dans chacune des équations (5.6), le premier terme de la somme correspond au TC tandis que le second correspond au TM. Les cas limites 1 et 2 apparaissent alors du fait de l'ordre de grandeur comparé de m et k et l'on voit directement que le phénomène le plus lent (plus petit flux) impose sa vitesse au processus global.

5.1.3 Systèmes réversibles, quasi-réversibles et irréversibles

Lors d'une réaction électrochimique, il y a donc le plus souvent compétition entre deux phénomènes : le transfert de charge (TC) et le transport de matière (TM) ; *le phénomène le plus lent impose sa vitesse au processus global.* Le paragraphe précédent a montré que l'on pouvait diagnostiquer simplement dans quel cas de figure l'on se trouve, en comparant directement les ordres de grandeurs des constantes de vitesse respectives du TM et du TC ; on aboutit aux cas limites suivants :

- $k >> m$: système réversible (rapide)
- $k << m$: système irréversible (lent)
- $k \approx m$: système quasi-réversible (mixte)

Or, les ordres de grandeurs de ces deux types de constantes varient expérimentalement sur des plages d'amplitudes très différentes : il a été mentionné au chapitre 3 que les constantes de vitesse standard de TC ($k°$) pouvaient varier sur plus de 15 ordres de grandeur. *A contrario*, les constantes de vitesse de TM (m) pour des espèces en solution ne peuvent varier que sur deux ordres de grandeur au maximum.

Remarque

On a montré au chapitre 4 que $m = D/\delta$: or, les coefficients de diffusion d'espèces en solution sont similaires (de l'ordre de 10^{-5} cm^{2}s^{-1}) et l'épaisseur de la couche diffusion ne peut varier sur plus de deux ordres de grandeur (1-100 µm) si l'on veut maintenir un régime stationnaire à l'échelle de temps de l'expérience et des conditions de flux laminaire pour le régime hydrodynamique.

Ainsi, le schéma de la figure 5.2 illustre les cas limites des systèmes réversibles, quasi-réversibles et irréversibles. Cependant, il faut garder à l'esprit que la constante de vitesse k du TC varie avec le potentiel d'électrode : celle-ci étant toujours supérieure à $k°$ (cf. chap. 3, §2.3), il n'y a pas d'influence du potentiel pour les systèmes réversibles. En revanche, pour les systèmes quasi-réversibles et faiblement irréversibles, il est possible de modifier leur comportement en jouant sur la valeur du potentiel d'électrode : le système peut alors passer d'un comportement non réversible (flux global limité par le TC) au voisinage du potentiel standard à un comportement réversible (flux global limité par le TM) lorsqu'on s'éloigne du potentiel standard. Les systèmes fortement irréversibles ne voient pas leur comportement modifié, car les valeurs de potentiel susceptibles d'autoriser le changement de régime ne sont pas accessibles expérimentalement.

Il convient d'insister sur le caractère empirique de la définition des régimes « réversible », « quasi-réversible » et « irréversible », puisque celle-ci dépend fortement des conditions expérimentales : ainsi, si l'on sort des conditions usuelles (régimes transitoires aux temps ultracourts), il est possible d'observer des comportements différents, par exemple avec limitation par le TC pour des systèmes habituellement répertoriés comme réversibles.

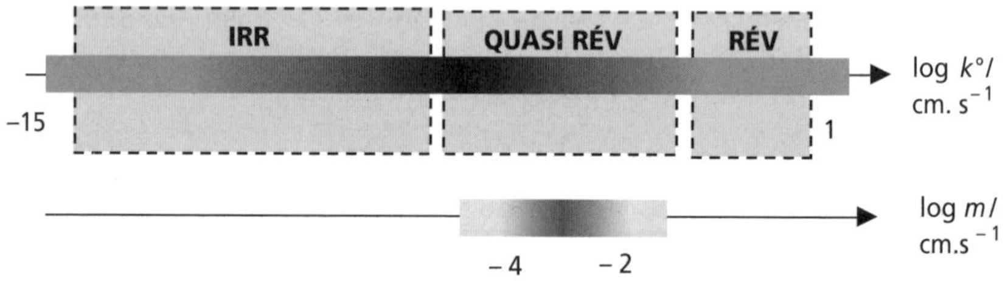

Figure 5.2 – **Plages de variation comparées des constantes de vitesse du TC (k°) et du TM (m) dans les conditions expérimentales usuelles et cas limites correspondants : réversible (REV), quasi-réversible (QUASI-REV) et irréversible (IRR).**

5.2 Cas des systèmes réversibles

5.2.1 Équation de la courbe *i*(E)

On peut obtenir très simplement l'équation de la courbe intensité-potentiel d'un système réversible à partir du raisonnement suivant : si les constantes de vitesse k_a et k_c sont suffisamment grandes, condition nécessaire pour que le régime « réversible » soit atteint, alors l'interface électrode|électrolyte est à l'équilibre à tout instant et l'on peut lui appliquer la condition d'équilibre, en l'occurrence l'équation de Nernst[1].

1. Ce raisonnement est identique à celui utilisé pour les équilibres chimiques en phase homogène, lorsque les réactions directe et inverse sont toutes les deux rapides : on applique alors directement la relation de Guldberg et Waage.

On a donc, quel que soit le potentiel E appliqué à l'électrode :

$$E = E^\circ + \frac{RT}{nF}\ln\frac{[O]^{el}}{[R]^{el}} \tag{5.7}$$

Remarque

Cette relation peut être déduite simplement de l'équation cinétique de Butler-Volmer (3.13), en considérant k° suffisamment grand pour imposer au terme entre parenthèses d'être nul. D'autre part, si la réaction fait intervenir globalement un échange de n électrons tous rapides, alors la combinaison des conditions d'équilibre pour chaque étape monoélectronique du mécanisme conduit effectivement à l'équation (5.7).

En combinant les équations (5.2) et (5.7), on obtient directement l'expression suivante :

$$E = E^\circ + \frac{RT}{nF}\ln\frac{m_R}{m_O} + \frac{RT}{nF}\ln\frac{J - J^{\ell,c}}{J^{\ell,a} - J} \tag{5.8}$$

En convertissant le flux d'espèce à l'électrode en flux de charge ($i = \pm nFAJ$), on obtient l'équation de la courbe i(E) :

$$\boxed{E = E^\circ + \frac{RT}{nF}\ln\frac{m_R}{m_O} + \frac{RT}{nF}\ln\frac{i - i^{\ell,c}}{i^{\ell,a} - i}} \tag{5.9}$$

avec l'expression suivante des courants limites anodique et cathodique :

$$\begin{aligned} i^{\ell,a} &= nFAm_R[R]^s \\ i^{\ell,c} &= -nFAm_O[O]^s \end{aligned} \tag{5.10}$$

Remarque 1

On peut également, en inversant l'équation (5.9), obtenir une autre expression de l'équation de la courbe i(E) :

$$\begin{aligned} i &= \frac{i^{\ell,a}}{1 + e^{-\Xi}} + \frac{i^{\ell,c}}{1 + e^{\Xi}} \\ avec : \Xi &= \frac{nF}{RT}(E - E^\circ) - \ln\frac{m_R}{m_O} \end{aligned} \tag{5.11}$$

L'équation (5.11) est obtenue directement à partir de l'équation générale (5.3) en faisant l'approximation du système rapide ($m/k \ll 1$) et en introduisant :

$$\frac{k_c}{k_a} = \exp\left(\frac{-nF}{RT}(E - E^\circ)\right)$$

L'équation (5.11) montre que le courant total, somme d'un courant anodique et d'un courant cathodique variant de manière opposé avec le potentiel d'électrode, tend rapidement vers sa valeur limite dès que le potentiel d'électrode s'éloigne du potentiel standard ($|\Xi| \gg 1$).

Remarque 2

À partir de l'équation (5.9), on obtient aisément l'équation de la courbe lorsque seul O (resp. R) est présent en solution, en posant $i^{\ell,a} = 0$ (resp. $i^{\ell,c} = 0$).

5.2.2 Caractéristiques de la courbe *i*(E)

Les équations (5.9)-(5.10) montrent que la courbe *i*(E) a l'allure caractéristique *d'une seule vague présentant deux paliers* (cf. figure 5.3) : un palier de diffusion anodique, où le courant est proportionnel à la concentration en espèce R en solution et un palier de diffusion cathodique où le courant est proportionnel à la concentration en espèce O en solution. Il est important de souligner qu'il existe une plage de potentiel où la vitesse du transfert électronique est notable dans les deux sens (anodique et cathodique) : ce phénomène se traduit par la localisation des branches anodique (R seul) et cathodique (O seul) de la courbe *i*(E) *dans la même zone de potentiel.*

La position de la courbe sur l'axe des potentiels peut être repérée par le paramètre $E_{1/2}$, appelé **potentiel de demi-vague** : il s'agit, par définition, du potentiel pour lequel le courant vaut la moitié de sa valeur limite[1]. En remplaçant dans l'équation (5.9), on obtient l'expression de $E_{1/2}$:

$$E_{1/2} = E^\circ + \frac{RT}{nF}\ln\frac{m_R}{m_O} \tag{5.12}$$

Dans la mesure où les constantes de vitesse de transport m_R et m_O sont généralement proches pour des espèces en solution, on voit que le potentiel de demi-vague est peu différent du potentiel standard. De plus, ce *potentiel de demi-vague est unique pour un système réversible*, que l'on considère l'oxydant seul, le réducteur seul où l'oxydant et le réducteur présents simultanément en solution.

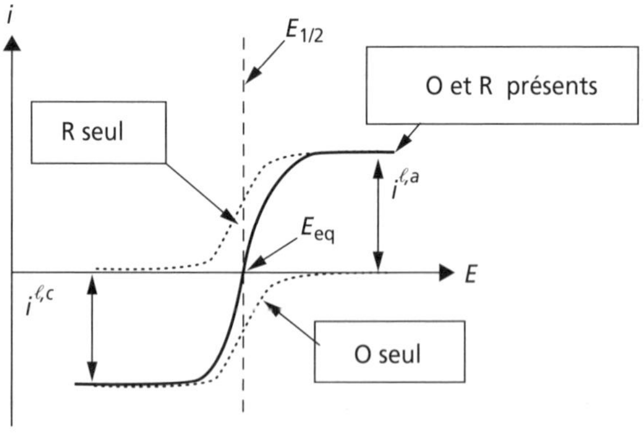

Figure 5.3 – **Allure de la courbe i(E) pour le système O/R réversible : O et R présents en solution (trait plein) ; O ou R seul présent en solution (trait pointillé).**

1. $E = E_{1/2}$ pour $i = (i^{\ell,a} + i^{\ell,c})/2$ dans le cas où O et R sont tous deux présents.

Lorsque O et R sont tous deux présents en solution, on peut définir le potentiel d'équilibre E_{eq} du système : il s'agit, par définition, du potentiel pour lequel le courant total *i* s'annule. En reportant dans l'équation (5.9), on obtient l'expression de E_{eq} attendue, d'après la loi de Nernst :

$$E_{eq} = E° + \frac{RT}{nF}\ln\frac{[O]^s}{[R]^s} \tag{5.13}$$

Ainsi, lorsque O et R sont simultanément présents en solution, le potentiel d'équilibre du système, bien que dépendant des proportions relatives de O et R, varie assez peu par rapport au potentiel standard.

Remarque 1

Lorsque R est insoluble (cas où R est le matériau d'électrode par exemple), la branche cathodique de la courbe *i*(E) a l'allure suivante :

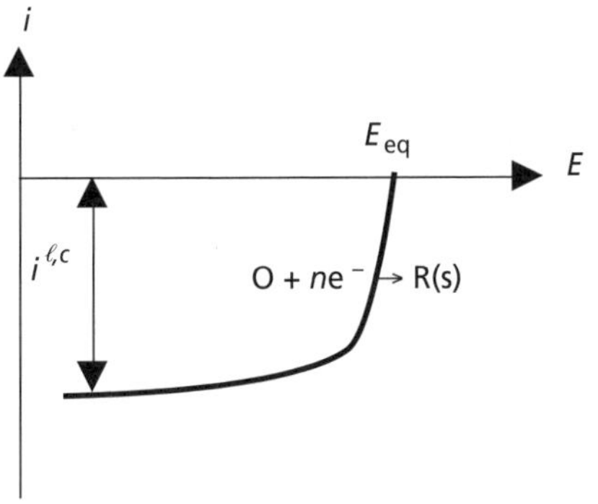

Figure 5.4

avec :

$$E_{eq} = E° + \frac{RT}{nF}\ln[O]^s$$

Ainsi, dans ce cas particulier, la courbe *i*(E) ne présente pas de point d'inflexion.

Remarque 2

Lorsque plusieurs espèces électroactives sont présentes dans le milieu, il est important de distinguer deux cas :

1. Les espèces participent à la même réaction électrochimique :

$$O_1 + O_2 + ... + ne^- \rightarrow R_1 + R_2 + ...$$

Dans cas, la courbe *i*(E) présente un seul palier et le courant limite correspond à la plus faible vitesse de diffusion parmi les réactifs. Si tous les réactifs sont en solution, c'est généralement l'espèce présente en plus faible concentration qui limitera le courant : la hauteur de la vague sera donc proportionnelle à la concentration de l'espèce limitante.

2. Les espèces participent à des réactions électrochimiques différentes :

$$O_1 + n_1 e^- \rightarrow R_1$$
$$O_2 + n_2 e^- \rightarrow R_2$$

Dans ce cas, on observera autant de vagues qu'il y a d'espèces électroactives, à condition que les potentiels de demi-vague soient suffisamment séparés. Comme les flux sont additifs, les courants s'ajoutent de manière algébrique pour donner l'allure suivante.

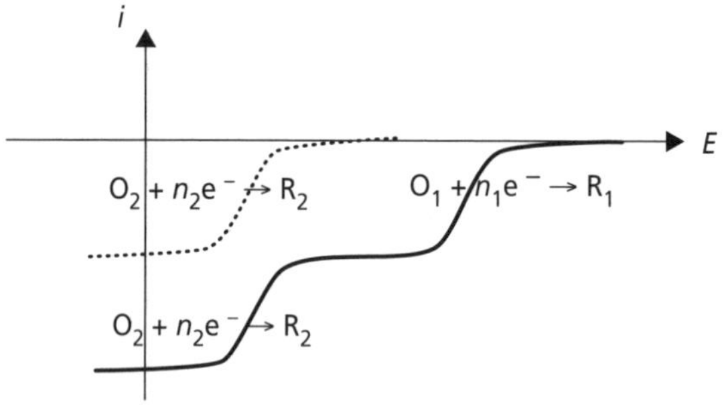

Figure 5.5

Enfin, dans le cas où O_2 et R_1 sont identiques (réactions électrochimiques successives), le courant limite de chaque vague est dû uniquement au transport de l'espèce O_1 : le rapport des hauteurs de vague est alors égal à n_2/n_1.

Encart 5.1 – Critères de réversibilité

Il est possible de diagnostiquer la réversibilité d'un système électrochimique à partir de l'analyse de sa courbe i(E). D'un point de vue qualitatif, la présence d'une pente non nulle de la courbe au voisinage de l'axe des potentiels est un critère de rapidité du transfert électronique : conformément à la cinétique de Butler-Volmer, il montre qu'au voisinage du potentiel standard (peu différent en pratique du potentiel d'équilibre) la vitesse du transfert électronique est suffisante pour autoriser le passage d'un courant dans les deux sens anodique et cathodique : le courant total n'est nul qu'au potentiel d'équilibre, par compensation mutuelle des courants anodique et cathodique, mais il est non nul en tous les autres points de la courbe. Le courant total tend rapidement vers sa valeur limite car la vitesse globale est imposée par le transport de matière.

D'un point de vue quantitatif, la pente de la courbe au voisinage de l'axe des potentiels constitue un critère de réversibilité du système : sa valeur théorique vaut $59/n$ mV à 25 °C et on peut l'obtenir aisément en linéarisant la courbe intensité-potentiel, *i.e.* en traçant la fonction $\log(i - i^{\ell,c})/(i^{\ell,a} - i)$ en fonction de E. Un autre critère est l'étalement de la courbe i(E) : le calcul montre que la courbe s'étale théoriquement sur $240/n$ mV entre les courants limites, à 1 % près (*i.e.* entre $0{,}99 \cdot i^{\ell,a}$ et $0{,}99 \cdot i^{\ell,c}$).

5.3 Cas des systèmes sans limitation par le transport

5.3.1 Équation de la courbe *i*(E)

Dans certains cas, le transport de matière ne peut intervenir dans la cinétique de la réaction électrochimique globale, soit parce que le transfert de charge est extrêmement lent (systèmes fortement irréversibles), soit parce que le transport de matière ne peut être limitant (réaction concernant le solvant ou le matériau d'électrode). On est alors ramené au contexte du chapitre 3, c'est-à-dire que la variation du courant en fonction du potentiel d'électrode s'obtient directement à partir de la loi cinétique de Butler-Volmer (cf. 3.14):

$$i = nFAk^\circ\left([R]_{el}\exp\left((1-\alpha)\frac{F}{RT}(E-E^\circ)\right) - [O]_{el}\exp\left(-\alpha\frac{F}{RT}(E-E^\circ)\right)\right)$$

L'équation (3.14) peut être reformulée en introduisant le potentiel d'équilibre du couple O/R donné par l'équation (5.13) à la place du potentiel standard. On obtient, en substituant (5.13) dans (3.13) et compte tenu qu'il n'y a plus lieu de distinguer concentrations en solution et à l'électrode (pas de limitation par le TM) :

$$i = nFAk^\circ[O]^{1-\alpha}[R]^\alpha\left[\exp\left((1-\alpha)\frac{F}{RT}(E-E_{eq})\right) - \exp\left(-\alpha\frac{F}{RT}(E-E_{eq})\right)\right] \quad (5.14)$$

soit :

$$\boxed{i = i^\circ\left[\exp\left((1-\alpha)\frac{F}{RT}\eta\right) - \exp\left(-\alpha\frac{F}{RT}\eta\right)\right]} \quad (5.15)$$

en posant :

$$\eta = E - E_{eq}$$

$$i^\circ = nFAk^\circ[O]^{1-\alpha}[R]^\alpha$$

L'équation (5.15) est également appelée équation de Butler-Volmer ; elle exprime la variation exponentielle du courant en fonction de l'écart du potentiel d'électrode par rapport à sa valeur d'équilibre, lequel écart est appelé **surtension**. La surtension traduit l'énergie supplémentaire qu'on doit apporter au système pour compenser la lenteur du TC, afin d'obtenir une valeur donnée du courant.

Remarque

Inversement, la variation du potentiel d'électrode, par rapport à sa valeur d'équilibre, induite par le passage d'un courant est appelée polarisation. La polarisation est faible pour un système réversible, importante pour un système irréversible.

Le facteur i° dans l'équation (5.15) est appelé **courant d'échange**. Plus sa valeur est élevée, plus le courant obtenu est élevé pour une surtension donnée, ou encore plus la surtension nécessaire pour obtenir une valeur donnée de l'intensité est faible (en valeur absolue). La valeur du courant d'échange est essentiellement liée à celle de la constante de vitesse standard $k°$ (donc à la rapidité du transfert électronique), mais aussi à la concentration d'espèce présente en solution : le système est d'autant plus irréversible que le TC est intrinsèquement lent et la substance électroactive moins concentrée.

Il est important de remarquer que, pour des systèmes irréversibles sans limitation par le transport, *le courant ne peut traverser notablement l'interface électrode|électrolyte que dans un seul sens* : anodique si la surtension est positive, cathodique si la surtension est négative. Il en résulte que, dès lors que la surtension devient importante, l'un des deux termes de l'équation (5.15) devient automatiquement négligeable devant l'autre : on parle d'approximation de **Tafel**[1]. On peut alors écrire l'équation de chacune des branches de la courbe i(E) :

$$i \approx i°\left[\exp\left((1-\alpha)\frac{F}{RT}\eta\right)\right] \quad \text{si } \eta \succ\succ \frac{RT}{F} \tag{5.16a}$$

$$i \approx -i°\left[\exp\left(-\alpha\frac{F}{RT}\eta\right)\right] \quad \text{si } \eta \prec\prec -\frac{RT}{F} \tag{5.16b}$$

L'équation (5.16a) correspond à la branche anodique de la courbe i(E), l'équation (5.16b) à la branche cathodique.

Lorsque la surtension est faible (en valeur absolue), un développement limité au premier ordre permet également de simplifier l'expression du courant :

$$i \approx \frac{Fi°}{RT}\eta \quad \text{pour } |\eta| << \frac{RT}{F} \tag{5.17}$$

Dans l'équation (5.17), le facteur $RT/(Fi°)$ a la dimension d'une résistance : on l'appelle **résistance de transfert de charge** ou **résistance de polarisation.** Dans le domaine des faibles surtensions, un système irréversible se comporte comme une simple résistance au passage du courant, résistance d'autant plus élevée que le courant d'échange est faible, *i.e.* que le TC est lent.

5.3.2 Caractéristiques de la courbe *i*(E)

L'équation (5.16) montre que la courbe i(E) caractéristique d'un système irréversible sans limitation par le TM présente deux branches, dans des domaines de potentiel disjoints, ayant la forme de la figure 5.6.

La détermination des paramètres cinétiques $i°$ et α peut se faire aisément grâce à la représentation logarithmique de Tafel (figure 5.7) : en portant log $|i|$ en fonction de E, on obtient deux segments de droite dont l'intersection donne la valeur du courant d'échange et la pente la valeur du coefficient de transfert.

1. J. Tafel (1862-1918), chimiste allemand. L'approximation de Tafel peut être considérée comme valide lorsque la contribution de la réaction inverse est inférieure à 1 % de celle de la réaction principale, soit $|\eta| > 120$ mV à 25 °C.

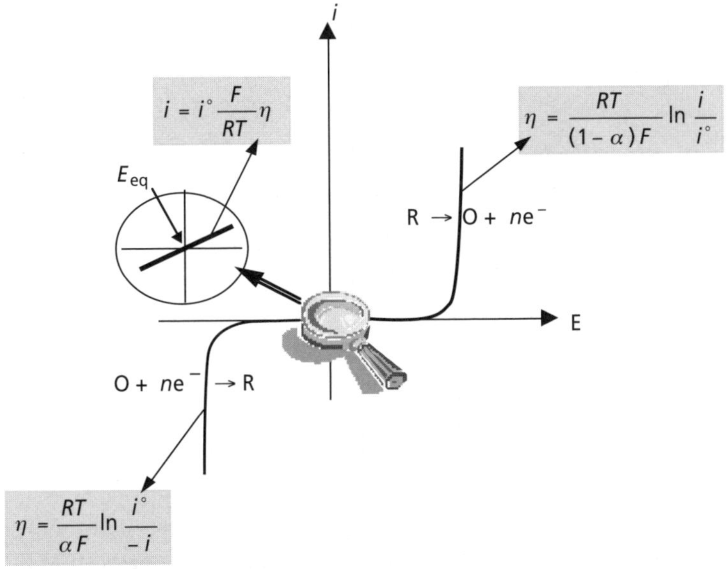

Figure 5.6 – **Allure de la courbe *i*(E) caractéristique du système irréversible sans limitation par le transport de matière.**

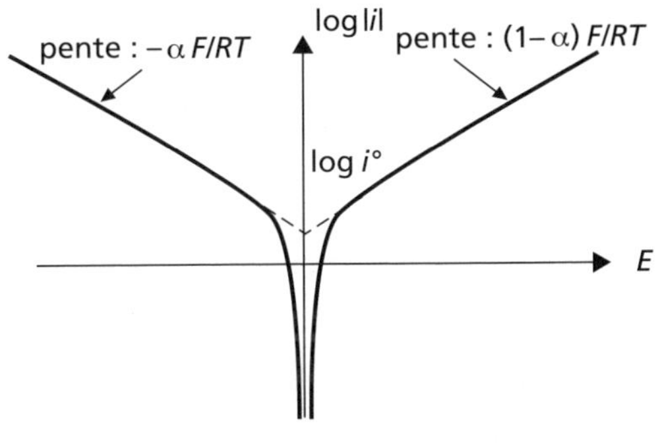

Figure 5.7 – **Représentation logarithmique de Tafel permettant d'extraire les paramètres cinétiques k° et α.**

5.3.3 Influence des paramètres cinétiques sur la morphologie de la courbe *i*(E)

En l'absence de limitation par le TM, seuls les paramètres cinétiques k° et α ont une influence sur l'allure de la courbe i(E).

L'influence de la constante de vitesse standard k° est représentée sur la figure 5.8 via l'influence du courant d'échange i° qui lui est proportionnel :

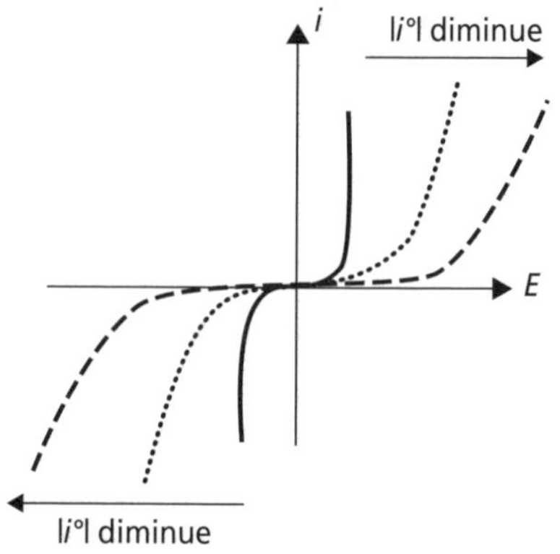

Figure 5.8 – Influence du courant d'échange i° sur la forme de la courbe i(E).

Plus le TC est lent, plus la surtension nécessaire au passage d'un courant donné est importante : les deux branches de la courbe s'écartent et l'augmentation du courant est moins rapide lorsque le courant d'échange diminue.

En ce qui concerne l'influence du coefficient de transfert, celle-ci est représentée sur la figure 5.9 :

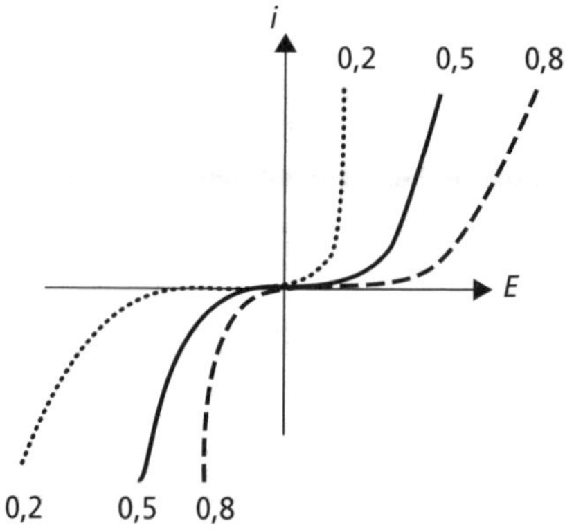

Figure 5.9 – Influence du coefficient de transfert α sur la courbe i(E).

Le coefficient de transfert influe sur la symétrie de la courbe par rapport au potentiel d'équilibre du système (cf. chap. 3) : celle-ci est parfaitement symétrique lorsque le coefficient α vaut 0,5, alors qu'un coefficient supérieur (resp. inférieur) à 0,5 favorise la réduction (resp. l'oxydation) au détriment de l'oxydation (resp. la réduction).

5.4 Cas des systèmes quasi-réversibles avec contrôle mixte

5.4.1 Équation de la courbe *i*(E)

Lorsque le système présente une constante de vitesse de TC dans la zone intermédiaire (cf. figure 5.2), il est possible de passer du régime irréversible au régime réversible en faisant varier le potentiel d'électrode : au voisinage du potentiel d'équilibre, la cinétique globale est dominée par celle du TC et l'on observe de faibles courants, dont l'expression est donnée par l'équation de Butler-Volmer. Lorsqu'on applique une surtension positive (resp. négative), la vitesse du TC augmente dans le sens de l'oxydation (resp. réduction) et un courant anodique (resp. cathodique) circule dans le circuit. Si l'on augmente encore la valeur absolue de la surtension, il arrive un moment où la vitesse du TM devient plus faible que celle du TC : le courant devient alors limité par la vitesse du TM et tend rapidement vers sa valeur limite, comme dans le cas du système réversible.

L'équation de la courbe intensité-potentiel s'obtient en utilisant la démarche du §3, c'est-à-dire en introduisant le potentiel d'équilibre défini par l'équation (5.13) dans l'expression du courant donné par l'équation de Butler-Volmer (3.14). On obtient alors l'expression générale de la relation courant-surtension :

$$\boxed{i = i^\circ\left[\frac{[R]^{el}}{[R]^{s}}\exp\left((1-\alpha)\frac{F}{RT}\eta\right) - \frac{[O]^{el}}{[O]^{s}}\exp\left(-\alpha\frac{F}{RT}\eta\right)\right]} \qquad (5.18)$$

Dans l'équation (5.18), le premier terme correspond à la contribution anodique du courant, le second à la contribution cathodique (cf. équation de Butler-Volmer). Chacun de ces termes comporte un facteur exponentiel décrivant l'évolution de la vitesse du TC en fonction du potentiel d'électrode, et l'on remarque que ce facteur est modulé par le rapport des concentrations en réactif entre l'électrode et la solution, rapport qui évolue, lui, en fonction de la vitesse du TM. Cependant, comme les concentrations à l'électrode dépendent du potentiel, l'équation (5.18) ne fait pas apparaître clairement une relation $i = f(\mathrm{E})$.

On peut obtenir une équation simplifiée et plus explicite de la courbe intensité-potentiel en repartant de l'équation générale (5.3) et *en considérant séparément les branches anodique et cathodique de la courbe*, c'est-à-dire en négligeant l'une des contributions (anodique ou cathodique) devant l'autre. On obtient alors :

- Pour la branche anodique ($k_a >> k_c$) :

$$J \approx \frac{k_a J^{l,a}}{k_a + m_R} \quad \Rightarrow \quad k_a = \frac{m_R J}{J^{\ell,a} - J} \qquad (5.19a)$$

- Pour la branche cathodique ($k_a << k_c$) :

$$J \approx \frac{k_c J^{l,c}}{k_c + m_O} \Rightarrow k_c = \frac{m_O J}{J^{\ell,c} - J} \qquad (5.19b)$$

En reportant les expressions de k_a et k_c en fonction du potentiel données par la cinétique de Butler-Volmer (3.13) dans les équations (5.19), on obtient :

- pour la branche anodique :

$$E = E^\circ + \frac{RT}{(1-\alpha)F}\ln\frac{m_R}{k^\circ} + \frac{RT}{(1-\alpha)F}\ln\frac{i}{i^{\ell,a} - i} \tag{5.20a}$$

- pour la branche cathodique :

$$E = E^\circ - \frac{RT}{\alpha F}\ln\frac{m_O}{k^\circ} - \frac{RT}{\alpha F}\ln\frac{i}{i^{\ell,c} - i} \tag{5.20b}$$

5.4.2 Caractéristiques de la courbe *i*(E)

Les équations (5.20) montrent que la courbe *i*(E) est constituée de deux branches, correspondant à des domaines de potentiel disjoints, ayant la forme de « vagues » (cf. figure 5.10). Il s'agit d'un cas limite correspondant à celui du § 3 lorsqu'intervient en plus une limitation par le TM aux fortes surtensions.

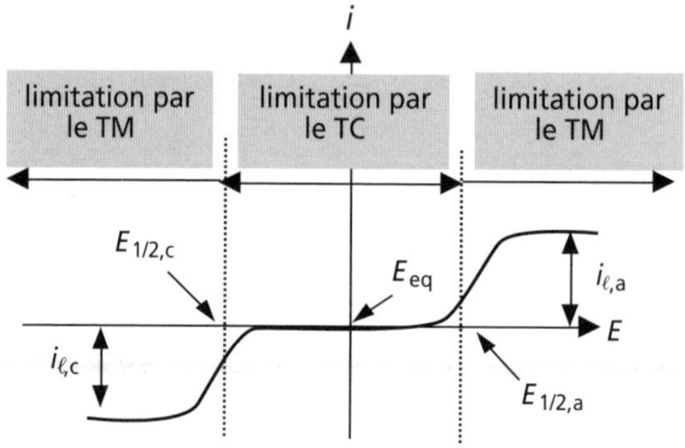

Figure 5.10 – Allure de la courbe *i*(E) pour le système quasi-réversible, illustrant la transition entre le régime où le courant est limité par le TC (faibles surtensions) au régime où le courant est limité par le TM (fortes surtensions).

On peut remarquer l'existence de deux potentiels de demi-vague distincts, correspondant à chaque branche de la courbe :

- branche anodique :

$$E_{1/2,a} = E^\circ + \frac{RT}{(1-\alpha)F}\ln\frac{m_R}{k^\circ} \tag{5.21a}$$

- branche cathodique :

$$E_{1/2,c} = E^\circ - \frac{RT}{\alpha F}\ln\frac{m_O}{k^\circ} \tag{5.21b}$$

Les équations (5.21) montrent que les potentiels de demi-vague s'écartent d'autant plus du potentiel standard que le rapport m/k° est grand, *i.e.* que le système est plus irréversible. Ce résultat corrobore la nécessité d'imposer une surtension à l'électrode afin de surmonter la lenteur du TC pour un système irréversible.

On dispose ainsi d'un critère permettant d'évaluer le caractère irréversible du système, grâce à la différence des potentiels de demi-vague. En posant $m_R = m_O = m$, on obtient :

$$E_{1/2,a} - E_{1/2,c} \approx \frac{RT}{\alpha(1-\alpha)F} \ln \frac{m}{k^\circ} \qquad (5.22)$$

Ainsi, dans les conditions expérimentales usuelles (25 °C, $\alpha \approx 0{,}5$), on observe un déplacement de la différence des potentiels de demi-vague de chaque branche égal à $4(\ln 10)RT/F \cong 240$ mV par décade du rapport m/k°, ce qui montre que les courbes anodique et cathodique peuvent se trouver dans des zones de potentiels très différentes (plusieurs V), lorsque le transfert de charge devient très lent.

D'autre part, la comparaison de (5.20) avec l'équation (5.9) correspondant au système réversible montre que, pour une même valeur du courant limite, la courbe i(E) est plus inclinée vers l'axe des potentiels[1] lorsque le système n'est pas réversible, comme illustré sur la figure 5.11 :

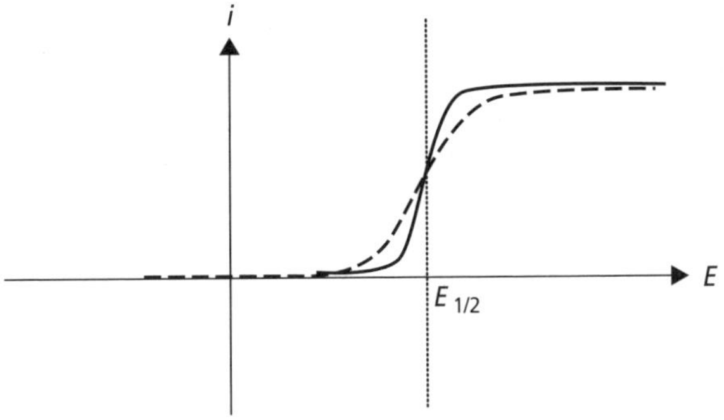

Figure 5.11 – Comparaison des courbes *i*(E) pour un système réversible (trait plein) et un système quasi-réversible (trait interrompu) ayant la même valeur du courant limite et le même potentiel de demi-vague (trait pointillé vertical).

5.4.3 Influence des paramètres cinétiques sur la morphologie de la courbe *i*(E)

Dans le cas des systèmes quasi réversibles, la morphologie de la courbe i(E) est fortement dépendante du rapport k°/m, qui va conditionner la transition entre les régimes où intervient la limitation par le TC ou le TM (cf. § 1).

On peut discuter l'influence du paramètre k°/m en représentant l'allure de la courbe i(E) pour des valeurs croissantes du rapport i°/i^ℓ du courant d'échange (proportionnel à k°) et du courant limite (proportionnel à m) (cf. figure 5.12) :

1. La pente au voisinage du potentiel de demi-vague est environ deux fois plus faible pour $\alpha \approx 0{,}5$.

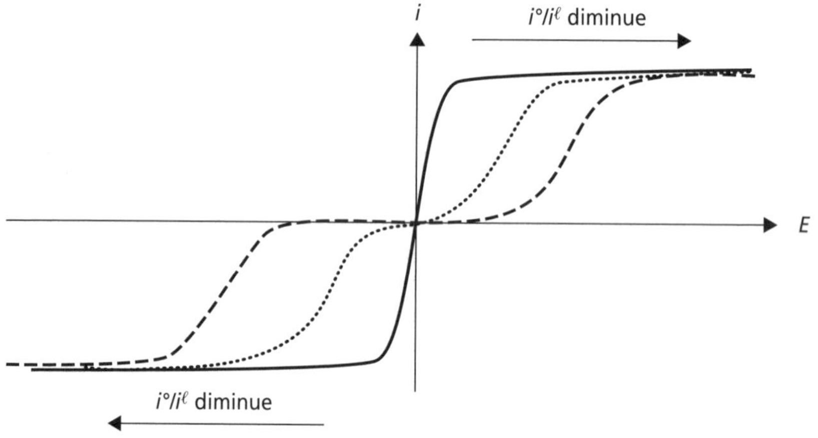

Figure 5.12 – Influence du rapport i°/i^ℓ sur la morphologie de la courbe i(E).

Lorsque le rapport i°/i^ℓ augmente, le système devient de plus en plus réversible : la courbe i(E) passe alors d'une forme à deux branches séparées, présentant une zone de potentiel où le courant est nul, à une forme à une seule branche, tout en gardant toujours deux paliers de diffusion. On illustre ainsi la transition entre les deux cas limites présentés en introduction, *i.e.* les systèmes réversibles et quasi-réversibles.

En conclusion, les courbes intensité-potentiel obtenues en régime stationnaire présentent deux types d'allures caractéristiques :

- En présence de limitation par le transport de matière, on observe des paliers traduisant l'existence d'un courant limite, lequel intervient d'autant plus tôt (en potentiel) que le TC est rapide. Pour de tels systèmes, la courbe i(E) se développe peu par rapport au potentiel d'équilibre et les réactions anodique et cathodique se produisent dans la même zone de potentiel. Au contraire, lorsque le TC est lent, la limitation n'intervient que loin du potentiel d'équilibre (fortes surtensions), alors qu'au voisinage de celui-ci on n'enregistre que de très faibles courants.
- En l'absence de limitation par le transport de matière (systèmes fortement irréversibles, réactions faisant intervenir le solvant ou le matériau d'électrode), on observe une croissance exponentielle du courant en fonction du potentiel, conformément à la cinétique de Butler-Volmer. On peut alors déterminer les paramètres cinétiques (k°,α) du système à l'aide d'une représentation logarithmique log $|i| = f$(E) dans le domaine des surtensions élevées, c'est-à-dire loin du potentiel d'équilibre (approximation de Tafel).

Bibliographie

B. Trémillon, *Électrochimie analytique et réactions en solution*, tome 2, Masson, 1993, chap. IX.2.

H.-H. Girault, *Électrochimie physique et analytique*, Presses Polytechniques et Universitaires Romandes, 2001, chap. 7.

A.-J. Bard and L.R. Faulkner, *Electrochemical Methods, Fundamentals and Applications,* Wiley, 2001, chap. 1 et 3.

C. M. A Brett and M. O. Brett, *Electrochemistry: principles, methods and applications*, Oxford, 1993, chap. 6.

F. Bedioui, *Techniques de l'ingénieur*, 1999, p. 2126.

Partie 2
Méthodes

APPAREILLAGE 6

Comme toute technique d'analyse, l'électrochimie requiert un dispositif expérimental bien précis et si possible optimisé pour réaliser des mesures fiables : ce dispositif comprend une partie « électronique », constituée d'appareils d'imposition, de contrôle et de mesure des variables électriques (potentiel, courant) et de la connectique qui s'y rattache ; il comprend également la partie « chimique » en contact avec l'analyte ou les espèces à transformer (cellule, électrodes, jonctions). Dans ce chapitre, nous allons décrire brièvement les caractéristiques de fonctionnement des différents éléments de cet appareillage et donner quelques exemples de montages « classiques ».

6.1 LES ÉLECTRODES

Les électrodes utilisées dans les montages électrochimiques peuvent être classées en deux catégories : les électrodes de mesure, ou **indicatrices** et les électrodes de **référence**. Nous allons rappeler les principales caractéristiques et donner quelques exemples représentatifs de ces deux types d'électrodes.

6.1.1 Les électrodes indicatrices

Si on met à part les électrodes sélectives à membrane utilisées en potentiométrie directe (voir la description de ces électrodes au chapitre 7), les électrodes indicatrices sont généralement des électrodes idéalement polarisables, c'est-à-dire dont on peut faire varier le potentiel (par rapport à une référence) dans une large gamme (typiquement plusieurs volts). Ceci implique que, en l'absence d'espèce électroactive en solution, le courant qui traverse l'interface électrode|électrolyte reste négligeable dans toute cette gamme de potentiel. Cette condition ne peut être remplie si le matériau constitutif de l'électrode indicatrice est facilement oxydable, comme dans le cas de certains métaux (zinc, fer, ...) en l'absence de traitements particuliers ; en même temps, l'électrode ne doit pas bloquer totalement le passage du courant (comme dans le cas d'une couche de passivation par exemple), sinon son utilisation comme électrode indicatrice ne présentera pas d'intérêt.

Deux classes de matériaux présentent a priori les qualités requises pour réaliser une électrode indicatrice :

- Les **métaux nobles** : le platine[1], le palladium et dans une moindre mesure l'or[2] ne sont pas oxydables dans l'eau (quel que soit le pH) et présentent une conductivité électronique élevée, ce qui constitue leur principal avantage du point de vue analytique (faibles courants résiduels). En revanche les métaux nobles comme le platine sont souvent de bons catalyseurs, notamment vis-à-vis des réactions générant du dihydrogène ou du dioxygène, ce qui a tendance à réduire le domaine d'électroactivité dans l'eau.
- Certaines formes allotropiques du **carbone** : le graphite, le carbone vitreux, la fibre de carbone ou le noir de carbone présentent également une oxydation difficile et une conductivité électronique suffisante[3], bien que généralement inférieure de deux ou trois ordres de grandeurs à celle des métaux. Le carbone vitreux, obtenu par pyrolyse sous haute pression de polymères carbonés, est la variété la plus couramment utilisée. Le noir de carbone est généralement incorporé à d'autres matériaux d'électrode afin d'augmenter leur conductivité électronique. Enfin, le graphite est utilisé sous une forme très anisotrope (HOPG[4]) généralement pour des mesures d'adsorption.

D'autres matériaux peuvent présenter des caractéristiques d'électrode indicatrice, mais dans des domaines de potentiel plus restreints :

- c'est le cas du **mercure** notamment, dont le potentiel d'oxydation est relativement bas (1 V environ en dessous de celui du platine dans l'eau, cf. figure 6.1), mais qui présente l'avantage de ralentir considérablement la réaction de réduction de l'eau, élargissant ainsi le domaine d'électroactivité du côté cathodique. Un autre intérêt du mercure réside dans sa forme liquide à température ambiante, ce qui permet de mieux contrôler son état de surface (vide infra). En revanche, le mercure n'est pas totalement inerte, il peut influer sur certaines réactions électrochimiques (formation d'amalgames par exemple) et sa manipulation requiert des précautions particulières (toxicité).
- C'est aussi le cas de certains **oxydes métalliques** : l'oxyde d'étain SnO_2 et l'oxyde d'indium In_2O_3 entrent dans la composition de l'ITO[5], couramment utilisé comme électrode transparente pour réaliser des mesures de spectroélectrochimie. L'oxyde de titane TiO_2 est un semi-conducteur dont la largeur de bande interdite (environ 3 eV) correspond à l'absorption de lumière visible, ce qui rend son utilisation très intéressante en photoélectrochimie (cellules photovoltaïques ou photocatalytiques...).

La figure 6.1 présente les domaines d'électroactivité approximatifs comparés du platine, du carbone et du mercure en milieux aqueux et organique :

---

1. En réalité le platine peut être oxydé en dioxyde de platine PtO_2, mais cet oxyde étant conducteur électronique, les propriétés de conduction de l'interface ne sont pas affectées et l'électrode reste idéalement polarisable.
2. L'or peut être oxydé relativement facilement en présence d'ions chlorure ou cyanure par formation de complexes $AuCl_4^-$ ou $Au(CN)_4^-$.
3. Ce sont en effet des formes « trigonales » (sp^2) du carbone, contrairement au diamant qui, lui, est isolant.
4. *Highly Oriented Pyrrolitic Graphite.*
5. *Indium Tin Oxide.*

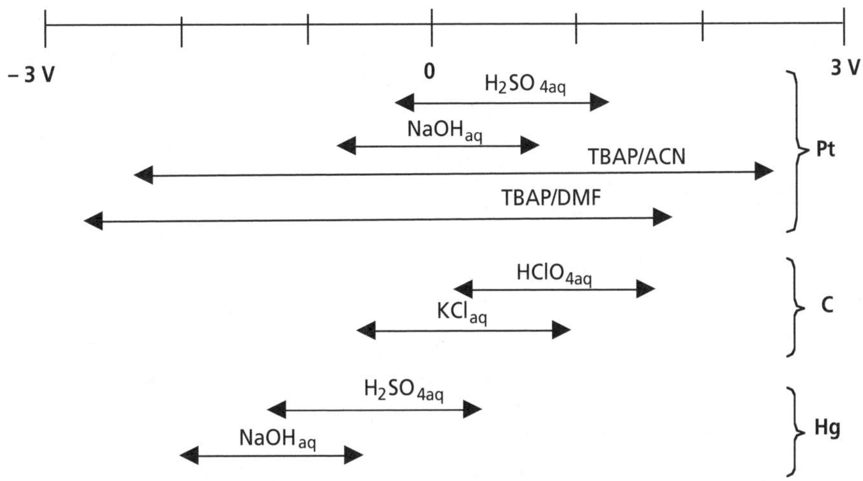

Figure 6.1 – Domaines d'électroactivité comparés du platine, du carbone et du mercure dans différentes conditions (TBAP = tétrabutylammonium perchlorate ; ACN = acétonitrile ; DMF = diméthylformamide).

Du point de vue expérimental, outre les propriétés d'oxydoréduction du matériau constitutif de l'électrode dans les conditions d'utilisation (solvant, température, etc.), il est également primordial de contrôler l'état de surface de l'électrode indicatrice[1] en vue de réaliser des mesures électrochimiques. En effet, la cinétique de la réaction électrochimique est fortement dépendante de cet état de surface. Dans le cas le plus courant des électrodes solides, cela passe par plusieurs étapes préliminaires :

- Traitement chimique ou électrochimique : destiné à éliminer les impuretés éventuellement présentes à la surface, il consiste généralement en l'utilisation d'oxydants puissants (peroxyde d'hydrogène, dichromate, acide nitrique ...) ou à soumettre l'électrode à des potentiels élevés pendant une durée déterminée.
- Polissage mécanique : il consiste à polir la surface de l'électrode à l'aide de tissus recouverts de substances abrasives telles que la pâte de diamant, la poudre d'alumine, contenant des microparticules de différentes tailles (de quelques dizaines de microns au micron). L'objectif est d'éliminer les espèces éventuellement adsorbés sur la surface qui empoisonnent l'électrode vis-à-vis des réactions électrochimiques, mais aussi de rendre cette surface plus lisse en diminuant sa rugosité : la surface électroactive se rapproche alors de la surface géométrique.

Dans le cas de l'électrode de mercure, ces étapes préparatives ne sont pas nécessaires : on peut même mettre à profit le caractère liquide du métal pour générer des gouttes qui peuvent être renouvelées à la demande (cf. chap. 8, polarographie) et ainsi éviter toute pollution de la surface d'électrode.

1. Dans le cas de monocristaux de métal, on contrôle la face cristallographique en contact avec l'électrolyte.

Encart 6.1 – L'électrolyte support et les solvants en électrochimie

Le rôle de l'électrolyte support lors des mesures électrochimiques a été précisé au chapitre 4. D'un point de vue pratique, le choix de l'électrolyte support répond à un certain nombre de critères, parmi lesquels :

- l'absence de réactivité chimique ;
- une faible électroactivité : l'anion et le cation doivent être difficilement oxydables et réductibles dans le solvant utilisé ;
- une grande solubilité dans le solvant utilisé, afin de pouvoir réaliser des solutions au moins décimolaires.

Dans le cas des solutions aqueuses, le critère du pH est également important : ainsi, lorsque la réaction électrochimique est réalisée en milieu acide, on pourra utiliser l'acide sulfurique ou perchlorique, alors qu'en milieu neutre, le chlorure ou le nitrate de potassium sont les sels les plus couramment utilisés.

En solvant organique, le critère de solubilité pousse généralement à utiliser des sels d'alkylammonium NR_4^+ (R = éthyl ou butyl le plus souvent) comme cation ; l'anion est généralement le perchlorate (ClO_4^-), le tétrafluoroborate (BF_4^-) ou l'hexafluorophosphate (PF_6^-).

Pour être utilisable en électrochimie, le solvant doit présenter un moment dipolaire et une constante diélectrique suffisants pour permettre la solvatation et la dissociation du sel d'électrolyte (cf. chap. 1, §3). Outre l'eau, les solvants les plus couramment utilisés sont l'acétonitrile, le diméthylformamide (DMF), le dichlorométhane, le carbonate de propylène (PC), le diméthylsulfoxyde (DMSO) ; on peut également utiliser les alcools, les amines, l'ammoniac liquide, le THF ou les phosphates.

Enfin, mentionnons l'apparition de nouveaux milieux électrolytiques tels que les liquides ioniques, qui permettent de s'affranchir des inconvénients des solvants organiques tels que la volatilité et la toxicité. Il s'agit de composés ioniques liquides à température ambiante et possédant une stabilité électrochimique importante, d'où un domaine d'électroactivité plus étendu. Parmi les plus répandus, on trouve notamment les sels d'alkylimidazolium (e.g. butylmethylimidazolium BMIM ci-dessous) et d'alkylpyridinium associés aux anions tetrafluoroborate, hexafluorophosphate, tosylate ou triflate.

Toutefois, certains inconvénients des liquides ioniques restent à surmonter tels que leur viscosité élevée (entraînant des diffusions lentes) et la difficulté de les synthétiser purs.

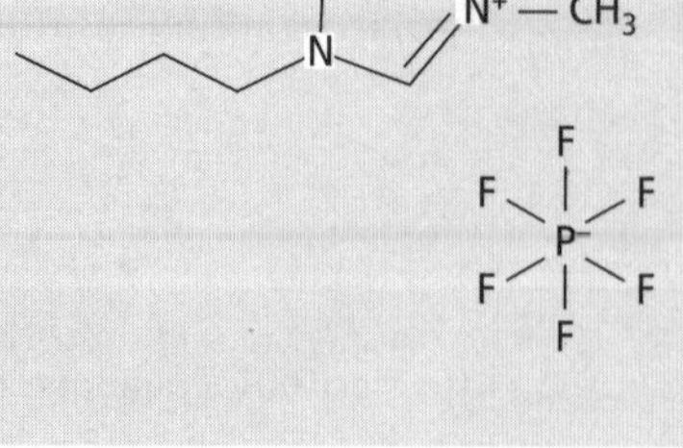

Formule du BMIM-PF_6, liquide ionique à température ambiante.

6.1.2 Les électrodes de référence

Au contraire des électrodes indicatrices, les électrodes de référence doivent présenter des caractéristiques leur permettant d'être idéalement non polarisables, c'est-à-dire de garder un potentiel constant quel que soit le courant qui les traverse. Une condition préalable est donc que le couple redox utilisé dans l'électrode soit un couple rapide (absence de surtension) et, afin de ne pas faire dépendre le potentiel d'équilibre du couple de concentrations d'espèces en solution (cf. loi de Nernst), d'utiliser des espèces solides ou liquides (activité de l'espèce unitaire).

Les électrodes de référence courantes sont donc basées sur des couples redox de la forme :

$$M|MX_n|X^-$$

où M désigne un métal et X généralement un halogène de sorte que le composé MX_n (oxydant du couple) soit insoluble. On parle d'électrode de deuxième espèce[1].

L'application de l'équation de Nernst (cf. chap. 2) montre que, dans ces conditions, le potentiel d'équilibre ne dépend que de l'activité de l'ion X^-, qui peut être fixée par l'utilisation de solution saturée.

Ainsi, on peut décrire, sur ce principe, le fonctionnement de deux électrodes de référence très courantes en milieu aqueux :

- l'électrode au calomel saturée (ECS) : $Hg_{(l)}|Hg_2Cl_{2(s)}|KCl_{sat}$
- l'électrode au chlorure d'argent : $Ag_{(s)}|AgCl_{(s)}|KCl_{sat}$

L'ECS est représentée schématiquement sur la figure 6.2. Son principal inconvénient réside dans la présence de la solution saturée en ions chlorure, qui peut être gênante pour certaines utilisations (argentimétrie par exemple). Dans ces conditions, on peut la remplacer par l'électrode au sulfate mercureux Hg_2SO_4.

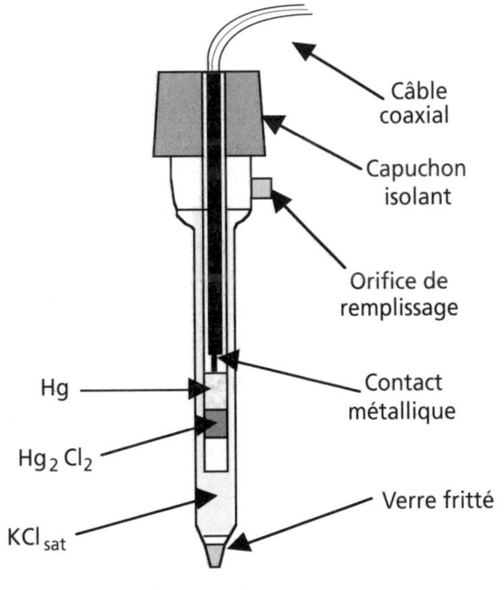

Figure 6.2 – Schéma de l'électrode au calomel saturée.

1. Les électrodes de première espèce sont constituées de l'association $M|M^{n+}$.

Remarque

Lorsqu'il y a un risque de contamination de l'analyte par la solution de remplissage de l'électrode de référence, on peut également utiliser un dispositif d'allonge contenant l'électrolyte support et terminé par un verre fritté. Cette allonge s'insère directement à l'extrémité de l'électrode de référence.

En milieu organique, on utilise préférentiellement comme référence une électrode de première espèce comme Ag|$AgNO_3$ (10^{-2} mol·L^{-1} dans l'acétonitrile) que l'on calibre par rapport au couple du ferrocène[1].

D'autres couples redox du même type peuvent également être utilisés comme référence, tels que $CuSO_4$/Cu. Le tableau ci-dessous donne les valeurs des potentiels redox à 25 °C de quelques électrodes de référence par rapport à l'ESH.

Tableau 6.1 – **Potentiels redox de quelques électrodes de référence dans l'eau (25 °C).**

Électrode de référence	**E (V)**
$Hg_{(l)}$|$Hg_2Cl_{2(s)}$|KCl_{sat} (ECS)	0,24
$Ag_{(s)}$|$AgCl_{(s)}$|KCl_{sat}	0,20
$Hg_{(l)}$|$Hg_2SO_{4(s)}$|K_2SO_{4sat}	0,64
$Hg_{(l)}$|$HgO_{(s)}$|NaOH 0,1M	0,93

Le schéma ci-dessous compare les potentiels redox des principales électrodes de référence ; il est en effet fréquent de devoir passer d'une échelle à l'autre, notamment selon la nature du solvant.

ESH	ECS	$Ag^+_{(ACN)}$/Ag	$Fc^+/Fc_{(ACN)}$	E° /V
0	0,24	0,46	0,64	

Remarque

Dans certaines configurations de mesure où l'espace est restreint (spectroélectrochimie par exemple), on utilise une pseudo-électrode de référence, constituée d'un simple fil métallique (Ag, Pt). Bien que son potentiel ne soit pas aussi bien défini que dans une électrode de référence de deuxième espèce, il reste en général suffisamment invariable au cours de l'enregistrement d'une courbe voltampérométrique pour définir précisément le potentiel de l'électrode de travail. Pour des mesures précises de potentiel, il convient ensuite de calibrer le potentiel de cette pseudo-référence en le mesurant par rapport à une vraie électrode de référence.

1. Le cation ferricinium $Fe(C_5H_5)_2^+$ étant relativement peu solvaté, le potentiel redox du couple ferricinium/ferrocène (E° = + 0,64 V vs. ESH) dépend peu du solvant et peut ainsi servir d'électrode de référence commune pour la plupart des milieux non aqueux. Les électrodes d'argent doivent être recalibrées régulièrement en raison de la photoinstabilité des ions Ag^+, qui entraîne une baisse du potentiel de l'électrode.

6.2 Potentiostat et montage à 3 électrodes

Lors de mesures électrochimiques, il est important de pouvoir tout à la fois *contrôler* (resp. mesurer) la différence de potentiel entre l'électrode de mesure et l'électrode de référence et *mesurer* (resp. contrôler) le courant qui traverse le circuit. Cette double fonction ne peut être réalisée à l'aide d'une simple alimentation stabilisée ou générateur de tension continue, car elle nécessite une rétroaction (le paramètre à contrôler devant être comparé à sa valeur de consigne). D'autre part, il est souvent utile, en plus de « simplement » contrôler le potentiel de l'électrode de mesure (par rapport à la référence), de pouvoir y imposer un signal variable au cours du temps : rampe, créneaux, impulsions, sinusoïde ... Le **potentiostat** est un appareil qui remplit ce double rôle : générateur de signaux d'une part et imposition et contrôle du paramètre (tension ou courant) d'autre part (cf. figure 6.3).

6.2.1 Montage à 3 électrodes

Le simple fait de vouloir simultanément contrôler la tension entre électrode de mesure et électrode de référence et mesurer l'intensité qui traverse l'électrode de mesure pose une double difficulté : la première est la résistance non nulle de la partie de circuit qui sépare ces deux électrodes : la solution d'analyse ayant une résistivité finie (typiquement une dizaine d'$\Omega^{-1}\cdot cm^{-1}$ au minimum) et les deux électrodes étant à une distance finie (de l'ordre de quelques mm au moins), la résistance correspondante est de l'ordre de quelques dizaine d'ohms au moins pour des électrodes millimétriques. Ainsi, dès que l'intensité du courant atteint des valeurs supérieures au mA, la chute de potentiel entre les deux électrodes devient de l'ordre de quelques dizaines de mV, valeur non négligeable par rapport à la valeur de la tension à imposer. Il en résulte qu'un montage comprenant seulement deux électrodes ne permet pas de contrôler précisément la tension à leurs bornes en présence d'un courant important les traversant, du fait de l'existence d'une chute ohmique non négligeable entre les deux électrodes. La deuxième difficulté provient du fait que, dans un circuit à deux électrodes, l'électrode de référence se trouve parcourue par le même courant que l'électrode de mesure. Il en résulte, pour les courants importants (de l'ordre du mA ou plus), une polarisation de l'électrode de référence et la dégradation rapide des performances de celle-ci.

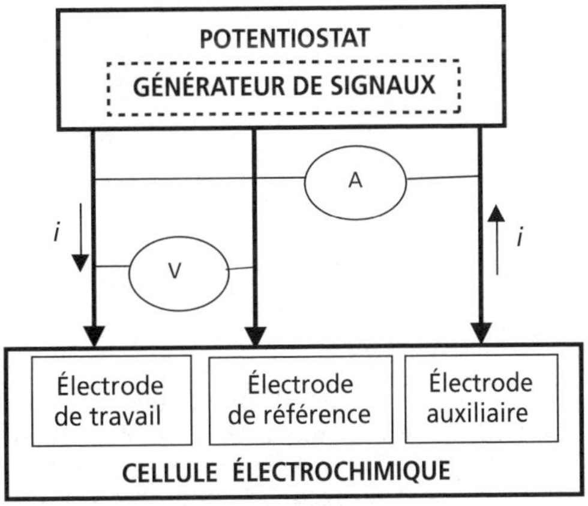

Figure 6.3 – **Principe du montage à 3 électrodes**

Il est possible de remédier à ce double problème en introduisant dans le circuit une troisième électrode, dite électrode auxiliaire (ou contre-électrode). Le principal rôle de cette électrode est de permettre le passage du courant traversant l'électrode de mesure, sans passer par l'électrode de référence (en quelque sorte, l'électrode auxiliaire permet de « fermer le circuit ») : ainsi, l'électrode de référence n'est pas polarisée et la portion de circuit entre électrode de mesure et électrode de référence ne contribue que faiblement à la chute ohmique due à la résistance non nulle de la solution électrolytique. Le schéma de principe du montage à 3 électrodes est représenté ci-dessus (figure 6.3) :

Dans un montage à 3 électrodes, on appelle **électrode de travail** l'électrode dont on contrôle (ou dont on mesure) le potentiel par rapport à **l'électrode de référence**, l'autre électrode étant appelée **électrode auxiliaire** ou **contre-électrode**. Selon le sens de branchement du dispositif d'alimentation et les espèces présentes en solution, l'électrode de travail peut jouer soit le rôle d'anode soit celui de cathode. L'électrode auxiliaire joue, quant à elle, toujours le rôle symétrique de celui de l'électrode de travail.

6.2.2 Schéma de principe du potentiostat

L'appareil ayant à la fois un rôle d'imposition de la tension (ou du courant) et de contrôle de celle-ci, un dispositif basé sur la boucle d'asservissement est nécessaire : on peut réaliser cela simplement à l'aide d'amplificateurs opérationnels. La figure 6.4 représente le schéma de principe du fonctionnement d'un potentiostat ; on retrouve principalement 3 amplificateurs opérationnels : le premier (1) joue le rôle de *comparateur* entre la valeur de consigne de la tension entre électrode de travail et électrode de référence (E_T–E_R) et la valeur réelle ; le deuxième (2) joue le rôle de suiveur (*inverseur*) de tension et permet ainsi de mesurer la tension (E_T–E_R) ; le troisième (3) est un *convertisseur courant-tension* : la résistance variable permet d'ajuster la « gamme de courant » pour obtenir un signal de sortie dans la plage de tension acceptable, quelle que soit la valeur de l'intensité mesurée (en pratique de quelques pA à 1 A).

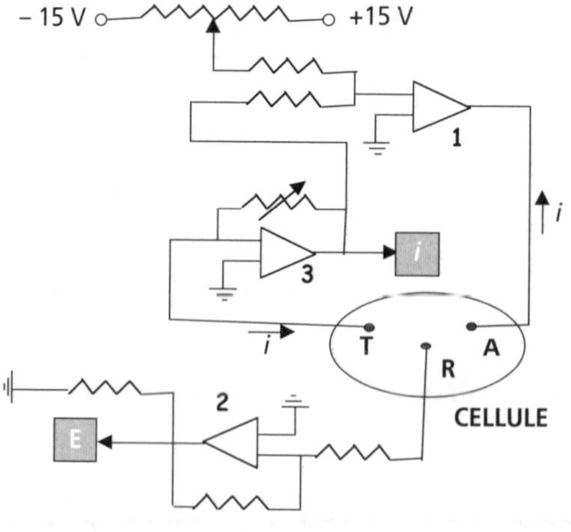

Figure 6.4 – **Schéma de principe du potentiostat : T désigne la connexion à l'électrode de travail, A à l'électrode auxiliaire, R à la référence. Amplificateurs opérationnels : 1 = comparateur ; 2 = inverseur ; 3 = convertisseur courant-tension.**

Le schéma de principe de la figure 6.4 montre que le paramètre ajustable du circuit est le potentiel de l'électrode auxiliaire, que le potentiostat ajuste de manière à maintenir un court-circuit entre les entrées de l'ampli opérationnel (1), *i.e.* (E_T–E_R) égal à sa valeur de consigne. Les performances du potentiostat (notamment son aptitude à contrôler le potentiel de l'électrode de travail) dépendent directement de la valeur maximale que peut prendre le potentiel de l'électrode auxiliaire[1].

Encart 6.2 – Cellules électrochimiques

Les cellules électrochimiques utilisées en analyse sont constituées d'un réservoir adapté au volume de solution à analyser et pouvant contenir les 3 électrodes. On veille en général à minimiser la distance entre électrode de travail et électrode de référence et à maintenir le rapport des surfaces des électrodes auxiliaire et de travail suffisamment élevé. Des cellules spécifiques comportant de très faibles volumes de solution (cellules couches minces) peuvent être utilisées en spectroélectrochimie.

Pour les électrolyses préparatives, on utilise généralement des cellules spécifiques dans lesquelles les compartiments anodique et cathodique sont séparés (par une paroi poreuse, une membrane, un fritté...). Dans ce cas, la position relative des électrodes de travail et auxiliaire est souvent cruciale afin de minimiser les inhomogénéités dans les lignes de courant.

6.3 Les différentes configurations de mesure

6.3.1 Mesures à potentiel contrôlé fixe

L'imposition d'un potentiel bien défini pour l'électrode de travail par rapport à la référence peut s'avérer nécessaire pour diverses situations : détection ampérométrique du point équivalent d'un titrage (cf. chap. 7), coulométrie à potentiel contrôlé, électrolyse, etc.

La réalisation de telles mesures requiert donc un montage à 3 électrodes et l'utilisation d'un potentiostat. Lorsque l'intensité du courant est importante (cas d'une électrolyse sur électrode de grande surface), la chute ohmique devient un facteur limitant dans la précision avec laquelle le potentiel de l'électrode de travail est contrôlé. On peut agir sur plusieurs facteurs afin de minimiser la contribution de la chute ohmique :

- le placement des électrodes[2] : plus la distance entre électrode de travail et électrode de référence est petite, plus la résistance de la portion de solution comprise entre les deux électrodes est faible.
- la compensation de la chute ohmique : la plupart des potentiostats permettent de compenser électroniquement une partie de la chute ohmique grâce à une boucle de rétroaction positive ajoutée dans le circuit.

1. Cette valeur, appelée compliance, varie typiquement de la dizaine à la centaine de volt dans les appareils commerciaux.
2. Le placement de la contre électrode par rapport à l'électrode de travail est également important, de façon à assurer une répartition homogène des lignes de courant.

6.3.2 Mesures à potentiel contrôlé variable

Il arrive fréquemment que l'on désire non seulement contrôler précisément la valeur du potentiel de l'électrode de travail (par rapport à la référence), mais également faire varier cette valeur au cours du temps selon une fonction prédéfinie : rampe, sinusoïde, créneaux… (cf. chap. 9-10).

Dans ce cas, en plus de l'utilisation du montage à 3 électrodes relié au potentiostat, il est nécessaire que ce dernier possède un *générateur de fonctions* permettant de faire varier le potentiel au cours du temps (cf. figure 6.3). Les performances du montage seront alors fortement dépendantes de la vitesse requise pour la variation du potentiel : si cette variation est rapide (vitesse de balayage élevée, durée d'échelon courte, …), l'interface sera alors soumise à des phénomènes non faradiques (courant capacitif) susceptibles de déformer le signal mesuré. Le potentiel réel de l'électrode de travail sera également déphasé par rapport au signal imposé d'une quantité proportionnelle à la constante de temps R_uC_{dc} du circuit (R_u = résistance non compensée de la solution ; C_{dc} = capacité de la double couche). Il est donc important de minimiser cette constante de temps, d'une part en diminuant la résistance non compensée (vide supra), d'autre part en diminuant la capacité de double couche (minimisation de la surface électroactive) et ce même en présence d'un dispositif électronique de compensation.

6.3.3 Mesures à courant imposé

Les mesures à courant imposé concernent principalement les méthodes potentiométriques : elles peuvent intervenir pour la détection du point équivalent d'un titrage auquel cas le courant imposé est généralement de faible intensité, ou alors pour réaliser une électrolyse au cours de laquelle c'est la coulométrie qui permet de déterminer directement la quantité de matière transformée (cf. chap. 7).

Dans le premier cas (faible intensité), un montage à deux électrodes (1 ou 2 électrodes indicatrices), alimenté par un générateur de courant (ou un générateur de tension en série avec une résistance variable) est suffisant : en effet, la polarisation de l'électrode de référence est négligeable, de même que la chute ohmique. Dans le second cas (intensité élevée), le contrôle de l'intensité imposée dans le circuit requiert l'utilisation d'un montage à 3 électrodes, alimenté par un galvanostat. La plupart des potentiostats peuvent également être utilisés comme galvanostats, car il est plus facile de contrôler le courant que le potentiel. Un circuit très simple, du type de celui de la figure 6.5, suffit à contrôler le courant qui traverse la cellule.

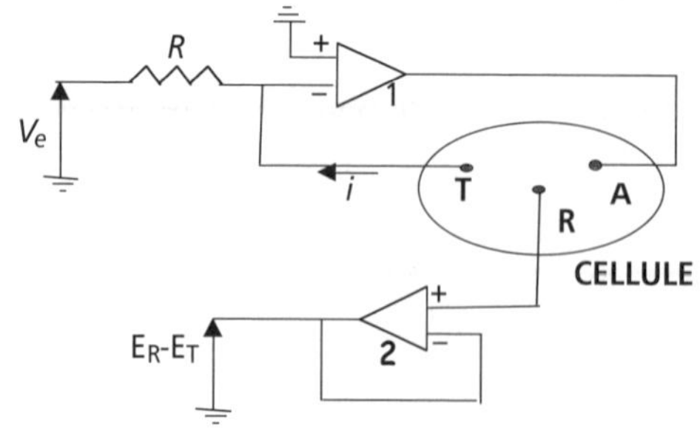

Figure 6.5 – Schéma de principe du galvanostat : T désigne la connexion à l'électrode de travail, A à l'électrode auxiliaire, R à la référence. Amplificateurs opérationnels : 1 = multiplicateur-inverseur ; 2 = suiveur.

Le schéma de la figure 6.5 montre que l'on a la relation suivante :

$$i = \frac{-V_e}{R}$$

Ainsi, le courant qui traverse la cellule est directement contrôlé par la tension d'entrée V_e du dispositif.

Remarque

Il est également possible, en utilisant le galvanostat, de faire varier l'intensité du courant imposé au cours du temps, selon un mode analogue à celui du potentiel (rampe, créneaux, sinusoïde ...). Cependant ce type de technique est beaucoup moins fréquent que les techniques ampérométriques ou voltampérométriques à potentiel contrôlé.

Encart 6.2 – Le microscope électrochimique à balayage (SECM)

Le microscope électrochimique à balayage (Scanning ElectroChemical Microscope) est une technique qui connaît actuellement un développement important depuis sa découverte par A.J. Bard en 1986. Il s'agit d'une technique d'imagerie de surface dans laquelle une pointe de taille micrométrique sert d'électrode de travail (UME) et balaye la surface du substrat à une distance variable. Le substrat peut être également polarisé, par l'intermédiaire d'un bipotentiostat (cf. figure 6.6)

Le principe repose sur la dépendance du courant en fonction de la distance pointe-substrat : celui-ci diminue lorsqu'on rapproche la pointe d'un substrat isolant (par restriction progressive de l'espace de diffusion), alors qu'il augmente lorsqu'on rapproche la pointe d'un substrat conducteur (par régénération du réactif). On parle respectivement de « feedback négatif » (isolant) et « feedback positif » (conducteur).

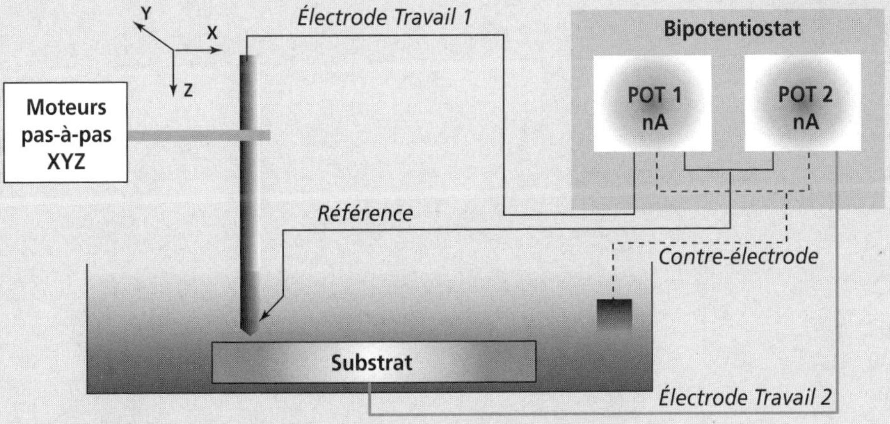

Figure 6.6 – Schéma de principe du SECM[1]

1. Schéma réalisé par P. Mailley (INAC, SPrAM, CEA Grenoble).

La position de la pointe est contrôlée au moyen de moteurs pas-à-pas et de dispositifs piézoélectriques selon les 3 directions (x,y,z). Une fois la courbe courant-distance enregistrée (dite « courbe d'approche » qui sert de courbe de calibration), on peut ensuite balayer la surface pour en imager soit la topologie (cas d'un substrat métallique de composition homogène), soit la réactivité électrochimique (mise en évidence de zones de conductivités ou de réactivités différentes sur la surface). Des informations sur la cinétique de régénération du réactif sur le substrat peuvent également être obtenues

Bibliographie

A.-J. Bard and L.R. Faulkner, *Electrochemical Methods, Fundamentals and Applications*, Wiley, 2001, chap. 15.

C. M. A Brett and M. O. Brett, *Electrochemistry: principles, methods and applications*, Oxford, 1993, chap. 7.

F. Kanoufi, *L'Actualité chimique*, vol. 311, 2007, p.36.

F. Bedioui, S. Griveau, A. Pailleret, *Techniques de l'ingénieur*, p.2132.

P. Hapiot, *L'Actualité chimique*, vol. 327-328, 2009, p.109.

7 Techniques électrochimiques d'analyse

Ce chapitre traite des techniques électrochimiques d'analyse qui n'utilisent pas un balayage de potentiel (celles-ci seront vues aux chapitres 9 et 10). Nous nous intéresserons ici aux méthodes qui visent à utiliser des électrodes afin d'effectuer, soit la détermination extensive de la composition d'une solution, soit un suivi de l'évolution de la composition au cours d'une réaction (telle qu'une réaction de titrage par exemple). La réponse électrochimique visera à caractériser les points critiques, par exemple le point équivalent du titrage, afin d'en déduire la concentration de l'analyte. Plusieurs possibilités sont offertes suivant la grandeur dont on suit la variation : potentiel (potentiométrie), courant (ampérométrie), quantité d'électricité (coulométrie). En fin de chapitre, nous verrons comment améliorer la détection en utilisation les techniques de redissolution faisant appel à une étape de pré-concentration.

7.1 Introduction

On peut tout d'abord faire la distinction entre deux modes d'exploitation analytique : les méthodes quantitatives et les méthodes indicatrices.

7.1.1 Méthodes quantitatives - Macroélectrolyses

Les réactions électrochimiques sont utilisables pour réaliser la transformation quantitative d'une substance en solution en vue d'une séparation ou d'un dosage. Ces méthodes permettent de déterminer la quantité de substance présente dans un échantillon donné. Les applications quantitatives de l'électrochimie analytique revêtent deux aspects :

- La transformation exhaustive est réalisée par électrolyse et la détermination de la quantité de substance préparée est effectuée indépendamment et ultérieurement. C'est le mode d'exploitation le plus simple et le plus anciennement utilisé ; lorsque la quantité de substance est déterminée par une mesure de masse, on parle d'électrogravimétrie.
- La détermination de la quantité de substance est effectuée simultanément à la transformation électrochimique, par la mesure de la quantité d'électricité consommée

durant cette transformation. Cette technique dénommée **coulométrie** utilise la loi de Faraday.

En mettant en œuvre ces méthodes analytiques, on réalise une **macroélectrolyse**. Supposons par exemple que la quantité de substance à transformer soit égale à 10^{-5} mole (10 cm^3 d'une solution 10^{-3} $mol{\cdot}L^{-1}$); pour une transformation quantitative, la quantité d'électricité à mettre en jeu, pour n électrons échangés par réactif, sera $Q = 10^{-5}{\cdot}nF$, soit n coulomb environ. Pour que l'opération ait une durée raisonnable (1 000 secondes), il faudra que l'intensité ait une valeur moyenne d'au moins n milliampères. Compte tenu des limitations de courant imposées par la diffusion, des électrodes d'assez grande surface (plusieurs cm^2) s'avèrent nécessaires pour atteindre de telles intensités (allant du milliampère à l'ampère).

7.1.2 Méthodes indicatrices - Microélectrolyses

Les réactions électrochimiques sont également utilisables en chimie analytique pour obtenir un renseignement sur la composition de la solution, sans que celle-ci ne subisse de modification importante. Ces méthodes permettent de déterminer la concentration d'une substance présente dans une solution. On dispose de deux grandeurs mesurables : le potentiel d'électrode (plus exactement la différence de potentiel entre deux électrodes, dont l'une peut être de référence et avoir un potentiel constant et connu), et l'intensité du courant. Il y a donc deux types de déterminations à considérer.

- Les déterminations *potentiométriques*, qui sont effectuées généralement à intensité imposée, nulle ou constante.
- Les déterminations *ampérométriques*, qui sont effectuées généralement à différence de potentiel imposée.

Les indications potentiométriques sont reliées aux logarithmes des concentrations, tandis que les indications ampérométriques sont proportionnelles aux concentrations. Dans tous les cas, il est nécessaire de réaliser une microélectrolyse. En effet si l'on veut que la mesure n'apporte pratiquement pas de modification à la composition de la solution, il faut, pendant qu'elle s'effectue, ne consommer qu'une fraction négligeable de la substance à déterminer.

Exemple

Fixons la quantité totale tolérable de substance électrolysée pendant la mesure à 0,1 % de la quantité présente dans l'échantillon étudié. Par rapport au cas envisagé pour les méthodes quantitatives, il faudra que l'intensité du courant reste 1 000 fois plus petite (de l'ordre de quelques µA), ce qui impose l'emploi d'électrodes de très petite surface, de l'ordre de 0,1 à 1 mm^2, appelés micro-électrodes indicatrices.

7.1.3 Suivi de titrages

Les deux types de mesures précédentes sont utilisables indifféremment lorsqu'il s'agit de suivre l'évolution d'une solution au sein de laquelle une transformation chimique est réalisée. Pour les titrages, on cherche surtout à mettre en évidence le point équivalent : c'est ce que permettent les courbes de variation d'une différence de potentiel ou d'une intensité de microcourant (courbes de titrages potentiométriques ou ampérométriques) au cours de la réaction.

Un titrage consiste à réaliser une transformation chimique totale entre la substance à doser A et un réactif B que l'on introduit progressivement dans le milieu réactionnel :

$$A + B \longrightarrow \text{Produits}$$

Cette réaction chimique est la réaction de titrage, qui peut être de diverses natures (acide-base, complexation, oxydoréduction, précipitation ou dissolution). Le réactif peut être introduit par portions de volume de solution titrée à l'aide d'une burette, d'où la dénomination de titrages volumétriques. Le réactif peut également être préparé *in situ* en quantités connues directement par électrolyse : ce sont les titrages coulométriques. Dans les deux cas, on relie la quantité de substance à doser à la quantité de réactif ajouté à condition de connaître les coefficients stœchiométriques de la réaction de titrage. Mais il faut soigneusement repérer la fin de la réaction, qu'on désigne par le *point équivalent* (p.e.) du titrage. Le repérage du point équivalent se fait par une ou plusieurs réactions indicatrices (réactions ne mettant en jeu que des quantités négligeables de substances par rapport à celles mises en jeu dans la réaction de titrage), qui induisent une variation brutale du potentiel ou du courant.

7.2 Potentiométrie

La potentiométrie permet la détermination du potentiel d'une électrode indicatrice (par rapport à une électrode de référence) parcourue par un courant i connu. Ce potentiel présente l'avantage d'être fonction de la concentration du ou des corps à électrolyser. Cette méthode analytique permet de déterminer des paramètres thermodynamiques (constantes de complexation, produit de solubilité...), de contrôler une préparation au cours d'une fabrication industrielle et de déterminer le point équivalent d'une réaction de titrage. Il existe plusieurs types de dosages potentiométriques :

- La potentiométrie à intensité nulle, à une électrode indicatrice ou à deux électrodes indicatrices de natures différentes.
- La potentiométrie à intensité constante non nulle, à une électrode indicatrice (et une électrode de référence) ou à deux électrodes indicatrices de même nature.

Nous allons appliquer ces différentes méthodes au titrage du Fe^{2+} par le Ce^{4+}. La réaction de titrage est la suivante :

$$Fe^{2+} + Ce^{4+} \longrightarrow Fe^{3+} + Ce^{3+}$$

On réalise ce dosage en milieu acide sulfurique 1 mol·L^{-1} et on néglige l'effet de dilution lors de l'ajout du réactif titrant Ce^{4+} à la solution initiale de Fe^{2+}.

On prendra une solution de Fe^{2+} à la concentration $C = 10^{-3}$ mol·L^{-1}. On suppose pour simplifier que les coefficients de diffusion D des espèces solubles sont égaux.

On donne les potentiels standard apparents en milieu sulfate :

$$E^0\ (Fe^{3+}/Fe^{2+}) = 0{,}68 \text{ V/ESH} \ ;\ E^0\ (Ce^{4+}/Ce^{3+}) = 1{,}44 \text{ V/ESH.}$$

Les systèmes redox sont supposés rapides.

Le titrage est suivi en traçant le faisceau de courbes $i = f(E)$ dans les conditions du régime stationnaire (solution agitée).

Soit x le paramètre de titrage :

$$x = \frac{V_{Ce^{4+}}\, versé}{V_{eq}}$$

Avec V_{eq} le volume à l'équivalence.

L'allure théorique des courbes i = f(E) à une électrode de platine en fonction de la variable x, pour les valeurs remarquables x = 0 ; 0,5 ; 1 ; 1,5 ; 2 est représentée ci-dessous (figure 7.1).

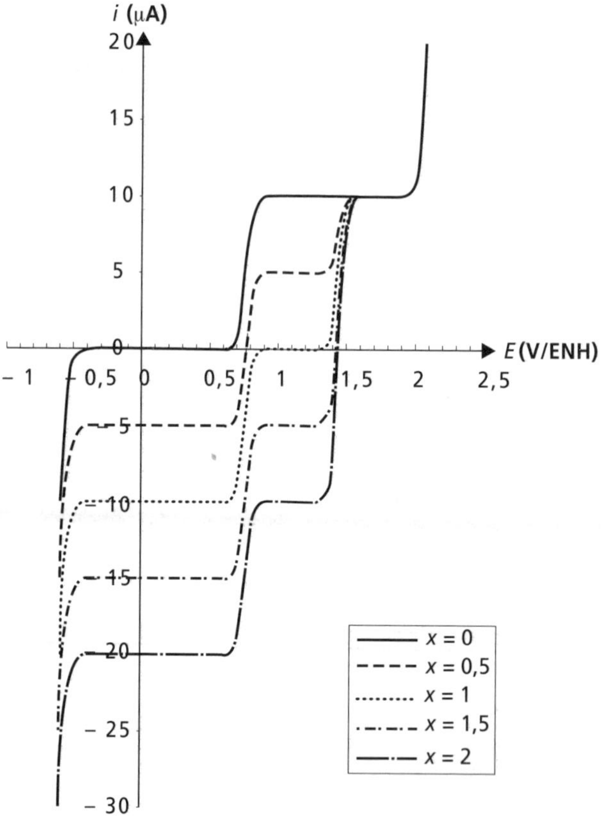

Figure 7.1 – Allure du faisceau de courbes i = f(E) lors du dosage d'une solution de Fe^{2+} par Ce^{4+}.

Au départ (x = 0), la solution ne contient que du Fe^{2+}. On observe la vague anodique de Fe^{2+} puis la vague anodique de l'eau.

Avant le point équivalent (0 < x < 1), la solution contient les espèces Fe^{2+}, Fe^{3+} et Ce^{3+} ; la concentration de Fe^{2+} diminue alors que celle de Fe^{3+} et Ce^{3+} augmente en quantité correspondant à la diminution de Fe^{2+} (conservation de la matière). La hauteur de la vague de Fe^{2+} diminue donc d'autant plus que l'on se rapproche de l'équivalence.

On observe également la vague anodique du Ce^{3+} et la vague cathodique du Fe^{3+} dont les hauteurs augmentent avec x.

Après l'équivalence ($x > 1$), la solution contient Fe^{3+}, Ce^{3+} et Ce^{4+}. La courbe $i = f(E)$ est composée des vagues anodiques de Ce^{3+} et de l'eau, ainsi que des vagues cathodiques de Fe^{3+}, Ce^{4+} et de l'eau. Seule la hauteur de la vague cathodique de Ce^{4+} augmente avec x.

7.2.1 Suivi du titrage par potentiométrie à intensité nulle (potentiométrie classique)

La potentiométrie à une électrode indicatrice consiste à mesurer la différence de potentiel entre une électrode indicatrice et une électrode de référence, le courant circulant dans le circuit étant nul. Pour prévoir l'allure de la courbe de titrage, on lit sur le faisceau de courbes $i = f(E)$ de la figure 7.1 la valeur du potentiel à intensité nulle. Pour $x = 0$, on mesure un potentiel mixte Fe(II)–H_2O peu stable[1]. Avant l'équivalence, l'électrode de travail prend rapidement un potentiel stable imposé par le couple Fe(III)/Fe(II). À l'équivalence, on mesure à nouveau un potentiel mixte peu stable. Lorsque le point équivalent est dépassé on obtient un nouveau potentiel d'équilibre, imposé désormais par le couple Ce(IV)/Ce(III). L'allure de la courbe est représentée sur la figure 7.2. Le fait que le potentiel à l'équivalence ne soit pas très bien défini n'est pas gênant en pratique car une goutte de solution titrante suffit à stabiliser le potentiel.

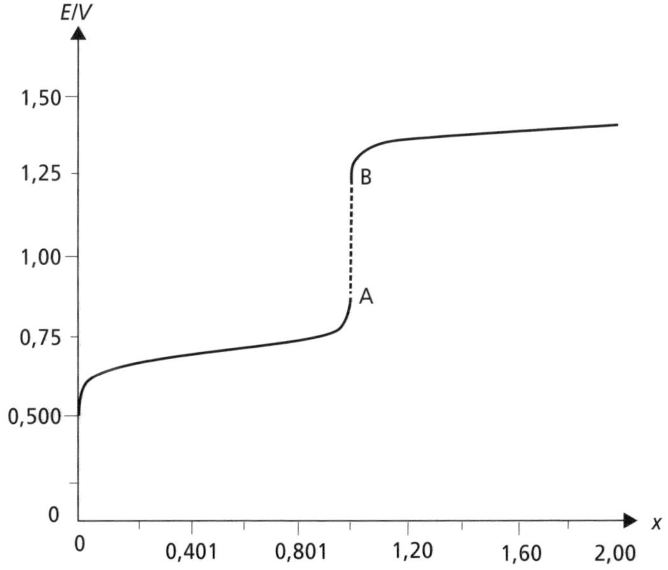

Figure 7.2 – Titrage du Fe (II) par Ce (IV) suivi par potentiométrie à une électrode indicatrice de platine à intensité nulle.

1. Il arrive fréquemment que la solution contienne des traces d'ions Fe^{3+} à $x=0$ (du fait de l'oxydation des ions Fe^{2+} par le dioxygène dissous), entraînant la mesure d'un potentiel d'équilibre.

7.2.2 Suivi du titrage par potentiométrie à intensité constante (très faible) imposée à une électrode indicatrice

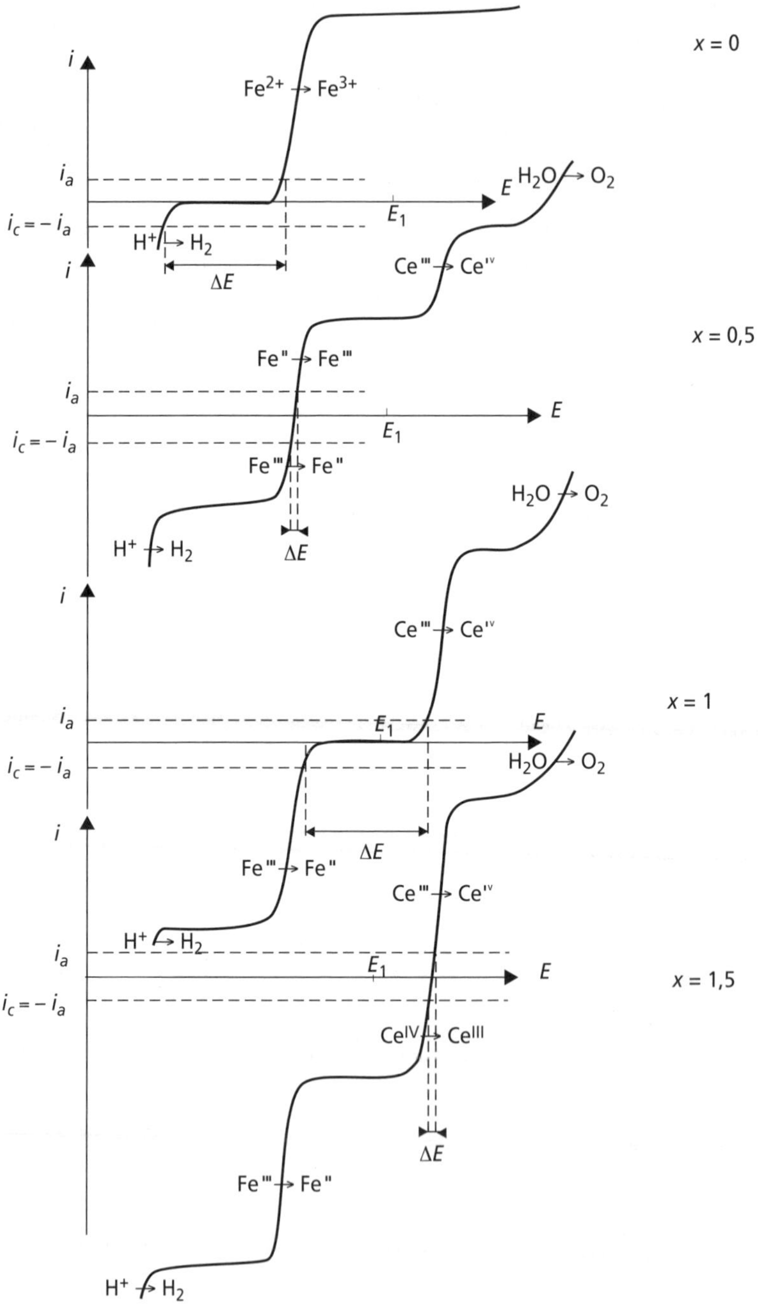

Figure 7.3 – Allure des courbes $i = f(E)$ au cours du dosage Fe (II) par Ce (IV).

L'électrode indicatrice est parcourue par un courant d'intensité faible[1] soit anodique i_a, soit cathodique i_c. Pour prévoir l'allure de la courbe de titrage potentiométrique, on lit sur le faisceau de courbes $i = f(E)$ la valeur du potentiel E correspondant à : $i = i_a$ ou $i = i_c$ (figure 7.3).

La courbe $E = f(x)$ présente un saut de potentiel très peu décalé par rapport au cas du courant nul (figure 7.4). Cependant, l'avantage de cette technique à intensité imposée est qu'un potentiel stable est atteint pour $x = 0$ et $x = 1$. Cette technique est particulièrement intéressante pour des titrages mettant en jeu des systèmes lents (dans ce cas en effet, le potentiel à courant nul est assez mal défini).

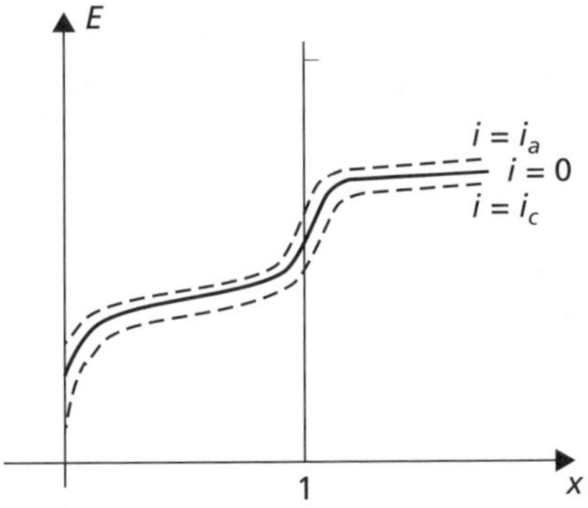

Figure 7.4 – **Suivi du titrage potentiométrique à intensité constante imposée à une électrode indicatrice.**

7.2.3 Suivi du titrage par potentiométrie à deux électrodes de platine à intensité imposée faible

On suit la différence de potentiel entre deux électrodes identiques de platine, parcourues chacune par un courant de faible intensité (typiquement 5 à 10 µA). Les courants anodique i_a et cathodique i_c sont nécessairement opposés et chacune des électrodes adopte le potentiel que lui impose la courbe $i = f(E)$. La forme de la courbe $\Delta E = f(x)$ est représentée sur la figure 7.5. Elle présente un maximum au passage du point équivalent, ce qui peut s'interpréter par le fait que les réactions d'oxydation et de réduction se produisant sur chaque microélectrode correspondent en ce point à deux couples redox différents (en l'occurrence Ce(III) $\rightarrow$ Ce(IV) et Fe(III) $\rightarrow$ Fe(II)), d'où une différence de potentiel importante. De part et d'autre de l'équivalence, on mesure la différence de potentiel correspondant aux réactions d'oxydation et de réduction inverses l'une de l'autre (Fe(II)/Fe(III) pour $x < 1$ et Ce(III)/Ce(IV) pour $x > 1$), *i.e.* des valeurs très faibles si les couples sont rapides.

Le principal avantage de cette méthode est de permettre une détermination plus directe et plus précise du point équivalent que par les techniques à une seule électrode indicatrice, puisque le saut de potentiel est remplacé par un maximum.

1. Comme l'intensité du courant est faible, on peut utiliser un montage à 2 électrodes (1 indicatrice et 1 référence) sans que les problèmes de chute ohmique et de polarisation de l'électrode de référence ne perturbent de manière significative les mesures.

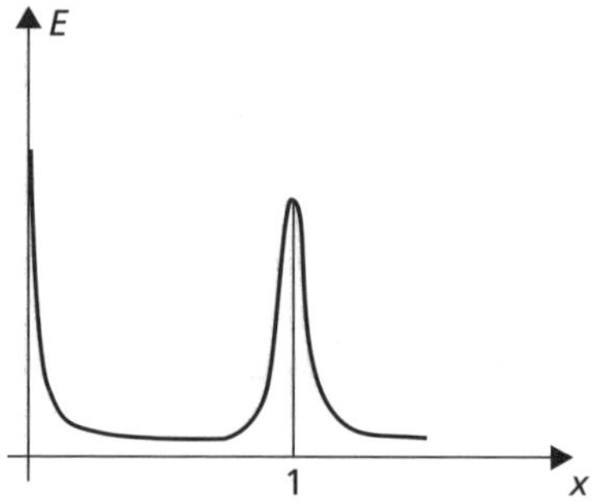

Figure 7.5 – **Suivi du titrage par potentiométrie à deux électrodes de platine à intensité constante imposée faible.**

Remarque

On retrouve dans ce cas l'avantage des méthodes différentielles par rapport aux méthodes directes, la courbe $\Delta E = f(V)$ obtenue à 2 électrodes indicatrices s'apparentant à une dérivée de la courbe $E = f(V)$ obtenue à 1 électrode indicatrice.

7.3 Ampérométrie

L'ampérométrie permet de suivre au cours du dosage les variations de concentration que subit la substance à doser, le réactif ou l'un des produits de la réaction à partir de la mesure de l'intensité du courant traversant les électrodes ; le point équivalent apparaît comme un point singulier de la courbe de variation de l'intensité en fonction de la quantité de réactif versé. Il existe deux types de dosages ampérométriques :

- à une électrode indicatrice et une électrode de référence;
- à deux électrodes indicatrices, identiques ou de natures différentes.

Les électrodes peuvent être inattaquables ou attaquables. Dans tous les cas, on impose une tension constante convenablement choisie entre les deux électrodes. Parfois, on peut utiliser une tension nulle en court-circuitant les électrodes, par exemple une électrode indicatrice et une électrode de référence, laquelle imposera ainsi son potentiel (à la chute ohmique près).

7.3.1 Titrage ampérométrique à potentiel constant et utilisant une seule électrode indicatrice

Le principe consiste à imposer entre l'électrode indicatrice et une électrode de référence une différence de potentiel constante, ce qui revient à imposer un potentiel constant à l'électrode indicatrice. On mesure l'intensité i du courant correspondant obtenu en régime de diffusion stationnaire et on suit les variations de l'intensité au cours du titrage. Le potentiel de l'électrode indicatrice est généralement choisi de telle façon que *le courant mesuré soit le courant limite de diffusion* de l'une des substances participant à la réaction de titrage (réactif, produit, ou encore l'excédant du réactif titrant).

Soit par exemple à doser une solution de Cd^{2+} par un réactif B ; Cd^{2+} est réductible à une électrode à gouttes de mercure ; portons cette électrode à un potentiel correspondant au courant limite de diffusion de Cd^{2+}. Au fur et à mesure de l'addition de B, la concentration en Cd^{2+} diminue, et le courant diminue également (en valeur absolue) puisque i^{ℓ} est proportionnel à la concentration en Cd^{2+} en solution; au point équivalent, $[Cd^{2+}] = 0$ donc $i^{\ell} = 0$, ce qui permet la détermination du point équivalent (figure 7.6).

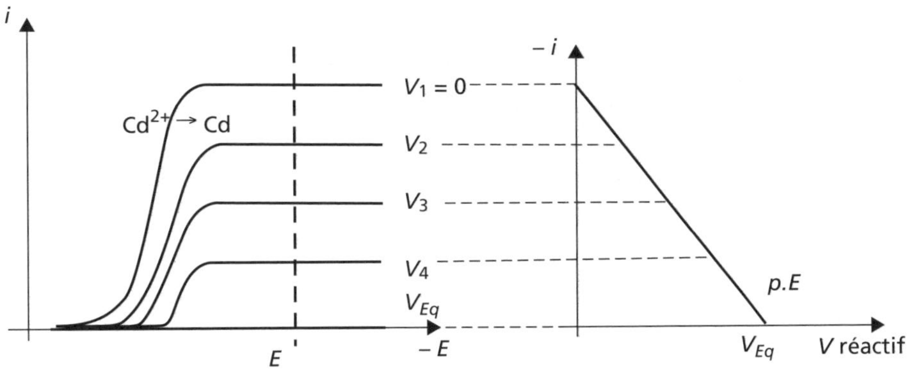

Figure 7.6 - Titrage ampérométrique de Cd^{2+}

Les courbes de titrage ampérométrique $i(V)$ présentent des parties sensiblement linéaires puisque i^{ℓ} est proportionnel à la concentration en espèce à doser, laquelle varie sensiblement linéairement avec le volume de réactif titrant introduit, pour peu que la dilution soit négligeable[1]. Ces parties linéaires doivent avoir leur intersection au point équivalent (p.e.) ; comme, en réalité, la courbe présente au voisinage du p.e. un arrondi, correspondant notamment au fait que la réaction n'est pas rigoureusement quantitative, c'est par extrapolation des deux parties linéaires que l'on détermine expérimentalement le point équivalent du titrage. On rencontre quatre types de courbes de titrages ampérométriques à potentiel constant (figure 7.7) :

- On suit le courant limite de diffusion du corps titré : l'électrode indicatrice est portée à un potentiel où seul le corps à titrer est électroactif (réductible ou oxydable à ce potentiel) :
  Ex : Pb^{2+} titré par SO_4^{2-} (courbe 7a).
- On suit au contraire le courant limite de diffusion du réactif titrant : l'électrode indicatrice est portée à un potentiel où seul le réactif titrant est électroactif :
  Ex : Pb^{2+} titre par SO_4^{2-} pour E > –300 mV (courbe 7b).
- Au potentiel imposé, le corps titré et le réactif titrant sont tous les deux électroactifs :
  Ex : Pb^{2+} titre par $Cr_2O_7^{2-}$ pour E > –600 mV (courbe 7c).
- Cas analogue au précédent, mais il y a changement de signe du courant après le p.e. (le corps titré est oxydable, le réactif est réductible au même potentiel et à la même électrode indicatrice) (courbe 7d).

1. C'est le cas notamment si la solution de réactif titrant est suffisamment concentrée pour permettre de réaliser le titrage en introduisant un volume de réactif titrant petit devant le volume de solution à titrer.

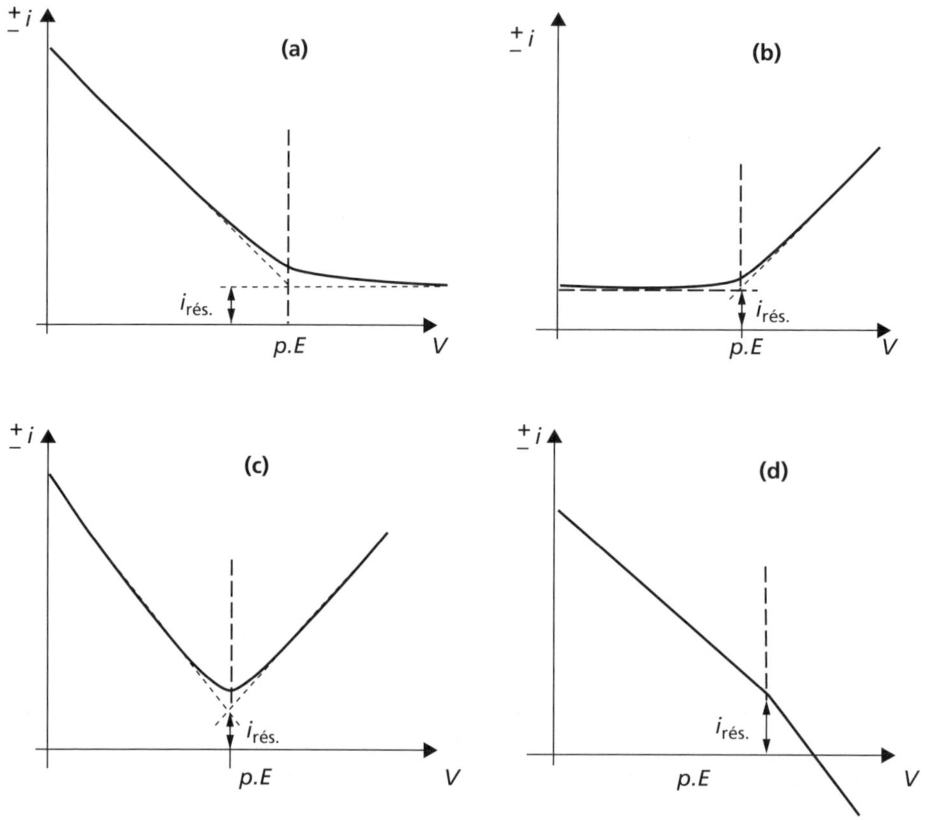

Figure 7.7 – **Les différents types de courbes de dosage ampérométriques.**

7.3.2 Caractéristiques analytiques des titrages ampérométriques à une électrode indicatrice

Les titrages ampérométriques s'appliquent à de très nombreux cas, car si le corps à doser n'est pas lui-même oxydable ou réductible électrochimiquement, il suffit que le titrant ou les produits de la réaction le soient.

L'utilisation d'indicateurs ampérométriques élargit considérablement le domaine des possibilités.

Exemple

On peut introduire le complexe HgY^{2-} (Y^{4-} désigne l'EDTA[1]) pour suivre le titrage d'un cation métallique M^{2+} par Y^{4-}.

Avant l'équivalence, on mesure le courant correspondant à :

$$HgY^{2-} + M^{2+} + 2e^- \rightarrow Hg + MY^{2-}$$

1. EDTA = Ethylènediaminetétraacétate : $(^-OOC)_2\text{-}N(CH_2)_2N\text{-}(COO^-)_2$

Après l'équivalence, le courant est dû à la réaction :

$$Hg + Y^{4-} \rightarrow HgY^{2-} + 2e^{-}$$

Si l'indicateur est introduit en quantité suffisante pour ne pas limiter le courant, celui-ci s'annule au p.e.

Les principaux avantages des techniques ampérométriques à une électrode indicatrice sont :

- la rapidité : les courbes i(V) étant des demi-droites, il suffit de déterminer quelques points avant et après le point équivalent, pour pouvoir déterminer celui-ci de manière asymptotique ;
- la possibilité de travailler sur des solutions très diluées que l'on ne pourrait titrer par des méthodes classiques ;
- la possibilité de travailler en présence d'autres espèces, même en grande quantité, dans la mesure où elles ne sont pas électroactives au potentiel imposé.

En contrepartie, les titrages ampérométriques requièrent généralement l'imposition d'un potentiel contrôlé grâce à un dispositif de type potentiostat.

La sensibilité de la méthode est limitée par l'existence du courant résiduel ou par la quantitativité de la réaction utilisée. La précision est souvent limitée par la précision de la mesure volumétrique ou coulométrique, (voisine de 1 à 2 %).

7.3.3 Titrages ampérométriques à deux électrodes indicatrices (ampérométrie à d.d.p. imposée ou *dead stop end point*)

Deux électrodes indicatrices identiques ne peuvent permettre de suivre un titrage que si on leur impose d'avoir un comportement différent. Il suffit d'imposer une différence de potentiel (faible et maintenue constante) entre les deux électrodes : *l'une des électrodes joue ainsi le rôle anode et l'autre de cathode***.** On mesure alors la variation d'intensité du courant au cours de la réaction de titrage. La prévision de l'allure des courbes de titrages obtenues est aisée, grâce au faisceau de courbes i = f(E) dont l'évolution régulière au cours de la transformation est elle-même prévisible (cf. figure 7.1).

a) Principe

Nous nous limiterons à l'ampérométrie à faible différence de potentielle imposée entre deux électrodes indicatrices identiques. La d.d.p. étant faible (ΔE = 20 à 150 mV), les deux électrodes fonctionnent pratiquement au même potentiel.

Exemple : Si ΔE = 100 mV, l'anode est au potentiel E_1 + 50 mV et la cathode au potentiel E_1 – 50 mV (E_1 imposé par la solution), c'est-à-dire qu'au potentiel E_1, il y a oxydation à l'anode en même temps que réduction à la cathode.

Le passage d'un courant n'est possible (*i.e.* $i \neq 0$) que si la solution contient à la fois la forme oxydée et la forme réduite d'un système rapide ; si l'une des deux formes (O ou R) disparaît ou si la solution contient les éléments d'un système lent, alors $i = 0$.

La figure 7.8 représente les différents cas possibles :

- O et R d'un système rapide en présence ($i \neq 0$)

- O ou R d'un système rapide seul présent (i =0)
- O et R d'un système lent en présence (i = 0)

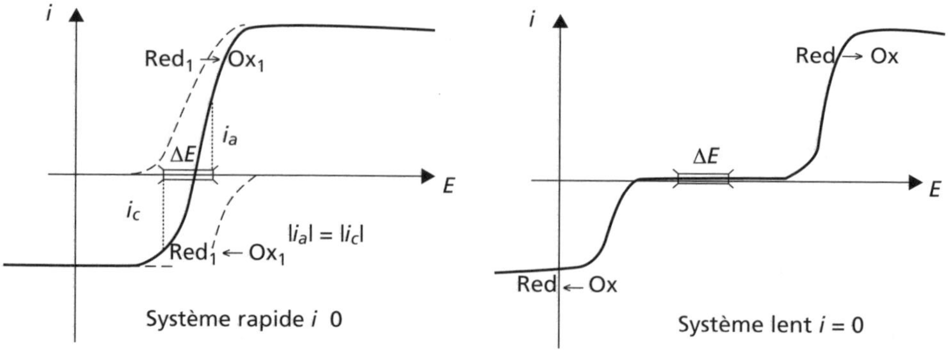

Figure 7.8 – **Courbes i = f(E) pour des systèmes rapide et lent.**

b) Application aux titrages

Au point équivalent d'un dosage d'oxydoréduction, on n'est toujours en présence que de l'une des formes O ou R (jamais les deux à la fois) d'un système rapide, car la réaction peut être symbolisée par :

$$O_1 + R_2 \longrightarrow R_1 + O_2$$

Si les deux couples redox sont rapides, le courant est non nul dès lors que sont présentes simultanément les formes oxydée et réduite d'un même couple, ce qui est le cas de part et d'autre de l'équivalence. Au p.e, le courant s'annule brutalement. La méthode fut baptisée en anglais « *Dead stop end point*[1] ».

Remarque

Si la solution contient un réducteur R_1 oxydable à l'électrode indicatrice au potentiel E_1 et un oxydant O_2 réductible à la même électrode au potentiel E_2 légèrement supérieur à E_1, ($E_2 > E_1$) on obtient la configuration de la figure 7.9.

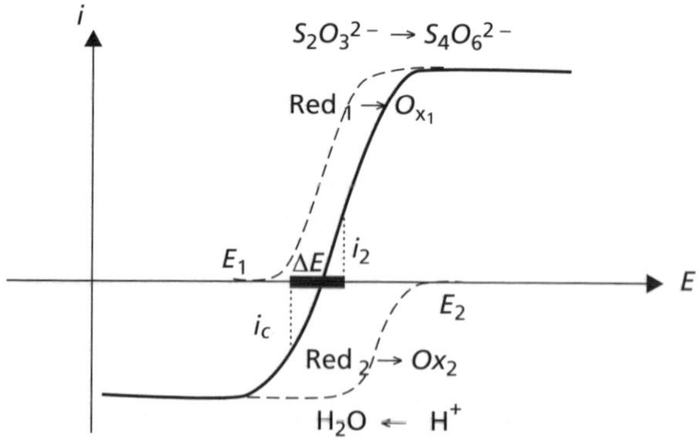

Figure 7.9 – **Système se comportant comme un système rapide.**

1. En français, « point mort », qui traduit l'annulation brutale du courant au p.e.

Aux électrodes indicatrices, ces deux éléments se comportent comme un système rapide et bien que R_1 et O_2 n'appartiennent pas au même couple redox, on obtient l'équivalent d'un système rapide.

c) Formes des courbes de titrages

La d.d.p entre les deux électrodes étant très petite, le courant mesuré ne correspond pas au palier de diffusion (cf. figure 7.8) ; il sera inférieur et la courbe de titrage présentera des formes arrondies représentées sur la figure 7.10.

Remarque

À ddp imposée entre les deux électrodes indicatrices, le courant est maximum lorsque les deux formes O et R sont en quantités égales, ce qui est le cas à la demi-équivalence du titrage (cas des coefficients stœchiométriques égaux à 1). En effet, lorsqu'on s'écarte de ces conditions, la concentration de l'une des espèces devient faible devant la concentration de l'autre et limite le courant.

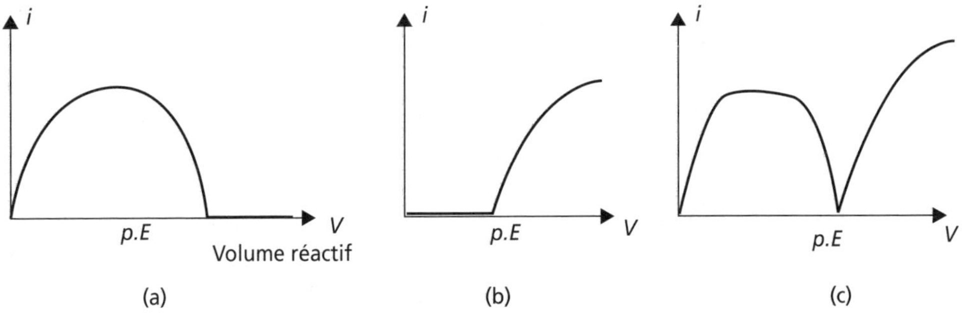

Figure 7.10 – Forme de la courbe ampérométrique pour les différents types de titrages.

Les différents types de courbes peuvent se résumer ainsi :

$$O_1 + R_2 \longrightarrow R_1 + O_2 \text{ (Burette)}$$

O_1/R_1	Rapide	Lent	Rapide
O_2/R_2	Lent	Rapide	Rapide
Courbe	Courbe (a)	Courbe (b)	Courbe (c)

d) Caractéristiques analytiques de la méthode

Elles sont similaires à celles de l'ampérométrie à potentiel imposé à une électrode indicatrice, à condition que l'un des deux systèmes O_1/R_1 ou O_2/R_2 soit rapide. C'est une méthode de titrage très simple et très rapide. Comme on ne mesure pas le courant limite de diffusion, il n'est plus nécessaire d'observer strictement les conditions d'agitation régulière, de température, de surface constante de l'électrode, etc. La précision de la détermination du p.e. dépendra de la sensibilité de l'appareillage permettant de repérer l'annulation du courant.

7.4 COULOMÉTRIE

7.4.1 Principe

La coulométrie consiste à déterminer la quantité d'électricité mise en jeu au cours d'une réaction électrochimique. Soit la réaction électrochimique suivante :

$$R \longrightarrow O + ne^-$$

- Connaissant la quantité d'électricité, c'est-à-dire la quantité totale d'électrons échangés, et le nombre n d'électrons échangés par réactif R, on en déduit **la quantité de R** qui a été oxydée. C'est un dosage coulométrique direct.
- Réciproquement connaissant la quantité de R initialement présente, en déterminant la quantité d'électricité mise en jeu pour son oxydation, on en déduit **le nombre d'électrons échangés par réactif** n.
- La réaction d'électrolyse donne naissance à une espèce qui réagit chimiquement avec l'espèce à doser. La quantité d'électricité mesurée est reliée à la quantité d'analyte mise en jeu. Il s'agit d'un **titrage coulométrique**, tout à fait analogue à un titrage volumétrique, le réactif titrant étant « l'électron ».

En coulométrie, l'électrolyse est le plus souvent réalisée soit à potentiel constant, soit à intensité constante. Les conditions requises pour la mise en œuvre de cette méthode sont les mêmes, qu'il s'agisse de coulométrie directe, de la détermination de n, ou de titrages coulométriques. Il s'agit de :

- **Définir les conditions d'électrolyse** de telle sorte qu'une seule réaction électrochimique soit mise en jeu (rendement en courant de 100 %). La connaissance des courbes $i = f(E)$ relatives à toutes les substances présentes permet en général de choisir convenablement ces conditions. En effet, la quantité d'électricité mesurée ne doit correspondre qu'à une seule réaction électrochimique (celle étudiée) et à aucune autre réaction parasite, de façon à avoir une efficacité de 100 % de courant pour la consommation de la substance à doser, pendant toute la durée de l'opération.
- **Mettre en évidence la fin** de la réaction électrochimique, dans le cas de la coulométrie directe, ou de la réaction chimique dans le cas d'un titrage coulométrique.
- **Déterminer la quantité d'électricité mise en jeu** et en déduire la quantité de substance ayant réagi. On utilise la relation de Faraday : 1 Faraday (F = 96 487 C·mol^{-1}) correspond à $1/n$ mole de R consommé ou de O produit. La quantité de matière mise en jeu pour une quantité d'électricité Q, est donc égale à Q/nF.

7.4.2 Coulométrie directe à potentiel contrôlé

a) Détermination des conditions d'électrolyse

Considérons la réaction électrochimique à réaliser comme l'oxydation d'un réducteur R :

$$R \longrightarrow O + ne^-$$

Connaissant les courbes intensité-potentiel à une électrode donnée, relatives au réducteur R, on impose à l'électrode un potentiel tel que seule la réaction ci-dessus ait lieu (figure 7.11).

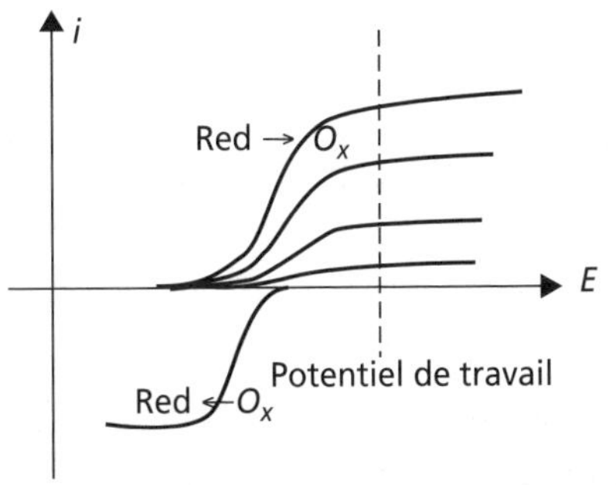

Figure 7.11 – Choix du potentiel pour réaliser la coulométrie.

Afin que tout le courant soit utilisé pour effectuer cette réaction, il faut imposer et maintenir constant le potentiel de l'électrode, ce qui nécessite l'utilisation d'un potentiostat et d'un montage à 3 électrodes.

b) Évolution du courant au cours du temps et repérage de la fin de réaction

Au cours d'un dosage coulométrique direct, on choisit généralement le potentiel de façon à se placer sur le palier de diffusion du réactif, afin d'avoir l'intensité la plus grande possible (figure 7.11). Dans ces conditions, on a l'expression suivante du courant[1] :

$$i = \frac{dQ}{dt} = nFAmC^S \qquad (7.1)$$

où m est la vitesse de transport de R et C^S sa concentration en solution à l'instant t.

D'autre part, la relation de Faraday permet de relier la variation de concentration de R à la quantité d'électricité traversant le circuit[2] :

$$dQ = -nFVdC^S \qquad (7.2)$$

Des équations (7.1) et (7.2), on déduit que le courant (comme la concentration de R en solution) est solution d'une équation différentielle du premier ordre et donc décroît exponentiellement en fonction du temps :

$$i = i_{(t=0)}e^{-t/\tau} \qquad (7.3)$$

avec : $i_{(t=0)} = nFAmC^S_{(t=0)}$

et : $\tau = \dfrac{V}{mA} = \dfrac{V\delta}{AD}$

δ l'épaisseur de la couche de diffusion, fixée par les conditions hydrodynamiques (vitesse d'agitation, viscosité...).

1. L'intensité du courant est ici comptée positivement, car la réaction à l'électrode n'ayant lieu que dans un seul sens, il n'y a pas lieu d'affecter un signe à l'intensité.
2. Ici aussi, la quantité d'électricité Q est comptée positivement : le signe moins provient du fait que la variation de concentration concerne le réactif de la réaction de dosage.

Remarque

Le temps caractéristique d'électrolyse τ est donc d'autant plus court que l'on agite vigoureusement et que le rapport A/V est important, ce qui permet de justifier les conditions expérimentales utilisées au cours d'une électrolyse préparative.

Enfin, l'intégration de (7.3) montre que la quantité d'électricité Q croît au cours de l'électrolyse comme :

$$Q = nFC^{S}_{(t=0)}V(1 - \exp(-t / \tau)) \tag{7.4}$$

Dans tous les cas, la fin du dosage ($C^S = 0$, *i.e.* $i = 0$) n'est atteinte qu'après un temps théoriquement infini et la quantité d'électricité Q^{tot} nécessaire pour réaliser le dosage est égale à $nFC^{S}_{(t=0)}V$. Cependant, on peut arrêter l'électrolyse lorsqu'une intensité suffisamment petite est atteinte. Par exemple, si on admet une incertitude de 0,1 % par défaut, on arrêtera l'électrolyse lorsqu'il restera plus que 1/1 000e de la concentration initiale, c'est-à-dire, lorsque $i = i_{(t=0)}/1\ 000$.

c) Déroulement de l'électrolyse

La cellule ne contenant que la solution d'électrolyte support seul, on impose au départ à l'électrode le potentiel déterminé à l'aide des courbes i = f(E), au moyen d'un montage potentiostatique à trois électrodes (nécessaire ici car la chute ohmique est importante). On attend que le courant se stabilise, à une valeur qui correspond au courant résiduel pour le potentiel imposé, l'agitation étant régulière. Puis on ajoute le réactif et la solution est électrolysée au potentiel choisi ; le courant subit un accroissement rapide, passe par un maximum, puis se met à décroître plus lentement suivant la loi exponentielle précédente (figure 7.12). Quand la valeur du courant est revenue à la valeur du courant résiduel primitif (+0,1 % de courant maximal), on peut admettre que l'électrolyse de la substance est quantativement réalisée et on arrête la réaction.

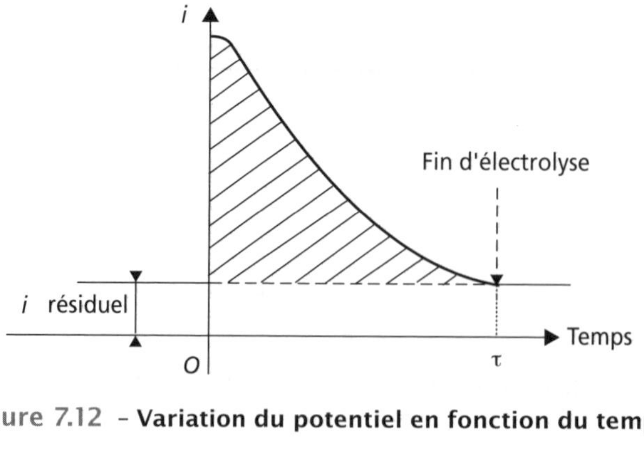

Figure 7.12 – **Variation du potentiel en fonction du temps.**

d) Détermination de la quantité d'électricité totale

En traçant la variation de log i en fonction du temps, on obtient une droite d'ordonnée à l'origine log $i_{(t=0)}$ et de pente $-1/\tau$.

Or : $$i_{(t=0)} = Q^{\max}/\tau = nFAmC^{S}_{(t=0)} \quad (7.5)$$

On peut ainsi déterminer $Q^{max} = \text{nFVC}_{(t=0)}$ sans même prolonger jusqu'à la fin de la réaction. Ce procédé paraît très attrayant, surtout parce qu'il permet d'éviter d'avoir à conduire l'électrolyse jusqu'à son achèvement. Mais ce n'est pas exploitable en pratique, faute de pouvoir connaître avec exactitude la valeur de $i_{(t=0)}$ (en raison de la montée progressive du courant au départ) ; par ailleurs, la loi théorique de l'équation (7.3) n'est pas toujours vérifiée, le courant expérimental subissant souvent des fluctuations par rapport à la variation théorique, dues aux fluctuations du régime de diffusion. Des procédés de détermination plus directe de Q^{max} doivent donc être mis en œuvre :

- La détermination électro-analytique : coulomètre chimique.
- On place en série dans le circuit une autre cellule d'électrolyse qui sera traversé par le même courant pendant le même temps; par conséquent, les effets à chacune des électrodes correspondront à la même quantité d'électricité Q que dans la cellule coulométrique. On peut alors réaliser dans la cellule auxiliaire, une réaction électrochimique connue, effectuée avec une efficacité de 100 % et dont l'effet sera ensuite déterminé aisément. Lorsque cet effet est détecté par une variation de masse, on parle d'électrogravimétrie.

Exemple

La masse perdue par une électrode d'argent qu'on oxyde, ou la masse gagnée par dépôt d'argent (coulomètre à nitrate d'argent : 1 Faraday dépose 107,9 g d'argent) ou d'un autre métal ; le volume d'hydrogène et d'oxygène formés par électrolyse de l'eau, etc.

- La détermination électronique : intégrateurs électroniques.

À l'aide d'un intégrateur placé en série dans le circuit d'électrolyse, on peut mesurer directement la quantité d'électricité Q.

e) Caractéristiques analytiques de la méthode

Le domaine d'application est extrêmement vaste, en combinant celui de la polarographie (pour la coulométrie sur électrode de mercure) à celui de la voltampérométrie sur électrode solide (Pt, Ag, Fe, etc.). La consommation de substance par électrolyse concerne non seulement des corps qui sont par eux-mêmes accepteurs ou donneurs d'électrons, mais aussi de substances qui prennent part à une réaction électrochimique. Par exemple, l'oxydation :

$$Ag\downarrow + Cl^- \longrightarrow Ag\,Cl\downarrow + e^-$$

permet, par coulométrie, de doser les ions chlorure de la solution (à raison de 1 mole de Cl^- pour 1 Faraday).

De même en oxydant le mercure selon :

$$Hg\downarrow + Y^{4-} \longrightarrow Hg\,Y^{2-}\downarrow + 2e^-$$

il est possible de doser l'éthylènediaminetétracétate Y^{4-} coulométriquement (à raison de 0,5 mole pour 1 Faraday).

Le choix du potentiel permet souvent de réaliser la réaction recherchée, même en présence d'autre corps (sélectivité). En outre, on dispose de nombreux moyens pour déplacer les courbes $i = f(E)$ en vue d'augmenter la sélectivité (par complexation par exemple).

La précision de la mesure dépend de la précision avec laquelle a pu être déterminée la quantité d'électricité nécessaire pour obtenir une oxydation ou une réduction complète de la substance. Or, nous avons $Q = Q_{totale} - Q_{résiduelle}$, Q_{totale} représentant la quantité mesurée pendant l'électrolyse du corps à doser et $Q_{résiduelle}$ la quantité d'électricité consommée dans les mêmes conditions en l'absence de la substance. Pour les grandes quantités de substance à doser, $Q_{résiduelle}$ est négligeable devant Q_{totale}. La précision sera exclusivement fonction de la méthode de mesure utilisée. Lorsque $Q_{résiduelle}$ ne peut plus être négligée, la précision est surtout fonction de la reproductibilité de la valeur obtenue pour $Q_{résiduelle}$. Les coulomètres chimiques permettent de déterminer des quantités d'électricité supérieures à 10 coulombs à ± 0,1 % près. Les intégrateurs électroniques fournissent une précision qui dépend de l'appareil (± 1 à 0,1 %).

La coulométrie peut être considérée comme la plus précise des méthodes électroanalytiques, puisqu'on peut atteindre assez aisément 0,2 % et 0,1 % avec quelques précautions, tout en étant extrêmement sensible, la limite se trouvant aux environs de 10^{-11} mole de substance (10^{-6} coulombs). Son principal inconvénient est la durée de l'expérience (souvent plusieurs dizaines de minutes), ainsi que son caractère destructif.

7.4.3 Coulométrie directe à intensité constante

a) Principe

Dans le cas où le corps électrolysé est à l'état solide sur l'électrode, (métal, oxyde ou sel insoluble), on peut opérer à intensité constante. Soit par exemple l'oxydation d'un métal M selon :

$$M\downarrow \longrightarrow M^{n+} + ne^-$$

On peut fixer l'intensité à une valeur i_0 (cf. figure 7.13).

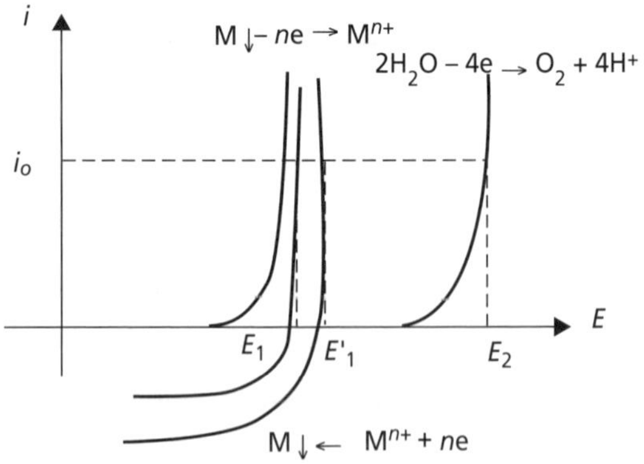

Figure 7.13 – **Coulométrie à intensité constante.**

À la fin de la réaction, lorsque que les dernières traces de métal sont oxydées, l'intensité imposée étant toujours égal à i_0, les électrons correspondants sont alors fournis par l'oxydation de l'eau, ce qui entraîne un brusque saut du potentiel de E_1 à E_2 (figure 7.14).

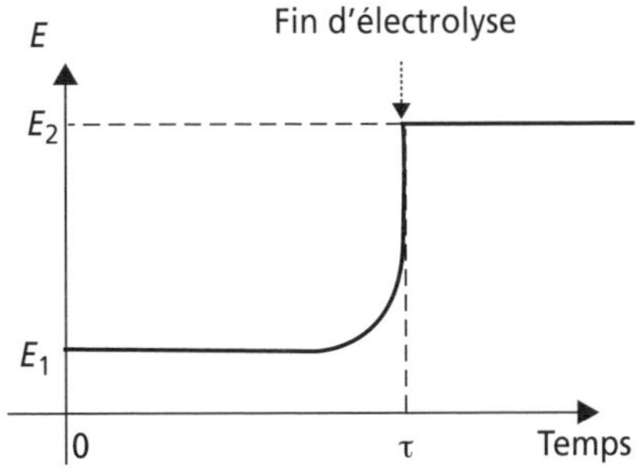

Figure 7.14 – **Variation du potentiel en fonction du temps.**

Les phénomènes sont analogues lors de la réduction d'un dépôt d'oxyde à l'état de métal ou d'oxyde inférieur. On peut ainsi déterminer l'épaisseur de couches d'oxyde à la surface d'un métal. Enfin, la méthode est encore utilisable pour des dosages en retour : on dépose une quantité connue du métal sur une électrode de platine. Ensuite, une partie du métal est consommée chimiquement par un oxydant que l'on veut doser. On dose enfin le métal restant par coulométrie à intensité constante ; la différence entre la quantité initiale et la quantité restante est reliée à la quantité de substance à doser.

Exemple

Dosage de Fe^{3+} avec du cuivre.

On dépose Cu, celui-ci réagit sur Fe^{3+} ($2Fe^{3+} + Cu\downarrow \longrightarrow Cu^{2+} + 2Fe^{2+}$). On dose ensuite le Cu restant par oxydation à intensité constante, ce qui permet de déduire la quantité de Fe^{3+}.

Remarque

Etant donné qu'on ne contrôle pas le potentiel de l'électrode (puisque l'on contrôle l'intensité du courant), il est difficile de rendre sélective la réaction électrochimique utilisée et la méthode n'est pas applicable aux espèces en solution.

En effet, soit l'oxydation de Fe^{2+} (figure 7.15).

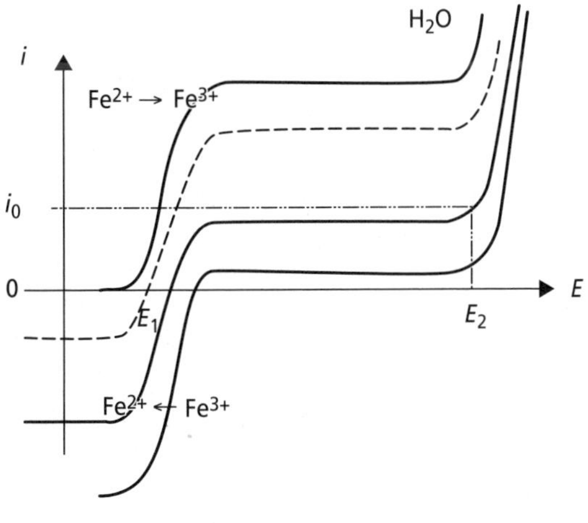

Figure 7.15 – **Coulométrie à intensité constante pour la réaction $Fe^{2+} \rightarrow Fe^{3+} + e^-$.**

Au fur et à mesure que la réaction se poursuit, la concentration de Fe^{2+} diminue et le palier de diffusion correspondant s'abaisse. Il arrive un moment où l'intensité i^{ℓ} du courant limite de diffusion de Fe^{2+}, devient inférieure à l'intensité imposée i_0. À ce moment l'oxydation d'un autre corps doit avoir lieu avec l'intensité $i^{\circ} - i^{\ell}$; c'est par exemple le solvant qui est oxydé (cf. figure 7.15). On ne pourrait éviter cet inconvénient qu'en imposant un courant très petit, 1 % ou 0,1 % du courant initial pour arrêter la réaction à 1 % ou à 0,1 % par défaut ; mais l'opération serait alors extrêmement longue.

b) Caractéristiques de la méthode

La méthode est applicable au cas des revêtements métalliques, couches d'oxydes, films, etc. On peut l'utiliser chaque fois que l'on peut déposer au préalable le corps à doser d'une façon adhérente sur une électrode solide (coulométrie avec redissolution anodique, *vide infra*). La sensibilité est très bonne. En effet, 1 μA pendant 1s, soit 10^{-6} C, correspond à environ 10^{-11} moles, soit en général de l'ordre de 10^{-9} gramme. L'intensité peut être fixée à 1 % près au moyen de montages très simples. Des temps très courts peuvent être mesurés (à 5 % près) au moyen d'un oscillographe cathodique qui enregistre les courbes E = f (temps). Comme toutes les méthodes coulométriques à intensité constante, ce procédé permet la détermination de très petites quantités de matière avec une bonne précision.

7.4.4 Titrages coulométriques

a) Principe

Soit une solution contenant un corps à doser A. On veut le titrer au moyen d'un réactif B qui réagit sur A selon :

$$A + B \longrightarrow \text{Produits} \tag{7.6}$$

Au lieu d'introduire progressivement le réactif titrant B dans la solution, on le prépare « in situ » par électrolyse, par exemple par oxydation d'une substance C :

$$C \longrightarrow B + n\,e^- \tag{7.7}$$

On place la substance C dans la solution contenant A, et on introduit l'ensemble dans l'un des compartiments d'une cellule d'électrolyse où plongent les électrodes convenables. En fermant le circuit d'électrolyse, C pourra être oxydé en produisant B selon (7.7) et B réagira sur A. La réaction (7.6) sera achevée après un temps raisonnable si le courant d'électrolyse est suffisamment intense (électrode de grande surface). Comme en coulométrie directe, le rendement de conversion de la quantité d'électricité consommée ou quantité de réactif préparé doit être de 100 %.

On peut opérer à intensité ou potentiel constant. Cependant, la détermination de la quantité d'électricité étant plus facile lorsque l'électrolyse a lieu à intensité constante, on se place en général dans les conditions où l'électrolyse à intensité constante est possible. La quantité du réactif ajoutée est alors proportionnelle au temps d'électrolyse. Le nombre de moles de réactifs consommées vaut $i_{(t=0)}\Delta t/nF$. Il suffit donc de mesurer le temps d'électrolyse Δt au moyen d'un chronomètre.

La mise en évidence de la fin de la réaction chimique est réalisable en utilisant les méthodes usuelles des titrages volumétriques comme les indicateurs colorés, la potentiométrie, l'ampérométrie, etc.

b) Caractéristiques des titrages coulométriques

Si le titrage coulométrique présente l'inconvénient de nécessiter un matériel plus important et plus coûteux que la simple burette (générateur d'intensité constante, chronomètre si possible synchronisé avec la mise en marche du générateur, électrodes…), il présente cependant sur le titrage volumétrique de multiples avantages :

- mesure du temps plus précise qu'une mesure de volume ;
- préparation du réactif titrant au moment même du besoin, ce qui permet d'utiliser des réactifs peu stables, ou dangereux à manipuler : Cu^{I} ; Ag^{II} ; Ti^{III} ; U^{V} ; Br_2 ; etc. ;
- absence de dilution de l'échantillon titré au cours du titrage et surtout, dispense d'étalonnage des réactifs titrants (valeur de $i_{(t=0)}$ plus précise que celle d'un titre de solution) ;
- introduction avec précision de très petites quantités de réactifs : aucune difficulté à préparer 10^{-9} mole de réactif à 0,2 % près (par exemple 1 μA pendant 100 secondes, ces deux grandeurs étant connus à 0, % près facilement). La coulométrie est donc très bien adaptée à la réalisation des titrages micro-analytiques.

Encart 7.1 - Électrogravimétrie

On regroupe sous cette appellation les techniques mettant en œuvre une électrolyse conduisant à un dépôt (métal, oxyde, polymère) dont on peut déterminer la masse (m). Celle-ci est proportionnelle à la quantité d'électricité ayant traversé le circuit au cours de la réaction :

$$Q^{max} = nFm/M$$

avec M : masse molaire du composé.

Les principes et la réalisation sont peu différents de ceux développés en coulométrie. Ici un rendement en courant de 100 % n'est pas nécessaire puisque le courant n'est pas mesuré. C'est plutôt la spécificité qui est la caractéristique recherchée. L'électrolyse est donc effectuée le plus souvent à potentiel contrôlé, ce qui permet de sélectionner la réaction électrochimique désirée. Il n'est pas gênant d'électrolyser d'autres substances en même temps que celle à séparer, à condition qu'elles ne donnent pas de composés déposés sur l'électrode, mais solubles ou gazeux.

On peut parfois fixer le potentiel de l'électrode où a lieu le dépôt à une valeur convenable plus simplement qu'avec des sources asservies (potentiostat). Pour ce faire, on met dans la solution un corps dont l'électrolyse ne gêne pas le dépôt, donne des produits non gênants (solubles ou gazeux) et empêche l'électrolyse de substances gênantes. Une telle substance est appelée *dépolarisant*[1].

Par exemple, lorsqu'un dépôt gênant d'oxyde est susceptible d'avoir lieu à l'anode, on utilise un dépolarisant anodique : c'est le cas de l'hydrazine ou de l'hydroxylamine :

$$NH_2-NH_2 \longrightarrow N_2 + 4\,H^+ + 4e^-$$

$$NH_2OH \longrightarrow \tfrac{1}{2}\,N_2 + H_2O + H^+ + e^-$$

1. Ainsi l'électrode ne peut se polariser et se trouve maintenue à un potentiel constant. De ce fait, l'application d'une simple tension permet de contrôler le potentiel de l'électrode où a lieu le dépôt.

Réciproquement, si l'on veut par déposer un oxyde à l'anode en vue de son dosage (e.g. PbO_2), on doit éviter qu'une partie de cet oxyde ne se dépose à la cathode sous forme de métal. Pour cela, il faut contrôler le potentiel cathodique.

Dans le cas de PbO_2, on peut ajouter à la solution un sel de cuivre en excès, qui jouera le rôle de dépolarisant cathodique : ainsi, pour une intensité même élevée, le potentiel cathodique sera toujours fixé par la réduction de Cu^{2+}, sans aucune possibilité de réduire l'oxyde en métal. Le dépôt cathodique d'argent à intensité constante peut être réalisé en présence d'autres cations métalliques que Ag^+ grâce à l'ajout d'ions Fe^{3+}. Ceux-ci seront en effet réduits préférentiellement (après Ag^+) pour donner Fe^{2+} qui est réoxydé à l'anode.

L'électrogravimétrie est une méthode qui convient très bien pour extraire sélectivement des cations métalliques d'une solution aqueuse et les doser. Elle peut également être appliquée à la réalisation de revêtements possédant des propriétés particulières (anti-corrosion, optiques...)

7.5 Redissolution

7.5.1 Principe

Dans les méthodes ampérométriques et coulométriques vues précédemment, quelles que soient les précautions que l'on prenne pour améliorer la sensibilité, celle-ci est limitée par l'importance et la reproductibilité du courant résiduel. On peut dans certains cas augmenter la sensibilité en réalisant un dépôt préalable sous forme de métal ou d'amalgame concentré suivi de l'analyse par redissolution anodique ou cathodique du dépôt.

Le principe général des méthodes de redissolution[1] est basé sur la proportionnalité entre le courant et la concentration. Or, pour une même quantité de matière, il est simple d'augmenter la concentration en réduisant le volume. Aussi, en pré-électrolysant la solution d'analyte de façon à faire passer celui-ci dans un volume plus faible (goutte de mercure, couche mince ...), puis en le refaisant passer en solution dans un second temps, on abaisse le seuil de détection, puisque le courant sera proportionnel à la concentration de l'espèce dans le dépôt plutôt que dans la solution.

7.5.2 Redissolution anodique

Elle est mise en œuvre en deux étapes distinctes :

- une étape de pré-électrolyse, de durée t_{el}, durant laquelle le métal est déposé par réduction du cation métallique à potentiel fixé.
- une étape de redissolution : après un temps de repos, le métal est redissous par réoxydation et le courant correspondant mesuré.

1. En anglais : *stripping*

Historiquement, ce type de technique a été développé sur électrode à goutte de mercure, qui possède l'avantage de pouvoir déposer de nombreux métaux sous forme d'amalgames. Nous donnerons ici le calcul simplifié du facteur de pré-concentration dans ce cas.

L'équation (7.4) donne la variation de la quantité d'électricité (proportionnelle à la quantité de métal déposé) au cours de la pré-électrolyse réalisée à potentiel constant :

$$Q = nFC^S_{(t=0)}V(1 - \exp(-t_{el} / \tau)) = nFC^S_{(t=0)}V(1 - \exp(-Amt_{el} / V))$$

soit pour la concentration du métal dans l'amalgame :

$$C^g = \frac{3VC^S\left[1 - \exp\left(-\frac{Am}{V}t_{el}\right)\right]}{4\pi r_0^3} \qquad (7.8)$$

avec r_0 : rayon de la goutte de mercure.

Le gain en concentration maximale est donc le facteur ($3V/4\pi\ r_0^3$). En pratique, les temps de pré-électrolyse sont de l'ordre de quelques minutes, et l'électrolyse est loin d'être exhaustive. Le développement au premier ordre de l'exponentielle dans (7.8) conduit à :

$$C^g \approx \frac{3C^S Amt_{el}}{4\pi r_0^3} = \frac{3C^S mt_{el}}{r_0} \qquad (7.9)$$

Soit pour $t_{\text{el}} = 100$ s, $m = 0{,}01$ cm·s^{-1} et $r_0 = 0{,}4$ mm, un gain en concentration de 75.

Notons que l'approximation ci-dessus est valable pour :

$$V >> Am\ t_{\text{el}} = 0{,}02 \text{ cm}^3$$

ce qui est généralement réalisé.

La redissolution anodique est une méthode très utilisée notamment pour le dosage de traces de cations métalliques en solution (voir fiche TP).

7.5.3 Redissolution cathodique

Le principe est identique au cas précédent, mais le dépôt se fait par une électrolyse oxydante, suivi d'une redissolution réductive. Il s'agit le plus souvent d'un dépôt sous forme d'espèce adsorbée dans laquelle l'ajout d'un ligand adéquat permet au cation métallique de se déposer sous forme de complexe. On peut également oxyder le mercure en ions mercurique conduisant à l'adsorption d'analyte organique (comme la thiourée par exemple).

L'application d'un potentiel plus négatif entraîne la désorption et permet la détection par ampérométrie ou voltampérométrie.

Bibliographie

G CHARLOT, BADOZ-LAMBLING, B. TREMILLON, *Les méthodes électrochimiques d'analyses*, Masson, Paris, 1959.

D. ZANN, *Méthodes électrochimques de détection du point équivalent*, vol. 90, Bulletin de l'Union des Physiciens, Juin, 1996.

A.-J. Bard and L.R. Faulkner, *Electrochemical Methods, Fundamentals and Applications,* Wiley, 2001.

Skoog, West, Holler, *Chimie Analytique,* DeBoecke, 1997, chap. 19-20.

M. Machtinger, R. Molina, *Techniques de l'Ingénieur* (Analyse et caractérisation), PE 2 185.

R. S. Pomeroy, M. B. Denton, N. R. Armstrong, *J. Chem. Edu.*, 66, 1989, p. 877.

F. Bedioui, S. Griveau, *Techniques de l'Ingénieur (traité analyse et caractérisations)*, 2009, p. 2128.

Internet

http://perso.ens-lyon.fr/elise.dumont/poste2-elecl3.pdf

MÉTHODES STATIONNAIRES

8

Dans le chapitre 5, nous nous sommes intéressés aux courbes intensité-potentiel des systèmes redox réversibles, quasi-réversibles et irréversibles en régime stationnaire. Ce régime permet en effet d'obtenir des caractéristiques voltampérométriques plus simples à mettre en équation et à analyser. Au travers de ce chapitre, nous allons nous attacher à décrire la mise en œuvre des méthodes permettant d'obtenir un régime de diffusion stationnaire ; elles peuvent être divisées en deux catégories principales : d'une part la voltampérométrie, sur électrode tournante ou ultramicroélectrodes, et d'autre part la polarographie, dans le cadre de l'utilisation de l'électrode à gouttes de mercure tombante. En outre, dans la dernière partie de ce chapitre, nous discuterons, de façon générale, de l'intérêt de ces méthodes et des informations qu'elles peuvent apporter, au travers de quelques exemples.

8.1 VOLTAMPÉROMETRIE STATIONNAIRE SUR ÉLECTRODE SOLIDE

En présence d'une électrode de taille au moins millimétrique[1], l'obtention d'un régime de diffusion stationnaire passe par l'établissement d'un mouvement de convection des espèces électroactives. En effet, la diffusion seule ne peut permettre de renouveler le voisinage de l'électrode en espèce électroactive suffisamment rapidement pour que s'établisse un régime stationnaire pour des temps de mesure usuels (quelques secondes).

Dans les méthodes à balayage de potentiel, il faut toujours garder à l'esprit que la vitesse avec laquelle on balaye est un paramètre à prendre en compte pour l'établissement du régime stationnaire : si le temps d'observation est trop court (*i.e.* la vitesse de balayage trop grande), le régime stationnaire du transport n'aura pas le temps de s'établir. Ceci conduit à la condition suivante :

$$\frac{RT}{F\mathrm{v}} >> \frac{\delta^2}{D} \tag{8.1}$$

1. Une électrode de taille millimétrique est appelée microélectrode, par opposition aux électrodes de grandes surfaces (plusieurs cm^2) utilisées notamment en électrolyse préparative. Une électrode de taille micrométrique est, elle, appelée ultramicroélectrode (UME).

Dans l'équation (8.1), le terme de gauche est le temps caractéristique de variation du potentiel lors d'une voltampérométrie à balayage linéaire, temps que l'on compare au temps caractéristique de la diffusion. Ainsi il vient :

$$v << \frac{RT}{F}\frac{D}{\delta^2}$$

Comme δ croît au cours du temps en régime de diffusion pure, on voit que la condition sur v devient de plus en plus restrictive. Pour $D = 10^{-5}\ cm^2 \cdot s^{-1}$ et $\delta = 100\ \mu m$, il faudrait $v << 2{,}5\ mV \cdot s^{-1}$, ce qui devient difficilement compatible avec des temps de mesure raisonnables et ne permettrait de toute façon plus de négliger la convection naturelle qui accompagne la diffusion aux temps longs.

Nous allons tout d'abord nous intéresser au régime stationnaire obtenu par l'imposition d'un régime de convection forcée, grâce à la mise en mouvement relatif de la solution électrolytique et de l'électrode. Il existe principalement deux manières de réaliser ce mouvement : soit en agitant la solution (au moyen d'un barreau aimanté par exemple), soit en mettant en mouvement l'électrode, notamment par rotation[1]. C'est le principe de l'électrode tournante à disque, dont nous allons détailler le fonctionnement ci-dessous.

8.1.1 L'électrode tournante à disque

L'électrode tournante à disque est un dispositif constitué d'un barreau métallique (Pt, Ag, C vitreux...) de 1 à 2 mm de diamètre, inséré dans une matrice isolante (Téflon®). L'ensemble de l'électrode a la forme d'un cylindre de quelques centimètres de diamètre et la zone en contact avec l'électrolyte a la forme d'un disque de diamètre égal à la section du fil métallique. Un moteur externe permet de mettre en rotation l'électrode avec une vitesse angulaire $\omega = 2\pi f$, où f est le nombre de tours par seconde. La vitesse de rotation est contrôlée à l'aide d'un potentiomètre et varie typiquement entre quelques tours et quelques dizaines de tours par seconde.

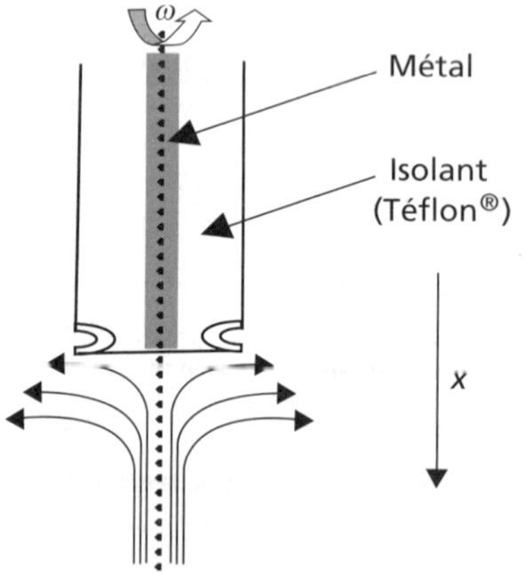

Figure 8.1 – **Schéma d'une électrode tournante à disque et lignes de courant correspondant à la rotation.**

1. On utilise préférentiellement la mise en mouvement de l'électrode qui permet de mieux contrôler la convection.

La figure 8.1 représente une électrode tournante à disque et les lignes de courant engendrées par la rotation de l'électrode. Du fait de la rotation, le liquide arrivant au voisinage de la surface d'électrode est expulsé du centre vers la périphérie, ce qui crée une aspiration de l'écoulement, perpendiculaire à la surface d'électrode et dirigée vers le centre de celle-ci. Il existe une couche de diffusion stationnaire de quelques microns d'épaisseur au voisinage immédiat de la surface.

D'un point de vue analytique, l'expression exacte du flux à l'électrode requiert la résolution de l'équation de Navier-Stokes afin d'obtenir le profil de vitesse au voisinage de l'électrode. Cochran et Levich[1] ont proposé une expression simplifiée de la composante de la vitesse orthogonale à la surface d'électrode :

$$\mathrm{v}_x = -\theta x^2 \quad \text{pour } x << \sqrt{\frac{\nu}{\omega}} \qquad (8.2)$$
$$\text{avec : } \theta = 0{,}51.\omega^{3/2}\nu^{-1/2}$$

où ν est la viscosité cinématique[2] du milieu et ω la vitesse angulaire de rotation. Dès lors, la combinaison de la deuxième équation de Fick (équation 4.20) avec l'expression du flux, en l'absence de migration, donnée par l'équation de Nernst-Planck (équation 4.18) donne, en conditions stationnaires :

$$D\frac{\partial^2 C}{\partial x^2} + \theta x^2 \frac{\partial C}{\partial x} = 0 \qquad (8.3)$$

La résolution de l'équation (8.3), avec les conditions aux limites habituelles (4.23), donne l'expression suivante du flux à l'électrode (voir exercice 11) :

$$J^{el} = 0{,}62\omega^{1/2}\nu^{-1/6}D^{2/3}\left(C^{el} - C^S\right) \qquad (8.4)$$

L'équation ci-dessus montre que le courant $i = \pm\, nFAJ^{el}$ tend vers une valeur limite[3] proportionnelle à la concentration C^s de l'espèce électroactive dans la solution et à la racine carrée de la vitesse de rotation de l'électrode.

Remarque

Ce dernier point peut servir de critère pour montrer que l'on a bien affaire à un système ou le courant est limité par la diffusion stationnaire, et non à une autre étape du mécanisme (transfert de charge ou réaction chimique).

Par identification avec l'expression du flux dans le problème général de la diffusion stationnaire (4.26), il vient, pour la constante de vitesse de transport :

$$m = 0{,}62\omega^{1/2}\nu^{-1/6}D^{2/3} = 1{,}55 f^{1/2}\nu^{-1/6}D^{2/3} \qquad (8.5)$$

1. V.G. Levich (1917-1987), physico-chimiste russe.
2. $\nu = \eta/\rho$ où η est la viscosité dynamique (vue au chap. 4) et ρ la masse volumique.
3. Il faut garder à l'esprit que le courant limite n'est réellement atteint que si la vitesse de balayage en potentiel est suffisamment faible pour maintenir un régime de diffusion stationnaire tout au long de l'enregistrement de la courbe i(E).

Exemple

Pour des espèces en solutions aqueuses ($\nu = 10^{-2}$ cm^2·s^{-1} ; $D \approx 10^{-5}$ cm^2·s^{-1}), on obtient $m = 1{,}5 \cdot 10^{-3} f^{1/2}$, soit $m \cong 10^{-2}$ cm·s^{-1} à 50 Hz.

Par identification avec le modèle de la couche de diffusion de Nernst (cf. chap. 4), on obtient l'expression suivante de l'épaisseur de la couche de diffusion stationnaire **(équation de Levich)** :

$$\delta = \frac{D}{m} = 1{,}61\omega^{-1/2}\nu^{1/6}D^{1/3} = 0{,}64f^{-1/2}\nu^{1/6}D^{1/3} \qquad (8.6)$$

L'équation (8.6) montre que la vitesse de rotation de l'électrode est un paramètre qui permet de faire varier expérimentalement l'épaisseur de la couche de diffusion, et par voie de conséquence, la vitesse du transport de matière.

Exemple

Pour des espèces en solutions aqueuses ($\nu \approx 10^{-2}$ cm^2·s^{-1} ; $D \approx 10^{-5}$ cm^2·s^{-1}), on obtient $\delta \cong 9$ µm à 50 Hz et $\delta \cong 20$ µm à 10 Hz.

Ainsi, l'équation (8.1) conduit pour ces valeurs de δ à une vitesse de balayage qui doit rester très inférieure à 300 mVs^{-1} dans le premier cas et 60 mVs^{-1} dans le second cas.

Remarque 1

L'épaisseur de la couche de diffusion stationnaire (couche de Nernst) ne doit pas être confondue avec l'épaisseur de la couche limite hydrodynamique δ_P (couche de Prandtl), On a environ : $\delta_P \approx 20\,\delta$.

Remarque 2

Un certain nombre d'hypothèses sont requises pour la validité des expressions ci-dessus : absence d'effet de bord (taille du disque petite devant la taille de la gaine isolante sinon la diffusion n'est plus perpendiculaire à l'électrode), diffusion semi-infinie (taille de la cellule grande devant celle de l'électrode) et surtout écoulement laminaire. Cette dernière condition requiert que le nombre de Reynolds $\mathrm{Re} = r^2\omega/\nu$ (avec r : rayon externe du corps de l'électrode) n'excède pas 10^5, soit pour r = 1 cm, $f < 150$ Hz.

8.1.2 Les ultramicroélectrodes

L'un des avantages des ultramicroélectrodes (UME) est de permettre l'obtention d'un régime de diffusion stationnaire, sans qu'il soit nécessaire d'imposer de la convection au système électrochimique. Ce phénomène est possible lorsque la diffusion sphérique (ou hémisphérique dans le cas présent) l'emporte sur la diffusion plane.

Dans des conditions de diffusion hémisphérique (cf. encart 4.1), pour un rayon d'électrode r_0, l'expression du flux est donnée par l'équation :

$$J^{el} = \pm D(C^S - C^{el})\left[\frac{1}{\sqrt{\pi D t}} + \frac{1}{r_0}\right] \qquad (8.7)$$

ce qui donne pour le courant correspondant :

$$i = \pm nFAJ^{el} = \pm 4\pi n r_0^2 FD(C^S - C^{el})\left[\frac{1}{\sqrt{\pi Dt}} + \frac{1}{r_0}\right] \qquad (8.8)$$

Ainsi, d'après l'équation (8.8), le courant est la somme de deux termes : le premier est dû à la diffusion plane semi-infinie, le second indépendant du temps est dû à la diffusion hémisphérique ; on voit donc qu'il existe une valeur seuil pour r_0 en deçà de laquelle le premier terme devient négligeable devant le second, et donc la dépendance en temps du courant disparaît : un régime stationnaire est atteint.

Ainsi, lorsque $r_0 << (\pi Dt)^{1/2}$, le courant tend vers une valeur limite égale à :

$$i^{\ell} = \pm 4\pi nFDr_0C^S \qquad (8.9)$$

Remarque 1

Par identification avec l'expression générale du courant limite en diffusion stationnaire (4.22), il vient :

$$m = \frac{D}{r_0} \qquad (8.10)$$

Le rayon de l'électrode joue donc le rôle de distance caractéristique de diffusion, de manière analogue à l'épaisseur δ de la couche de Nernst dans les conditions de diffusion plane.

Remarque 2

Dans le cas d'UME à disque, on obtient une expression analogue du courant, au facteur π près.

L'expression du courant donnée par l'équation (8.9) est valable à potentiel constant, c'est donc celle que l'on obtient à l'issue d'une expérience de chronoampérométrie. En voltampérométrie, la résolution analytique est nettement plus complexe, car il faut tenir compte de la dépendance en temps du potentiel d'électrode et donc de la concentration C^{el} (cf. chap. 10) Un raisonnement simple montre qu'il existe également, pour une UME de rayon donnée, une condition sur la vitesse de balayage pour obtenir une réponse stationnaire, c'est-à-dire une courbe i(E) présentant un palier.

À partir des équations (8.1) et (8.10), cette condition s'exprime par :

$$v << \frac{RT}{nF}\frac{D}{r_0^2}$$

On voit donc que, plus l'UME est de petite taille, plus la condition de stationnarité sera obtenue dans une large gamme de vitesses. Dans ce cas, il est possible d'obtenir un voltammogramme stationnaire avec des vitesses comparables à celles des méthodes transitoires sur électrode millimétrique (cf. figure 8.2).

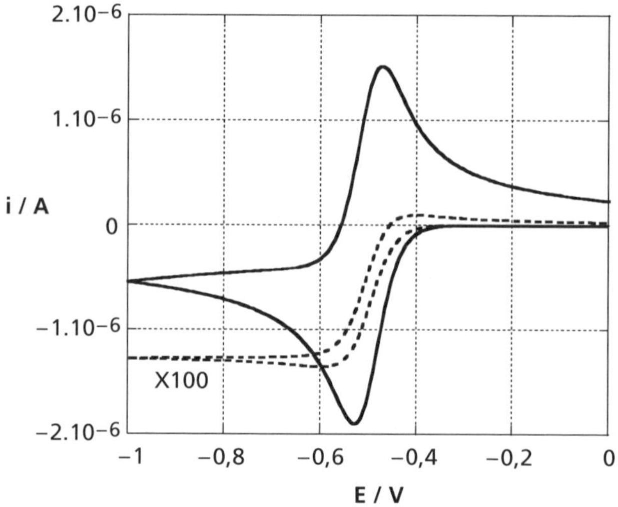

Figure 8.2 – **Comparaison des voltammogrammes obtenus à 50 mV/s sur électrode de 1 mm² (trait plein) et UME de 10 µm de rayon (trait pointillé) pour un couple redox réversible (E° = –0,5 V). Dans le deuxième cas, la courbe est dilatée d'un facteur 100 (simulation Digisim).**

Encart 8.1 – Applications des UME

Les UME sont apparues à la fin des années 1970 avec les travaux de Wightman[1] (Université de Caroline du Nord, Chapel Hill). L'idée première était la miniaturisation d'électrodes en vue d'implantations *in vivo* pour la détection d'espèces d'intérêt biologique (NO notamment). D'autre part, lorsque l'aire de l'électrode est fortement abaissée, il suffit de courants très faibles (de l'ordre du nA) pour détecter des gradients de concentration identiques à ceux mesurés avec des électrodes millimétriques, puisque le gradient de concentration est proportionnel au flux, *i.e.* à la *densité* de courant ; avec, en outre, un avantage important en termes de chute ohmique : diviser le courant par 1 000 permet d'utiliser un milieu 1 000 fois plus résistif sans distorsion du signal. Ceci permet de s'affranchir de l'ajout d'électrolyte support, préjudiciable pour des études en milieu biologique. D'autre part, si l'on réduit le volume de l'échantillon, il est possible d'obtenir des concentrations importantes pour un nombre très faible de molécules : ainsi dans 1 μm^3, il suffit d'environ 600 molécules pour générer une concentration de 1 $\mu mol \cdot L^{-1}$, concentration qui convient tout à fait à la sensibilité des techniques de détection électrochimiques. C'est ainsi qu'Amatore et coll.[2] (École Normale Supérieure) ont démontré que l'on pouvait utiliser les UME pour détecter des flux d'espèces chimiques émises au voisinage d'une cellule lors d'un processus de stress oxydatif. L'émission d'un petit nombre de molécules peut être aisément détecté par ampérométrie, ce qui a permis une meilleure compréhension du mécanisme de stress oxydatif.

1. Cf. http://www.chem.unc.edu/people/faculty/wightmanrm/rmwindex.html
2. Cf. http://www.chimie.ens.fr/w3amatore/index.html et *Actualité chimique*, n° 348-349, 2011, p. 25.

8.2 MÉTHODES POLAROGRAPHIQUES

On désigne par le terme **polarographie**, l'ensemble des techniques voltampérométriques utilisant une électrode à gouttes de mercure (EGM). La polarographie se distingue des autres méthodes voltampérométriques, non par la forme du signal imposé à l'électrode, mais par la nature de l'électrode elle-même[1]. Nous allons voir que l'utilisation d'une EGM tombante permet également l'établissement d'un régime stationnaire du transport de matière.

8.2.1 Intérêt et utilisation de la polarographie

L'EGM présente un certain nombre de particularités qui rendent le domaine d'utilisation de la polarographie distinct de celui des méthodes sur électrodes solides :

- Il s'agit d'une électrode liquide (à température ambiante), formé de gouttes pouvant être renouvelées périodiquement : ainsi, au contraire des électrodes solides, les problèmes d'irrégularité de surface, de modification de la surface par adsorption d'espèces etc..., ne se posent pas sur EGM. La nature réelle de la surface d'électrode est la même d'un bout à l'autre du voltampérogramme, entraînant une bonne reproductibilité des mesures. En revanche, la variation de l'aire de l'électrode au cours de la mesure est un handicap, car elle crée une contribution supplémentaire au courant capacitif (voir ci-dessous).
- Le mercure forme avec les métaux de nombreux alliages appelés **amalgames** : la réactivité des métaux est donc modifiée et le potentiel redox d'un couple $M^{n+}/M_{(Hg)}$ est affecté par la solubilité partielle de M dans l'électrode.
- Le mercure est un métal **facilement oxydable**, surtout en présence d'anions complexant du cation mercureux Hg_2^{2+} (chlorure, sulfate...) : le domaine d'électroactivité est donc nettement plus réduit du côté anodique par rapport aux électrodes solides. En revanche, le mercure est un métal qui inhibe la réduction de l'eau en dihydrogène, réaction qui se trouve donc être très lente sur mercure : il en découle que le domaine d'électroactivité des solutions aqueuses se trouve étendu du côté cathodique, du fait de l'abaissement du potentiel de réduction de l'eau. Au bilan, le domaine d'électroactivité de l'eau sur EGM est décalé d'environ 1 V vers les potentiels négatifs par rapport à celui observé sur platine (cf. figure 6.1).

Ce dernier point constitue la distinction principale entre les méthodes polarographiques et les méthodes voltampérométriques sur électrode solide. En dehors des métaux faiblement électropositifs (Ag, Cu, Ni, ...), la réduction des cations métalliques en solution aqueuse se situe bien souvent au-delà de la limite cathodique du domaine d'électroactivité de l'eau sur platine. En revanche, lorsqu'on substitue le mercure au platine, le décalage du domaine d'électroactivité vers les potentiels négatifs permet d'observer la réduction de nombreux cations métalliques, y compris pour des métaux très électropositifs comme le sodium ou le potassium. Ainsi, une des principales utilisations des méthodes polarographiques réside dans l'étude de la réduction en solution aqueuse des cations métalliques, et plus généralement de toutes les espèces ayant des potentiels redox plus négatifs que celui du couple $H^+_{aq}/H_{2(g)}$.

1. Du point de vue du signal appliqué (balayage linéaire, échelon, impulsion...), les méthodes voltampérométriques et polarographiques sont bien souvent similaires (cf. chap. 9)

Après les premières utilisations de la polarographie à gouttes de mercure tombante décrites par Heyrovsky en 1922, la technique a connu son apogée en tant que méthode d'analyse dans les années 1960-70, avec les perfectionnements apportés par l'électronique permettant notamment de générer des signaux plus complexes (cf. chap. 9). Depuis, l'importance des techniques polarographiques a progressivement baissé, du fait de la concurrence des méthodes spectroscopiques et des contraintes liées à la manipulation du mercure (toxicité).

8.2.2 Polarographie continue sur EGM tombante

a) Le dispositif expérimental

Il s'agit du dispositif originel de la polarographie, dite **polarographie classique** (cf. figure 8.3). Il consiste en un capillaire de quelques dizaines de µm de diamètre surmonté d'un réservoir rempli de mercure relié au capillaire par un tuyau. La hauteur de la colonne de mercure est de 40 à 50 cm et l'alimentation est continue pendant l'expérience[1] : chaque goutte qui se forme à l'extrémité du capillaire croît progressivement, chute lorsque son poids supplante les forces capillaires et est alors remplacée par la goutte suivante. L'EGM constitue l'électrode de travail d'un dispositif classique à 3 électrodes.

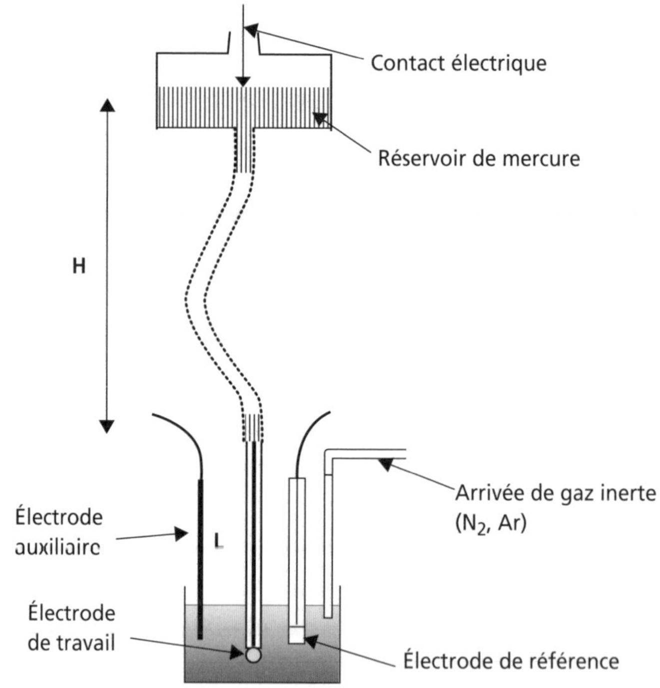

Figure 8.3 – Schéma de principe du dispositif de polarographie classique sur EGM tombante.

1. Dans les dispositifs actuels, la colonne est plus courte grâce à l'utilisation d'une pression de gaz inerte supérieure à la pression atmosphérique.

b) Équation de la courbe i(E)

Nous allons tout d'abord nous intéresser à la variation du courant pendant la durée de vie d'une goutte τ. En première approximation, on peut considérer le potentiel d'électrode constant pendant la durée τ. Dans le cas d'un couple rapide avec O seul présent, le courant cathodique sera limité par la diffusion de O : son expression sera donc obtenue par la résolution des équations de Fick avec les conditions initiale et aux limites appropriées. Si le potentiel est constant, on est ramené au cas de la réponse chronoampérométrique de type Cottrell[1] (cf. chapitre 10) et l'expression du courant (en valeur absolue) est donnée par :

$$|i| = \sqrt{\frac{7}{3}}nFA(C_O^s - C_O^{el}(E))\sqrt{\frac{D}{\pi t}} = \sqrt{\frac{7}{3}}nFA\frac{C_O^S}{1 + \exp\left(\frac{nF}{RT}(E - E°)\right)}\sqrt{\frac{D}{\pi t}} \quad (8.11)$$

Remarque

Le coefficient $(7/3)^{1/2}$ est un facteur correctif permettant de prendre en compte la sphéricité de la goutte (l'équation de Cottrell sous sa forme ci-dessus ayant été établie en diffusion plane semi-infinie). Rappelons que le potentiel « standard » E° utilisé ici est celui du couple sur mercure, *i.e.* tenant compte de l'éventuelle solubilité de O et/ou R dans le mercure.

Dans le cas de l'EGM, l'équation (8.11) n'est valable que pendant la durée de vie de la goutte et comporte un facteur A dépendant du temps. La fonction $A(t)$ peut être obtenue en exprimant l'aire de la goutte en fonction du débit massique Θ_m de mercure qui est supposé constant :

$$A = 4\pi\left(\frac{3V_{Hg}}{4\pi}\right)^{2/3} = 4\pi\left(\frac{3\Theta_m t}{4\pi\rho_{Hg}}\right)^{2/3} \approx 0{,}85(\Theta_m t)^{2/3} \quad (8.12)$$

avec : V_{Hg} : volume de la goutte de mercure
ρ_{Hg} : masse volumique du mercure (= 13,6 g·cm^{-3})
A s'exprime en cm^2 quand le débit est en g·s^{-1}.

Remarque

Le débit massique de mercure Θ_m peut être aisément estimé par simple pesée. On peut l'exprimer en fonction des paramètres h (hauteur de la colonne de mercure), r_c (rayon du capillaire) et L (longueur du capillaire), en utilisant la relation de Poiseuille :

$$\Theta_m = \frac{\pi\rho_{Hg}ghr_c^4}{8L\nu_{Hg}} \quad (8.13)$$

où ν_{Hg} représente la viscosité cinématique du mercure (≈ 1,5·10^{-3} Pa·s à température ambiante) et g l'accélération de la pesanteur. Dans les conditions habituelles, l'aire moyenne de l'électrode est de l'ordre du mm^2.

1. F.G. Cottrell (1877-1948), physico-chimiste américain. Pour l'équation de Cottrell, cf. Z. Physik. Chem, 42 (1902), 385

En reportant l'équation (8.12) dans (8.11), on obtient l'expression du courant instantané $i(t)$ pour $t < \tau$:

$$|i| = \sqrt{\frac{7}{3}} nF(4\pi)^{1/3} \left(\frac{3\Theta_m}{\rho_{Hg}}\right)^{2/3} \sqrt{\frac{D}{\pi}} \frac{C_O^S}{1 + \exp\left(\frac{nF}{RT}(E - E°)\right)} t^{1/6} \quad (8.14)$$

L'équation (8.14) montre que la croissance de l'aire de la goutte fait plus que compenser l'appauvrissement en réactif dû à la diffusion : le courant croît même lorsque le potentiel reste constant.

La courbe i(E) (appelée **polarogramme**) présente l'enveloppe d'une vague [1], avec des oscillations dues à la variation du courant en fonction du temps ($\propto t^{1/6}$) pendant la durée de vie de la goutte et son annulation au moment de la chute de la goutte [2] (figure 8.4) :

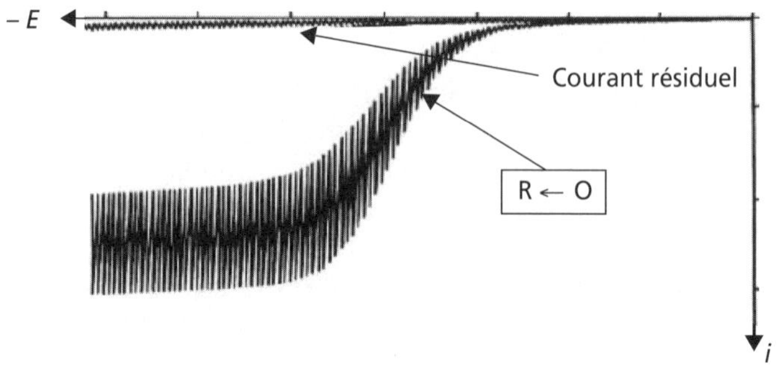

Figure 8.4 – **Allure de la courbe *i*(E) en polarographie classique (d'après O. Vittori, *Techniques de l'Ingénieur*).**

L'existence d'un régime stationnaire, qui se manifeste par le palier sur la courbe i(E) est donc dû à la croissance de la goutte, qui va, en quelque sorte, « à la rencontre » de l'espèce électroactive, contre-balançant la déplétion du voisinage de l'interface. De plus, la chute de la goutte induit également un mouvement de convection dans la zone de solution traversée, entraînant une réhomogénéisation de la couche de diffusion pour la goutte suivante. Ainsi, même en l'absence de convection forcée, l'EGM tombante crée les conditions d'un régime de diffusion stationnaire pour les espèces électroactives.

Ainsi, pour un couple O/R réversible avec O seul présent en solution, on obtient pour l'équation de la courbe i(E) :

$$E = E_{1/2} + \frac{RT}{nF} \ln \frac{i^\ell - i}{i} \quad (8.15)$$

1. Le facteur $\left[1 + \exp\left(\frac{nF}{RT}(E - E°)\right)\right]^{-1}$ dans l'équation (8.14) donne l'allure sigmoïdale caractéristique de la vague.
2. En réalité, le courant ne revient pas à zéro, car les oscillations sont amorties électroniquement.

Le potentiel de demi-vague est défini de manière similaire au cas du chapitre 5 (équation 5.12). Lorsque le potentiel d'électrode est suffisamment éloigné du potentiel standard (E << E° en réduction), le courant tend vers sa valeur limite i^ℓ dont l'expression est donnée par :

$$|i^\ell| = \sqrt{\frac{7}{3}} nF(4\pi)^{1/3}\left(\frac{3\Theta_m}{\rho_{Hg}}\right)^{2/3}\sqrt{\frac{D}{\pi}}t^{1/6}C_O^S \approx 7{,}08.10^4 n\Theta_m^{2/3}\sqrt{D}t^{1/6}C_O^S \quad (8.16)$$

Dans l'équation (8.16), le courant est obtenu en A, si Θ_m s'exprime en g·s^{-1}, D en cm^2·s^{-1}, t en s et C^S en mol·cm^{-3}.

L'équation (8.16) qui donne l'expression du courant limite de diffusion en polarographie classique, en fonction du débit de mercure, du temps de goutte, du coefficient de diffusion et de la concentration de l'espèce électroactive en solution est appelée **équation d'Ilkovič**[1]. Cette expression montre que le courant limite est proportionnel au nombre d'électrons échangés au cours de la réaction électrochimique ainsi qu'à la concentration du réactif en solution (comme dans toute méthode stationnaire) ; en outre, le courant limite dépend du débit de mercure et du temps de goutte, donc de la hauteur de la colonne de mercure (ou de la pression appliquée). D'après l'équation (8.13), le débit massique est proportionnel à h et le produit $\Theta_m t$ est indépendant de h, d'où : $i^\ell \propto h^{1/2}$

Remarque 1

On peut trouver également une autre expression de l'équation d'Ilkovic, dans laquelle le courant obtenu est une valeur moyenne sur la durée de vie de la goutte : le facteur 7,08 est alors remplacé par un facteur 6,07.

Remarque 2

L'expression de l'équation de la courbe intensité-potentiel donnée par l'équation (8.15) est valable pour un système réversible. Dans le cas des systèmes quasi-réversibles, le calcul développé au chapitre 5 (§ 4) reste valable et on observe une vague dont la position varie en fonction du rapport k°/D$^{1/2}$: plus le système est irréversible, plus le potentiel de demi-vague s'éloigne du potentiel standard (il est donc plus négatif dans le cas de la réduction de O). En revanche, l'expression du courant limite de diffusion donnée par l'équation d'Ilkovič reste valable.

La figure 8.5 représente la variation du courant au cours de la durée de vie d'une goutte du fait de la combinaison de la variation de surface et du transport d'espèce par diffusion pure. On observe que le courant varie beaucoup lorsque la goutte se forme, du fait de la variation de l'aire, mais reste sensiblement constant une fois la goutte formée, jusqu'à sa chute.

1. D. Ilkovič (1907-1980), chimiste slovaque.

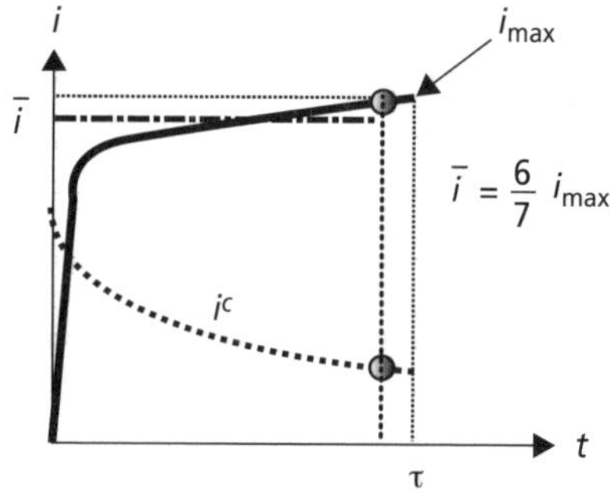

Figure 8.5 – Représentation de l'évolution du courant au cours de la durée de vie d'une goutte : courant faradique en trait plein, courant capacitif en pointillés. Le cercle gris représente la valeur du courant échantillonné dans la technique de « *tast polarography* » (cf. § 2.3).

Toutefois, la variation de l'aire de la goutte A(t), bien qu'avantageuse pour le courant faradique, présente l'inconvénient de générer une composante capacitive importante, la capacité de double couche augmentant avec l'aire de l'interface (cf. encart 8.2) Ainsi lorsqu'on moyenne le courant mesuré sur la durée de vie de la goutte, on intègre une composante capacitive, qui n'est généralement négligeable devant la composante faradique que pour des concentrations d'espèces électroactives supérieures à 10^{-5} mol·L^{-1} environ. Ainsi, en polarographie classique sur EGM tombante, le courant résiduel est essentiellement d'origine capacitive et celui-ci constitue le principal facteur de limitation de la sensibilité de la technique.

Encart 8.2 Courant capacitif en polarographie

On peut estimer de manière simple l'évolution du courant capacitif i_c au cours de la durée de vie d'une goutte à partir des équations suivantes :

$$i_C = \frac{dQ_C}{dt} = \frac{d[C_{dc}A.(E - E_{PCN})]}{dt} = C_{dc}.(E - E_{PCN})\frac{dA}{dt} + AC_{dc}\frac{dE}{dt} \quad (8.17)$$

où C_{dc} est la capacité surfacique de double couche (cf. chapitre 2, §2) et E_{PCN} est le potentiel de charge nulle de l'interface.

Si l'on considère le potentiel d'électrode constant au cours de la durée de vie de la goutte, on obtient pour i_c :

$$i_c \propto \frac{dA}{dt} \propto t^{-1/3}$$

Ainsi, le courant capacitif en polarographie sur EGM tombante décroît beaucoup moins vite ($t^{-1/3}$) que sur électrode fixe ($e^{-t/RuCdc}$) : la durée de la mesure (typiquement 1 à 2 s) n'est pas suffisante pour rendre négligeable cette contribution, à moins que son amplitude ne soit nettement inférieure à celle du courant faradique.

L'équation (8.17) montre que le courant capacitif est globalement proportionnel au potentiel d'électrode, ce qui explique la variation linéaire du courant résiduel en fonction du potentiel observée sur la plupart des polarogrammes réalisés sur EGM tombante.

8.2.3 Polarographie échantillonnée et électrode à goutte statique tombante

On peut remédier partiellement au problème du courant capacitif important généré en polarographie classique en échantillonnant le courant au lieu de le moyenner sur la durée de vie de la goutte : c'est la méthode appelée *Tast polarography.* De plus, si l'échantillonnage est synchronisé avec la durée de vie de la goutte (cf. figure 8.5), on peut minimiser la contribution du courant capacitif. Ceci est réalisé en attendant que la goutte atteigne sa surface maximale pour effectuer la mesure du courant, puis en renouvelant la goutte sitôt après en chassant la goutte en place au moyen d'un marteau. Il suffit ainsi de synchroniser l'échantillonnage du courant et l'action du marteau pour obtenir une nette amélioration du rapport signal/bruit permettant un gain en sensibilité d'un facteur 10 environ.

Une autre manière de minimiser le courant capacitif consiste à réduire la durée de la période pendant laquelle l'aire de la goutte varie. Ceci est obtenu au moyen de *l'EGM statique tombante*[1], sorte de goutte tombante dont la vitesse de formation est très rapide[2] (cf. figure 8.6). Ainsi, ce type d'électrode permet de combiner les avantages de l'EGM tombante (renouvellement de l'électrode, obtention d'un régime stationnaire) tout en minimisant ses inconvénients (courant capacitif).

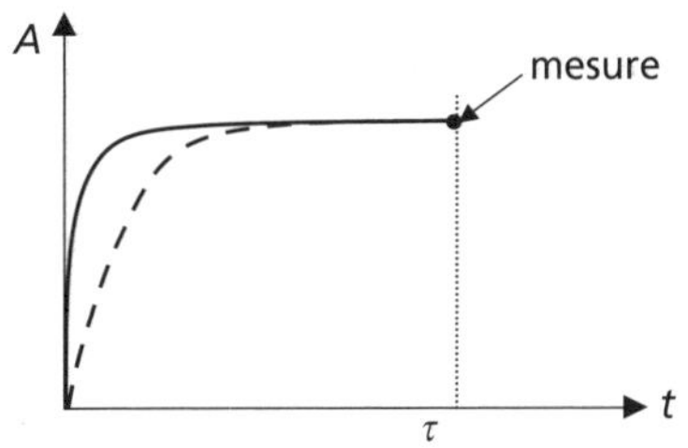

Figure 8.6 – Variation de l'aire de la goutte pour une EGM tombante (trait interrompu) et statique tombante (trait plein) en fonction du temps. L'échantillonnage intervient en fin de durée de vie de la goutte, dont la chute est commandée par un marteau.

Encart 8.3 Conditions expérimentales de l'enregistrement d'un polarogramme

On réalise un montage à 3 électrodes dans lequel l'électrode de travail est constituée par l'EGM. Comme on opère en réduction, il convient d'éliminer le dioxygène dissous par barbotage de gaz inerte (N_2, Ar) pendant une dizaine de minutes ; en effet, le dioxygène, présent en solution en concentration de l'ordre de 5.10^{-4} à

1. Acronyme anglais : SMDE (Static Mercury Dropping Electrode)
2. L'apport de mercure permettant de constituer la goutte est rapidement bloqué par une valve (au bout de 100 ms environ) jusqu'à ce que le marteau vienne déloger la goutte.

8.10^{-3} mol.L^{-1} (à 25 °C, selon la nature du solvant) est susceptible de se réduire sur mercure selon un processus en deux étapes :

$$O_2 + 2H^+ + 2e^- \rightarrow H_2O_2 \qquad E_{1/2} \approx -0{,}2 \text{ V vs. ECS}$$

$$H_2O_2 + 2H^+ + 2e^- \rightarrow 2H_2O \qquad E_{1/2} \approx -1{,}2 \text{ V vs. ECS}$$

Une fois la solution désoxygénée et éventuellement maintenue sous couverture de gaz inerte pour limiter la redissolution du dioxygène, le polarogramme est enregistré en effectuant un balayage linéaire de potentiel à vitesse lente (1 à 2 mV.s^{-1}). Le tableau 9.1 donne les potentiels de demi-vague observés pour la réduction des principaux cations métalliques en solution aqueuse, selon les conditions d'acido-basicité :

Tableau 9.1 – Valeurs de potentiels de demi-vague pour quelques couples M^{n+}/M(Hg) sur EGM en solution aqueuse.

Processus de réduction	Conditions d'acido-basicité	E1/2 à 25 °C (V vs. ECS)
$Ca^{2+} + 2e^- \rightarrow Ca$		– 2,23
$Na^+ + e^- \rightarrow Na$		– 2,15
$K^+ + e^- \rightarrow K$		– 2,17
$Ba^{2+} + 2e^- \rightarrow Ba$		– 1,94
$Al^{3+} + 3e^- \rightarrow Al$		– 1,70
$Ni^{2+} + 2e^- \rightarrow Ni$	pH 7	– 1,09
$Fe^{2+} + 2e^- \rightarrow Fe$		– 1,33
$Zn^{2+} + 2e^- \rightarrow Zn$		– 1,06
$Zn^{2+} + 2e^- \rightarrow Zn$	pH 14	– 1,41
$Cd^{2+} + 2e^- \rightarrow Cd$	pH < 7	– 0,63
$Cd^{2+} + 2e^- \rightarrow Cd$	pH 14	– 0,80
$Sn^{2+} + 2e^- \rightarrow Sn$	pH 7	– 0,47
$Sn^{2+} + 2e^- \rightarrow Sn$	pH 14	– 1,18
$Pb^{2+} + 2e^- \rightarrow Pb$	pH < 7	– 0,46
$Pb^{2+} + 2e^- \rightarrow Pb$	pH 14	– 0,81

Lors de l'enregistrement d'un polarogramme, on observe fréquemment des déformations de la courbe intensité-potentiel sous la forme de maxima locaux :

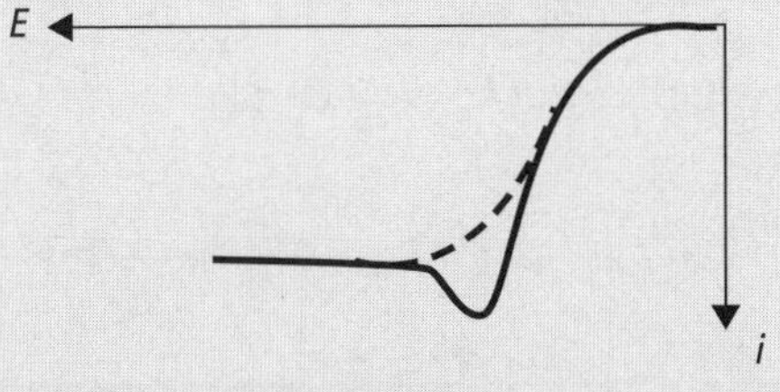

Figure 8.7 – **Représentation schématique d'un maximum polarographique de deuxième espèce : en traits interrompus, la courbe théorique.**

Ces maxima sont généralement dus à des mouvements anormaux de solution au voisinage de l'EGM (écoulements tangentiels), engendrant un flux excessif d'espèce électroactive par rapport à la valeur théorique. On distingue des maxima de première espèce (en solution diluée) et de deuxième espèce (en solution concentrée). On peut souvent y remédier en ajoutant, en faible quantité (0,01 %), une substance tensioactive qui abaisse la tension superficielle de la goutte (gélatine ou Triton X100 par exemple).

8.3 Utilisations et intérêt des méthodes stationnaires

Les méthodes stationnaires présentent l'avantage d'être facilement mise en œuvre et de générer des réponses courant-potentiel aisément interprétables : le potentiel de demi-vague, caractéristique du transfert électronique et le courant limite de diffusion, caractéristique de la vitesse maximale de diffusion, donc de la concentration d'espèce réactive en solution, sont les principaux paramètres extraits des courbes expérimentales. On peut classer les domaines d'applications de ces méthodes en deux catégories : d'une part l'analyse de mécanisme réactionnel, d'autre part le dosage d'espèces électroactives en solution.

8.3.1 Analyse des mécanismes réactionnels

Les méthodes stationnaires sont utilisées en complément des méthodes transitoires (voltamétrie cyclique, chronoampérométrie) afin d'élucider les mécanismes réactionnels, lorsqu'une ou plusieurs réactions chimiques sont couplées au transfert électronique (mécanismes EC, CE, ECE, cf. chap. 13).

Ainsi, en présence d'une réaction chimique antécédente (mécanisme CE) du type[1] :

la courbe i(E) pour la réduction de O se trouve décalée vers les potentiels négatifs, d'une quantité dépendant de la constante d'équilibre K de la réaction chimique couplée (cf. figure 8.8) :

$$A \rightleftarrows O + \nu Y$$

$$O + ne^- \rightleftarrows R$$

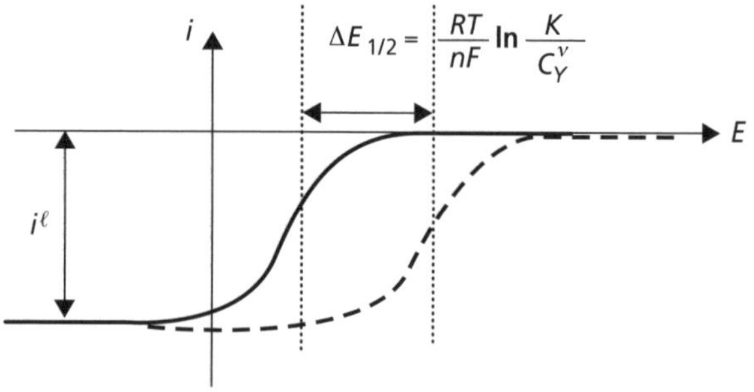

Figure 8.8 – **Déplacement de la courbe i(E) pour un couple O/R réversible en l'absence (trait interrompu) et en présence (trait plein) d'une réaction chimique antécédente de constante d'équilibre K.**

Si le co-réactif Y est en excès et si $K \ll 1$, alors le déplacement du potentiel de demi-vague en fonction de la concentration en Y permet de déterminer ν et K (cf. équation 8.18), que ce soit sur électrode tournante ou par polarographie (selon la valeur du potentiel de demi-vague du couple O/R et la facilité d'utilisation de chaque technique) :

$$\Delta E_{1/2} = \frac{RT}{nF} \ln \frac{K}{C_Y^\nu} \quad (8.18)$$

Lorsque la réaction chimique est très rapide par rapport à l'échelle de temps expérimentale et au transport de matière, on n'observe pas de modification du courant limite de diffusion en régime stationnaire du fait de la réaction chimique couplée. En revanche, lorsque la réaction chimique est plus lente (ou le transport de matière plus rapide), on peut observer le changement de régime dans la vitesse de l'étape limitante ; ainsi, sur électrode tournante, le courant total i en régime stationnaire, pour un potentiel correspondant au palier de diffusion, est donné par la relation de Koutecky-Levich :

$$\frac{1}{i} = \frac{1}{i^k} + \frac{1}{i^\ell} = \frac{1}{nFAkC^S} + \frac{1}{0{,}62nFAC^S D^{2/3} \nu^{-1/6} \omega^{1/2}} \quad (8.19)$$

Dans l'équation (8.19), le premier terme du second membre correspond à la vitesse de la réaction chimique, le second à celle du transport de matière.

1. C'est notamment le cas lorsque O est un cation métallique, Y un ligand et A la forme complexée du cation.

En portant $1/i$ en fonction de $\omega^{-1/2}$, où ω est la vitesse de rotation de l'électrode (figure 8.9), on observe la transition entre le régime où le courant total est limité par le transport de matière ($i = i^{\ell}$) à basse vitesse de rotation (partie linéaire de la courbe) et le régime où le courant total est limité par la réaction chimique ($i = i^k$) à haute vitesse de rotation (ordonnée à l'origine de la courbe). Par extrapolation, on peut ainsi déduire la valeur de la constante de vitesse homogène k de la réaction chimique couplée. Cette méthode n'est cependant applicable que si la valeur de k se situe dans une gamme telle que le premier terme de (8.19) est détectable par rapport au courant résiduel.

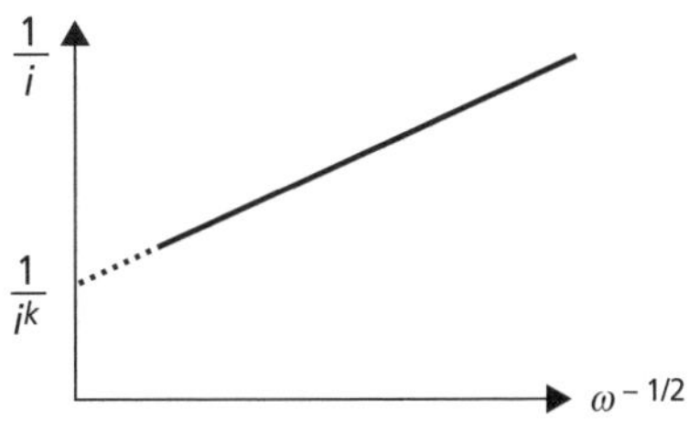

Figure 8.9 – Tracé de l'inverse du courant en fonction de l'inverse de la racine carrée de la vitesse de rotation de l'électrode, pour un mécanisme CE. L'ordonnée à l'origine (extrapolation du courant à vitesse de rotation infinie) donne le courant dû à la réaction chimique couplée, dont on peut extraire la constante de vitesse.

Remarque

La polarographie permet également d'élucider la présence d'une réaction chimique couplée, à la fois par la variation du courant limite par rapport au cas du simple transfert d'électron, mais aussi par la différence dans la loi de variation du courant pendant la durée de vie d'une goutte (on passe d'une loi en $t^{1/6}$ pour le mécanisme E simple à une loi en $t^{2/3}$ pour le mécanisme CE).

8.3.2 Dosage de cations métalliques

Les méthodes stationnaires sont souvent utilisées en analyse (cf. chap. 7) en mettant à profit la proportionnalité, sur une large gamme de potentiel, entre le courant limite de diffusion et la concentration d'espèce réactive dans la solution. Il convient de mentionner que le dosage nécessite un étalonnage, le coefficient de proportionnalité entre la valeur caractéristique du courant et la concentration de l'espèce en solution n'étant généralement pas connu avec précision. L'étalonnage est réalisé soit directement au moyen de solutions étalons, auquel cas la mesure se fait par report du point correspondant à l'analyte sur la droite d'étalonnage, soit par la méthode des additions connues. Dans ce dernier cas, on trace la variation du courant caractéristique[1] en fonction du nombre N d'ajouts d'espèce à titrer (en concentration C_t) successivement réalisés ; la concentration initialement présente dans l'échantillon $C°$ apparaît alors directement par extrapolation (cf. figure 8.10).

1. Il peut également s'agir d'un courant de pic dans les techniques impulsionnelles par exemple.

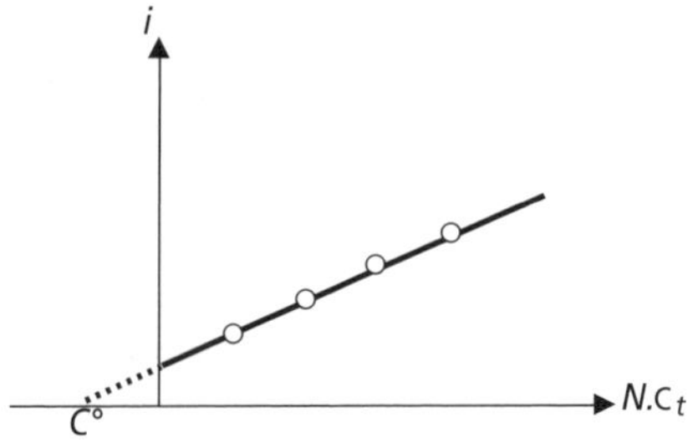

Figure 8.10 – **Exemple d'étalonnage par la méthode des additions connues (C^o : concentration de l'espèce à titrer dans l'échantillon ; C_t : concentration de l'espèce à titrer dans chaque ajout ; N = nombre d'ajouts).**

En conclusion, les méthodes stationnaires en électrochimie sont relativement simples à exploiter, ce qui rend leur utilisation très répandue, en particulier du point de vue analytique. L'apparition récente des UME de taille micrométrique a également renforcé leur importance par rapport aux méthodes transitoires puisque le temps d'acquisition de la courbe *i*(E) peut être relativement court tout en maintenant un régime de transport stationnaire.

Bibliographie

A.-J. Bard and L.-R. Faulkner, *Electrochemical Methods, Fundamentals and Applications,* Wiley, 2001, chap. 7 et 9.

B. Trémillon, *Électrochimie analytique et réactions en solution*, tome 2, Masson, 1997, chap. 9 et 11.

C. M. A Brett and M. O. Brett, *Electrochemistry: principles, methods and applications*, Oxford, 1993, chap. 8.

H. H. Girault, *Électrochimie physique et analytique*, 2e éd., Presses Polytechniques et Universitaires Romandes, 2007, chap. 7.

O. Vittori, *Polarographie, Techniques de l'Ingénieur (Analyse et Caractérisation)* p. 2 135 et références incluses.

Skoog, West, Holler, *Chimie analytique,* De Boeck, 1997, chap. 21.

Internet

http://www.iut-lannion.fr/LEMEN/MPDOC/CHIMIE/POLARO/TREDAN/pola.htm

9 Méthodes à modulation de potentiel surimposée

Dans ce chapitre, nous allons passer en revue les méthodes pour lesquelles le signal imposé comporte une modulation, qui s'ajoute au balayage linéaire utilisé dans les méthodes stationnaires. Cette modulation peut présenter différentes formes : impulsions, sinusoïdes, carrés… Ce signal surimposé a pour but d'augmenter le rapport signal/bruit en « découplant » la partie continue, source de courant capacitif important mais indispensable pour générer la réaction électrochimique, de la partie alternative, dont on peut mesurer la composante de manière indépendante.

Le signal de sortie est généralement le courant et la détection de celui-ci en fonction du signal de potentiel imposé conduit à des techniques voltampérométriques. Nous verrons cependant dans la dernière partie de ce chapitre qu'il est également possible de représenter non pas la variation du courant mais celle de l'impédance du système, donnant lieu aux techniques de spectroscopie d'impédance électrochimique qui constituent également des méthodes riches en informations, complémentaires des techniques voltampérométriques.

9.1 Techniques impulsionnelles

Les techniques impulsionnelles forment un ensemble de techniques de plus en plus couramment utilisées depuis l'avènement de générateurs de signaux et d'électronique performants. Elles consistent en la superposition d'impulsions de potentiel de courte durée (quelques dizaines de ms) au balayage linéaire utilisé pour explorer la zone de potentiel intéressante. Elles s'appliquent indifféremment au cas des électrodes solides (voltampérométrie impulsionnelle) et à celui de l'électrode à gouttes de mercure (polarographie impulsionnelle), bien que leur intérêt ne soit pas le même dans les deux cas. Nous décrirons leur principe dans le contexte de la polarographie.

9.1.1 Polarographie impulsionnelle

La polarographie classique présente comme inconvénient principal de générer des courants capacitifs importants dus à l'application d'un potentiel à l'électrode pendant toute la croissance de la goutte. On peut pallier ce problème en diminuant la durée d'application du potentiel d'électrode servant à la mesure du courant, d'où l'idée d'imposer des impulsions de potentiel de courte durée.

a) Principe

Barker et coll.[1] ont proposé dans les années 1960 la technique suivante appelée **polarographie impulsionnelle** : à la tension continue entre l'électrode indicatrice à gouttes de mercure et l'électrode de référence, éventuellement variable au cours du temps, on superpose des impulsions de faible amplitude ($|\Delta E_{imp}| \approx$ 10-20 mV) et de courte durée ($\Delta t_{imp} \approx$ 20-40 ms). Chacune de ces impulsions se produit à un instant donné de la durée de vie de la goutte τ, en fait un instant correspondant à la fin de celle-ci (juste avant sa chute commandée par le marteau, cf. figure 9.1).

Il existe principalement deux versions de la polarographie impulsionnelle : **normale** (PIN) et **différentielle** (PID). Dans la première, à partir d'une valeur constante de potentiel, choisie de manière à ce qu'aucune réaction électrochimique ne se produise, on surimpose des impulsions d'amplitude variable, incrémentée régulièrement de 1 à 2 mV de façon à balayer la zone de potentiels intéressante. Dans la seconde, l'amplitude de l'impulsion reste constante et c'est le potentiel continu qui est incrémenté à chaque temps de goutte pour explorer la fenêtre de potentiels intéressante (figure 9.1).

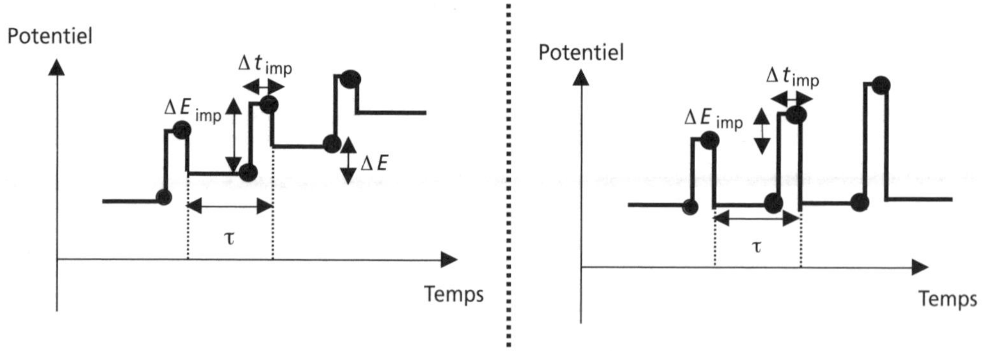

Figure 9.1 – Forme du signal en potentiel en polarographie impulsionnelle normale et différentielle. Les points indiquent l'échantillonnage du courant.

b) Allure du polarogramme

On peut analyser la réponse en courant à l'impulsion de potentiel selon le schéma de la figure 9.2.

Le courant dû à l'impulsion possède 3 composantes principales :

- une composante due à la réponse du capillaire lors de l'impulsion (1) ;

1. G.C. Barker, A.W. Gardner, *Z. Anal. Chem.*, 173, 79 (1960).

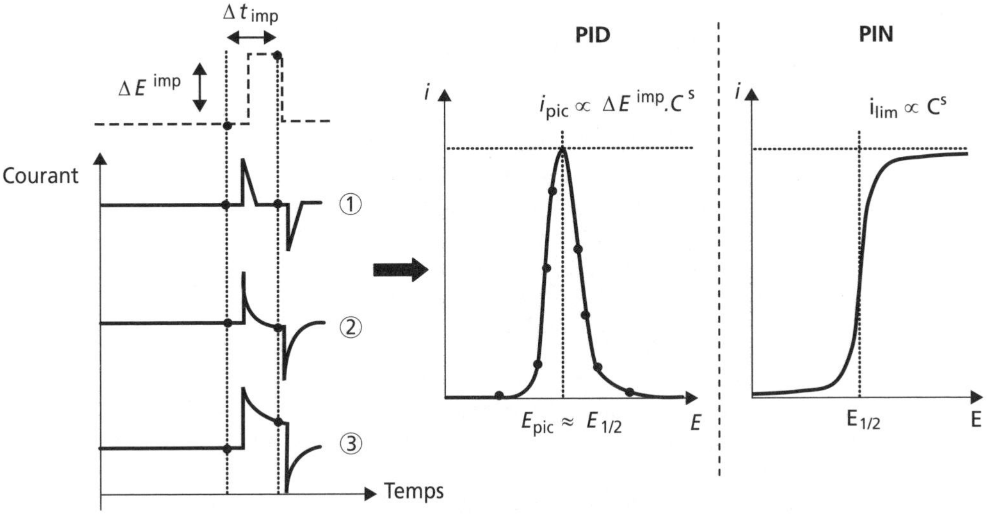

Figure 9.2 – Analyse de la réponse en courant à une impulsion de potentiel. Les points représentent l'échantillonnage du courant, et permettent de reconstituer l'allure du polarogramme en PID et PIN.

- une composante capacitive, due à la charge et à la décharge de la double couche au cours de l'impulsion (2) ;
- une composante faradique due à l'impulsion (3).

Si la mesure du courant est effectuée en fin d'impulsion[1] (soit au temps τ de l'ordre de la durée t_{imp}), et que celle-ci coïncide avec une période où la variation de surface de la goutte est négligeable (fin de temps de vie de la goutte), alors la composante capacitive et la réponse du capillaire sont négligeables devant la composante faradique due à l'impulsion :

$$i_F = nFA\sqrt{\frac{D}{\pi \Delta t_{imp}}}\left(C^S - C^{el}_{(\Delta E)}\right) \qquad (9.1)$$

Remarque

L'équation (9.1) n'est autre que l'équation de Cottrell en géométrie plane, car la durée τ est suffisamment courte pour que la composante radiale soit négligeable.

Dans la PIN, la forme de la courbe *i*(E) reproduit donc celle de la concentration $C^{el}(\Delta E)$, d'où l'obtention d'une vague polarographique lorsque l'amplitude de l'impulsion croît (conformément à l'équation de Nernst). Comme la contribution capacitive est beaucoup plus faible qu'en polarographie classique, la sensibilité est améliorée tout en gardant la même allure de courbe. Toutefois, lorsque l'amplitude de l'impulsion augmente, l'amplitude du courant capacitif augmente également et celui-ci devient d'autant moins négligeable en dépit de sa décroissance rapide pendant l'impulsion. On atteint

1. Seul le courant dû à l'impulsion est enregistré : le courant dû à l'application du potentiel pendant la période précédent l'impulsion est filtré électroniquement.

alors la limite de sensibilité de la PIN. Ce problème ne se pose plus en PID, puisque les impulsions sont de faible amplitude. En revanche, on ne mesure plus directement le courant donné par l'équation (9.1), mais une différence de courant due à l'application de l'impulsion à partir d'un potentiel lui-même variable. On mesure ainsi la pente de la tangente en chaque point de la vague polarographique, c'est-à-dire la courbe dérivée (pic).

On montre que, pour un système réversible, l'amplitude de la composante faradique du courant en PID est donnée par l'expression suivante :

$$i \approx \frac{n^2F^2A}{RT}\sqrt{\frac{D}{\pi\Delta t_{imp}}}.\Delta E^{imp}.\frac{X}{(1-X)^2}C^S \qquad (9.2)$$

avec n : nombre d'électrons échangés

A : aire de l'électrode

D : coefficient de diffusion de l'espèce électroactive

τ : intervalle de temps entre le début de l'impulsion et l'instant de la mesure ($\approx \Delta t_{imp} \approx$ 20-40 ms)

C^S : concentration de l'espèce électroactive dans la solution :

$$X = \exp\frac{nF}{RT}\left[E - E_{1/2} + \frac{\Delta E^{imp}}{2}\right]$$

E : potentiel de l'électrode en début de l'impulsion

$E_{1/2}$: potentiel de demi-vague.

L'équation (9.2), valable pour $|\Delta E^{imp.}| < RT/nF \approx 25/n$ mV à 25 °C, montre que, pour un système rapide :

- le pic est symétrique par rapport à $(E_{1/2} - \Delta E^{imp.}/2)$;
- la hauteur du pic est proportionnelle à la concentration en solution, à l'amplitude de l'impulsion, au carré du nombre d'électrons échangés et est plus faible que le courant limite enregistré en PIN (voir figure 9.3) :

$$i_{pic} \approx \frac{n^2F^2A}{RT}\sqrt{\frac{D}{\pi\tau}}.\Delta E^{imp}.C^S \approx \left(\frac{nF}{RT}.\Delta E^{imp}\right).i^{\lim} \qquad (9.3)$$

- la largeur à mi-hauteur du pic est de 90/n mV [1].

Remarque 1

Dans le cas de systèmes non électrochimiquement réversibles, les expressions du courant deviennent très compliquées, mais il faut retenir que, d'une manière générale, les pics sont d'autant plus étalés et d'autant moins intenses que le système s'écarte du comportement réversible.

Remarque 2

Le rapport des intensités entre systèmes réversible et irréversible est de l'ordre de 5 (toutes choses égales par ailleurs), ce qui rend la technique très sensible quel que soit le couple redox envisagé.

1. On dispose ainsi d'un critère pour déterminer la réversibilité d'un système électrochimique selon sa réponse en PID.

c) Caractéristiques de la polarographie impulsionnelle

Les caractéristiques de la polarographie impulsionnelle différentielle sont les suivantes :

- *Sensibilité* : la limite de détection se situe aux alentours de 10^{-8} mol·L en PID, 10 à 50 fois mieux que la PIN qui est elle-même 10 fois plus sensible que la Tast polarography.
- *Pouvoir séparateur* : en PID on arrive à séparer les réponses de couples redox dont les potentiels de demi-vague sont distants d'au moins 40/*n* mV (pour des impulsions d'amplitude 10 mV), ce qui est nettement meilleur qu'en polarographie classique ou en PIN, pour lesquelles la résolution est de l'ordre de 120/*n* mV.
- *Facteur d'interférences* (rapport de concentration maximal permettant de détecter le composé le moins concentré d'un mélange de deux composés interférents) : il est de l'ordre de 10 000 pour 2 systèmes réversibles en PID, *i.e.* qu'on peut détecter le composé le plus difficilement réductible en présence d'un composé interférent en concentration 10^4 fois supérieure.

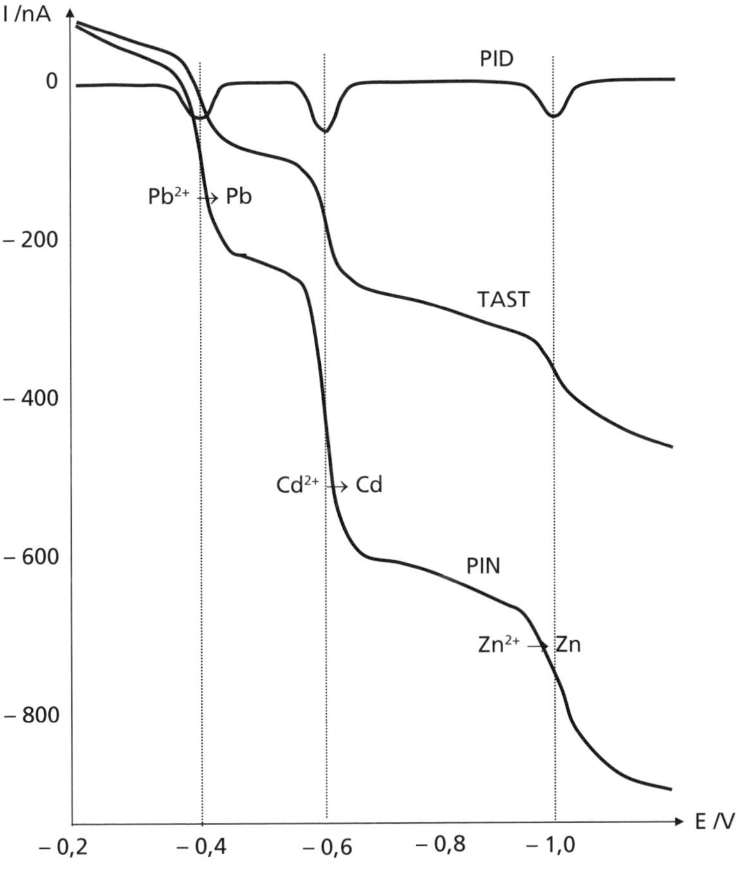

Figure 9.3 – Titrage ampérométrique de Cd^{2+}.

9.1.2 Voltampérométrie impulsionnelle différentielle (DPV[1])

Utilisée sur des électrodes solides, la méthode impulsionnelle différentielle présente l'avantage d'un pouvoir séparateur supérieur à la voltampérométrie linéaire ou cyclique. Ainsi, pour deux systèmes redox ayant des potentiels proches, on utilisera la DPV pour différentier leurs signaux (figure 9.4). Un autre intérêt est la moindre sensibilité au courant capacitif (même si ce point est moins crucial qu'en polarographie du fait de l'utilisation d'une électrode d'aire constante) ainsi qu'au courant résiduel en général du fait de la mesure différentielle.

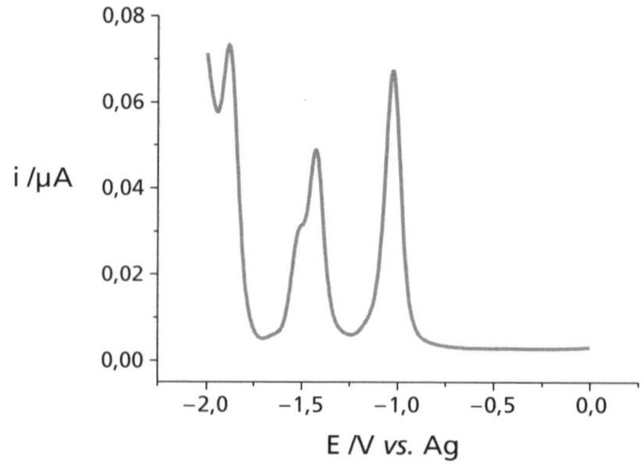

Figure 9.4 – DPV de la réduction du C_{60} à 10 mV/s sur Pt dans le dichlorométhane. Les trois pics observés correspondent aux couples C_{60}/C_{60}^{-}, C_{60}^{-}/C_{60}^{2-} et C_{60}^{2-}/C_{60}^{3-}.

9.2 Voltampérométrie à tension carrée et sinusoïdale surimposée

Outre les impulsions de courte durée et de faible amplitude, la modulation de potentiel surimposée peut prendre la forme de tension carrée de faible amplitude et de courte période (voltampérométrie à tension carrée surimposée) ou de tension sinusoïdale de faible amplitude (voltampérométrie ou polarographie à tension alternative surimposée). Nous allons en décrire sommairement les principes et caractéristiques principales.

9.2.1 Voltampérométrie à tension carrée surimposée (SWV[2])

La voltampérométrie à tension carrée surimposée (SWV) a été développée par Osteryoung dans les années 1980[3]. Le signal appliqué consiste en un échelon de potentiel

1. Acronyme anglais (*Differential Pulse Voltammetry*)
2. Acronyme anglais (*Square Wave Voltammetry*)
3. R.A. Osteryoung and J. Osteryoung, Phil. Trans. Roy. Soc. London, Ser. A, 302, 315 (1981).

'aller' puis 'retour' suivi d'un incrément permettant de balayer progressivement la zone d'intérêt (cf. figure 9.5). Le courant est échantillonné et on mesure la différence entre deux valeurs correspondant aux mêmes instants de l'échelon 'aller' et de l'échelon 'retour'. Cette différence de courant s'amplifie au voisinage du potentiel de demi-vague (comme en PID ou DPV) de sorte que la courbe voltampérométrique a la forme d'un pic centré sur le potentiel de demi-vague.

Comme la DPV, la SWV est donc une technique différentielle qui a l'avantage de minimiser les effets des courants résiduels. La SWV est un peu plus sensible que la DPV, grâce au 'pulse négatif' qui accroît la différence de courant maximale par rapport au « simple pulse ».

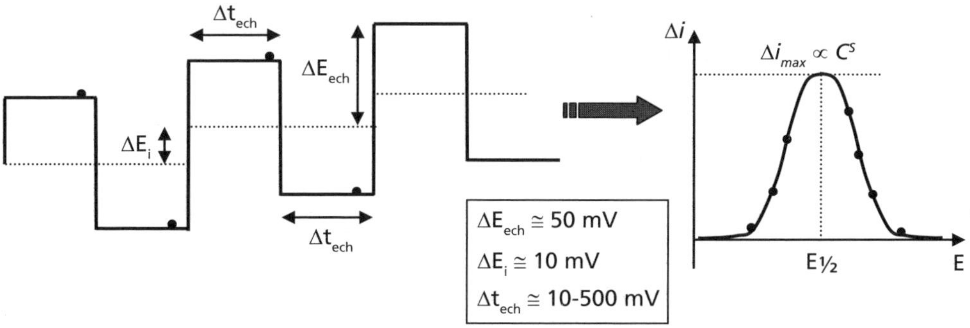

Figure 9.5 – **Forme du signal en potentiel et allure de la courbe voltampérométrique en SWV.**

9.2.2 Polarographie à tension sinuisoïdale surimposée

Dans la polarographie à tension alternative surimposée (PTAS ou ac polarography [1]), on joue sur le déphasage existant entre la réponse faradique (due à la réaction électrochimique à l'interface) et la réponse capacitive (due à la charge de la double couche) : cette dernière est en quadrature par rapport au signal imposé, tandis que la première est déphasée d'un angle compris entre 0 et 45° selon le mode de transport de matière (cf. § 9.3). En mesurant l'amplitude de la composante du courant en phase avec le signal de potentiel, on filtre la quasi-totalité du courant capacitif.

Le signal alternatif surimposé est de forme sinuisoïdale, de fréquence *f*. On mesure le courant correspondant à cette perturbation sinusoïdale en fonction du potentiel continu. L'amplitude de ce courant passe par une valeur maximale au potentiel de demi-vague pour un couple réversible : le polarogramme a l'allure d'un pic symétrique et le courant maximal est proportionnel à la concentration de réactif en solution et à l'amplitude ΔE du signal sinusoïdal (lorsque celle-ci reste faible) :

$$|i|^{\max} = \frac{n^2F^2}{4RT}\sqrt{2\pi Df}\,(\Delta E)\,C^S \qquad (9.4)$$

1. La même technique peut être utilisée dans le contexte de la voltampérométrie sur électrode solide.

Remarque

La relation (9.4) est valable pour un couple rapide. Lorsque le transfert de charge devient lent, le courant maximal diminue, toutes choses égales par ailleurs. Enfin, des informations cinétiques peuvent être extraites de l'analyse de la variation du déphasage du courant par rapport au potentiel.

9.3 Spectroscopie d'impédance électrochimique

9.3.1 Principe

La spectroscopie d'impédance électrochimique (EIS)[1] est une méthode d'analyse apparue dans les années 1960. Elle repose sur le concept de la fonction de transfert couplant la réponse du système, vu comme une « boîte noire », à une perturbation du signal d'entrée :

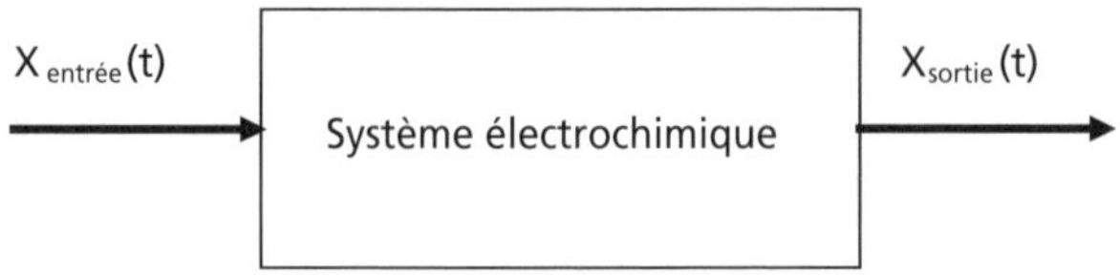

Comme il s'agit d'analyser des fonctions variant de manière sinuisoïdale au cours du temps autour d'une valeur d'équilibre, on utilise la notation complexe correspondante :

$$\overline{X} = X_0 + \Delta X e^{j(\omega t + \phi)}$$

où X_0 désigne une valeur d'équilibre de X, ΔX désigne l'amplitude de la fonction $X(t)$ par rapport à cette valeur d'équilibre, ω la pulsation de la variation sinusoïdale et ϕ la phase de ce signal.

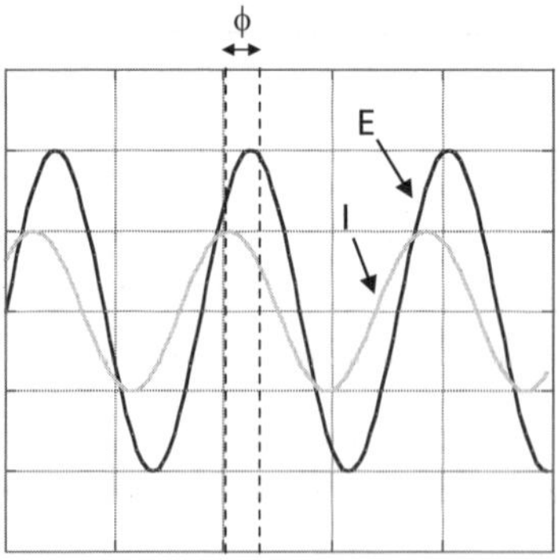

Figure 9.6 – Signaux sinusoïdaux du courant et du potentiel présentant un déphasage.

1. Acronyme anglais pour *Electrochemical Impedance Spectroscopy.*

Dans la problématique électrochimique, le signal d'entrée est généralement le potentiel et le signal de sortie le courant, de sorte que la fonction de transfert est définie comme l'admittance : $\overline{Y} = \overline{I}/\overline{E}$ ou l'impédance : $\overline{Z} = 1 / \overline{Y}$.

Cette impédance complexe peut se mettre sous la forme :

$$\overline{Z} = Z' - jZ'' = |Z(\omega)|e^{j\varphi}$$

où ϕ représente le déphasage entre courant et potentiel et $|Z(\omega)|$ représente le module de l'impédance (cf. figure 9.6).

C'est précisément le module et le déphasage de cette impédance que l'on va s'attacher à déterminer pour caractériser le système électrochimique.

Remarque

Dans l'expression ci-dessus de l'impédance électrochimique, il est implicitement supposé que la réponse du système est linéaire, de sorte notamment que l'impédance varie avec la même pulsation que celle de la perturbation en potentiel. Or, la plupart du temps, cette hypothèse n'est pas vérifiée, sauf si l'amplitude de cette perturbation est suffisamment faible. Dans ce cas, on peut assimiler la portion de courbe I(E) au voisinage du potentiel imposé à sa tangente et linéariser ainsi la réponse du système. En pratique, on limitera l'amplitude de la perturbation sinusoïdale du potentiel à 10 mV par rapport à la valeur d'équilibre pour que cette condition soit vérifiée.

9.3.2 Représentation graphique

Il existe principalement deux manières de représenter l'analyse fréquentielle de la variation d'impédance :

- le **diagramme de Bode**, consistant à représenter séparément $\log|Z|$ et ϕ en fonction de $\log \omega$;
- le **diagramme de Nyquist**, consistant à représenter, pour chaque valeur de ω, l'opposé[1] de la partie imaginaire de $\overline{Z}$ en fonction de sa partie réelle soit : $Z'' = f(Z')$.

C'est généralement cette dernière représentation qui est adoptée, car elle présente l'avantage de ne faire apparaître qu'un seul graphe.

Contrairement aux techniques voltampérométriques, qui représentent l'évolution du courant en fonction du potentiel, les méthodes impédancemétriques fournissent une représentation des résultats beaucoup moins directe, qu'il convient généralement d'analyser en les confrontant à celle de systèmes modèles. Ceux-ci sont obtenus à partir de circuits équivalents, représentant au mieux le système électrochimique.

1. Ce choix du signe permet de représenter le condensateur (déphasage de –90°) par une droite orientée vers le haut.

9.3.3 Circuit équivalent associé à un système électrochimique

Le circuit équivalent le plus simple, appelé circuit de Randles[1], est représenté sur la figure 9.7 :

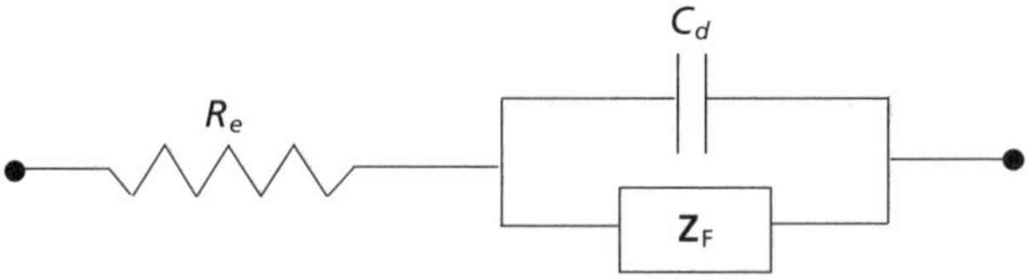

Figure 9.7 – **Circuit équivalent de Randles de l'interface électrode|solution en présence d'une réaction électrochimique.**

Il fait apparaître les éléments incontournables associés à la mesure électrochimique à une interface électrode|solution, à savoir :

- la *résistance interne de la cellule* R_e, principalement due à la résistance non compensée de l'électrolyte entre l'électrode de travail et l'électrode de référence ;
- la *capacité différentielle de double couche* C_d, correspondant à la charge de la zone interfaciale au voisinage immédiat de l'électrode assimilable à un condensateur (cf. chap. 2) ;
- l'*impédance faradique* $\mathbf{Z}_F$, associée aux phénomènes mettant en jeu une transformation redox à l'électrode de travail.

L'impédance associée au condensateur représentant la double couche électrochimique étant égale à $1/jC_d\omega$, on établit aisément[2] que l'impédance équivalente au circuit de la figure 9.6 est donnée par :

$$\bar{Z} = R_e + \frac{\bar{Z}_F}{1 + jC_d\omega\bar{Z}_F} \tag{9.5}$$

L'équation (9.5) fait d'ores et déjà apparaître que l'impédance équivalente tend vers R_e lorsque $\omega \to \infty$ et vers $(R_e + \bar{Z}_F)$ lorsque $\omega \to 0$. Pour aller plus loin, il convient d'exprimer l'impédance faradique complexe.

9.3.4 Expression de l'impédance faradique

Dans le cas d'un simple transfert d'électron impliquant une seule espèce, l'impédance faradique associée à la réaction électrochimique peut être obtenue à partir d'un développement en série de la variation du courant faradique ΔI_F associée à la variation ΔE du potentiel imposé :

$$\Delta I_F = \left(\frac{\partial I_F}{\partial E}\right)_{C^{el}} \Delta E + \left(\frac{\partial I_F}{\partial C^{el}}\right)_E \Delta C^{el} \tag{9.6}$$

1. J.E.B. Randles (1912-1998), électrochimiste britannique, voir *Discuss. Faraday Soc.* **1** (1947) 11.
2. Il suffit d'écrire que l'impédance équivalente à deux impédances $\mathbf{Z}_1$ et $\mathbf{Z}_2$ vaut : $\mathbf{Z}_1.\mathbf{Z}_2/(\mathbf{Z}_1 + \mathbf{Z}_2)$ si $\mathbf{Z}_1$ et $\mathbf{Z}_2$ sont en parallèle et $(\mathbf{Z}_1 + \mathbf{Z}_2)$ si $\mathbf{Z}_1$ et $\mathbf{Z}_2$ sont en série.

C^{el} représente la concentration à l'électrode de l'espèce électroactive.

Le premier terme de l'équation (9.6) traduit la variation du courant faradique en fonction du potentiel, en l'absence d'intervention du transport de matière. Comme on ne s'intéresse qu'à une variation de faible amplitude au voisinage de l'équilibre, il est obtenu par linéarisation de la relation de Butler-Volmer (cf. équation 5.17) :

$$\left(\frac{\partial I_F}{\partial E}\right)_{C^{el}} = \frac{1}{R_{tc}} = \frac{nF}{RT} i^{\circ}$$

où R_{tc} représente la résistance de transfert de charge et i° le courant d'échange.

En d'autres termes, l'impédance faradique associée à la composante 'transfert de charge' de la réaction électrochimique est une simple résistance, inversement proportionnelle au courant d'échange (et donc à la constante de vitesse standard k^0).

Le second terme de l'équation (9.6) correspond à la composante « transport de matière ». Pour la déterminer, il faut envisager pour le transport les deux cas limites rencontrées généralement dans la problématique électrochimique : diffusion stationnaire (e.g. diffusion convective) et diffusion pure.

a) Cas de la diffusion pure

Dans le cas où le TM correspond uniquement à la diffusion linéaire semi-infinie de l'espèce électroactive au voisinage de l'électrode (i.e. en l'absence de convection), la résolution du problème est obtenue à partir des lois de Fick[1] (cf. chap.4) :

$$\Delta I_F = \pm nFAD\left(\frac{\partial \Delta C}{\partial x}\right)_{x=0} \tag{9.7}$$

$$\frac{\partial \Delta C}{\partial t} = D\frac{\partial^2 \Delta C}{\partial x^2} \tag{9.8}$$

Or l'analogie entre la notation complexe et la transformation de Laplace (cf. annexe) permet d'écrire :

$$\bar{Z}_F = \left(\frac{L(\Delta E)}{L(\Delta I_F)}\right)_{s=j\omega}$$

L'application de la transformation de Laplace à l'équation (9.8) conduit à :

$$sL(\Delta C) = D\frac{\partial^2 L(\Delta C)}{\partial x^2} \tag{9.9}$$

qui est une équation différentielle du 2e ordre dont la solution est de la forme[2] :

$$L(\Delta C) = L(\Delta C)_{x=0}\exp\left(-\sqrt{\frac{s}{D}}x\right) = L(\Delta C^{el})\exp\left(-\sqrt{\frac{s}{D}}x\right)$$

1. L'équation (9.7) est obtenue en combinant la première loi de Fick et l'équation de Faraday. Le signe + est associé à la réduction du réactif (O).
2. La solution générale est une somme de deux exponentielles, l'une croissante l'autre décroissante, mais seule l'exponentielle décroissante est compatible avec la condition $L(\Delta C) \rightarrow 0$ quand $x \rightarrow \infty$.

L'application de la transformation de Laplace à l'équation (9.7) puis substitution par l'équation (9.9) conduit à :

$$\mathrm{L}(\Delta I_F) = \pm nFAD\left(\frac{\partial \mathrm{L}(\Delta C)}{\partial x}\right)_{x=0} = \pm nFA\mathrm{L}(\Delta C^{el})\sqrt{sD} \qquad (9.10)$$

En reportant dans l'équation (9.6), on obtient :

$$\mathrm{L}(\Delta I_F) = \left(\frac{\partial I_F}{\partial E}\right)_{C^{el}} \mathrm{L}(\Delta E) + \left(\frac{\partial I_F}{\partial C^{el}}\right)_E \mathrm{L}(\Delta C^{el}) = \frac{\mathrm{L}(\Delta E)}{R_{tc}} \pm \left(\frac{\partial I_F}{\partial C^{el}}\right)_E \frac{\mathrm{L}(\Delta I_F)}{nFA\sqrt{sD}}$$

d'où l'on tire :

$$\mathrm{L}(\Delta I_F) = \frac{\dfrac{\mathrm{L}(\Delta E)}{R_{tc}}}{1 \pm \dfrac{\left(\dfrac{\partial I_F}{\partial C^{el}}\right)_E}{nFA\sqrt{sD}}} \qquad (9.11)$$

On obtient ainsi l'expression de l'impédance faradique totale :

$$\bar{Z}_F = \left(\frac{\mathrm{L}(\Delta \mathrm{E})}{\mathrm{L}(\Delta \mathrm{I}_F)}\right)_{s=j\omega} = R_{tc}\left[1 \pm \frac{\left(\dfrac{\partial I_F}{\partial C^{el}}\right)_E}{nFA\sqrt{D}\sqrt{j\omega}}\right] = R_{tc}\left(1 + \frac{\xi}{\sqrt{j\omega}}\right) \qquad (9.12)$$

en posant :

$$\xi = \pm \frac{\left(\dfrac{\partial I_F}{\partial C^{el}}\right)_E}{nFA\sqrt{D}}$$

L'équation (9.12) indique que l'impédance associée à la réaction électrochimique est la somme d'un terme résistif associé au transfert de charge (déjà évoqué précédemment) et d'un terme associé au transport de matière par diffusion, appelé **impédance de Warburg** :

$$\boxed{\bar{Z}_W = R_{tc}\frac{\xi}{\sqrt{j\omega}} = R_{tc}\frac{\xi}{\sqrt{2\omega}}(1-j)} \qquad (9.13)$$

Dans la représentation de Nyquist, cette impédance est caractérisée par une droite de pente 1 (*i.e.* à 45°), comme le montre l'équation (9.13).

Remarque

La dépendance en $\omega^{-1/2}$ trouvée pour l'impédance de Warburg est à rapprocher de la dépendance en $t^{-1/2}$ du courant diffusionnel dans la loi de Cottrell. La pulsation étant inversement proportionnelle au temps, de même que l'impédance est inversement proportionnelle au courant, il n'est pas surprenant que le même processus physico-chimique conduise au final au même type de dépendance.

b) Cas de la diffusion stationnaire

En présence de convection par exemple, l'hypothèse de la couche de Nernst conduit à considérer la condition aux limites suivante pour la concentration d'espèce électroactive :

$$\Delta C = 0 \text{ quand } x = \delta$$

où δ est l'épaisseur (constante) de la couche de diffusion (cf. chap. 4).

Cette condition modifie l'expression de la solution de l'équation (9.9), qui devient (cf. chapitre 13) de la forme :

$$\mathrm{L}(\Delta C) = A\exp\left(-\sqrt{\frac{s}{D}}x\right) + B\exp\left(+\sqrt{\frac{s}{D}}x\right)$$

$$avec : B = -A\exp\left(+2\sqrt{\frac{s}{D}}\delta\right) \tag{9.14}$$

$$et : \mathrm{L}(\Delta C)_{x=0} = A + B = A\left(1 - \exp\left(+2\sqrt{\frac{s}{D}}\delta\right)\right)$$

En appliquant la transformation de Laplace à l'équation (9.7) et en utilisant (9.14), il vient :

$$\mathrm{L}(\Delta I_F) = \pm\frac{nFA\mathrm{L}(\Delta C^{el})\sqrt{sD}}{\tanh\left(\delta\sqrt{\frac{s}{D}}\right)} \tag{9.15}$$

soit :

$$[\mathrm{L}(\Delta C^{el})]^{diff.stat.} = [\mathrm{L}(\Delta C^{el})]^{diff.pure}\tanh\left(\delta\sqrt{\frac{s}{D}}\right) \tag{9.16}$$

Remarque

L'équation (9.16) montre que l'on retrouve bien comme prévu le cas diffusionnel pur lorsque $\delta \to \infty$.

Ainsi, l'expression de l'impédance faradique obtenue en diffusion stationnaire est analogue à celle du cas diffusionnel pur, au facteur $\tanh\left(\delta\sqrt{\frac{s}{D}}\right)$ près :

$$\bar{Z}_F = \left(\frac{L(\Delta E)}{L(\Delta I_F)}\right)_{s=j\omega} = R_{tc}\left(1 + \frac{\pm\frac{\left(\frac{\partial I_F}{\partial C^{el}}\right)_E}{nFA\sqrt{D}}\tanh\left(\delta\sqrt{\frac{j\omega}{D}}\right)}{\sqrt{j\omega}}\right) \tag{9.17}$$

9.3.5 Diagrammes d'impédance

Nous sommes désormais en mesure de représenter l'impédance électrochimique totale associée au circuit équivalent de Randles (cf. figure 9.6).

L'équation (9.17) montre que l'impédance faradique tend vers R_{tc} à haute fréquence, soit pour l'impédance totale dans ces conditions :

$$\overline{Z} = R_e + \frac{R_{tc}}{1 + jC_d\omega R_{tc}} = R_e + \frac{R_{tc}(1 - jC_d\omega R_{tc})}{1 + (C_d\omega R_{tc})^2} \tag{9.18}$$

que l'on peut décomposer en :

$$\begin{cases} Z' = R_e + \dfrac{R_{tc}}{1 + (R_{tc}C_d\omega)^2} \\ Z'' = \dfrac{R_{tc}C_d\omega}{1 + (R_{tc}C_d\omega)^2} \end{cases} \tag{9.19}$$

Dans le système d'équations (9.19), on remarque que :

$$\left(Z' - R_e - \frac{R_{tc}}{2}\right)^2 + Z''^2 = \left(\frac{R_{tc}}{2}\right)^2$$

qui est l'équation d'un demi-cercle dans le quart de plan ($Z' > 0$; $Z'' > 0$), entre les abscisses R_e et ($R_e + R_{tc}/2$). Le sommet du demi-cercle est atteint pour $Z'' = R_{tc}/2$, soit lorsque $R_{tc}C_d\omega = 1$. Ainsi, ce point permet de déterminer la capacité de double couche.

Comme le montre la figure 9.8, lorsque l'impédance faradique est dominée par le transfert de charge, le diagramme se réduit à un demi-cercle dont les caractéristiques permettent de déterminer R_{tc}.

À plus basse fréquence, le rôle du transport de matière doit être pris en compte :

- Cas de la diffusion pure :

  l'impédance faradique devient progressivement dominée par l'impédance de Warburg à mesure que la fréquence diminue. Comme le montre la figure 9.7, on passe de l'arc de cercle à la droite de Warburg, dont le prolongement jusqu'à l'axe des abscisses permet de déterminer ξ (dont on déduit D).

- Cas de la diffusion stationnaire :

  l'équation (9.17) montre qu'aux basses fréquences, la dépendance en ω disparaît :

$$\overline{Z}_F^{diff.stat.} \rightarrow R_{tc}\left(1 + \frac{\pm\left(\dfrac{\partial I_F}{\partial C^{el}}\right)_E \delta}{nFAD}\right) \text{ quand } \omega \rightarrow 0.$$

Le diagramme présente alors à nouveau un demi-cercle dont les caractéristiques permettent d'accéder à D et δ. La proximité des deux demi-cercles correspondant au TC et au TM conduit à un diagramme à deux arcs de cercle :

- à haute fréquence, l'arc de cercle correspondant au couplage de la résistance de transfert de charge avec la capacité de double couche ;
- à basse fréquence, l'arc de cercle correspondant à l'impédance faradique.

Au final, la figure 9.8 résume les principaux cas rencontrés.

Ainsi, la spectroscopie d'impédance électrochimique est une technique qui, par l'analyse de la réponse à une perturbation sinusoïdale au voisinage de l'équilibre, permet de séparer les différentes contributions incluses dans la réaction électrochimique (double couche, transfert de charge, transport de matière, résistance interne de l'électrolyte) et d'en déterminer les caractéristiques. Elle repose cependant sur la validité des modèles de circuit équivalent dans le cadre de l'étude.

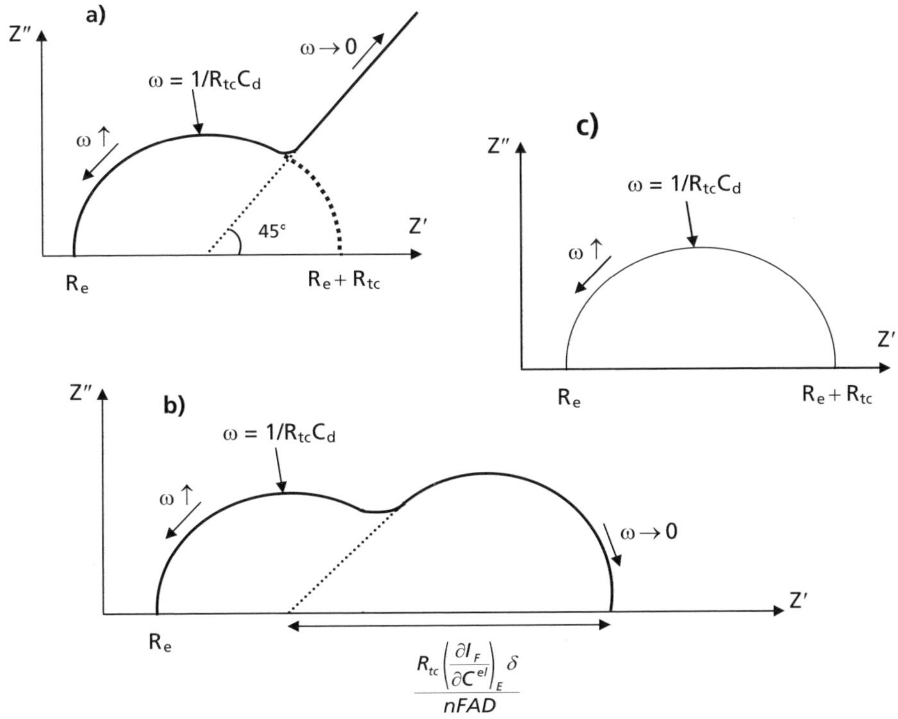

Figure 9.8 – Diagramme d'impédance du circuit équivalent de Randles pour une impédance électrochimique correspondant aux cas : a) TM diffusionnel pur ; b) TM diffusionnel stationnaire ; c) TC seul.

Bibliographie

A.-J. Bard and L.-R. Faulkner, *Electrochemical Methods, Fundamentals and Applications*, Wiley, 2001, chap. 7 et 10.

B. Trémillon, *Électrochimie analytique et réactions en solution*, tome 2, Masson, 1993, chap. 9 et 11.

C. M. A Brett and M. O. Brett, *Electrochemistry: principles, methods and applications*, Oxford, 1993, chap. 8.

C. Gabrielli, *Méthodes électrochimiques : mesures d'impédance, Techniques de l'Ingénieur*, 1994, p. 2 210 et références incluses.

Skoog, West, Holler, *Chimie analytique,* De Boeck, 1997, chap. 21.

J.-P. Diard, B. Le Gorrec et C. Montella, *Cinétique électrochimique*, Hermann, 1996.

D. Bruce, A. Kuhn, N. Sojic, *J. Chem. Edu.*, 81, 2004, p.255.

Internet

http://www.iut-lannion.fr/LEMEN/MPDOC/CHIMIE/POLARO/TREDAN/pola.htm

MÉTHODES TRANSITOIRES

10

L'analyse des phénomènes transitoires en électrochimie est un secteur à la fois très informatif mais aussi très délicat. En effet, la présence du temps dans les équations gouvernant ce type de systèmes, rend les calculs à la fois plus compliqués et inhabituels. Pourtant, les courbes obtenues sont la plus part du temps très « parlantes » : par exemple la voltamétrie cyclique est à l'heure actuelle la technique électrochimique la plus utilisée, car elle fournit une « signature » relativement lisible du système. Ainsi, cette technique fournit des informations aisément extractibles, même si les équations théoriques découlent parfois de calculs compliqués.

Il nous semble important toutefois d'aller un peu plus profondément dans l'analyse des calculs, dans le cas des techniques les plus simples, afin de démystifier ce domaine et de mettre en lumière l'énorme potentiel de ce type d'analyse.

10.1 RAPPELS INTRODUCTIFS

10.1.1 Le transport de matière

Le flux de matière d'une espèce électroactive s'exprime par la relation générale (cf. chapitre 4) :

$$\vec{J} = -\frac{CD}{RT}\vec{g}rad\tilde{\mu} + \overrightarrow{C\text{v}}$$

Dans tout le cadre de ce chapitre, nous considérerons que seule la direction x compte, c'est-à-dire que nous sommes dans le cadre de la diffusion plane unidimensionnelle (semi-infinie). En effet la très grande majorité des électrodes utilisées en électrochimie analytique ou mécanistique sont des électrodes planes, ou en tout cas fonctionnent dans le cadre de cette approximation[1].

À condition de négliger la migration, ce qui est réalisé en présence d'un sel d'électrolyte support, on arrive à la relation :

$$J(x,t) = -D\left(\partial C(x,t)/\partial x\right) + \text{v}(x,t)C(x,t)$$

1. Hormis les UME dont l'utilisation a été décrite au chap. 8

Dans le cadre de ce chapitre, nous supposerons que seule la diffusion intervient, c'est-à-dire que la *solution est immobile* ($\mathbf{V}(x,t) = 0$).

Par ailleurs la conservation de la matière (cf. chap. 4) implique une deuxième équation liant flux et concentration qui conduit à la deuxième loi de Fick :

$$\boxed{\partial C / \partial t = D\partial^2 C / \partial x^2} \qquad (10.1)$$

C'est de la résolution de cette équation dont il va être question dans la suite.

10.1.2 Le courant

Soit la réaction à l'électrode : $O + ne^- \rightleftarrows R$.

Chaque molécule qui parvient à l'électrode y échange n électrons : la réaction électrochimique produit donc une quantité d'électrons strictement proportionnelle à la quantité de matière électroactive. Le courant étant par définition proportionnel au flux d'électrons, il sera par continuité *proportionnel au flux de matière* à l'électrode, c'est-à-dire, en $x = 0$ (position de l'électrode) :

$$i_{(t)} = -nFA\,J_{O(0,t)} = nFAD\left(\partial C_O / \partial x\right)_{(0,t)} \qquad (10.2)$$

Remarque

La réaction électrochimique étant considérée dans un seul sens (O seul présent en solution initialement), on ignorera dans la suite le caractère algébrique du courant ($i < 0$ en réduction) pour ne s'intéresser qu'à sa valeur absolue. On considérera donc le courant positif dans la suite bien qu'on s'intéresse à la réduction.

Cette loi est extrêmement générale et s'applique dès qu'il y a transport, c'est-à-dire qu'une des raisons pour laquelle le courant est fini est le déplacement des espèces électroactives (une exception notable est donc constituée par les couches minces déposées sur une électrode).

Nous avons d'autre part la loi de conservation des flux à l'électrode, qui traduit la non-accumulation de matière :

$$\left(\partial C_O / \partial x\right)_{(0,t)} = -\left(\partial C_R / \partial x\right)_{(0,t)} \qquad (10.3)$$

Remarque

L'équation (10.3) est valable à condition qu'il ne puisse pas y avoir production de matière solide électroactive (par exemple une électropolymérisation ne rentrerait pas dans ce cadre).

La résolution d'un problème de cinétique électrochimique consiste donc à égaliser au niveau de l'électrode les contributions venant des différents phénomènes en présence. Par continuité, la réaction d'électrode doit consommer le même nombre d'électrons que le transport de matière apporte de molécules à l'électrode. Nous disposerons donc toujours de deux équations : l'une liée au transfert de charge à l'électrode (type Butler-Volmer, ou

Nernst si la réaction est suffisamment rapide pour que l'équilibre s'établisse à tout instant à l'électrode), l'autre liée au transport de matière (type Fick) ; enfin la loi des flux qui relie le courant au flux de l'espèce qui réagit permet d'exprimer la valeur du courant. Comme nous avons trois inconnues, le courant i et les concentrations C_X (pour X = O ou R), tous les problèmes sont donc en principes solubles, une fois définies les conditions initiales et aux limites. Dans la suite, nous allons résoudre quelques problèmes simples dans le cadre de l'application des lois de Fick et de Nernst.

10.2 Définition des principales méthodes transitoires

Ce qui caractérise toutes ces méthodes, c'est que la *solution est non agitée.* Il en résulte la conséquence très importante que *tous les phénomènes affectant l'électrode et la solution vont dépendre simultanément de l'espace et du temps.* Cela les distingue des méthodes stationnaires pour lesquelles, immédiatement après une courte période d'induction, il n'y a plus de variation par rapport au temps d'aucun des paramètres du système. D'une manière générale, plus une méthode électrochimique sera rapide, plus on aura des chances d'être dans des conditions transitoires, c'est-à-dire hors équilibre. L'équation de base régissant les phénomènes de transport pour la résolution de ce type de problème sera donc la deuxième loi de Fick sous sa forme la plus simple (10.1).

Deux techniques se sont imposées de manière assez générale : d'une part la voltamétrie à balayage linéaire de potentiel (LSV, acronyme de linear sweep voltammetry [1]) ou sa variante la voltamétrie cyclique (CV, acronyme de cyclic voltammetry) et d'autre part la chronoampérométrie (CA). Dans la suite, nous décrirons donc les caractéristiques de ces deux types de techniques.

10. 2.1 La voltamétrie à balayage linéaire et la voltamétrie cyclique

Cette méthode consiste à appliquer une rampe de potentiel à une vitesse de balayage v constante, partant d'un potentiel auquel aucune réaction n'a lieu, pour ensuite traverser le potentiel redox d'un système présent dans la solution, et atteindre un potentiel où une réaction a lieu à l'électrode.

Remarque

On choisit presque toujours un potentiel final au moins 200 mV au-delà du potentiel redox du couple, afin d'avoir une réaction totale à l'électrode à ce potentiel.

Dans le cas de la voltamétrie cyclique, un balayage retour jusqu'au potentiel initial est effectué (figure 10.1 ci-dessous). Les courbes obtenues ont l'allure de la figure 10.1b (dite en forme de « canard »). Au début, comme il y a beaucoup de molécules du composé réactif présentes, le courant est limité par la cinétique d'électrode. Puis, il y a

1. Nous reprenons ici les acronymes anglais car ils sont universellement utilisés de nos jours.

appauvrissement progressif de la solution au voisinage de l'électrode (en composé réactif) : le courant devient alors limité par les phénomènes de transport, c'est-à-dire presque toujours la diffusion, par définition des conditions d'utilisation des méthodes transitoires. Le courant croît beaucoup moins vite que le permettrait la seule cinétique d'électrode, puis passe par un maximum (pic), pour décroître en $t^{-1/2}$ à la fin (voir dans la suite le calcul de cette dépendance).

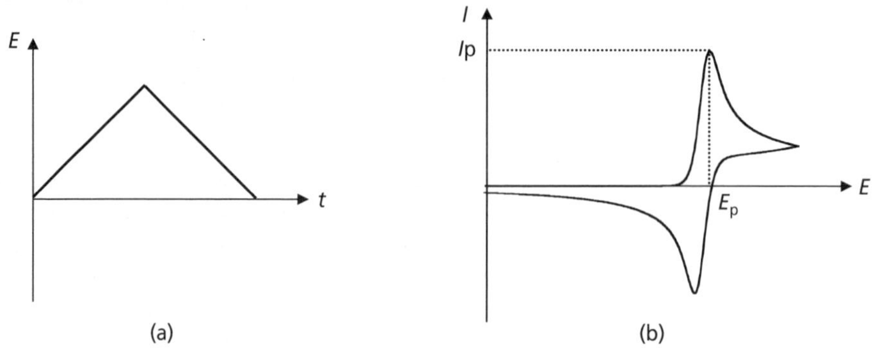

Figure 10.1 – Allure du signal imposé à l'électrode (a) au cours d'une expérience de voltamétrie cyclique et allure générale de la courbe *i*(E) correspondante (b).

Cette technique est très employée car elle est très descriptive ; elle fournit en quelque sorte une « signature » du système électrochimique. Le potentiel de pic est dans tous les cas relié au potentiel standard du système. Nous allons voir dans le paragraphe suivant quelques détails concernant les différentes valeurs que peuvent prendre le courant et le potentiel de pic dans le cas d'un système obéissant à la loi de Nernst. La forme d'une courbe de voltamétrie cyclique peut être affectée, soit par les réactions suivant le transfert électronique, soit par la cinétique du transfert électronique lui-même (systèmes non Nernstiens) Dans la suite, nous donnerons aussi quelques résultats correspondant aux cas où le transfert électronique cesse d'être rapide, sans rentrer dans le détail des calculs qui deviennent alors très complexes. Au cours du chapitre 13, nous irons plus loin et montrerons comment l'analyse des courbes de voltamétrie cyclique peut permettre, dans certains cas, de déterminer les caractéristiques des réactions chimiques couplées au transfert électronique.

10.2.2 La chronoampérométrie

Cette technique plus simple consiste à imposer un échelon de potentiel au temps t = 0 entre deux potentiels encadrant le potentiel rédox du système considéré. Là encore, on choisira souvent un potentiel final suffisamment éloigné du potentiel initial pour engendrer une réaction totale à l'électrode, mais ce n'est pas obligatoire. Le courant est tracé en fonction du temps. Après avoir pris une valeur très élevée (théoriquement infinie, en pratique limitée par l'appareillage et les phénomènes capacitifs, *vide infra*) en début de réaction, celui-ci décroît en $t^{-1/2}$ au long de l'expérience. Nous allons détailler plus complètement les calculs dans ce cas.

10.3 Équation générale des phénomènes transitoires dans l'espace de Laplace

10.3.1 Énoncé du problème

On considérera que la seule réaction électrochimique est celle convertissant O en R et que seul O est présent initialement au sein de la solution (en concentration C^*), ce qui s'exprime par :

$$\forall t \quad C_O(x \to \infty, t) = C^*$$
$$C_R(x \to \infty, t) = 0$$

Nous pouvons écrire d'autre part la deuxième loi de Fick, ainsi que la définition du courant dont nous cherchons l'expression :

$$\partial C_O / \partial t = D \partial^2 C_O / \partial x^2$$
$$i = nFAD \left(\partial C_O / \partial x \right)_{(0,t)}$$

Remarque

Notons au passage que l'on pourrait écrire une équation similaire pour R (qui bien entendu vérifie la deuxième loi de Fick), mais cette relation est sans utilité pour la résolution du problème présent[1].

10.3.2 Résolution

Ce type de système où le temps et l'espace sont liés dans une même équation différentielle se résout avec l'aide des transformées de Laplace (TL), outil qui permet de séparer les variables d'espace et de temps. Il s'agit d'un outil de choix pour la résolution d'équations du type de celles de Fick, même si ce n'est pas le seul. On définit pour une fonction f donnée cette transformée par :

$$TL(f(x,t)) = \bar{f}(x,s) = \int_0^\infty f(t) \exp(-st)\, dt$$

L'énorme avantage de cette opération bijective est que les transformées des fonctions dérivées successivement par rapport a t deviennent des polynômes de s. Par exemple :

$$TL[\partial f(x,t) / \partial t] = s\bar{f}(x,s) - f(x,0)$$

Par contre, cette transformation est « transparente » par rapport aux autres variables, ce qui permet donc de décorréler l'une d'entre elles (celle par rapport à laquelle on effectue la transformée) des autres. Il est plus commode de choisir pour la transformée de Laplace la variable temps, qui n'intervient qu'au niveau de dérivées premières[2].

En effectuant la TL de la loi de Fick par rapport au temps, il vient, pour la concentration de O :

1. Attention, ceci n'est vrai que lorsque R n'intervient pas dans un processus subséquent.
2. Le lecteur intéressé pourra vérifier que le calcul est tout à fait possible mais plus compliqué en prenant la transformée de Laplace par rapport à l'espace.

$$D\left(\frac{d^2\bar{C}(x,s)}{dx^2} \right) = s\bar{C}(x,s) - C(x,0) \qquad (10.4)$$

avec comme conditions initiales : $C_O(x, 0) = C^*$.

L'équation (10.4) admet deux solutions exponentielles : l'exponentielle positive n'ayant pas de sens physique (car la concentration ne peut pas tendre vers l'infini !), il reste :

$$\bar{C}(x,s) = A(s)\exp\left[-x\sqrt{\frac{s}{D}} \right] + B(s) \qquad (10.5)$$

A(s) et B(s) étant des constantes d'intégration.

Or quand x tend vers l'infini, on a : $B(s) = \bar{C}(\infty,s)$

Pour déterminer A(s), nous savons que $C_O(\infty,t)$ est égal a C^*.

La table des TL (voir annexes) nous donne : $\bar{C}_O(x,s) = C^* / s$ (transformée d'une constante).

L'équation (10.5) devient donc :

$$\boxed{\bar{C}_O(x,s) = A(s)\exp\left[-x\sqrt{\frac{s}{D}} \right] + C^* / s} \qquad (10.6)$$

L'équation (10.6) est extrêmement importante, car elle est précursive de toutes les méthodes transitoires dans leur ensemble, dans le cadre de la diffusion plane semi-infinie, et traduit précisément le fait que *les phénomènes de transport s'effectuent dans une seule direction, et seulement par diffusion, dans une solution immobile.* Jusqu'à ce stade nous n'avons encore imposé aucune contrainte spécifique, liée à la nature de la réaction d'électrode, ni à la méthode utilisée.

La valeur de C_R se déduit immédiatement en écrivant qu'à l'électrode (x=0) les flux de O et R sont opposés[1], ce qui peut se traduire aussi en écrivant :

$$C_O(0,t) + C_R(0,t) = C^*$$

Cette équation se transforme (en passant dans l'espace de Laplace) en :

$$\bar{C}_O(0,s) + \bar{C}_R(0,s) = C^* / s$$

On en déduit la valeur de la constante d'intégration pour R :

Il vient immédiatement : $\bar{C}_R(x,s) = -\ A(s)\exp\left[-x\sqrt{\frac{s}{D}} \right]$

À ce stade, nous avons résolu le problème du transport des espèces diffusant dans la solution immobile. Pour aller plus loin, il faut maintenant introduire la réaction à l'électrode, qui bien entendu est dépendante de la méthode utilisée, puisque par définition chaque méthode est définie par la manière dont le potentiel (ou plus rarement le cou-

1. Ceci est vrai dans le cadre de cette résolution car aucune réaction ultérieure n'affecte O et R et que ce sont les seules espèces présentes

rant) est imposé en fonction du temps, ce qui oblige donc la réaction électrochimique à s'effectuer plus ou moins complètement et plus ou moins vite selon la technique.

10.4 Expressions du courant pour les systèmes réversibles (nernstiens)

10.4.1 Chronoampérométrie : obtention de la loi de Cottrell

Appliquons notre deuxième condition initiale, déterminée par la réaction d'électrode: celle-ci étant supposée suffisamment rapide pour que l'état d'équilibre soit atteint à tout instant à l'électrode, on peut écrire la loi de Nernst en $x = 0$:

$$C_O(0,t) / C_R(0,t) = \exp\left[nF(E - E°) / RT \right] \tag{10.7}$$

que nous écrirons dorénavant[1] :

$$C_O^{el} \; / \; C_R^{el} = \exp\left[nF(E - E°) / RT \right] = e^{-\xi}$$

Par commodité[2], nous noterons $\xi = -\left[nF(E - E°) / RT \right]$.

Comme il n'y a pas de réaction chimique associée, nous pouvons immédiatement intégrer l'équation (10.3), ce qui donne :

$$C_O^{el} = C^* - C_R^{el}$$

Il vient donc :

$$C_O^{el} \; / \; (C^* - C_O^{el})) = \exp(-\xi)$$

et donc :

$$C_O^{el} = C^* \left[\exp(-\xi) / 1 + \exp(-\xi) \right] = C^* \left[1 / 1 + \exp(\xi) \right] \tag{10.8}$$

Puisque le potentiel est fixé (c'est la valeur du potentiel après le saut), ξ (et donc la concentration à l'électrode) est une constante (par rapport au temps), dont nous pouvons prendre directement la transformée de Laplace, qui vaut par définition :

$$\bar{C}_O(0,s) = (C^*/s)\left[1 / 1 + \exp(\xi) \right] \tag{10.9}$$

Par identification avec l'équation fondamentale (10.6) en x=0, et en remplaçant $\bar{C}_O(0,s)$ par sa valeur déduite de (10.9), on obtient l'expression suivante de $A(s)$:

1. (les rappels x=0 ont été omis pour plus de clarté, C^{el} désignant la concentration à l'électrode).
2. Nous verrons rapidement dans la suite que le potentiel ne joue qu'un rôle secondaire dans la chronoampérométrie.

$$A(s) = -(C^* / s)\left[\frac{1}{1 + \exp(-\xi)}\right] \tag{10.10}$$

En réinjectant (10.10) dans (10.6), on obtient l'expression de $\bar{C}_O(x,s)$:

$$\bar{C}_O(x,s) = \frac{C^*}{s}\left[1 - \frac{1}{1 + \exp(-\xi)}\exp\left[-x\sqrt{\frac{s}{D}}\,\right]\right] \tag{10.11}$$

Toutefois, le retour à l'expression de $C_O(x,t)$ requiert un outil mathématique avancé, car il ne s'agit pas de l'inversion d'une fonction courante. Par contre, l'expression du courant est moins compliquée, puisqu'elle ne fait intervenir que la dérivée de la concentration en $x = 0$:

$$\bar{i}(s) = nFAD\left(\frac{d\bar{C}_O(x,s)}{dx}\right)_{(x=0)} \tag{10.12}$$

En dérivant (10.6) par rapport à x on obtient :

$$\partial\bar{C}_O(x,s) / \partial x = A(s)\left(-\sqrt{\frac{s}{D}}\right)\exp\left[-x\sqrt{\frac{s}{D}}\,\right] \tag{10.13}$$

soit en $x = 0$: $[\partial\bar{C}_O(x,s) / \partial x]_{x=0} = A(s)\left(-\sqrt{\frac{s}{D}}\right) = (C^* / s)\left[\frac{1}{1 + \exp(-\xi)}\right]\left(\sqrt{\frac{s}{D}}\right)$

En réinjectant dans (10.12), on trouve alors :

$$\bar{i}(s) = \left[\frac{1}{1 + \exp(-\xi)}\right]\left(nFAC^*\sqrt{\frac{D}{s}}\right)$$

La transformée inverse de cette fonction a une expression analytique donnée par les tables, en l'occurrence :

$$i(t) = \left[\frac{1}{1 + \exp(-\xi)}\right]nFAC^*\sqrt{\frac{D}{\pi t}} \tag{10.14}$$

Cette expression dépend du potentiel appliqué ; or, pour presque toutes les applications de cette technique, il est indiqué de choisir un potentiel en fin de saut où la réaction est totale[1], c'est-à-dire tel que l'expression $\left[\frac{1}{1 + \exp(-\xi)}\right]$ soit égale à 1 :

L'expression de $i(t)$ devient alors :

$$\boxed{i(t) = nFAC^*\sqrt{\frac{D}{\pi t}}} \tag{10.15}$$

1. En effet, si E est suffisamment négatif par rapport au potentiel standard du couple, ξ tend vers l'infini.

Cette importante expression est connue sous le nom de **loi de Cottrell**[1] et permet d'accéder directement au coefficient de diffusion D de l'espèce électroactive, qui est la pente de la droite $i = f(t^{-1/2})$, tous les autres paramètres de l'expérience étant connus[2].

On voit que le courant tend théoriquement vers l'infini au début d'expérience (voir figure 10.3) : il y a donc à ce niveau des problèmes liés à l'appareillage, au courant de charge de la double couche, etc. Dans une expérience réelle faite avec un système en solution liquide (eau, solvant organique...), on considère que la mesure du courant est fiable au bout de quelques dizaines de μs[3]. Aux temps longs, la limitation est due aux mouvements de convection du liquide (dus aux gradients de densité, aux vibrations, etc.) qui ne peuvent plus être négligés au-delà d'une dizaine de secondes.

Remarque

Cette limitation aux temps longs n'existe pas dans un polymère ou dans un gel, auquel cas on retombe sur la limite liée à la sensibilité de l'appareillage, lequel peut aujourd'hui être très performant (jusqu'à quelques pA de sensibilité !).

Par intégration de (10.15), on obtient l'expression de la quantité d'électricité ayant traversé le circuit en fonction du temps (chronocoulométrie) :

$$Q(t) = 2nFAC^{*}\sqrt{\frac{Dt}{\pi}} + Q_0 \qquad (10.16)$$

Q_0 regroupe les termes dus à la charge de double couche et à la charge d'éventuelles espèces adsorbées.

Les courbes typiques sont représentées sur la figure 10.2 ci-dessous.

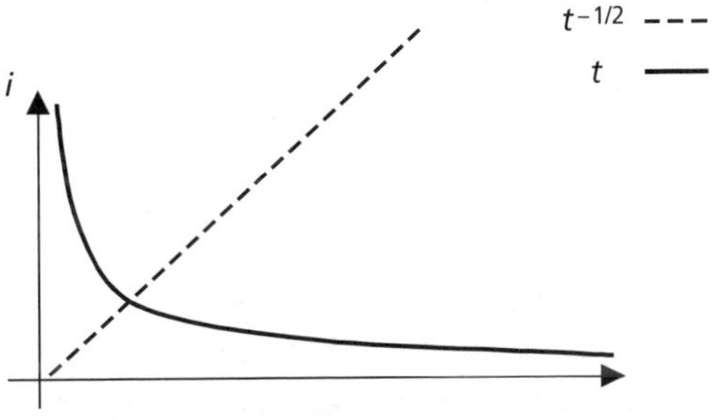

Figure 10.2 – Allure d'une courbe typique de chronoampérométrie dans les deux représentations : (——) *i(t)* et (---) *i*($t^{-1/2}$).

1. F.G. Cottrell (1877-1948), électrochimiste américain.
2. L'aire A, active électrochimiquement, n'est pas réellement connue car elle diffère généralement de l'aire géométrique et dépend des conditions de polissage. Pour une détermination précise du coefficient de diffusion, on peut éliminer ce paramètre soit en faisant plusieurs expériences pour différentes concentrations, soit en couplant les résultats de la chronoampérométrie avec ceux obtenus par une autre technique (voltampérométrie).
3. À condition d'utiliser un système avec une bonne compensation de la chute ohmique, sinon on ne peut guère faire mieux que 1 ms, même dans un solvant fortement conducteur comme l'eau.

Les applications de cette méthode sont bien entendu les mesures de coefficients de diffusion, mais on peut aussi s'en servir pour savoir si un système donné a bien un comportement régi par une loi de diffusion, ce qui ne sera le cas que si la courbe $i = f(t^{-1/2})$ est bien une droite. Éventuellement si on connaît le coefficient de diffusion, on peut aussi s'en servir pour connaître la surface de l'électrode ou bien le nombre d'électrons échangés.

10.4.2 Voltamétrie cyclique

Dans une expérience de voltamétrie cyclique, les conditions de transport sont régies exactement par les mêmes équations que dans la chronoampérométrie et la réaction d'électrode est également régie par la même équation (Nernst pour les systèmes réversibles). Seul change le signal appliqué à l'électrode, le potentiel dépendant cette fois linéairement du temps.

Nous retrouvons donc les deux équations (10.6) et (10.12) typiques des méthodes transitoires :

$$\bar{C}(x,s) = A(s)\exp\left[-x\sqrt{\frac{s}{D}}\right] + C^* / s$$

et :

$$\bar{i}(s) = nFAD\left(\partial\bar{C}_O(x,s) / \partial x\right)_{(x=0)} = -nFA\sqrt{sD}\,(A(s)) \qquad (10.17)$$

Nous pouvons combiner ces équations un peu plus avant, afin d'obtenir une relation intégrale liant $i(t)$ et $C_O(0,t)$, et bien sûr la concentration en espèce réduite, qui est toujours égale à $C° - C_O(0,t)$ (on suppose toujours qu'il n'y a pas d'accumulation de matière à l'électrode ni de réaction chimique associée).

Nous pouvons maintenant appliquer la loi de Nernst comme condition à l'électrode, en tenant compte du balayage de potentiel, ce qui amène à :

$$C_O^{el} / C_R^{el} = C_O^{el} \Big/ (C^* - C_O^{el}) = \exp\left[nF(E_i - E° - vt) \big/ RT\right] \qquad (10.18)$$

L'équation (10.18) peut être réécrite sous la forme : $C_O^{el} \Big/ (C^* - C_O^{el}) = (\xi_i)^{-1}\exp(-\sigma t)$

en posant $\xi_i = \exp[-nF(E_i - E°)/RT]$ et $\sigma = nFv/RT$, ce qui permet de séparer les paramètres, ξ_i étant constant et σ éventuellement variable.

Le détail de la résolution mathématique de l'équation (10.17) en tenant compte de (10.18) est complexe et dépasse le cadre de cet ouvrage[1].

On obtient au final :

$$C_O^{el} = C° - \left[nFA\sqrt{(\pi D)}\right]^{-1} \int_0^t i(\tau)(t-\tau)^{1/2}\,d\tau \qquad (10.19)$$

qui, compte tenu de l'équation (10.16) conduit à une relation implicite $i(t)$ ou $i(E)$.

1. Le calcul complet figure dans *Électrochimie, principes et applications*, Bard et Faulkner (cf. bibliographie).

Remarque

L'intégrale figurant dans l'équation (10.18) est une fonction appelée produit de convolution :

$$\hat{I}(t) = \frac{1}{\sqrt{\pi}}\int_0^t i(\tau)(t-\tau)^{1/2}\,d\tau$$

et équivaut à une semi-intégrale du courant : $\hat{I}(t) = \dfrac{d^{-1/2}i}{dt^{1/2}}$.

On obtient alors la relation courant-potentiel sous la forme : $E = E^\circ + \dfrac{RT}{nF}\ln\dfrac{I_\ell - \hat{I}}{\hat{I}}$

En posant : $I_\ell = nFA\sqrt{D}C^*$.

L'expression finale de la relation courant-potentiel conduit à la représentation de la figure 10.1b. On peut tirer des informations importantes de deux quantités : le potentiel de pic et le courant de pic, dont voici les expressions :

$E_p = E^\circ - 1{,}109\ RT/nF = E^\circ - 28{,}5/n$ mV à 25 °C
$i_p = 0.446\ nFAC^*(nFvD/RT)^{1/2} = (2{,}7.10^5)n^{3/2}AC^*(Dv)^{1/2}$ à 25 °C

avec : A en cm^2 ; D en cm^2s^{-1} ; C^* en $mol{\cdot}cm^{-3}$; v en $V{\cdot}s^{-1}$.

Il apparaît donc que le courant de pic varie avec la racine carrée de la vitesse de balayage, ce qui est caractéristique d'un système avec transport par diffusion linéaire semi-infinie (relation de Randles-Sevčik). Le potentiel de pic permet de déterminer le potentiel standard du système.

En voltamétrie cyclique, on dispose également du pic retour, à condition de balayer assez vite pour que l'espèce réduite ne subisse aucune transformation chimique dans l'intervalle, auquel cas il faudrait pousser plus loin l'analyse (cf. chap. 13). À condition de choisir le potentiel d'inversion suffisamment loin du potentiel de pic, la demi-somme des potentiels des pics aller et retour est dans ce cas égale à E°, et la différence de potentiel entre les deux pics est égale à 2,2 *RT/nF* (56,5/*n* mV à 25 °C). Cette différence est strictement indépendante de la vitesse de balayage, ce qui est caractéristique d'une cinétique de transfert électronique rapide (systèmes réversibles, pour lesquels la loi de Nernst s'applique à l'électrode).

Encart 10.2 – Cas des systèmes possédant plusieurs sites redox identiques

Un cas particulier intéressant est celui des molécules possédant plusieurs sites redox identiques. Généralement, les transferts d'électrons sont successifs (le deuxième étant plus difficile que le premier) pour de simples raisons électrostatiques. En fait, pour une molécule qui aurait deux sites électroactifs rigoureusement identiques et suffisamment éloignés pour éliminer toute interaction électrostatique, les deux électrons ne passent pas au même potentiel, mais avec un écart (défavorable, donc à un potentiel plus négatif pour le deuxième électron s'il s'agit d'une réduction) égal à

(RT/F)ln2 (environ 35 mV à 25 °C). Cela est dû au fait qu'il existe un facteur entropique lié au choix du site pour la première réduction lorsque les deux sont initialement à l'état oxydé, qui n'existe plus après le premier transfert. Deux électrons peuvent donc être échangés exactement au même potentiel seulement si le second transfert est plus favorable d'exactement cette valeur (la différence enthalpique compensant le terme entropique pour obtenir la même valeur du $\Delta_r G$), auquel cas la courbe de CV devient bien alors strictement homothétique de celle d'une molécule qui n'aurait qu'un site réductible (au potentiel du premier transfert). Dans la pratique, dans le cas de deux sites identiques, l'existence du facteur entropique ne modifie la forme de la courbe que de manière très légère (ΔE_p légèrement supérieur à 56,5 mV) par rapport au cas d'un seul électron échangeable. Le courant de pic calculé pratiquement double, ce qui reflète bien l'additivité des deux électrons échangés.

10.5 Cas des systèmes non réversibles

Il s'agit des cas où la loi de Nernst ne s'applique plus parce que la réaction de transfert d'électron n'est pas suffisamment rapide ; on utilise alors en général une loi cinétique de type Butler-Volmer pour relier courant et concentrations à l'électrode. On peut encore calculer le courant dans le cadre de la chronoampérométrie et de la voltamétrie cyclique. Cependant, dans chaque cas, le calcul devient très compliqué, et nous ne donnerons que les indications utiles pour extraire les informations nécessaires des résultats expérimentaux.

10.5.1 Chronoampérométrie

Dans ce cas, on impose toujours, après le saut, un potentiel où la réaction à l'électrode est totale, sinon les calculs deviennent vraiment très compliqués et la plupart du temps inutiles. Dans ces conditions, on arrive toujours à réaliser la condition $C_O(0,t) = C_O^{el} = 0$ au potentiel final, à condition d'appliquer un potentiel suffisant, et l'équation de transport n'étant pas modifiée, la loi de Cottrell s'applique toujours. Il faut simplement s'assurer que la première condition est vérifiée (en effectuant par exemple une voltamétrie cyclique, et en choisissant un potentiel de 200 mV inférieur[1] au potentiel de pic), ce qui peut donc conduire à choisir un potentiel final notablement plus négatif que dans le cas Nernstien.

Remarque

C'est un avantage de la chronoampérométrie sur la voltampérométrie que de fournir un signal peu dépendant de la cinétique du transfert de charge pourvu que le potentiel final soit bien choisi. Un autre avantage est l'affranchissement du courant capacitif dès lors que le temps de mesure est notablement supérieur à la constante de temps du circuit RC correspondant, alors qu'en voltamétrie, le courant capacitif génère un courant résiduel proportionnel à la vitesse de balayage.

1. Dans le cas de la réduction.

10.5.2 Voltamétrie cyclique

Le calcul de la relation $i(E)$ est nettement plus compliqué, et il est préférable de considérer directement les caractéristiques de la courbe (valeurs des courants et potentiels de pic). On a :

$$E_p = E^\circ - (RT/\alpha nF)[0{,}780 + \ln(D^{1/2}/k^\circ) + \ln(\alpha nF\text{v}/RT)^{1/2}]$$
$$i_p = (2{,}99 \cdot 10^5)\, nFAC^\circ(\alpha \text{v} D)^{1/2}$$

avec : k° en $cm \cdot s^{-1}$, les autres variables ayant les mêmes unités qu'en 10.4.2.

L'influence de la non-réversibilité du transfert de charge est essentiellement de déformer les courbes vers les potentiels plus négatifs (dans le cas d'une réduction). Attention, les courbes ne sont pas décalées comme dans le cas d'une réaction chimique associée (cf chap. 13), elles sont simplement étirées. En voltamétrie cyclique, on observe un écartement des pics aller et retour d'autant plus grand que le système se comporte de façon irréversible (cf. figure 10.3).

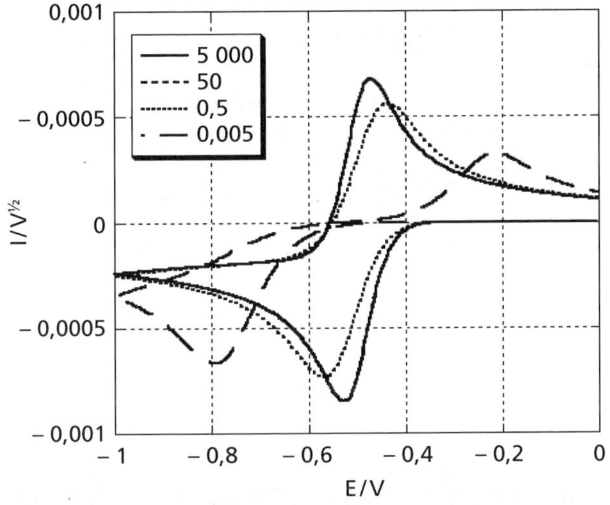

Figure 10.3 - Voltamétries cycliques normalisées pour un processus monoélectronique avec : $E^\circ = -0{,}5$ V ; $D = 10^{-5}$ cm^2s^{-1} ; $\alpha = 0{,}5$ et les valeurs de $\varphi = k^\circ/(\text{v}FD/RT)^{1/2}$ indiquées sur la figure. Les courbes pour $\varphi =$ 50 et 5000 sont confondues.

En voltamétrie cyclique, le décalage des potentiels de pic augmente en fonction d'un paramètre adimensionnel φ égal à $k^\circ/(\text{v}FD/RT)^{1/2}$. On notera que le paramètre de dissymétrie de l'état de transition α n'intervient pas dans l'écart des pics [1], qui ne dépend que de la constante de vitesse du transfert électronique, et bien sûr de la vitesse de balayage qui joue un rôle antagoniste de cette dernière. Un système pourra donc apparaître réversible ou non réversible selon la vitesse de balayage à laquelle on travaillera, le paramètre

1. pour : $0{,}3 < \alpha < 0{,}7$

φ traduisant la compétition entre la vitesse du transfert électronique ($k°$) et la vitesse de balayage en potentiel (v). On aura d'autant plus de chances d'observer une limitation cinétique au niveau du transfert électronique qu'on va balayer rapidement. À l'inverse, un balayage plus lent nous rapprochera d'autant plus du cas Nernstien (qui correspond à $\varphi \to \infty$ mais en pratique les courbes sont invariables à partir de $\varphi > 20$ environ).

Remarque

Notons que le paramètre φ n'est autre que le rapport $k°/m = k°\delta/D$, déjà évoqué au chapitre 5 comme gouvernant le choix de l'étape cinétiquement déterminante, puisqu'en voltamétrie l'épaisseur de la couche de diffusion varie comme $[D\tau]^{1/2} = [DRT/(F\mathrm{v})]^{1/2}$.

Le tableau 10.1 rassemble quelques valeurs de ΔEp en fonction de φ. On peut voir dans le tableau que, dès que φ atteint la valeur de 20, on est quasiment revenu au cas réversible (Nernstien). Par contre, pour des valeurs de φ très petites, on voit que l'écart entre les pics peut prendre des valeurs très élevées. Ce phénomène d'irréversibilité du transfert électronique empêche parfois d'observer l'influence de réactions chimiques associées et peut conduire à ne pas observer le signal « retour », lorsqu'un autre couple redox s'intercale entre les potentiels d'oxydation et de réduction.

Tableau 10.1 – **Valeurs de l'écart des potentiels de pics en voltamétrie cyclique en fonction du paramètre ϕ à 25 °C.**

φ	$n\Delta E_p$ (mV à 25 °C)
20	61
2	72
0,5	105
0,1	212

Encart 10.3 – Nombre d'électrons échangés

La problématique du nombre d'électrons échangés vient de la distinction nécessaire entre nombre global d'électrons dans la réaction électrochimique et nombre d'électrons dans l'étape élémentaire du mécanisme. Ce dernier est généralement égal à 1 (cf. chapitre 3). Toutefois, dans de rares cas on peut passer simultanément deux électrons : si le second électron passe à un potentiel nettement plus positif que le premier, on aura alors l'impression d'un seul acte. Cela peut arriver pour certains métaux comme l'étain où un degré d'oxydation n'existe pas (Sn(III)) et la réduction de Sn(IV) conduit directement à Sn(II). Cela peut aussi arriver si une réaction chimique très rapide (protonation) intervient immédiatement après le transfert du premier électron (cas des quinones dans certaines conditions de pH). Dans ce cas, la forme des voltamétries change : elles deviennent plus étroites, et l'écart de pic en voltamétrie cyclique passe à 28,3 mV (la moitié de la valeur pour $n = 1$). L'intensité du courant de pic augmente aussi bien entendu, elle est multipliée par le coefficient $2^{3/2}$ ($n = 2$ dans les équations ci-dessus). Mais attention, ceci n'est valable que si le deuxième électron passe avec un potentiel nettement plus favorable (au moins 60 mV) que le premier. Si deux (ou plus) électrons passent au même potentiel (molécule avec deux ou plusieurs sites électroactifs de même nature, suffisamment éloignés pour ne pas interagir) on observe une simple additivité des courants mais l'écart de potentiel reste de 57 mV ($n = 1$ dans l'expression des potentiels de pic mais $n = 2$ dans la conversion flux-courant).

10.6 Autres méthodes transitoires

Il existe d'autres méthodes transitoires, qui ont occasionnellement démontré leur utilité dans la résolution de certains problèmes pratiques, mais dont l'emploi est assez limité en règle générale. Nous allons dans la suite en présenter deux exemples : la chronopotentiométrie et les techniques à double saut. La chronopotentiométrie à courant constant possède en effet un intérêt pédagogique, et les techniques à double saut (chronoampérométrie ou chronocoulométrie) sont occasionnellement utilisées pour l'analyse de mécanismes.

10.6.1 Chronopotentiométrie à courant constant

Pour cette méthode, un courant constant i est imposé à l'électrode[1]. On cherche à prédire l'évolution du potentiel à cette dernière. On voit tout de suite que cette méthode conduira à des discontinuités pour $t = 0$, ainsi qu'au-delà d'une certaine valeur de t, puisque dans des conditions de diffusion plane dans une solution immobile, quelle que soit la concentration à l'électrode, le courant finit par tendre vers 0, quelle que soit la valeur du potentiel : il existera donc une valeur du temps pour laquelle la diffusion sera incapable d'assurer un flux de matière suffisant pour maintenir le courant à la valeur i.

On peut résoudre simplement le problème dans l'espace de Laplace car si i est constant, la TL de i est i/s. Cependant, nous allons voir tout d'abord que l'on peut, un peu comme dans les méthodes à potentiel imposé, commencer la résolution dans le cas plus général d'une forme de courant imposé quelconque, avant de résoudre complètement le problème pour un courant constant.

On dispose toujours des équations sur les concentrations, ainsi que de la loi des flux liant le courant à la dérivée de la concentration à l'électrode :

$$\bar{C}_O(x,s) = A(s)\exp\left[-x\sqrt{\frac{s}{D}}\right] + C^* / s$$

$$\bar{C}_R(x,s) = -\,A(s)\exp\left[-x\sqrt{\frac{s}{D}}\right]$$

1. Il s'agit en fait du pendant de la chronoampérométrie, en inversant les rôles respectifs du courant et du potentiel.

et : $$\bar{i}(s) = nFAD\left(\frac{d\bar{C}_O(x,s)}{dx}\right)_{(x=0)}$$

De ces équations nous pouvons extraire la valeur de la constante *A*(*s*) en fonction du courant qui est le paramètre imposé (cf. équation 10.17) :

$$A(s) = \frac{-\bar{i}(s)}{nFA\sqrt{Ds}}$$

En remplaçant *A(s)* par sa valeur, on tire les transformées des concentrations :

$$\bar{C}_O(x,s) = -\frac{\bar{i}(s)}{nFA\sqrt{Ds}}\exp\left[-x\sqrt{\frac{s}{D}}\right] + C^* / s$$

et : $$\bar{C}_R(x,s) = \frac{\bar{i}(s)}{nFA\sqrt{Ds}}\exp\left[-x\sqrt{\frac{s}{D}}\right]$$

À ce stade, le problème est résolu dans l'espace de Laplace, et il faut maintenant introduire la forme réelle du courant pour poursuivre la résolution jusqu'à son terme.

Dans le cas de la chronopotentiométrie à courant constant, nous pouvons remplacer $\bar{i}(s)$ par sa valeur *i/s* (transformée de Laplace d'une constante) :

$$\bar{C}_O(x,s) = -\frac{i}{nFA\sqrt{D}s^{3/2}}\exp\left[-x\sqrt{\frac{s}{D}}\right] + C^* / s$$

et : $$\bar{C}_R(x,s) = \frac{i}{nFA\sqrt{D}s^{3/2}}\exp\left[-x\sqrt{\frac{s}{D}}\right] \qquad (10.20)$$

Il est possible de revenir dans l'espace réel à ce niveau, mais comme pour la chronoampérométrie, les fonctions mathématiques impliquées ne sont pas triviales. Toutefois, le potentiel étant relié aux concentrations à l'électrode, nous pouvons exprimer celles-ci à partir des équations (10.20) :

$$\bar{C}_O(0,s) = -\frac{i}{nFA\sqrt{D}s^{3/2}} + C^* / s$$

$$\bar{C}_R(0,s) = \frac{i}{nFA\sqrt{D}s^{3/2}}$$

Les fonctions réelles correspondantes sont désormais plus simples (cf. annexe). On trouve en particulier pour $C_O{}^{el}$ la relation suivante :

$$C_O^{el} = C^* - 2\left(\frac{i}{nFA}\sqrt{\frac{t}{\pi D}}\right) \qquad (10.21a)$$

et pour C_R^{el} : $$C_R^{el} = 2\left(\frac{i}{nFA}\sqrt{\frac{t}{\pi D}}\right) \qquad (10.21b)$$

Les équation (10.21) montrent qu'il existe bien un temps τ pour lequel la concentration s'annule, et au-delà duquel elle deviendrait négative ! Bien entendu cela ne peut arriver. Lorsque le temps τ est atteint, on sort du domaine de validité du calcul, et le potentiel chute brutalement à une valeur pour laquelle une autre réaction électrochimique devient possible (la réduction du solvant par exemple). On peut calculer τ en annulant C_O^{el} :

$$\sqrt{\tau} = \left(nFAC^*\sqrt{D\pi}\right)\Big/_{2i} = 85500\left(nAC^*\sqrt{D}\Big/_{i}\right) \tag{10.22}$$

avec : A en cm^2 ; C^* en mol.cm^{-3} ; D en cm^2 s^{-1} ; i en A.

Cette équation, connue sous le nom d'**équation de Sand**, est importante à plusieurs titres. D'une part elle fixe *la durée éventuelle d'une électrolyse à courant constant dans une solution immobile*, mais en définissant le temps τ, elle permet de simplifier les équations précédentes :

$$C_O^{el} = C^* - \left(1 - \sqrt{\frac{t}{\tau}}\right) \tag{10.23}$$

$$C_R^{el} = C^*\left(\sqrt{\frac{t}{\tau}}\right) \tag{10.24}$$

L'expression du potentiel se déduit de la condition de réversibilité (système Nernstien) :

$$C_O^{el} \,/\, C_R^{el} = \exp\left[nF(E - E°)\Big/_{RT}\right]$$

D'où il vient :

$$E = E° + \frac{RT}{nF}\ln\left[\frac{\left(1 - \sqrt{\frac{t}{\tau}}\right)}{\sqrt{\frac{t}{\tau}}}\right] \tag{10.25}$$

Cette courbe a l'allure présentée sur la figure 10.4. Elle présente un point d'inflexion pour la valeur $t = \tau/4$. Le potentiel a alors la valeur $E°$. Notez l'allure de « sigmoïde inversé » de la courbe, la variable $(t/\tau)^{1/2}$ jouant le même rôle que le paramètre i/i^{ℓ} dans l'équation de la vague « classique ».

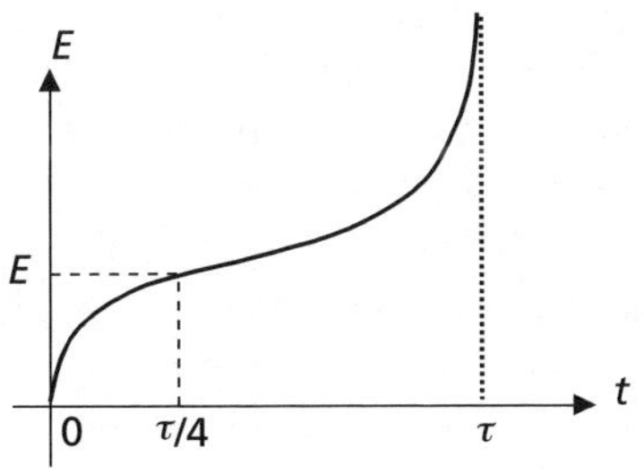

Figure 10.4 – Allure de la courbe de chronopotentiométrie pour un saut de courant imposé.

Remarque

Il est aisé de constater que la première partie de la résolution s'applique à tout profil imposé de courant. Par conséquent, on peut déterminer, pour peu que l'on ait l'outil mathématique à sa disposition, tout profil potentiel-temps pour un système électrochimique réversible. Même dans le cas non réversible, les équations de transport continuent à s'appliquer, et le système est en principe soluble par des méthodes de calcul, même si les fonctions correspondantes ne sont pas analytiques.

10.6.2 Techniques à double saut

Elles consistent à appliquer deux sauts successifs, l'un à un stade ou la réaction est totale, et l'autre en retour à la valeur initiale, à des temps respectivement égaux à τ et 2τ.

Dans le contexte de la chronoampérométrie, donc pour un double saut de potentiel, on obtient deux courbes de type Cottrell (cf. figure 10.5), mais avec des valeurs absolues de courant différentes, du fait que la concentration de l'espèce formée au cours de la première réaction est très différente de C^* au bout du temps τ (quelle que soit la valeur donnée à ce dernier), ce qui signifie que *les conditions initiales pour le saut « retour » ne sont pas les mêmes que pour le saut « aller »*.

Dans le cas le plus simple où chaque saut est effectué à une valeur de potentiel telle que la réaction est totale au niveau de l'électrode, on a :

$$i_f = nFAC^*\sqrt{\frac{D}{\pi t}} \qquad \text{pour } 0 < t < \tau$$

$$i_r = -nFAC^*\sqrt{\frac{D}{\pi}}\left(\frac{1}{\sqrt{t-\tau}} - \frac{1}{\sqrt{t}}\right) \qquad \text{pour } \tau < t < 2\tau$$

soit :

$$\frac{-i_r(t_r)}{i_f(t_f)} = \left(\frac{\sqrt{t_f}}{\sqrt{t_r - \tau}} - \frac{\sqrt{t_f}}{\sqrt{t_r}}\right) \tag{10.26}$$

où t_f et t_r représentent deux instants du saut aller et du saut retour.

Dans le cas particulier où $t_f = \tau$ et $t_r = 2\tau$, *le rapport r des courants est indépendant de* τ et prend la valeur $\left(1 - 1/\sqrt{2}\right) = 0{,}29$.

Bien sûr si une réaction chimique consommant le produit intervient, ce rapport baisse. En analysant les courbes (normalisées) $r/0{,}29 = \mathrm{f}(\tau)$ on peut, par comparaison, déterminer le type de mécanisme impliqué pour la ou les réactions chimiques considérées. Cette méthode est donc concurrentielle de l'électrode tournante ou bien de la voltamétrie cyclique comme détaillées dans le chapitre 13, mais elle est plus délicate à analyser ; cependant, elle a l'énorme mérite de s'affranchir de possibles complications liées à la cinétique du transfert électronique, ou en cas de modification de la surface de l'électrode[1].

La même analyse s'applique également lorsque la grandeur mesurée est la quantité d'électricité (chronocoulométrie à double saut de potentiel). L'équation (10.16) donne l'expression de la charge lors du saut aller. Celle correspondant au saut retour est obtenue par intégration de i_r :

$$Q_r = Q_0 + 2nFAC^*\sqrt{\frac{D\tau}{\pi}} + \int_{\tau}^{t>\tau} i_r\,dt = Q_0 + 2nFAC^*\sqrt{\frac{D}{\pi}}\left(\sqrt{t} - \sqrt{t-\tau}\right) \tag{10.27}$$

1. Elle a notamment rendu service dans l'analyse du mécanisme des premières étapes de la polymérisation de pyrroles, qui est compliquée par l'intervention de la formation subséquente du polymère.

Si l'on considère la différence $(Q(\tau)- Q_r)$ on obtient :

$$(Q(\tau) - Q_r) = Q_0 + 2nFAC^*\sqrt{\frac{D}{\pi}}\left(\sqrt{\tau} + \sqrt{t-\tau} - \sqrt{t}\right) \qquad (10.28)$$

L'équation (10.28) montre que la différence $(Q(\tau) - Q_r)$ varie linéairement en fonction du paramètre $\left(\sqrt{\tau} + \sqrt{t-\tau} - \sqrt{t}\right)$, de la même façon que Q_f varie linéairement en fonction de $\sqrt{t}$. Cette analyse est très utile non seulement pour vérifier la réversibilité chimique du système (comme en chronoampérométrie) mais également pour déterminer Q_0, c'est-à-dire la charge due aux éventuelles espèces adsorbées.

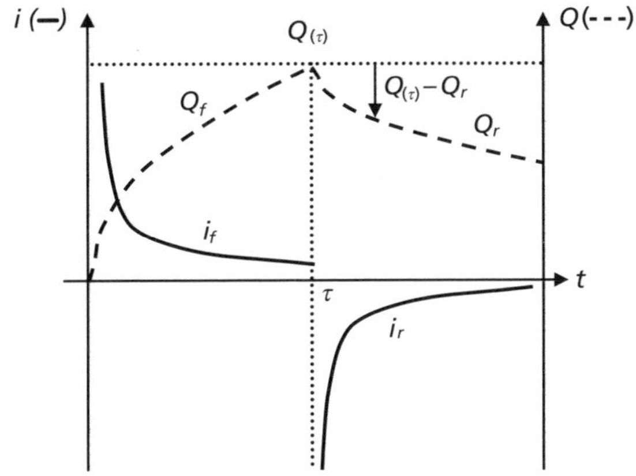

Figure 10.5 – Allure des courbes de chronoampérométrie (trait plein) et chronocoulométrie (trait interrompu) à double saut de potentiel.

En conclusion, les méthodes transitoires, qu'elles soient à base de saut ou de balayage, d'imposition du courant ou du potentiel, sont particulièrement bien adaptées à l'analyse de la réaction électrochimique, que ce soit du point de vue des caractéristiques thermodynamiques, cinétiques et de transport. Bien que la résolution analytique des équations conduisant aux relations courant-potentiel-temps soit parfois ardue, la mise en œuvre simple de ces techniques les rend souvent incontournables du point de vue expérimental.

Bibliographie

A.-J. BARD and L.-R. FAULKNER, *Electrochemical Methods, Fundamentals and Applications*, Wiley, 2001, chap. 5 et 6.

C. M. A BRETT and M. O. BRETT, *Electrochemistry: principles, methods and applications*, Oxford, 1993, chap. 9 et 10

F. BEDIOUI, *Techniques de l'Ingénieur (traité analyse et caractérisations)*, 1999, p. 2125.

Partie 3
Applications

PILES ET ACCUMULATEURS

11

La production et le stockage d'énergies nouvelles et propres est un des défis majeurs pour l'humanité pour pallier d'une part l'épuisement rapide des ressources naturelles (pétrole, gaz, charbon) et d'autre part l'utilisation croissante de systèmes sollicitant un apport d'énergie électrique (appareils électroniques portables : micro-ordinateurs, téléphones, caméscopes, véhicules électriques et hybrides, etc.). Ces différents marchés nécessitent le développement de différents systèmes électrochimiques comme les piles et les accumulateurs, les piles à combustible et les supercondensateurs électrochimiques.

Les piles sont des générateurs d'énergie qui délivrent de l'électricité. En effet, durant le fonctionnement d'une pile, une réaction chimique d'oxydoréduction a lieu au cours de laquelle des électrons s'échangent ; l'énergie chimique de la réaction est alors « récupérée » sous forme électrique par l'intermédiaire d'un circuit métallique extérieur. C'est pourquoi on appelle aussi les piles des «générateurs électrochimiques primaires».

Les générateurs électrochimiques rechargeables (ou accumulateurs) sont des dispositifs dont les systèmes rédox sont renversables. Il doit pouvoir fonctionner en générateur d'énergie (décharge) et en récepteur (charge). Ces dispostifs sont denommés générateurs électrochimiques secondaires. Le plus commun des générérateurs de ce type est l'accumulateur au plomb utilisé dans la plupart des véhicules de transport, mais les accumulateurs au lithium sont de plus en plus présents dans la vie courante.

Enfin, une pile à combustible est un système électrochimique qui convertit directement l'energie chimique d'une réaction d'oxydation d'un combustible en présence d'un comburant en énergie électrique.

Dans ce chapitre, nous verrons les caractéristiques de ces différents systèmes ainsi que quelques exemples de leurs composition et performances actuelles.

11.1 Les piles ou générateurs électrochimiques primaires

11.1.1 Introduction sur l'exemple de la pile Daniell

a) Description

Prenons comme exemple le fonctionnement de la pile Daniell. Celle-ci est schématisée figure 11.1.

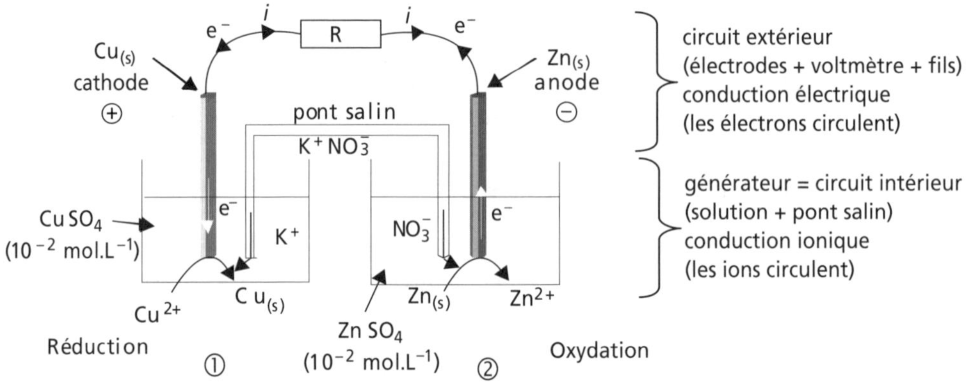

Figure 11.1 – **Schéma de la pile Daniell.**

La pile Daniell est composée de deux couples redox différents : $Cu^{2+}/Cu_{(s)}$ et $Zn^{2+}/Zn_{(s)}$; les électrodes sont en cuivre et en zinc. Les solutions aqueuses sont composées des électrolytes forts $CuSO_4$ et $ZnSO_4$ à 10^{-2} mol·L^{-1}, par exemple. On peut aisément mesurer la f.é.m. de la pile ainsi constituée à l'aide d'un voltmètre. Il suffit de remplacer la résistance R de la figure 11.1 par un voltmètre d'impédance Z considérée comme infinie. Dans ces conditions, aucun courant *i* ne circule. La f.é.m. est une différence de potentiel (ddp) mesurée à courant nul. On peut aussi calculer cette f.é.m. par l'intermédiaire des relations de Nernst à 25 °C.

À l'anode, il y a oxydation du zinc :

$$Zn_{(s)} \longrightarrow Zn^{2+} + 2\,e^-$$

À la cathode, il y a réduction des ions Cu^{2+} :

$$Cu^{2+} + 2\,e^- \longrightarrow Cu_{(s)}$$

Le pôle positif est donc représenté par l'électrode 1 et le pôle négatif par l'électrode 2. La valeur de la f.é.m. notée ΔE est donc :

$$\Delta E = E_1 - E_2 = 1{,}10\ V$$

La pile Daniell va donc débiter de manière à égaliser les potentiels E_1 et E_2. Le déplacement des électrons du pôle négatif vers le pôle positif à l'extérieur du générateur assure le passage du courant *i*. Les électrons se déplacent dans les conducteurs métalliques du circuit extérieur (figure 11.1). À l'intérieur du générateur, ce sont les ions solvatés qui assurent le passage du courant *i*.

Remarque

Le pont salin (ou pont ionique) permet d'assurer la jonction entre les compartiments ① et ② et de fermer le circuit. Il est, en général, composé d'un gel agar-agar contenant une solution concentrée d'ions indifférents, de mobilités voisines (ex : K^+, NO_3^-). Ces ions se déplacent de manière à assurer la neutralité électrique dans chaque compartiment.

Compartiment 1 : disparition de Cu^{2+}, apparition de K^+.

Compartiment 2 : apparition de Zn^{2+}, apparition de NO_3^-.

Le pont salin peut être remplacé par un compartiment séparé par une membrane poreuse. Un pont salin ou une paroi poreuse présente un potentiel de jonction ΔE_j que l'on considérera négligeable.

La pile Daniell est symbolisée (selon une représentation conventionnelle) comme suit :

$$Zn|Zn^{2+}_{aq}, C_1||C_2, Cu^{2+}_{aq}|Cu$$

La barre verticale sépare deux phases différentes (exemple solide-liquide). La double barre en trait plein représente la séparation par une paroi poreuse des deux électrolytes[1]. Lorsque l'on connaît la polarité de la pile, il est d'usage de placer le pôle négatif à gauche et le pôle positif à droite. Dans ce cas, la f.é.m., qui est égale à la différence entre le potentiel de l'électrode de droite et le potentiel de l'électrode de gauche à intensité nulle, est une grandeur positive[2].

$$[\Delta E]_{i=0} = E_{Droite} - E_{Gauche}$$

La force électromotrice standard est définie par la relation :

$$[\Delta E°]_{i=0} = E°_{Droite} - E°_{Gauche}$$

b) Généralisation

Considérons deux couples redox O_1/R_1 et O_2/R_2. Le potentiel d'équilibre E_1 du couple O_1/R_1 est inférieur au potentiel d'équilibre E_2 du couple O_2/R_2. Le métal des électrodes est considéré comme inerte.

À l'anode (1), il y a oxydation de R_1 et à la cathode (2), il y a réduction de O_2 :

$$(1)\ R_1 \longrightarrow O_1 + n_1e^-$$

$$(2)\ O_2 + n_2e^- \longrightarrow R_2$$

1. Une double barre en trait pointillé représente suivant cette convention IUPAC une séparation par un pont salin
2. Par convention (congrès de Stockholm 1953) la force électromotrice d'une cellule électrochimique (générateur ou récepteur) est égale à la différence des potentiels d'équilibre électrochimique de l'électrode de droite et de l'électrode de gauche. La force électromotrice étant une grandeur algébrique, elle peut prendre une valeur positive ou négative.

L'équation bilan de la réaction d'oxydoréduction de la pile en fonctionnement est la suivante :

$$n_1O_2 + n_2R_1 \longrightarrow n_2O_1 + n_1R_2$$

Si les deux systèmes sont considérés comme rapides, le fonctionnement de ce générateur peut être illustré au moyen des courbes intensité-potentiel (figure 11.2).

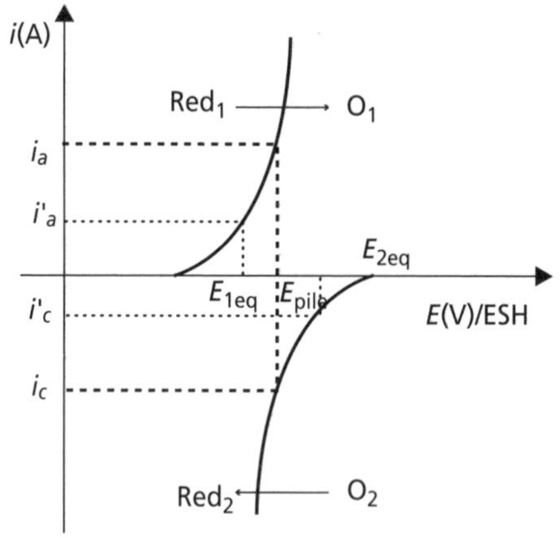

Figure 11.2 - Courbes intensité-potentiel du fonctionnement d'un générateur.

La tension ΔE aux bornes de la pile lorsqu'aucun courant ne débite est la *force électromotrice* (f.é.m.) ou *tension en circuit ouvert*. Sa valeur ΔE est calculée par simple différence :

$$\Delta E = E_{2eq} - E_{1eq}.$$

Lors du fonctionnement de la pile, le passage du courant électrique i produit une chute ohmique ri responsable de l'effet Joule (r représentant la résistance interne de la pile). À l'anode, le potentiel devient $E_1 = E_{1eq} + \eta_1$ (η_1>0) et à la cathode, le potentiel devient :

$$E_2 = E_{2eq} + \eta_2 \ (\eta_2<0).$$

La tension U aux bornes de la pile lorsqu'elle débite un courant i est donc donnée par l'expression suivante :

$$U = E_2 - E_1 - r.i = [E_{2eq} - E_{1eq}] + [\eta_2 - \eta_1] - r.i$$

$[E_{2eq} - E_{1eq}]$ est un terme d'ordre thermodynamique ;

$[\eta_2 - \eta_1]$ est un terme d'ordre cinétique ;

$r.i$ est un terme d'ordre électrique (ohmique).

c) Variation de la force électromotrice d'une pile avec la température

L'expression de la variation infinitésimale de l'enthalpie libre est donnée par l'expression suivante :

$$dG = - SdT + VdP + \Delta_r G.d\xi$$

Compte tenu de la relation entre $\Delta_r G$ et E (cf. chapitre 2), on a :

$$-\left(\frac{\partial S}{\partial \xi}\right)_{T,P} = -\Delta rS = \left(\frac{\partial(\Delta rG)}{\partial T}\right)_{T,\xi} = -nF\left(\frac{\partial \Delta E}{\partial T}\right)_{P,\xi}$$

Soit $$\Delta_r S = nF\left(\frac{\partial \Delta E}{\partial T}\right)_{P,\xi}$$

$\Delta_r H$ se déduit des expressions de $\Delta_r G$ et $\Delta_r S$:

$$\Delta_r H = \Delta rG + T.\Delta_r S = nF\left(-\Delta E + T.\left(\frac{\partial \Delta E}{\partial T}\right)_{P,\xi}\right)$$

On a donc les relations suivantes :

$$\Delta_r G = -nF\Delta E$$

$$\Delta_r S = nF\left(\frac{\partial \Delta E}{\partial T}\right)_{P,\xi}$$

$$\Delta_r H = nF\left(-\Delta E + T.\left(\frac{\partial \Delta E}{\partial T}\right)_{P,\xi}\right)$$

Remarque

Ces expressions sont vérifiées, en particulier, si les constituants sont pris dans leur état standard. Dans ce cas, les dérivées partielles sont remplacées par des différentielles puisque les grandeurs standard ne dépendent plus que de la température.

Le terme $\frac{\partial \Delta E}{\partial T}$ est appelé coefficient de température de la pile. Ce coefficient est obtenu en traçant la courbe $\Delta E = f(T)$: il s'agit d'une droite dans un intervalle de température restreint[1] (environ 50 °C). On en déduit les grandeurs thermodynamiques $\Delta_r S$ et $\Delta_r H$ pour la réaction mise en jeu dans la pile.

d) Caractéristiques principales d'une pile

Une pile est caractérisée par sa courbe de décharge $U = f(t)$ (figure 11.3), c'est-à-dire l'évolution de la tension délivrée en fonction du temps.

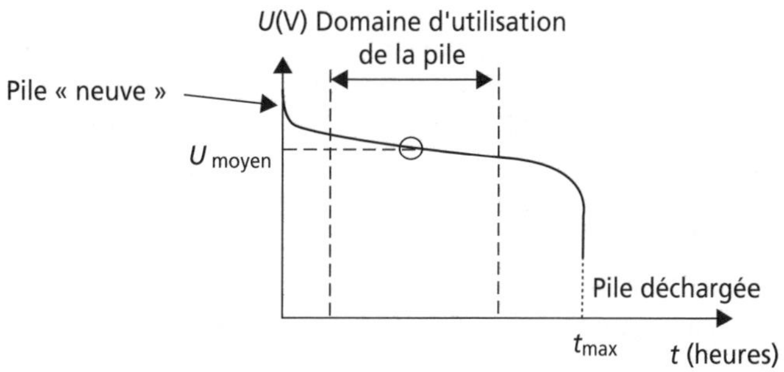

Figure 11.3 - Courbe de décharge d'une pile : *U* = f(*t*).

1. Car il faut pouvoir négliger la variation de $\Delta_r S$ et $\Delta_r H$ avec T.

La chute brutale de la tension U et de l'intensité de courant i débitées correspond à la durée de fonctionnement maximale (t_{max}) de la pile (figure 11.3). La quantité maximale d'électricité que peut fournir la pile est appelée sa capacité et est notée **C**. Elle est exprimée en ampère-heure[1] (A.h). La capacité théorique massique est la quantité d'électricité stockée rapportée à la masse de réactifs :

$$\mathbf{C} = \frac{nF}{M}$$

Avec M : la masse molaire du réactif ; n : le nombre d'électrons mis en jeu dans la réaction par mole de réactif.

La capacité expérimentale peut être évaluée à partir de l'intensité moyenne i_{moy} correspondant au palier de la courbe :

$$\mathrm{C} = i_{\text{moy}} . t_{\text{max}}$$

Dans le cadre d'une pile rechargeable, la fraction de la capacité nominale récupérée est appelée le rendement coulombique (ou faradique) r :

$$r = \frac{\mathbf{C}(d\acute{e}charge)}{\mathbf{C}(charge)}$$

Ce rendement est de l'ordre de 70 à 80 % dans les meilleures conditions pour un accumulateur au plomb. Il est notamment limité par les réactions d'auto-décharge (réactions électrochimiques parasites).

L'énergie totale que peut fournir la pile est l'énergie électrique massique :

$$\mathrm{E}_m = \frac{U_{moy} . i ._{moy} . t_{moy}}{m}$$

U_{moy} est la tension moyenne et m la masse du générateur. L'énergie électrique massique s'exprime[2] en watt-heure par kilogramme (Wh/kg). L'énergie totale que peut fournir la pile rapportée à son volume est l'énergie électrique volumique. Elle s'exprime en watt-heure par mètre cube ($\mathrm{Wh/m^3}$).

La puissance disponible par unité de masse P dépend du régime de décharge car la tension aux bornes dépend de l'intensité du courant de décharge :

$$P = \frac{U.i.}{m} \text{ avec : } i = \frac{C}{t}$$

Les variations de la puissance en fonction du courant de décharge passent par une valeur maximale. Le régime de décharge est caractérisée par la valeur du courant de décharge exprimée en fonction de la capacité (On indiquera décharge à C ; 10C ; C/10 ; C/100...).

Exemple

C_{10}= 20A·h signifie que la batterie est capable de fournir un courant de 2 A pendant 10 h à la température ambiante nominale.

1. 1 A.h = 3600 C
2. 1 Wh = 3600 J

Si les conditions de température ou d'intensité de décharge changent, la pile ne restituera pas la même quantité d'énergie. La durée de vie d'une pile est définie par le temps de conservation au bout duquel la pile à perdu 60 % de l'énergie stockée. Pour un accumulateur, elle est définie par le nombre de cycles de charge/décharge que l'on peut effectuer. Elle est généralement plus longue si les décharges sont peu profondes. Les tests correspondent à des décharges de 20 à 25 % de la capacité.

11.1.2 Les autres piles du commerce

a) La pile Leclanché ou pile saline

Les 2 couples en présence sont : $Zn^{2+}/Zn_{(s)}$ et $MnO_{2(s)}/Mn_2O_{3(s)}$.

Remarque

On utilise également le couple $MnO_{2(s)}/MnOOH$ à la place du couple $MnO_{2(s)}/Mn_2O_{3(s)}$.

Au pôle négatif, il y a oxydation du zinc :

$$Zn_{(s)} \longrightarrow Zn^{2+} + 2\,e^-$$

Au pôle positif, il y a réduction du dioxyde de manganèse :

$$2\,MnO_{2(s)} + 2H^+ + 2e^- \longrightarrow Mn_2O_{3(s)} + H_2O$$

L'anode est emboutie sous forme d'un godet de zinc qui contient l'électrolyte (figure 11.4).

L'électrolyte est un gel de chlorure de zinc ($ZnCl_2$) et de chlorure d'ammonium (NH_4Cl) (solution saline) d'où le nom de pile saline. Le chlorure de zinc diminue la corrosion du zinc et permet une bonne conductivité ionique de la solution. Pour limiter les écoulements sous forme liquide, l'électrolyte est gélifié au moyen d'amidon (d'où l'appellation de pile sèche). La force électromotrice ΔE est de 1,5 V et l'énergie massique est de l'ordre de 80 $Wh{\cdot}kg^{-1}$.

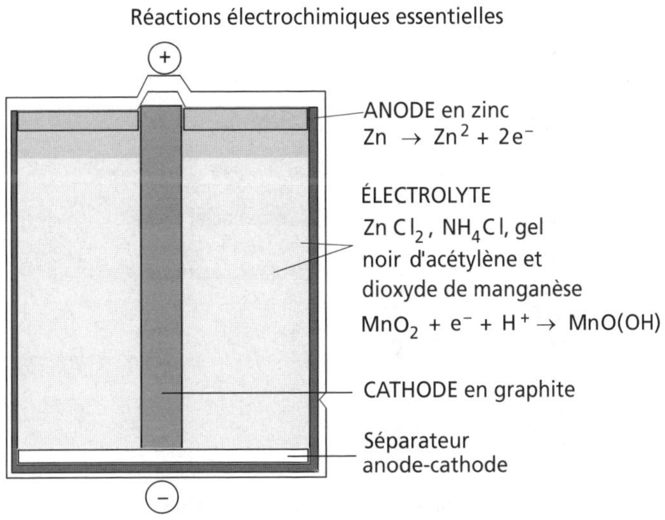

Figure 11.4 – (1) Élément de pile cylindrique, type Leclanché.

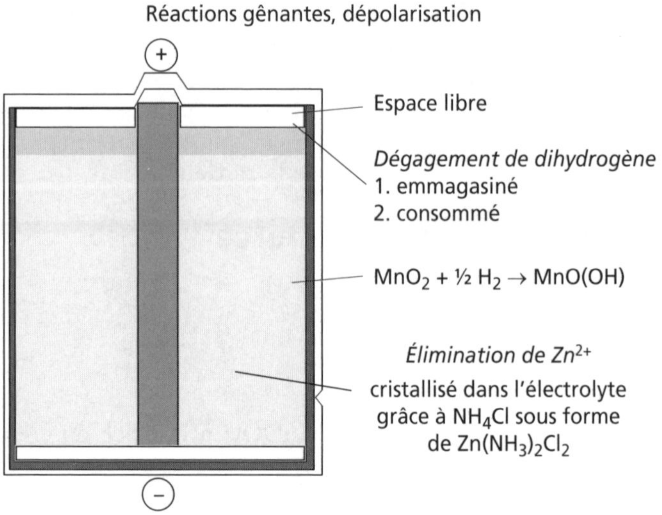

Figure 11.4 – **(2) Élément de pile cylindrique, type Leclanché.**

b) La pile alcaline

Pour améliorer les performances des piles Leclanché, on remplace l'électrolyte salin par un électrolyte à base de potasse (d'où le terme de pile alcaline). L'anode reste en zinc mais la cathode se compose soit d'oxyde de manganèse, soit d'oxyde de mercure ou d'oxyde d'argent. L'anode est constituée par du zinc en poudre et l'ensemble est encapsulé dans un boîtier en acier nickelé. L'oxyde de manganèse, de mercure ou d'argent est aggloméré à de la poudre de carbone, ce qui permet un débit à intensité supérieure. La force électromotrice varie de 1,5 V à 1,4 V suivant la cathode utilisée. L'énergie massique est d'environ 120 Wh/kg (figure 11.5).

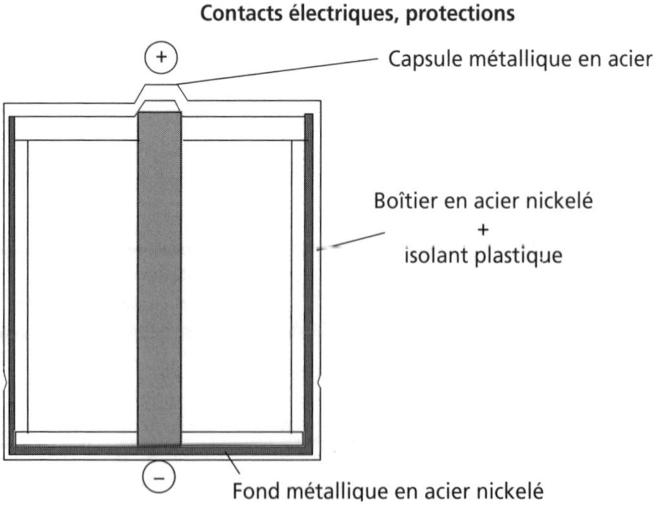

Figure 11.5 – **(1) Elément de pile cylindrique dite « pile alcaline au manganèse ».**

Réactions électrochimiques essentielles

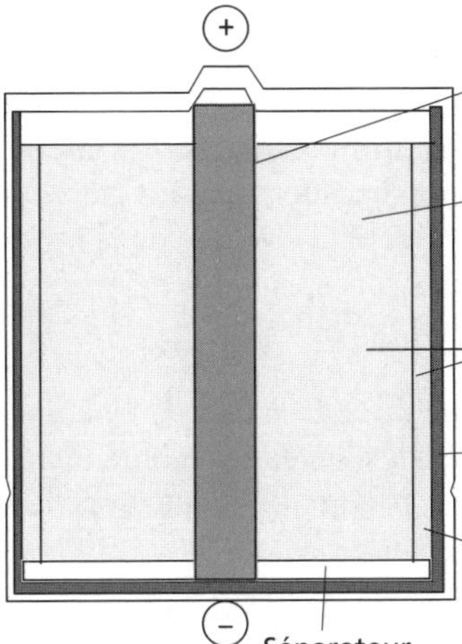

Figure 11.5 – **(2) Elément de pile cylindrique dite « pile alcaline au manganèse ».**

c) Pile au lithium (pile bouton)

L'utilisation du lithium a permis d'augmenter de manière appréciable la force électromotrice des piles. Le lithium possède une faible masse volumique ce qui permet de fabriquer des piles légères et présentant une grande énergie massique grâce également au potentiel redox très négatif du lithium. L'électrolyte utilisé est nécessairement anhydre car le lithium réagit violemment avec l'eau. L'électrolyte est un sel de bromure de lithium LiBr ou de perchlorate de lithium $LiClO_4$ dans un solvant non aqueux (dioxyde de soufre liquide ou chlorure de thionyle $SOCl_2$ ou chlorure de sulfuryle SO_2Cl_2 ou tétrahydrofuranne). On peut utiliser par exemple le dioxyde de soufre liquide comme couple oxydant. À l'anode (pôle négatif), il y a oxydation du lithium suivant la réaction suivante :

$$Li_{(s)} \longrightarrow Li^+ + e^-$$

À la cathode (pôle positif), il y réduction du dioxyde de soufre suivant la réaction :

$$2\ SO_2 + 2e^- \longrightarrow S_2O_4^{2-}$$

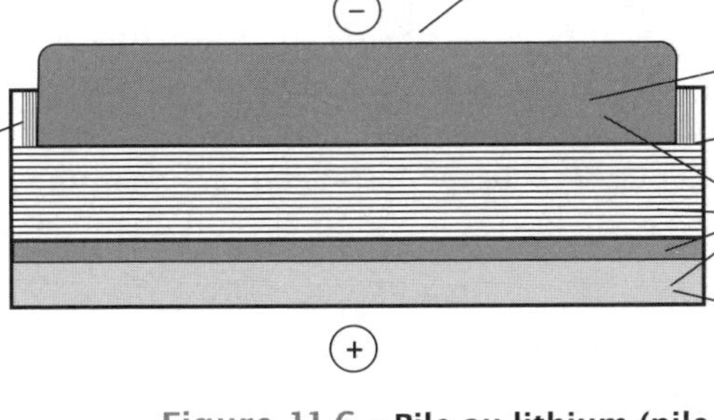

Figure 11.6 – **Pile au lithium (pile bouton).**

La force électromotrice ΔE de cette pile est de 3,0 V et l'énergie massique est de 330 Wh·kg^{-1}.

d) Pile pour stimulateurs cardiaques

La pile généralement utilisée dans les stimulateurs cardiaques est l'enchaînement Li/LiI/I_2(P2VP). L'électrode positive est un complexe de transfert de charge diiode-poly(2-vinylpyridine). L'électrolyte solide LiI est généré in situ lors de la mise en contact. La réaction globale en décharge pour cette pile est :

$$2Li_{(s)} + I_{2(s)} \longrightarrow 2LiI_{(s)}$$

La fem est de 2,8 V pour une densité d'energie de 250 Wh·kg^{-1}. Une des caracteristiques remarquables de cette pile est la faible perte de capacité au cours du temps (moins de 10 % en 10 ans). Ce type de pile en application pacemaker coûte cependant relativement cher.

11.2 Générateurs électrochimiques rechargeables (accumulateurs)

11.2.1 Définition d'un générateur électrochimique rechargeable

Un générateur électrochimique rechargeable (ou accumulateur) est un dispositif dont les systèmes rédox, notés 1 et 2, doivent être renversables. Il doit pouvoir fonctionner en générateur d'énergie ou pile (temps de décharge) et en récepteur ou électrolyseur (temps de charge). Ces dispostifs sont denommés générateurs électrochimiques secondaires. Les équations bilan des réactions chimiques d'oxydo-réduction qui ont lieu entre les couples 1 et 2 ($E_2 > E_1$) pendant la charge et la décharge sont inverses l'une de l'autre :

Charge : $O_1 + R_2 \longrightarrow R_1 + O_2$ (réaction non spontanée)

Décharge : $R_1 + O_2 \longrightarrow O_1 + R_2$ (réaction spontanée).

11.2.2 Conditions pour qu'une pile soit rechargeable

La condition de « rechargeabilité » d'un accumulateur est intimement liée à la nature des couples redox mis en jeu. Les produits formés lors du fonctionnement de la pile peuvent être transformés en réactifs de départ par apport d'énergie ($O_1 \rightarrow R_1$ et $R_2 \rightarrow O_2$) si les couples 1 et 2 sont renversables (on dit également parfois réversibles[1]). Les réactions électrochimiques mises en jeu lors de la décharge doivent pouvoir être réalisées en sens inverses pour reformer les matières électroactives de départ, à partir des produits de décharge. On obtient par conséquent la recharge par électrolyse, en imposant entre les électrodes une tension suffisante pour faire fonctionner anodiquement la cathode du

1. Cette terminologie prête cependant à confusion, dans la mesure où on définit la réversibilité électrochimique (couple Nernstien) qui est différente de la réversibilité chimique (possibilité d'effectuer la réaction en sens inverse) et de la réversibilité thermodynamique.

générateur et cathodiquement son anode. Cette tension U′ est nécessairement supérieure à la f.é.m du générateur car elle doit prendre en compte la chute ohmique dans le dispositif et les surtensions éventuelles (figure 11.7b). On a :

$$U' = E_2 - E_1 + \eta_{2a} - \eta_{1c} + r.i$$

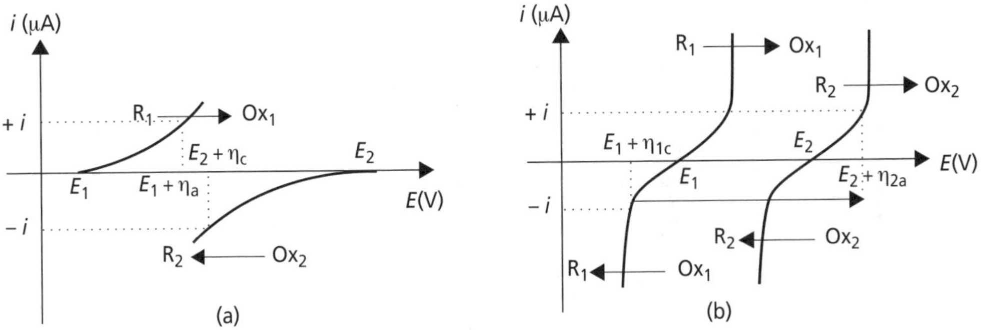

Figure 11.7 – **a) Charge de l'accumulateur ; b) Décharge de l'accumulateur.**

Une pile électrochimique (générateur électrochimique primaire) n'est pas rechargeable si un au moins des systèmes électrochimiques mis en jeu n'est pas renversable. Par exemple, l'oxydation de R_2 ou la réduction de Ox_1 ne peut pas s'effectuer car une autre réaction se produit préférentiellement. Dans la figure 11.8, pour la pile Ox_2/R_1 l'oxydation de R_2 est empêchée par l'oxydation du solvant (de l'eau). En réduction, la rechargeabilité peut être empêchée par la production d'hydrogène, comme dans le cas des piles au zinc (la réduction de l'eau se produisant à un potentiel proche de celles des ions Zn^{2+} malgré l'importante surtension).

Figure 11.8 – **Oxydation de l'eau empêchant la rechargeabilité de la pile Ox_2/R_1.**

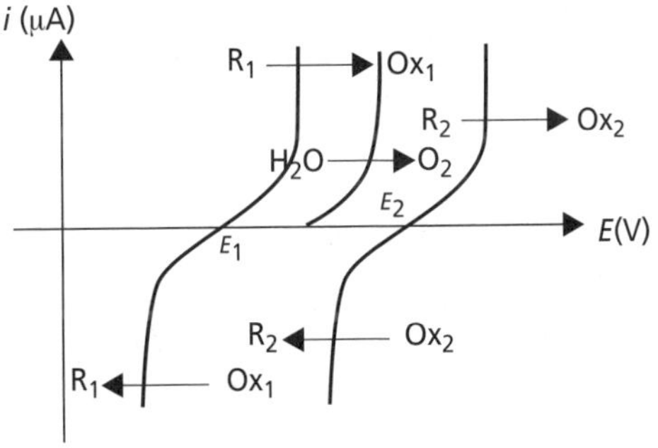

11.2.3 L'accumulateur au plomb

Cet accumulateur est utilisé dans les batteries de démarrage automobile[1]. Les électrodes sont en plomb et l'électrolyte utilisé est une solution d'acide sulfurique concentré à 4,5 mol·L^{-1} (figure 11.9). Il peut être schématisé par la chaîne galvanique suivante :

$$Pb_{(s)}/PbSO_{4(s)}/H_2SO_4/PbSO_{4(s)}/PbO_{2(s)}/Pb_{(s)}$$

1. La batterie d'une automobile comporte, en réalité, six accumulateurs de f.é.m 2,0 V montés en série.

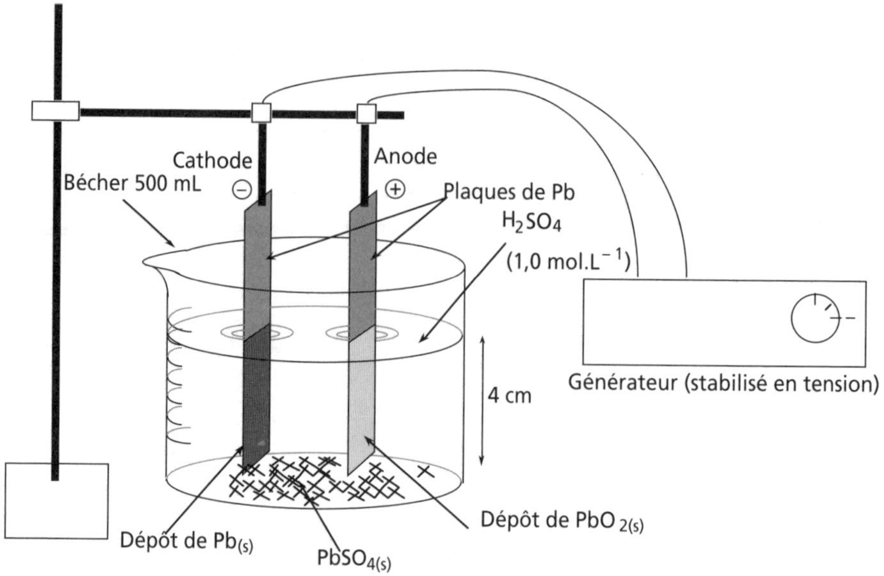

Figure 11.9 – **Montage expérimental de la charge d'un accumulateur au plomb.**

Au cours de la décharge, l'accumulateur délivre de l'énergie électrique. Les réactions chimiques d'oxydo-réduction qui ont lieu au niveau des électrodes sont, au cours de la décharge :

À l'anode (oxydation) :

$$Pb_{(s)} + SO_4^{2-} \longrightarrow PbSO_{4(s)} + 2\ e^-$$

À la cathode (réduction) :

$$PbO_{2(s)} + 4\ H^+ + SO_4^{2-} + 2\ e^- \longrightarrow PbSO_{4(s)} + 2\ H_2O$$

L'équation bilan de la réaction chimique qui a lieu au cours de la décharge s'écrit donc :

$$PbO_{2(s)} + Pb_{(s)} + 4\ H^+ + 2\ SO_4^{2-} \longrightarrow 2\ PbSO_{4(s)} + 2\ H_2O$$

Au cours de la charge, l'accumulateur fonctionne en récepteur et la réaction a lieu en sens inverse par rapport à la décharge :

À la cathode (réduction) :

$$PbSO_{4(s)} + 2\ e^- \longrightarrow Pb_{(s)} + SO_4^{2-}$$

À l'anode (oxydation) :

$$PbSO_{4(s)} + 2\ H_2O \longrightarrow PbO_{2(s)} + 4\ H^+ + 2\ e^- + SO_4^{2-}$$

Bilan de la charge :

$$2\ PbSO_{4(s)} + 2\ H_2O \longrightarrow Pb_{(s)} + 2SO_4{}^{2-} + PbO_{2(s)} + 4\ H^+$$

Après un temps de charge de 10 minutes (sous 14 mA, pour un écartement de 2 cm entre les plaques et une hauteur immergée de 4 cm), on observe les courbes de décharge présentées sur la figure 11.10. Le temps de décharge reste constant à chaque essai et vaut environ 200 secondes ($i \approx 2{,}5$ mA en décharge). Bien évidemment, un temps de charge plus long est nécessaire pour utiliser plus longtemps l'accumulateur. Les courbes de décharge sont superposables entre elles : l'accumulateur est fiable. La deuxième décharge est légèrement plus performante que la première.

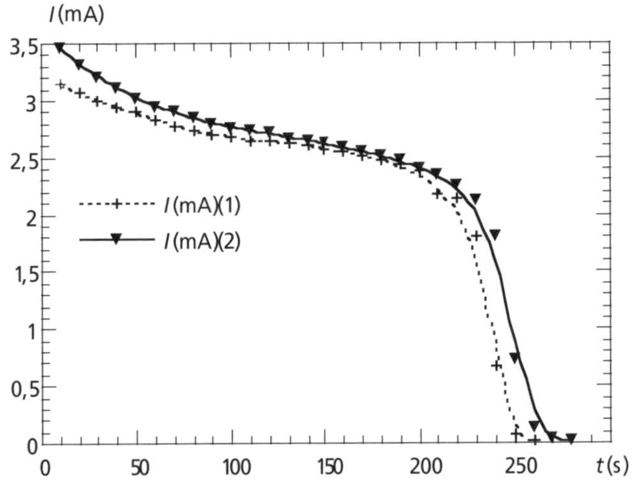

Figure 11.10 – **Courbe de première et deuxième décharge de l'accumulateur au plomb. (plaques testées en bain libre au laboratoire).**

Remarque

Pendant la charge de l'accumulateur, il peut se produire l'oxydation de l'eau à l'anode et la réduction de l'eau à la cathode. Le dégagement gazeux observé en fin de charge est dû à l'électrolyse de l'eau avec dégagement de dihydrogène et dioxygène. Dans le cas des batteries étanches le dégagement gazeux peut provoquer une explosion.

La capacité massique (théorique) est de 120 Ah/kg et l'énergie massique est de 30 Wh/kg. On peut contrôler l'état de charge d'un accumulateur au plomb en mesurant la masse volumique de l'électrolyte à l'aide d'un hydromètre car lors de son fonctionnement, il y a consommation de l'acide sulfurique. La masse volumique d'une batterie totalement chargée doit être supérieure ou égale à 1,2 g·mL^{-1}.

Remarque

C'est Gaston Planté (1834-1889) qui a présenté en 1859 la première batterie au plomb. Le succès de cet accumulateur est dû au faible coût du plomb et de l'acide sulfurique, à leur facilité de fabrication, à leur durée de vie moyenne de plusieurs années, mais aussi au fait que le système échange 2 Faraday par mole de plomb, ce qui est remarquable. Cet accumulateur reste cependant polluant pour l'environnement à cause du plomb.

11.2.4 L'accumulateur nickel/cadmium

Les accumulateurs au nickel/cadmium ont tendance à remplacer les accumulateurs au plomb pour certaines applications[1], car ils sont plus robustes et plus puissants. Les électrodes utilisées sont en nickel et en cadmium et l'électrolyte est une solution concentrée de potasse (KOH). La f.é.m de cet accumulateur est de 1,3 V. La toxicité et le coût du cadmium reste cependant là aussi un inconvénient majeur pour ce type d'accumulateur.

La chaîne électrochimique de cet accumulateur peut être symbolisée par :

$$Cd_{(s)}|Cd(OH)_{2(s)}|K^+,OH^-|NiOOH_{(s)}|\ Ni(OH)_{2(s)}|Ni_{(s)}$$

Au cours de la décharge de l'accumulateur, les réactions chimiques ayant lieu au niveau des électrodes sont :

À l'anode (oxydation) :

$$Cd_{(s)} + 2\ HO^- \longrightarrow Cd(OH)_{2(s)} + 2\ e^- \qquad E° = -\ 0{,}809\ V$$

À la cathode (réduction) :

$$NiOOH_{(s)} +\ H_2O + e^- \longrightarrow Ni(OH)_{2(s)} +\ HO^- \qquad E° = 0{,}401\ V$$

L'équation bilan de la réaction chimique qui a lieu au cours de la décharge est donc (la réaction inverse a lieu au cours de la charge) :

$$2\ NiOOH_{(s)} + 2\ H_2O + Cd_{(s)} \longrightarrow Cd(OH)_{2(s)} + 2\ Ni(OH)_{2(s)}$$

Ces accumulateurs ont été envisagés depuis fort longtemps pour le véhicule électrique (Jungner en 1899, Edison en 1900) car ils sont plus puissants et plus robustes que les accumulateurs au plomb. La capacité massique (théorique) est de 180 Ah/kg et son énergie massique de 35 Wh/kg.

11.2.5 Autres types d'accumulateurs

D'autres types d'accumulateurs ont été également réalisés pour répondre à une exigence de plus en plus forte liée à la pollution automobile et à la raréfaction des combustibles fossiles mais aussi à l'utilisation de dispositifs portables à générateur intégré (téléphones portables, balladeurs, etc.). La réalisation de générateurs électrochimiques secondaires puissants et possédant une grande autonomie est un des objectifs majeurs de recherche et developpement dans le monde.

a) Accumulateurs à hydrures

Ainsi des accumulateurs à hydrures ont été développés depuis 1970. L'hydrogène est stocké par diffusion dans des matériaux intermétalliques à base de terres rares, de zirconium et de métaux de transition. La réaction renversable suivante :

$$MH_x + xe^- \rightleftharpoons M + xH^-$$

est contrôlée par la variation de pression de dihydrogène. Ces accumulateurs sont utilisés dans certains appareils portables : téléphones cellulaires, outils sans fils... L'électrolyte

1. Il est notamment utilisé dans les flashs pour appareil photographique, les perceuses électriques portables...

est en général constitué de KOH à 30 %. La densité d'énergie est de l'ordre de 40 à 110 Wh.kg^{-1} et la puissance de ces générateurs peut atteindre 1 900 Wh·kg^{-1}.

b) Accumulateurs lithium-ion

Les accumulateurs au lithium ont également fait une remarquable avancée depuis 1993. La légèreté et la densité d'énergie élevée l'emportent sur les inconvénients liés à l'utilisation des électrolytes non aqueux. Les accumulateurs lithium-polymères developpés depuis les années 1980 peuvent être aisément miniaturisés.

Dans les accumulateurs à intercalation de lithium, au cours de la charge, le graphite (borne négative) insère du lithium provenant de la borne positive constituée par des oxydes ou des sulfures mixtes de métaux de type $LiMn_2O_2$.

$$Li^+ + 6\,C + e^- \longrightarrow LiC_6$$

Au cours de la décharge, les atomes de lithium insérés dans la matrice de carbone (anode) sont oxydés et vont s'intercaler dans l'oxyde non-stœchiométrique $LiMnO_2$ de la cathode.

$$Li^+ + Mn_2O_4 + e^- \longrightarrow LiMn_2O_4$$

Il y a au cours de ce processus basculement du lithium (électrodes « *rocking-chair* »). La reaction globale pour l'accumulateur est donc :

$$LiMn_2O_4 + 6\,C \rightleftharpoons LiC_6 + Mn_2O_4$$

Le schéma ci-dessous (figure 11.11) illustre le processus global de la batterie au lithium au cours de la décharge :

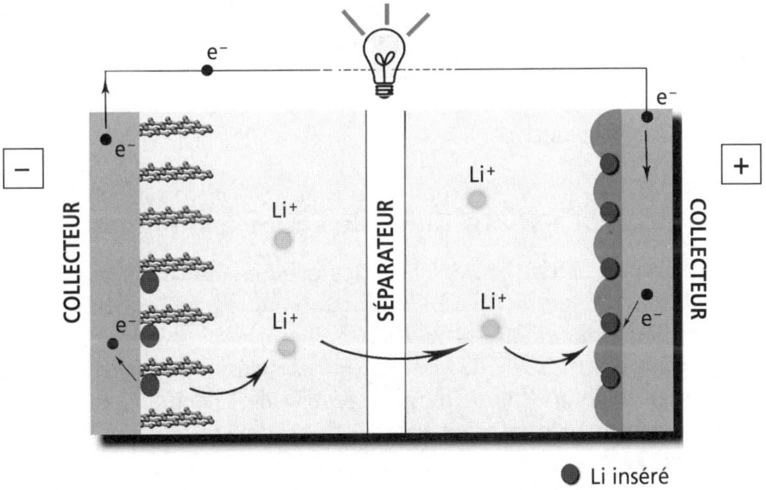

Figure 11.11 – **Décharge d'une batterie Lithium-ion**

- Les Li insérés dans l'électrode négative se décomposent en Li^+ et en électrons (e^-).
- Les électrons sont récupérés par le collecteur (en cuivre ou aluminium) et transmis à l'appareil branché.
- Les ions se déplacent dans l'électrolyte puis à travers le séparateur pour rejoindre l'électrode positive.

- À l'électrode positive, ils se recombinent avec un électron ayant circulé dans le circuit pour donner du lithium inséré dans l'oxyde.

Les séparateurs sont des films polymères PE (polyéthylène), PP (polypropylène) ou des céramiques microporeuses. Les capacités massiques pour ce type d'accumulateur sont de l'ordre de 140 Ah/kg pour une tension de l'ordre de 4,0 volt. Les accumulateurs au lithium de type « bouton » ou « aiguille » fonctionnent le plus souvent selon trois types de combinaison d'électrodes : ($Li–V_2O_5$), (Li–C) ou ($Li–Nb/V_2O_5$). De par leurs faibles charges, ces accumulateurs visent des applications très spécifiques telles que la sauvegarde de mémoire d'ordinateurs, etc.

Ces batteries presentent le meilleur rapport puissance et autonomie pour le véhicule électrique mais cependant elles sont instables en surcharge avec des risques d'explosion. Le challenge est de sécuriser ces batteries en surchage, lors des tests aux chocs (accidents de voiture) et d'améliorer leur fonctionnement aux basses températures. Reste aussi le problème de l'approvisionnement en lithium pour des utilisations à grande échelle.

11.3 Les piles à combustibles

Les combustibles fossiles constituent une importante source d'énergie, mais leur conversion en énergie électrique présente un rendement très faible. Pour générer de l'électricité, on utilise la chaleur produite par la réaction de combustion d'hydrocarbures pour convertir l'eau en vapeur qui fait tourner une turbine qui à son tour, entraîne une génératrice. Au cours du processus, une grande quantité de l'énergie libérée sous forme de chaleur se perd dans l'environnement. De plus cette conversion indirecte de l'énergie présente d'autres inconvénients tels que l'épuisement des combustibles fossiles et la pollution atmosphérique. Une pile à combustible vise à transformer *directement* l'énergie chimique en énergie électrique de façon continue par apport de combustibles (hydrocarbures, méthanol, dihydrogène...).

Encart 11.1 – Historiques des piles à combustible

Henry Cavendish avait identifié vers 1760 les principales caractéristiques de l'hydrogène. En 1839, l'anglais William Grove découvre accidentellement le principe de la pile à combustible en travaillant sur l'électrolyse de l'eau et en constatant qu'un électrolyseur constitué de deux électrodes de platine plongées dans de l'acide sulfurique pouvait se comporter de manière réversible. Devant le manque de performances, cette technique fut mise en sommeil jusque vers 1930 lorsque les travaux de F.T. Bacon lui permirent de gagner en crédibilité. Le véritable démarrage date du début des années 1960, lorsque General Electric construisit la pile à polymère solide électrolyte acide (SPFC) de 1 kW destinée au programme spatial américain Gemini. Sept véhicules spatiaux Gemini furent équipés chacun de deux modules de 1 kW. Mais cette technologie SPFC dut finalement être abandonnée du fait de la mauvaise tenue de l'électrolyte solide alors utilisé (la membrane Nafion™ de DuPont de Nemours n'existait pas encore). La technologie « pile à combustible » avait néanmoins fait ses preuves et fut conservée dans les vols spatiaux ultérieurs.

11.3.1 Exemple de la pile oxygène-hydrogène

Dans la pile à combustible utilisant le dihydrogène et le dioxygène, les réactions sont inverses de celles intervenant lors de l'électrolyse de l'eau soit (figure 11.12) :

- À la cathode :

$$O_{2(g)} + 4H^+_{(aq)} + 4e^- \longrightarrow 2\,H_2O \quad E° = 1{,}23\ V$$

- À l'anode :

$$H_{2g)} \longrightarrow 2H^+_{(aq)} + 2e^-$$

La réaction globale s'écrit :

$$2H_{2(g)} + O_{2(g)} \longrightarrow 2\,H_2O$$

$$R_{Max} = \frac{\Delta_r G°}{\Delta_r H°} \approx 100\%$$

Cependant, la réaction cathodique (réduction du dioxygène) nécessite l'utilisation de catalyseurs tels que le nickel, l'argent, des oxydes de métaux de transition ou des métaux nobles (Pt), ce qui augmente le coût d'exploitation.

Remarque

Si l'électrolyte est à base de potasse (piles à combustibles alcalines), les équations précédentes doivent être équilibrées en milieu basique.

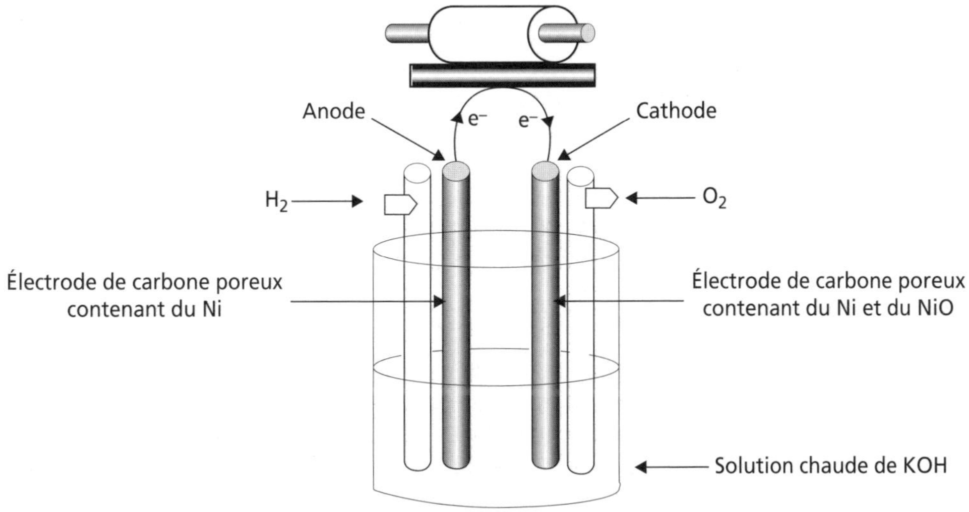

Figure 11.12 – **Schéma de la pile à combustible oxygène/hydrogène.**

L'hydrogène est un combustible intéressant du fait de la forte énergie massique produite (faible masse et potentiel d'oxydation bas), mais sa densité très faible (impliquant de fortes pressions de stockage) et son inflammabilité constituent encore des handicaps majeurs. C'est pourquoi, en plus du système dihydrogène/dioxygène, d'autres types de pile à combustible ont été développés tels que le système propane/dioxygène, méthanol/dioxygène, les piles à carbonates fondus et les piles à électrolytes solides polymères (*vide infra*).

Par exemple, pour la pile à combustible propane/dioxygène, les réactions aux électrodes sont les suivantes :

Anode :

$$C_3H_{8(g)} + 6H_2O_{(l)} \longrightarrow 3\ CO_{2(g)} + 20\ H^+_{(aq)} + 20\ e^-$$

Cathode :

$$O_{2(g)} + 4\ H^+_{aq} + 4\ e^- \longrightarrow 2\ H_2O_{(l)}$$

La réaction globale s'écrit donc :

$$C_3H_{8(g)} + 5\ O_{2(g)} \longrightarrow 4\ H_2O_{(l)} + 3\ CO_{2(g)}$$

Remarque

Le bilan de la réaction globale précédente est identique à celui de la combustion du propane dans le dioxygène.

11.3.2 Les différents types de piles à combustible

Les piles à combustible sont couramment classées selon la nature de l'électrolyte qui détermine la température de fonctionnement optimale.

a) La pile alcaline (AFC)

Cette pile est la plus anciennement développée, elle a été utilisée pour les programmes spatiaux de la NASA. Elle travaille à basse température (60 à 80 °C), à pression atmosphérique et elle nécessite la présence de catalyseurs « nobles » à la cathode, mais on peut s'en passer à l'anode. L'électrolyte est composée de potasse sous forme aqueuse et la pile doit être alimentée en gaz réactifs ne contenant ni CO (qui empoisonne les catalyseurs à base de platine), ni CO_2, pour éviter toute consommation de l'électrolyte par précipitation des carbonates. Cependant, son coût et son poids plus faibles que ceux des solutions acides laissent présager de bonnes potentialités pour les applications statiques.

b) Les piles à carbonate fondu (MCFC)

Ces piles ont pour électrolyte des carbonates de lithium et de potassium fondus. Elles fonctionnement à haute température (entre 600 et 700 °C sous 1 à 6 atmosphères) et elles ont l'avantage d'avoir des rendements théoriques élevés et de pouvoir transformer directement un composé hydrogéné (reformage interne) tel qu'un hydrocarbure. Elles sont insensibles aux polluants, et peuvent même consommer du CO comme carburant. Leurs principaux inconvénients sont liés à la température et se répertorient suivant des critères qui sont la tenue et le coût des matériaux. La longue montée en température est assurée par des moyens auxiliaires.

c) Les piles à oxyde solides (SOFC)

Ce sont celles qui travaillent à la plus haute température (de 850 °C à 1000 °C). Cette température est obligatoire pour permettre à l'électrolyte composé d'oxyde de zirconium Z_rO_2 et d'ytrium Y_2O_3 de posséder une conductivité protonique suffisante. Actuellement, les efforts de développement se concentrent sur la baisse de température de fonctionnement en dopant l'électrolyte avec d'autres composés. Les catalyseurs utilisés sont à base de nickel et d'oxydes et les combustibles admis sont très variés avec possibilité ou non de reformage interne. Les plus gros efforts de recherche sont destinés à cette pile car il est envisageable d'avoir des densités de puissance élevées et des rendements proches de 60 % en génération d'électricité. De plus, la chaleur dégagée peut être récupérée à un niveau de température suffisant pour envisager des utilisations industrielles et domestiques. Les prototypes les plus puissants sont actuellement de 250 kW mais des projets à 2 MW sont à l'étude.

d) Les piles à acide phosphorique (PAFC)

Avec un électrolyte sous forme gélifiée, elles fonctionnent à une température égale à 210 °C, pour des pressions allant jusqu'à 6 atmosphères. La PAFC est peu sensible au CO : la pile en admet jusqu'à 1 % en volume. Le combustible le plus souvent utilisé est un mélange riche en hydrogène, issu du reformage du gaz naturel, au moyen de techniques conventionnelles. Cette pile apparaît comme la plus utilisée pour des applications commerciales, et près de 200 installations de ce type (d'environ 200 kW) sont en fonctionnement dans diverses parties du monde (USA : 70 unités ; Japon : 100 unités ; Europe : 23 unités).

e) Les piles à membranes échangeuses de protons (PEMFC)

Ce sont des piles à électrolyte polymère solide, parfois appelées SPFC (*Solid Polymer Fuel Cell*), fonctionnant dès la température ambiante, mais avec des conditions optimales autour de 80 °C pour des pressions de 1 à 4 atmosphères. Elles sont très sensibles à la présence de CO qui doit être limitée à quelques ppm. De nombreux prototypes pour le domaine des transports ont été développés, et il commence à y avoir des installations de cogénération basées sur des PEMFC, jusqu'à 250 kW. Leurs principaux avantages sont des temps de démarrage quasiment instantanés avec, à température ambiante, près des deux tiers de la puissance nominale en quelques secondes, ce qui les rend compatibles avec les besoins des véhicules de transport. De plus, elles mettent en œuvre des technologies moins délicates et faciles à développer dans le cadre des séries industrielles. Le combustible le plus utilisé est l'hydrogène, sous une forme très pure, nécessitant un reformage externe très poussé des carburants classiques (gaz naturel, méthanol…).

f) Les piles à méthanol direct (DMFC)

Ces piles ont fait l'objet de recherches afin qu'elles soient adaptables au méthanol (sans reformage). Si de telles piles s'avéraient techniquement réalisables, elles seraient économiquement viables pour les applications embarquées sur un véhicule. Pour ces raisons, ces piles pourraient être utilisables pour la traction automobile, mais pour l'instant, les densités de courant obtenues restent faibles.

Le tableau ci dessous résume l'ensemble des caractéristiques des différentes piles à combustible actuellement en développement.

Tableau 11.1 – Les différents types de piles à combustibles.

Type de pile	SOFC	MCFC	PAFC	PEMFC	AFC	DMFC
Électrolyte	Z_rO_2/ Y_2O_3	$L_{i2}(K_2)CO_3$	H_3PO_4	Membrane	KOH	H_2SO_4
Température (°C)	700-1 000	650	160-210	60-120	70-100	70
Combustibles	CH_4, H_2, CO	H_2, CO, CH_4	H_2, CO	H_2	H_2	méthanol
Gamme de puissances	1 kW à 1 MW	200 kW à 10 MW	200 kW à 10 MW	10 mW à 250 kW	1 à 100 kW	5 kW
Domaine d'utilisation	Station-naire	Station-naire transport	Station-naire, Transport	Station-naire transport, spatial	Station-naire transport, spatial	Station-naire transport

11.4 Les supercondensateurs électrochimiques

Dans les supercondensateurs, le stockage de l'énergie exploite le phénomène de la double couche (cf. chapitre 2). Il n'y a donc que très peu de modifications structurelles des matériaux et aucun transport de matière, ce qui explique des performances en puissance très supérieures et un très grand nombre de cycles admissibles (> 100 000).

Un supercondensateur (figure 11.13) sous l'action d'une différence de potentiel, est capable de stocker de l'énergie sous forme d'accumulation de charges sur ses deux électrodes (charge) et de les libérer pendant un temps très court (décharge). Sa capacité est donnée par la relation suivante :

$$C = \varepsilon_0 \varepsilon_r \, A/d$$

avec : ε_0 : permittivité du vide

ε_r : permittivité relative du diélectrique

A : aire des électrodes

d : distance entre les électrodes

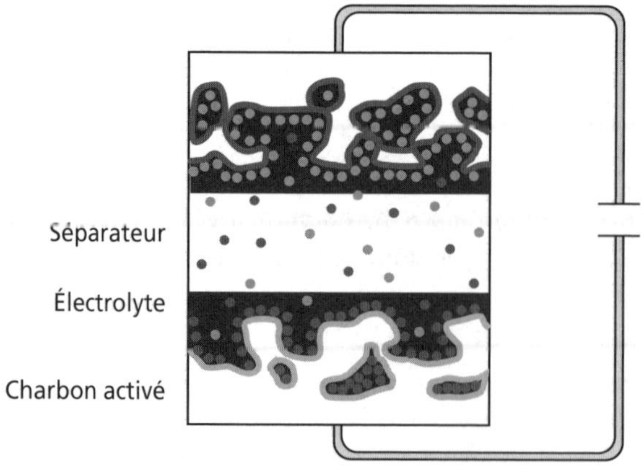

Figure 11.13 – Représentation schématique d'un supercondensateur.

De façon à maximiser la capacité du condensateur, on va donc chercher à obtenir des électrodes séparées d'une distance la plus faible possible et dont la surface développée sera la plus grande possible. Un supercondensateur est donc un condensateur dont les électrodes présentent une grande surface spécifique, généralement en carbone actif. Les électrodes sont imprégnées d'électrolyte qui va assurer le transport des ions. Ces supercondensateurs vont donc présenter une densité d'énergie plus grande que celle des condensateurs classiques (la capacité étant plus importante) et une densité de puissance plus grande que celle délivrée par une batterie (cf. encart 11.2).

Encart 11.2 - Véhicule électrique et diagramme de Ragone.

Ce diagramme illustre la différence entre accumulateurs et condensateurs. Les premiers mettent en jeu des phénomènes faradiques aux électrodes et se caractérisent par leur énergie spécifique élevée. Les seconds mettent en jeu des phénomènes capacitifs qui se caractérisent par une énergie délivrée faible mais sur des temps très courts (donc une puissance importante). Les supercondensateurs se situent à la frontière entre ces deux types de dispositifs.

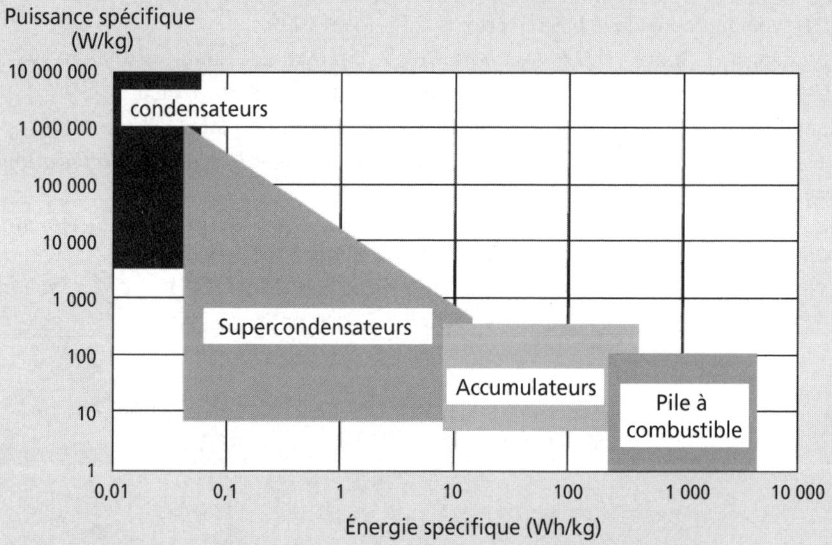

Pour les applications véhicule électrique, le diagramme de Ragone est extrêmement utile. Plus l'énergie spécifique en abscisse est élevée plus le véhicule possédera une grande autonomie. Des batteries électriques (lithium ion) possédant une autonomie de 250 km sont actuellement en cours de développement. La puissance liée à la vitesse du véhicule est également recherchée dans les batteries. Les supercondensateurs sont des dispositifs puissants qui peuvent servir lors du démarrage et freinage du véhicule. L'association accumulateur-supercondensteur est un couple très propice pour améliorer les performances du véhicule électrique.

L'électrolyte joue donc un rôle très important pour ce type de dispositif, il doit être bon conducteur ionique mais être isolant électronique pour éviter des pertes de courant électrique. Il est également important qu'il possède une fenêtre de stabilité chimique la plus grande possible, c'est-à-dire une large plage de tension à l'intérieur de laquelle il ne subit ni oxydation, ni réduction. Pour un domaine de stabilité large, il sera possible d'atteindre des tensions de travail élevées et une grande puissance et une grande énergie spécifique.

Les supercondensateurs hybrides (oxydes de manganèse, polymères conducteurs) exploitent en plus des réactions faradiques d'oxydoréduction pour obtenir un composant hybride au compromis énergie-puissance pouvant intéresser certaines applications et permettant d'exploiter toute l'énergie stockée dans la double couche de la « partie super-condensateur » grâce à la tension de la « partie accumulateur ». Ce type d'hybride offre donc d'intéressantes perspectives de conception dédiée, dans une approche système.

Bibliographie

J.-F Fauvarque, *L'Actualité Chimique*, janv.-fév. 1992, p. 87.

D. Devilliers, O. Tillement, M. Vogler, *L'Actualité Chimique*, janv.-fév.1992, p. 5.

É. Mahé, *Les électrodes, témoins de l'évolution de l'électrochimie deux cent ans après Luigi Galbani*, Revue du Palais de la Découverte, n° 266, mars 1999.

C. A. Vincent et B. Scrosati, *Modern batteries*, 2e éd., Arnold, Londres, 1997, p. 198.

D. Devilliers, É. Mahé, *L'Actualité Chimique*, janv. 2003, p. 31.

D.B. Hibbert, *Introduction to electrochemistry*, Macmillan Press LTD, London, 1993, p. 294.

F. Daumarie, F. Goubard, P. Griemar, S. Sadki, *La chimie au CAPES, préparation méthodique aux épreuves écrites*, Hermann, 2002.

S. Sadki, *Association Polymères Conducteurs-Carbones, Applications aux accumulateurs et aux supercondensateurs* (thèse), Université Pierre et Marie Curie, 1992.

E. Bouyer, L. Antoni, G. Gebel, F. Lefebvre-Joud, J. Mougin, F. Nony, *Techniques de l'ingénieur*, 2010.

CORROSION 12

La plupart des métaux s'oxydent en présence de l'oxygène de l'air avec des cinétiques relativement lentes en présence d'air sec. La corrosion électrochimique est accélérée en présence d'humidité, en particulier dans les zones d'hétérogénéités des grands ouvrages tels que les navires, ponts, les avions, la tour Eiffel…

Le coût des dégradations provoquées par la corrosion électrochimique s'élève à des dizaines de milliards d'euros par an. Un des défis pour l'électrochimie est donc de ralentir le plus judicieusement possible ce processus naturel d'usure métallique.

12.1 INTRODUCTION

12.1.1 Nature et types de corrosion

La corrosion est une réaction d'oxydoréduction qui se produit entre un métal et son environnement lorsque ce dernier contient des agents oxydants. Au cours de cette réaction le métal M s'oxyde en une espèce dissoute $M^{z+}_{(aq)}$:

$$M_{(s)} = M^{z+}_{(aq)} + ze^-$$

La corrosion est dite *sèche* lorsque les agents oxydants sont en phase gazeuse (par exemple la corrosion par le dioxygène de l'air) et *humide* lorsque les agents oxydants sont en solution aqueuse (par exemple la corrosion en milieu marin d'un acier).

Pour la corrosion humide, l'oxygène dissous et les protons sont les deux principaux agents oxydants. Par exemple le fer métal ($Fe_{(s)}$) passe de l'état d'oxydation 0 à l'état d'oxydation +II (ions Fe^{2+} ou $Fe(OH)_2$ suivant le pH) puis +III (Fe^{3+} ou $Fe(OH)_3$. Le système devant rester électriquement neutre, une réaction de réduction se produit simultanément dans la solution : le dioxygène dissous se réduit en H_2O ou H^+_{aq} se réduit en dihydrogène $H_{2(g)}$.

On montre que la corrosion humide d'un métal a lieu essentiellement en présence simultanée de dioxygène dissous et d'eau. De plus, l'intensité de la corrosion augmente si le milieu contient une grande quantité d'ions (chlorure, sulfate...). La corrosion du fer, par exemple, aboutit à la formation d'oxydes de fer (Fe_2O_3 et Fe_3O_4). Un milieu corrosif (ou oxydant) contient donc :

- du dioxygène dissous (O_{2aq}),
- de l'eau (H_2O),
- des ions en grande quantité (ex : Na^+_{aq}, Cl^-_{aq}, $SO_4^{2-}{}_{aq}$),
- éventuellement des bactéries, algues, micro-organismes...

D'autres oxydants peuvent également intervenir tel que : NO_3^-, CrO_4^{2-}, ClO^-, Cl_2, SO_3...En absence de dioxygène, le fer peut aussi être oxydé en milieu acide par les protons: il passe alors en solution sous la forme d'ions Fe(II), mais il n'y a pas formation d'oxydes de fer. On parle de corrosion d'un métal si la concentration de ses ions en solution dépasse 10^{-6} mol·L^{-1}.

Remarque

La contribution de l'oxygène dissous est généralement moins importante en milieu acide que celle des protons car la concentration de O_2 est plus faible (9 mg/L dans l'eau à 20 °C).

Il existe deux modes de corrosion humide (figure 12.1) : la corrosion dite *uniforme* où le métal est corrodé de manière parfaitement homogène sur toute la surface (cas rare) et la corrosion *différentielle* qui est due à l'existence d'un gradient (de composition, de concentration, etc.). Ce gradient induit une différence de potentiel et crée donc une anode et une cathode (pile de corrosion).

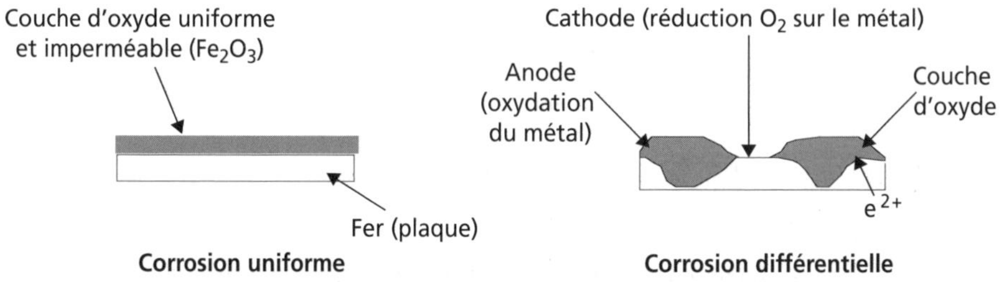

Figure 12.1 – Représentations des deux modes de corrosion dans la corrosion humide.

> **Encart 12.1 – Corrosion et monuments**
>
> Certains éléments anciens résistent encore à la corrosion. Ainsi dans les ruines de la mosquée de Quutb Minat aux Indes, une colonne de fer pur faite au IVe siècle après Jésus Christ et âgée de 1 500 ans peut être visitée. Certains toits de temples chinois ont plus de 1 000 ans et sont encore en bon état de conservation. Dans la cour du monastère de Kai-Yuan près de Th'Angchéou, se dresse un lion en fonte de 6 mètres de haut érigé en l'an 954 après Jésus Christ. Les conduites d'eau en fonte du château de Versailles datant de 1660 sont encore en très bon état.

12.1.2 Vitesse de corrosion électrochimique

La vitesse de corrosion correspond au nombre de mole de métal qui est oxydé par unités de surface de métal et de temps. Dans le cas de la corrosion uniforme, la vitesse moyenne de corrosion s'exprime par :

$$v_{corr} = \frac{N}{A.t}$$

avec : N : nombre de mole de métal, A : surface de l'électrode et F est le Faraday. Soit en appliquant la loi de Faraday :

$$\frac{n_M}{A.t} = \frac{I_{corr}}{n.F.A} = \frac{j_{corr}}{n.F}$$

avec : n le nombre d'électrons libérés par atome de métal.

On peut également exprimer la vitesse de corrosion en masse perdue par unité de surface et de temps (par exemple en mg/cm^2/jour) ou en épaisseur corrodée par unités de temps (ex : mm/an) :

$$\frac{m}{A.t} = \frac{M.I_{corr}}{n.F.A} = \frac{M.j_{corr}}{n.F}$$

$$\frac{e}{t} = \frac{M.I_{corr}}{n.F.A.\rho}$$

avec M : masse molaire du métal et ρ : masse volumique du métal.

12.1.3 Prévision de la corrosion

La prévision de la possible corrosion d'un métal par le couple ($O_{2(g)}/H_2O$) ou ($H_2O/H_{2(g)}$) par exemple est liée, en première approximation, à la position du métal sur l'échelle des potentiels standard. Ainsi plus l'oxydation du métal est aisée (E° << 0), plus la tendance à la corrosion est élevée (Fe, Zn,....). À l'opposé, les métaux difficilement oxydables (E° >> 0) ne se corrodent qu'exceptionnellement (Pt, Au,...). Cependant les potentiels ne tiennent pas compte de la cinétique de réduction de l'agent oxydant (cf. § 12.3) et de l'aspect corrosif de l'électrolyte.

Ainsi dans la pratique, on donne par exemple les potentiels de corrosion mesurés en présence de NaCl 2 % et à 25 °C :

Tableau 12.1 – **Potentiels de corrosion dans le milieu NaCl 2 %.**

Couple	Ni^{2+}/Ni	Cu^{2+}/Cu	Al^{3+}/Al	Cd^{2+}/Cd	Mg^{2+}/Mg
Potentiel (V vs. ESH)	0,23	0,13	– 0,39	–0,40	–1,20

12.2 Aspect thermodynamique de la corrosion. Diagrammes de Pourbaix

Les diagrammes de Pourbaix ou diagramme potentiel-pH, représentent en fonction du pH, les potentiels thermodynamiques calculés à partir de la loi de Nernst. Pour un métal donné le diagramme fait apparaître les différentes espèces envisageables selon le pH et le potentiel d'électrode, ainsi que leur domaine de stabilité respectif.

12.2.1 Tracé du diagramme potentiel-pH des couples de l'eau

Les deux couples redox de l'eau sont : $O_{2(g)}/H_2O$ et $H^+/H_{2(g)}$.

Remarque

Le mot « eau » sous-entend « eau liquide ». Par définition, l'eau liquide se compose des trois entités suivantes en équilibre : H_2O, $H_3O^+_{(aq)}$ et $HO^-_{(aq)}$. Les symboles « H^+ » et « H_3O^+ » représentent la même entité, le proton en solution.

a) Étude du couple $O_{2(g)}/H_2O$:

$$O_{2(g)} + 2\,H^+_{(aq)} + 2\,e^- \rightleftharpoons 2\,H_2O$$

$$E = E°(O_{2(g)}\ /\ H_2O) + \frac{0,06}{2}\log\left(\frac{P_{O_{2(g)}}.[H^+]^2}{P^{ref}.(C^{ref})^2}\right)$$

Si on applique les conventions de tracé[1], il vient :

$$\boxed{E = 1,23 - 0,06 \cdot \text{pH}}$$

b) Étude du couple $H^+_{(aq)}/H_{2(g)}$:

$$2\,H^+_{(aq)} + 2\,e^- \rightleftharpoons H_{2(g)}$$

$$E = E°(H^+_{(aq)}\ /\ H_{2(g)}) + \frac{0,06}{2}\log\left(\frac{P^{ref}.[H^+]^2}{P_{H_{2(g)}}.(C^{ref})^2}\right)$$

Si on applique les conventions de tracé, il vient :

$$\boxed{E = -\,0,06.\text{pH}}$$

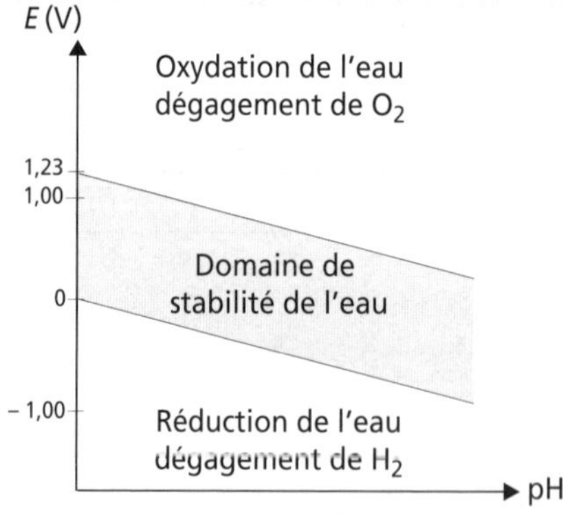

Figure 12.2 – Diagramme potentiel-pH des couples de l'eau à 25 °C.

1. Les conventions de tracé fixent la concentration totale en espèces dissoutes ainsi que la pression des gaz (généralement 1 bar). À la frontière entre deux espèces dissoutes, leurs concentrations respectives sont également réparties. À la frontière entre un solide et une espèce dissoute, on se place dans les conditions d'apparition du solide.

12.2.2 Diagramme potentiel-pH simplifié de l'élément fer

Pour la construction de ce diagramme, on pourra se reporter à l'exercice 19. L'allure générale est reportée sur la figure 12.3.

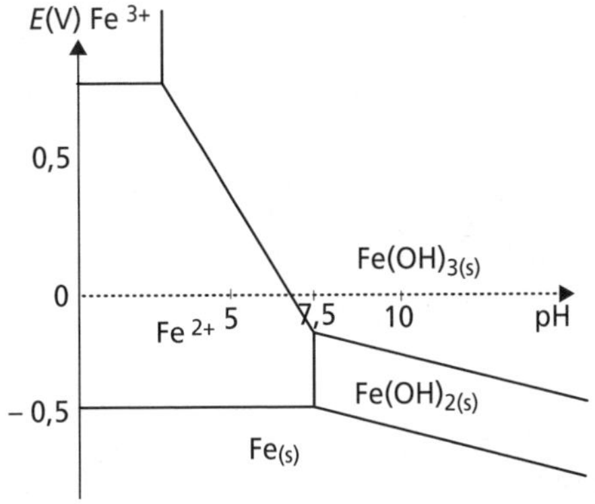

Figure 12.3 – Diagramme potentiel-pH simplifié du fer à 25 °C et pour une concentration totale en espèces dissoutes $C_0 = 10^{-2}$ mol·L^{-1}.

12.2.3 Utilisation du diagramme *E* = f(pH) du fer et de l'eau

L'étude de la stabilité thermodynamique de l'élément fer dans l'eau peut se faire en superposant le diagramme E = f (pH) du fer avec celui de l'eau. Le domaine d'existence du fer et celui de stabilité de l'eau sont disjoints : le fer s'oxyde en solution aqueuse en ions Fe^{2+}. En d'autres termes, la lecture du diagramme résultant de la superposition de deux diagrammes se fait sur une verticale (pH = constant), c'est-à-dire exactement de la même manière que sur une échelle de potentiel classique : l'oxydant le plus fort d'un couple 1 (en haut dans l'échelle) oxyde le réducteur le plus fort d'un couple 2 (en bas dans l'échelle) :

$$Fe_{(s)} + 2H^+_{(aq)} \rightleftharpoons Fe^{2+}_{(aq)} + H_{2(g)}$$

Remarque

Lorsqu'on plonge un clou en fer dans une solution acide (pH < 4, par exemple), on observe, en effet, un dégagement gazeux. L'attaque du fer en solution acide est thermodynamiquement plus favorable qu'en milieu basique car l'écart des potentiels de chaque couple (sur une verticale) est plus grand en milieu acide.

12.2.4 Application à la corrosion uniforme

On parle de la corrosion uniforme d'une plaque de métal, lorsque toute la surface de la plaque en contact avec la solution oxydante est attaquée de façon uniforme ; c'est une corrosion chimique avec transfert direct des électrons du réducteur vers l'oxydant. C'est par exemple le cas, lorsque le fer est en contact avec une solution d'acide sulfurique. La facilité thermodynamique de la corrosion uniforme d'un métal en fonction du pH de la solution est donnée par un diagramme potentiel-pH. Les oxydes étant souvent plus stables que les hydroxydes, on utilise le diagramme potentiel-pH tenant compte des oxydes de fer (figure 12.4) :

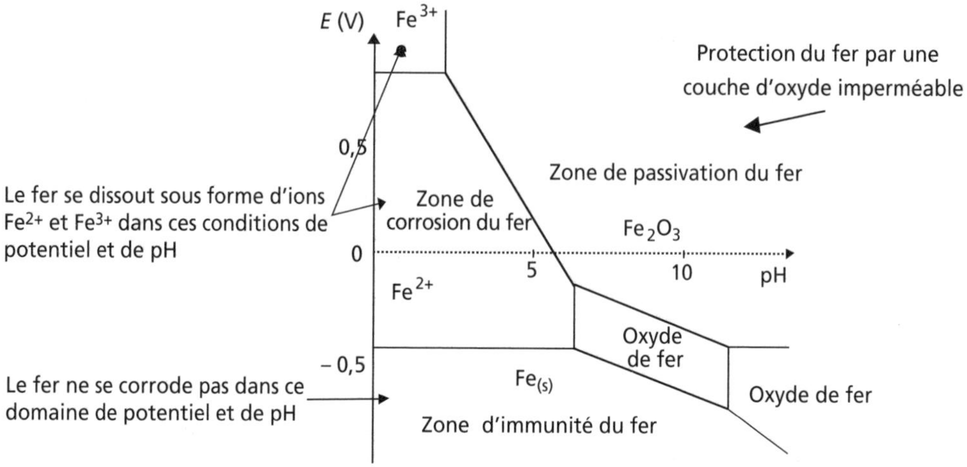

Figure 12.4 – Diagramme potentiel-pH simplifié du fer– $C_{Fe} = 10^{-6}$ mol·L^{-1}.

La zone de passivation du fer représente le domaine d'existence des oxydes de fer ; le fer a subi une première corrosion uniforme et s'est recouvert d'une couche d'oxyde adhérente et imperméable qui empêche tout contact du métal avec la solution et donc toute corrosion ultérieure. On dit que le fer (ou le métal) est *passivé*. On peut réaliser la passivation du fer avec de l'acide nitrique fumant. Dans son domaine d'immunité, le fer est stable thermodynamiquement au nombre d'oxydation zéro ; dans ce domaine de potentiel et de pH, il ne subit pas de réaction d'oxydation. Dans le domaine de corrosion, le fer n'est stable que sous forme d'ions fer (II) et fer (III). C'est, par exemple, le cas d'une attaque du fer à l'acide chlorhydrique (pH $\approx$ 3) : Le fer soumis à un potentiel de valeur égale à –0,3 V et à un pH $\leq$ 3 (cf. figure 12.4) s'oxyde en ions Fe^{2+} tandis que les ions H^+ sont réduits en dihydrogène $H_{2(g)}$.

Lorsque l'on trace la courbe intensité-potentiel d'une électrode de fer plongeant dans une solution aqueuse d'électrolyte support (solution aqueuse de nitrate de potassium KNO_3 à 1,0 mol·L^{-1}) à l'aide d'un montage à trois électrodes, on obtient l'allure représentée sur la figure 12.5.

La corrosion (ou oxydation) du fer a lieu à partir du potentiel d'abandon E_b et l'intensité i varie au cours de la polarisation anodique de quelques µA à quelques mA suivant la surface du fer immergée. À partir d'un potentiel E_F[1] l'intensité chute brutalement. La zone E_F–E_g correspond à la passivation du métal. La surface du fer s'est recouverte d'une couche d'oxyde Fe_2O_3 imperméable qui protège le fer de la corrosion. Cet oxyde étant non conducteur, il y une chute brutale de l'intensité de courant i à partir de E_F.

1. Ce potentiel est appelé potentiel de Flade et dépend du métal et des conditions expérimentales.

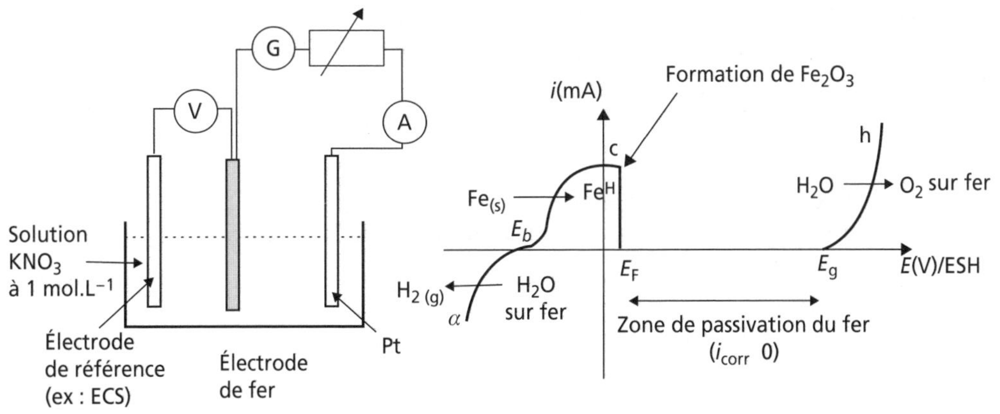

Figure 12.5 – **Courbe de polarisation d'une électrode de fer en milieu KNO_3 (1,0 mol·L^{-1}).**

Remarque

Au-delà de E_F la couche d'oxyde peut se dissoudre et la corrosion reprendre sauf si la dissolution de l'oxyde a lieu à un potentiel supérieur à celui de l'oxydation de l'eau ; dans ce cas, la courbe à partir de E_g correspond à la réaction d'oxydation de l'eau ($H_2O \rightarrow O_{2(g)}$).

Ces différentes parties peuvent être utilement comparées à celles que l'on observe sur le diagramme potentiel-pH du fer. En se plaçant sur une verticale de pH (celui de la solution pH $\approx$ 7) on retrouve les différentes zones ci-dessus : la zone de corrosion ($E_b < E < E_F$), la zone de passivation ($E_F < E < E_g$) et la zone d'immunité ($E < E_b$). Cependant, on se souviendra que la courbe de polarisation est un diagramme tenant compte des aspects cinétiques, alors que le diagramme E-pH est un diagramme purement thermodynamique.

Remarque

Le potentiel de corrosion E_b (potentiel à courant nul) est un paramètre très important qui caractérise la corrosion naturelle. Il s'agit d'un potentiel mixte correspondant simultanément à la corrosion du fer et la réduction des protons ou de l'oxygène dissous en milieu aéré (deux réactions électrochimiques différentes, cf. § 12.6.2).

12.3 Cinétique électrochimique de la corrosion

12.3.1 Cas d'une électrode simple

Lorsqu'une seule réaction se produit à la surface de l'électrode, on qualifie le système d'électrode simple. C'est le cas d'une électrode d'argent plongeant dans une solution :

$$Ag = Ag^+ + e^-$$

Le potentiel d'abandon $E_{i=0}$ est le potentiel de repos, c'est-à-dire le potentiel que prend spontanément une électrode en l'absence de courant externe. Dans ce cas, le potentiel de repos correspond au potentiel d'équilibre E_{eq}.

De manière plus générale, considérons la réaction suivante :

$$O + ne^- = R$$

L'équation de Butler-Volmer donne dans le cas d'une réaction limitée par le transfert de charge la relation entre le potentiel et la densité de courant globale :

$$i = i_c + i_a = A(j_c + j_a)$$

$$i = i_0 \left[e^{\left(\frac{\eta}{\beta_a}\right)} - e^{\left(\frac{-\eta}{\beta_c}\right)} \right]$$

i_0 représente le courant d'échange, β_a et β_c sont les coefficients de Tafel anodique et cathodique. Lorsque l'électrode est à l'abandon, la réduction et l'oxydation ont lieu à la même vitesse et globalement le courant est nul. Lorsque l'on s'écarte suffisamment de la tension d'abandon un des termes de l'équation de Butler-Volmer devient négligeable devant l'autre et l'oxydation ou la réduction devient alors prépondérante :

$\eta >> 0$: $\quad i = i_a = i_0 e^{\left(\frac{\eta}{\beta_a}\right)}$ $\quad$ ou $\quad \eta = \beta_a(Ln|i| - Lni_0)$

$\eta << 0$: $\quad i = i_c = -i_0 e^{\left(-\frac{\eta}{\beta_c}\right)}$ $\quad$ ou $\quad \eta = -\beta_a(Ln|i| - Ln|i_0|)$

Remarque

D'après les relations de Butler-Volmer, on voit que les coefficients de Tafel sont liés au coefficient de transfert α par :

$$\beta_a = \frac{RT}{F} {}^1\!/_{(1-\alpha)}$$

$$\beta_c = \frac{RT}{F} {}^1\!/_{\alpha}$$

La représentation de la surtension η en fonction de ln i fait apparaître deux droites appelées droites de Tafel (cf. chapitre 5). Le calcul de la pente de ces droites permet la détermination des coefficients de Tafel β_a et β_c. D'autre part, ces deux droites, ainsi que la droite de potentiel constant égal au potentiel thermodynamique d'équilibre ($\eta = 0$), se coupent toutes les trois au point de coordonnées (E_{eq}, ln i_0). On peut ainsi déterminer le courant d'échange i_0 en cherchant le point d'intersection d'au moins deux de ces droites. Les valeurs de j_0 (= i_0/A) s'échelonnent généralement entre 10^{-12} et 1 $A \cdot cm^{-2}$.

12.3.2 Cas d'une électrode mixte

C'est par exemple le cas de la corrosion du fer en milieu acide sulfurique. Dans ce cas, deux réactions électrochimiques différentes se déroulent simultanément sur l'électrode.

Une réaction anodique ($i_{a,Fe}$) qui correspond à l'oxydation du fer :

$$Fe_{(s)} \rightarrow Fe^{2+} + 2\ e^-$$

et une réaction cathodique ($i_{c,H}$) correspondant à la réduction des protons

$$2H^+ + 2\,e^- \rightarrow H_2.$$

Au potentiel de corrosion (ou potentiel d'abandon), $E = E_{corr}$ et $i = 0$.

On a donc : $i = i_{a,Fe} + i_{c,H}$.

Il se dissout autant de moles de fer qu'il se forme de moles de dihydrogène. Si on applique une polarisation positive $\eta = (E - E_{corr})$ à l'électrode un courant anodique (si $\eta > 0$) et cathodique (si $\eta < 0$) va traverser l'électrode. En utilisant la loi de Butler-Volmer pour une électrode simple, on montre que :

$$i = i_{a,Fe} + i_{c,H} = i_{corr}\left[\exp\left(\frac{\eta}{\beta_{a,Fe}}\right) - \exp\left(-\frac{\eta}{\beta_{c,H}}\right)\right]$$

Comme pour le cas de l'électrode simple, un des deux termes de l'équation devient négligeable devant l'autre dès que la polarisation est suffisamment positive ou négative. La représentation du potentiel en fonction de Ln i appelée *diagramme d'Evans*, fait alors apparaître deux droites (cf. figure 12.6). Ces deux droites, ainsi que la droite de potentiel constant $E = E_{corr}$, se coupent toutes les trois au point de coordonnées (E_{corr}, i_{corr}). L'intersection d'au moins deux de ces droites permet la détermination de i_{corr}.

Remarque 1

À la différence du cas de l'électrode simple, il n'existe pas de relation entre les coefficients de Tafel β_a et β_c dans le cas de l'électrode mixte. Les pentes des deux droites du diagramme d'Evans sont indépendantes.

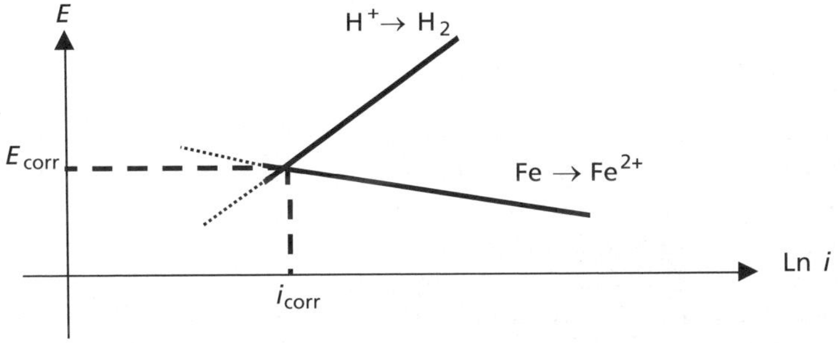

Figure 12.6 – Diagramme d'Evans permettant la détermination du courant et du potentiel de corrosion pour une électrode mixte (fer plongeant dans une solution acide). Les droites sont obtenues dans l'approximation de Tafel (fortes surtensions).

Remarque 2

Dans la représentation d'Evans, la droite associée à l'une des réactions électrochimiques (anodique ou cathodique) présente une pente d'autant plus faible que le système est rapide. Lorsque l'un des couples est plus rapide que l'autre (cf. exemple de la figure 12.6), la cinétique globale de corrosion est contrôlée par la réaction la plus lente. Généralement, les réactions de corrosion sont sous contrôle cathodique, car c'est la réduction de l'agent oxydant (H^+, O_2) qui est la réaction électrochimique la plus lente des deux. Par conséquent, tout facteur qui tend à modifier, même faiblement, la vitesse de la réaction cathodique, aura un impact important sur la valeur du courant de corrosion.

12.4 Les différents types de corrosion différentielle ou galvanique

12.4.1 Les hétérogénéités à l'origine de la corrosion différentielle

Toutes les formes d'hétérogénéité ou de gradient ont pour conséquence la création d'une différence de potentiel (ddp) entre deux points du métal : il se forme alors une pile de corrosion. On parle alors de *corrosion électrochimique différentielle.* La corrosion se produit avec *transfert indirect* des électrons du réducteur vers l'oxydant. Les raisonnements et définitions vus pour les piles restent donc parfaitement valables.

Il existe un grand nombre d'hétérogénéités ou de gradients responsables de la corrosion, parmi lesquels :

- un gradient de température ;
- un contact entre deux métaux différents (corrosion galvanique) ;
- un gradient de composition de la solution, notamment du point de vue de la teneur en dioxygène dissous (pile par aération différentielle) ;
- des zones d'écrouissage ou de travail du métal (clou tordu, tête de clou...).

12.4.2 La corrosion galvanique

La corrosion galvanique est due à la formation d'une pile constituée par contact entre deux métaux différents, baignant dans un milieu corrosif et conducteur (ionique). Le métal formant le pôle négatif (anode) se corrode, tandis que sur le métal formant le pôle positif (cathode) le dioxygène se réduit ($O_{2(g)} \rightarrow H_2O$). Prenons comme exemple la jonction entre le cuivre et le zinc dans un tuyau de canalisation. À travers la canalisation circule de l'eau, des ions et du dioxygène dissous (figure 12.7).

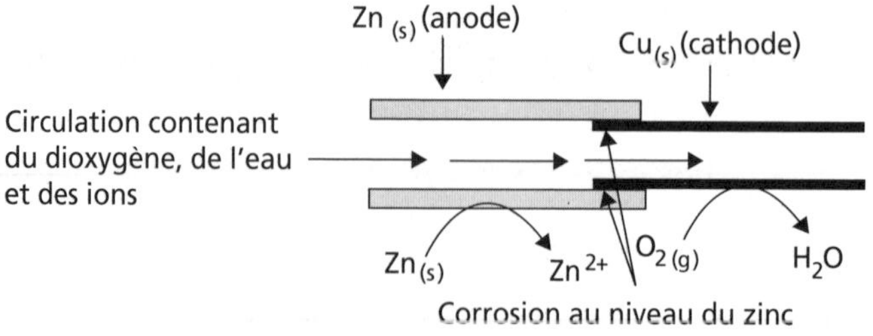

Figure 12.7 – **Notion de pile galvanique au travers d'une canalisation.**

Lorsque le zinc et le cuivre sont en contact électrique, la corrosion du zinc (métal le plus réducteur) est alors accélérée et celle du cuivre s'arrête. On peut schématiser ce qui se passe à l'aide de la pile ci-dessous (figure 12.9).

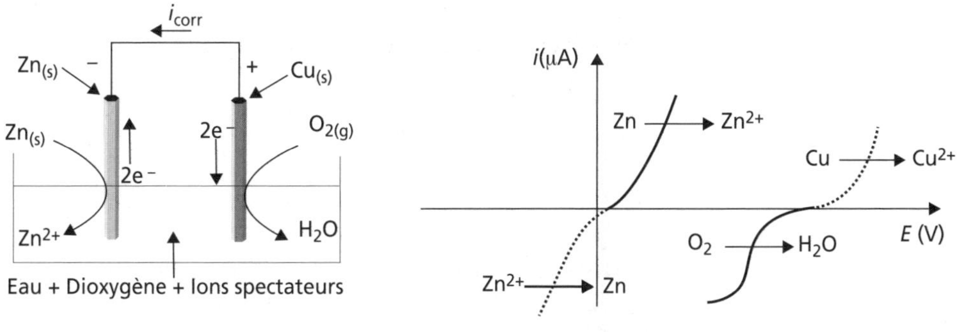

Figure 12.8 – Pile galvanique entre Zn et Cu.

Dans ce cas, un courant électrique de corrosion (i_{corr}) circule du potentiel positif de la pile (le cuivre) vers le pôle négatif (le zinc) (figure 12.8).

Le zinc joue le rôle d'anode et subit une oxydation :

$$Zn_{(s)} \rightarrow Zn^{2+} + 2\ e^-$$

Le cuivre joue le rôle de cathode. Il y a réduction du dioxygène dissous sur le cuivre :

$$1/2\ O_{2(g)} + H_2O_{(l)} + 2e^- \rightarrow 2\ HO^- \text{ (en milieu basique)}$$

L'équation bilan de la réaction qui a lieu est la suivante :

$$Zn_{(s)} + 1/2\ O_{2(g)} + H_2O \rightarrow 2\ HO^- + Zn^{2+}$$

Remarque

L'électrode de cuivre jouant le rôle de cathode se comporte comme une électrode inerte et le cuivre n'apparaît donc pas dans l'équation bilan.

12.4.3 Pile par aération différentielle

Considérons un clou plongé dans une solution aqueuse (gel d'agar-agar + phénolphtaléine + $K_3Fe(CN)_6$) telle que la concentration en dioxygène dissous soit plus importante dans le compartiment haut que dans le compartiment bas : on dit qu'il y a une aération différentielle (figure 12.9). La température étant constante et égale à 25 °C, le gradient de concentration en dioxygène (O_2) crée une anode (bas) et une cathode (haut), car $E_1 > E_2$

$$\left(E_i = E^\circ_{O_{2(g)}/H_2O} + \frac{0{,}059}{2} \log \frac{(P_{O_2})_i^{1/2}}{P_{réf}[OH^-]^2} \right).$$

La pile ainsi formée va débiter de manière à égaliser les concentrations en dioxygène dissous dans les compartiments haut et bas. Les électrons sont cédés par la lame de fer du côté de l'électrolyte pauvre en dioxygène (bas) suivant la réaction d'oxydation :

$$Fe_{(s)} \rightarrow Fe^{2+} + 2\ e^-$$

Remarque

Les ions $Fe^{2+}_{(aq)}$ sont mis en évidence grâce à la couleur bleu du complexe insoluble qui se forme (bleu de Turnbull).

Du côté de l'électrolyte riche en dioxygène (haut), les électrons sont captés par le dioxygène suivant la réaction de réduction équilibrée en milieu basique :

$$1/2\ O_{2(g)} + H_2O_{(l)} + 2e^- \rightleftharpoons 2\ HO^-_{aq}$$

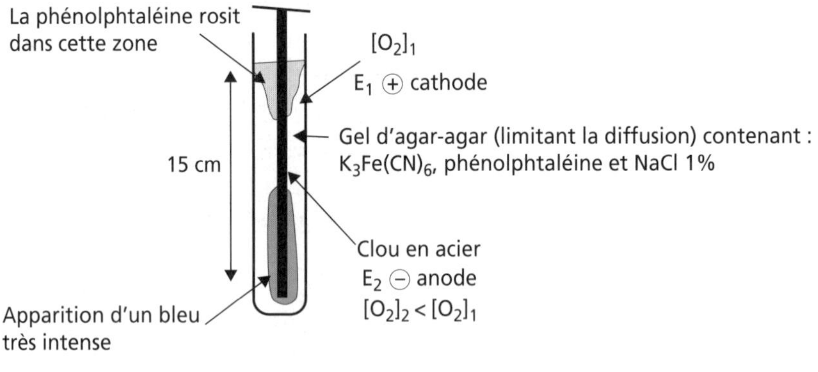

Figure 12.9 – Pile d'aération différentielle ou pile d'Evans.

De manière apparemment paradoxale, il y a donc corrosion (oxydation) du fer dans la région de l'électrolyte déficitaire en dioxygène (l'anode). Ce fait expérimental démontre que la corrosion différentielle est une réaction électrochimique, dans laquelle les zones d'échange électronique sont distinctes, et non pas une réaction chimique d'oxydoréduction.

La corrosion différentielle permet d'interpréter la localisation des zones de corrosion des pièces métalliques : ainsi, dans le cas d'un bateau en acier, la corrosion se fait majoritairement au niveau de sa partie la plus profonde et donc la moins oxygénée, c'est-à-dire la quille. De la même manière, lorsqu'une pièce en acier présentant une rayure est mise en présence d'un milieu aqueux aéré, il y a corrosion au fond de la rayure (endroit le moins oxygéné), entraînant son aggravation (jusqu'à fissuration éventuelle). On parle dans ce cas de corrosion *caverneuse*. Un dernier exemple est celui d'une goutte d'eau sur une plaque d'acier (figure 12.10) : Au centre de la goutte d'eau, le fer s'oxyde en ions Fe^{2+}

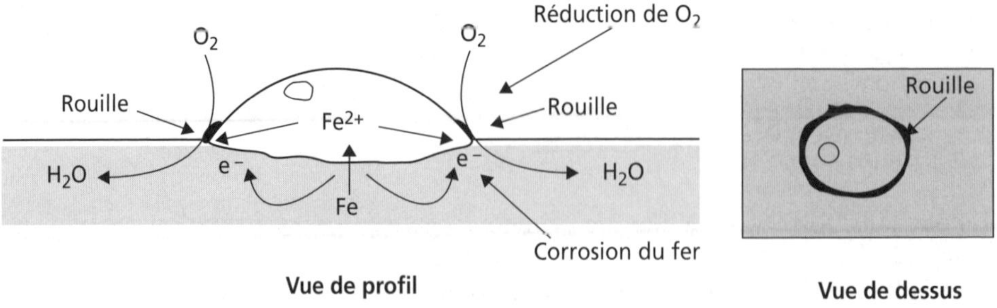

Figure 12.10 – Expérience de la goutte d'eau.

car la région est pauvre en dioxygène, tandis qu'à la périphérie de la goutte, il y réduction du dioxygène dissous. Les ions Fe^{2+} diffusent ensuite vers la périphérie et s'oxydent à leur tour au contact du dioxygène de l'air. C'est la raison pour laquelle la rouille forme une auréole qui entoure la goutte d'eau.

12.5 Méthodes de protection contre la corrosion

Il existe plusieurs méthodes de protection contre la corrosion. On peut décomposer ces méthodes en 2 catégories : les méthodes passives (divers revêtements, actions d'inhibiteurs de corrosion) coûteuses en matières premières et les méthodes actives (méthodes électrochimiques utilisant un générateur) coûteuses en énergie.

12.5.1 Application sur le métal de revêtement protecteur (méthode passive)

Les métaux et les alliages peuvent être protégés par des revêtements tels que des peintures, des vernis, des revêtements par d'autres métaux, dont les propriétés principales sont l'imperméabilité et la résistance au temps et à l'eau.

Au préalable, la surface à protéger doit être traitée. Ce traitement dépend de la nature du métal, de son passé métallurgique, de l'état de livraison.... Il comporte, en général, un décapage, un dégraissage puis un polissage de la surface. Les deux premiers traitements servent à nettoyer le métal, le troisième à améliorer l'aspect de la surface métallique et donc l'adhérence du futur revêtement. Le revêtement de peinture ou vernis permet d'isoler le matériau de son environnement (eau, dioxygène dissous). Pour que la protection soit efficace la peinture doit être appliquée en plusieurs couches successives : les couches primaires (imperméables) assurant l'adhérence et la protection contre la corrosion proprement dite (elles sont souvent de couleur orange), les couches intermédiaires et de finition sont destinées à protéger les couches primaires et à donner aux structures métalliques un aspect agréable (couleur, touché,...).

Remarque

La protection contre les acides, les bases ou les liquides et les gaz corrosifs peut être obtenue en faisant adhérer une couche épaisse de matière plastique (ou de caoutchouc) à la surface du métal ou en utilisant une peinture (par exemple la peinture au minium Pb_3O_4).

Les revêtements métalliques peuvent être obtenus par électrolyse d'une solution contenant le cation du métal à déposer (électrozinguage, chromage, nickelage, etc.). Dans certains cas (notamment pour le zinc), on peut tremper la pièce à protéger directement dans un bain du métal fondu : c'est la galvanisation.

La protection contre la corrosion des pièces sur lequel est déposé une couche métallique dépend fondamentalement de l'aptitude comparée à l'oxydation du métal à protéger et du métal protecteur :

- Lorsque le métal protecteur est plus facilement oxydable (meilleur réducteur) que le métal à protéger (cas du zinc sur le fer par exemple), ce dernier restera protégé tant qu'il reste en contact avec la couche protectrice : ainsi, un défaut de revêtement est sans conséquence sur la corrosion. En revanche, la consommation relativement rapide du métal protecteur oblige à déposer des couches suffisamment épaisses pour que la protection reste efficace longtemps.

- Lorsque le métal protecteur est plus difficilement oxydable (moins bon réducteur) que le métal à protéger (cas du nickel sur le fer par exemple), le moindre défaut dans la couche protectrice engendrera une corrosion galvanique (cf. ci-dessus) : ainsi, il faudra s'assurer que la couche protectrice ne comporte aucun défaut ; en revanche, sa consommation relativement lente fait qu'une faible épaisseur (10-100 nm) est généralement suffisante pour assurer une protection sur une longue période.

12.5.2 Métaux naturellement protégés de la corrosion

Nous avons traité le phénomène de corrosion sur l'exemple du fer et des aciers[1] car ce phénomène représente un coût considérable pour les pays utilisateurs[2]. La couche de rouille (oxydes et hydroxydes ferriques) qui se forme lors de la corrosion naturelle du fer est friable et très perméable, ce qui permet à la corrosion de gagner les zones de plus en plus profondes. Il existe des métaux qui sont naturellement protégés de la corrosion par leur couche d'oxyde : l'aluminium est un exemple classique. Il se recouvre d'une très fine[3] couche d'oxyde Al_2O_3 (appelée alumine) protectrice, transparente et imperméable. L'acier inoxydable est un acier qui se passive en surface. Il contient un minimum de 13 % (en masse) de chrome. D'autres éléments sont fréquemment ajoutés, notamment le nickel[4]. Ce dernier, de même structure cubique à faces centrées que le fer, facilite l'introduction du chrome (structure cubique centré) dans le fer. La résistance à la corrosion est donc due, paradoxalement, à la faculté du chrome à s'oxyder au contact du milieu oxydant (tel que l'air) avec la formation d'une couche superficielle protectrice d'oxyde de chrome Cr_2O_3 très mince.

Remarque

L'or (Au), le platine (Pt), se comportent comme l'aluminium. Leurs couches d'oxyde sont protectrices. Le cuivre se corrode, quant à lui, en un oxyde de cuivre qui évolue en « vert-de-gris » (hydroxycarbonate de cuivre(II)), en présence de dioxyde de carbone. Cet oxyde est lui aussi protecteur mais de couleur vert pâle. On le retrouve, par exemple, sur le toit de l'opéra de Paris.

12.5.3 Utilisation d'une anode sacrificielle

On peut protéger le fer en utilisant une anode sacrificielle, c'est-à-dire en associant, par contact électrique le fer avec un métal (noté M) plus réducteur que lui

1. L'acier est un alliage fer-carbone, avec un taux de carbone inférieur à 1 %.
2. C'est un phénomène qui coûte à la France 3 % du PIB soit en 1999, 3 000 francs par Français et par an. Notamment, la ville de Paris dépense des sommes considérables pour protéger la tour Eiffel.
3. L'épaisseur de la couche naturelle d'alumine est de l'ordre de la dizaine de nanomètres.
4. L'acier inox 18:8 contient 18 % de Cr et 8% de nickel ; d'autres éléments d'alliage comme le manganèse ou le molybdène sont également incorporés dans certains aciers spéciaux.

$\left(E^{\circ}_{Fe^{2+}/Fe_{(s)}} > E^{\circ}_{M^{n+}/M_{(s)}}\right)$. Le métal M pourra jouer ainsi le rôle d'anode, et ce, à la place du fer, qui fera fonction de cathode (il y aura alors réduction du dioxygène dissous sur le fer).

Exemple

Lorsque l'on associe le fer et le zinc (en court-circuit, cf. figure 12.11), seul le zinc s'oxyde. Dans le même temps, le dioxygène se réduit en H_2O à la surface du fer.

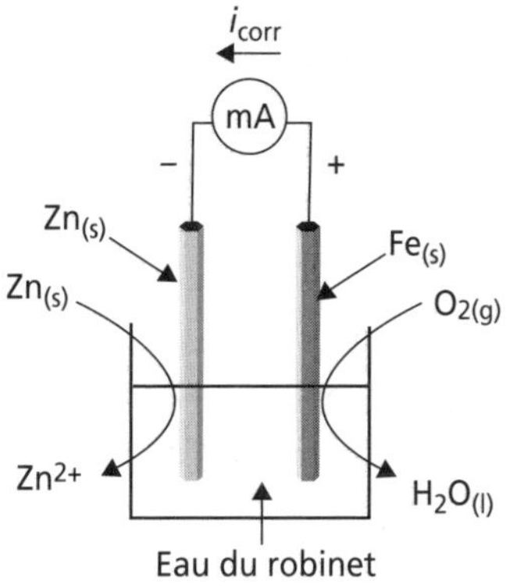

Figure 12.11 – Protection cathodique du fer par anode sacrificielle.

On rencontre très souvent cette méthode de protection sur les bateaux, les canalisations ou les tubes (« pipe-lines ») en acier. Des morceaux de zinc ou de magnésium sont disposés régulièrement sur la plaque (tous les 100 m pour les tubes). Quand ces morceaux sont presque totalement dissous, on les remplace par des morceaux neufs.

12.5.4 Protection cathodique à courant imposé (méthode active)

On a vu que, dans un certain domaine de potentiel, on se trouvait dans la zone d'immunité du fer. À ces potentiels, le fer n'est pas attaqué, car le métal est la forme stable de l'élément. En reliant la plaque d'acier à un générateur et en imposant la tension ou le courant désiré, on amène le fer dans sa zone d'immunité, il se trouve alors protégé contre la corrosion. Ainsi, dans le cas de la protection cathodique, le métal à protéger est relié au pôle négatif (cathode) d'un générateur de courant continu. Le pôle positif est relié à une anode inerte (platine) ou sacrificielle (zinc, magnésium…). Cette technique est utilisée pour la protection des conduites enterrées (cf. encart 12.2).

Encart 12.2 – Critères de choix d'une méthode de protection cathodique

On dispose de deux méthodes de protection cathodique : l'une, dite à anode sacrificielle, où le métal à protéger et le métal protecteur sont directement reliés; l'autre, dite à courant (ou potentiel) imposé, où le métal à protéger est reliée au métal protecteur au moyen d'un générateur extérieur (le métal à protéger étant relié au pôle négatif du générateur).

Dans les deux méthodes, les deux métaux jouent le même rôle : la pièce à protéger joue le rôle de cathode, l'autre métal (très souvent le zinc) joue le rôle d'anode sacrificielle et l'ensemble se comporte comme une pile. Le système sans générateur fonctionne comme une pile en court-circuit, tandis que le système à courant (ou potentiel imposé) fonctionne comme une pile en régime de décharge forcée. Ainsi, dans le deuxième cas, la consommation de l'anode sera plus rapide ; en contrepartie, la cathode restera protégée tant que le matériau anodique n'aura pas été totalement consommé.

Ainsi, on utilise généralement la méthode de l'anode sacrificielle directement connectée, pour protéger des pièces métalliques dans des conditions bien maîtrisées et peu fluctuantes : cuves enterrées, coque de navire dans l'eau de mer par exemple. En revanche, lorsque le milieu présente des caractéristiques mal définies (sols de nature complexe) ou que la surface à protéger est importante, on utilisera plutôt la méthode du courant imposé : c'est le cas de la protection des canalisations souterraines (pour le transport de gaz par exemple).

12.5.5 Protection anodique

La protection anodique (ou de passivation) consiste à former par voie électrochimique (ou éventuellement chimique) une couche d'oxyde protectrice à la surface du métal à protéger au moyen d'un générateur débitant un courant permettant la formation de la couche de passivation. Cette méthode est notamment utilisée dans la protection de l'aluminium : par électrolyse d'une solution acide entre une anode d'aluminium et une cathode en acier, on génère une couche d'alumine de quelques microns d'épaisseur, qui est ensuite traitée thermiquement et par une solution de colorants afin d'en colmater les pores : on obtient ainsi l'aluminium dit anodisé.

12.5.6 Utilisation d'inhibiteurs de corrosion

Les inhibiteurs de corrosion sont des composés chimiques que l'on ajoute en faible quantité dans le milieu corrosif pour ralentir voire stopper le processus de corrosion d'un métal. Ces molécules forment une barrière empêchant le transfert des molécules corrosives vers le métal. Elles sont également susceptibles de renforcer une barrière préexistante telle qu'un oxyde. Dans certain cas, il y a formation d'un composé protecteur par réaction entre le cation métallique et l'inhibiteur. Les inhibiteurs anodiques sont en général des réactifs alcalins ou des phosphates qui forment un précipité en présence du cation métallique. Les inhibiteurs de corrosion sont des molécules organiques qui s'adsorbent sur le métal.

Bibliographie

V. BERTAGNA et M. CHEMLA, *Électrochimie*, Bréal, Paris, 2001.

D. LANDOLT, *Traité des matériaux, corrosion et chimie de surfaces des métaux*, vol. 12, Presses Polytechniques et Universitaires Romandes, Lausanne, 1993.

C. M. A BRETT and M. O. BRETT, *Electrochemistry: principles, methods and applications*, Oxford, 1993, chap. 16.

13 Réactions chimiques couplées au transfert électronique

Ce chapitre s'intéresse à l'analyse de la modification des courbes voltampérométriques en présence de réactions chimiques associées. Ce secteur important de l'électrochimie a été longtemps étudié de manière fragmentaire, et c'est pour une large part grâce aux travaux de J. M. Savéant[1] et de son groupe de recherche dans les années 1970 jusqu'au début 1990 que cette connaissance a pu émerger comme un ensemble construit et structuré, dont les bases seront introduites ici. Elles devraient permettre de comprendre clairement ce qui sous-tend la modification des courbes i(E) lorsqu'une réaction chimique intervient en amont ou en aval de la réaction électrochimique, ainsi que la manière d'utiliser ces courbes pour analyser le type de réaction(s) impliquées dans le mécanisme. Dans une certaine mesure le contenu de ce chapitre peut aussi rendre service à des chercheurs désirant s'initier à ce domaine et aborder plus facilement la littérature correspondante.

13.1 Définitions d'une réaction chimique couplée et principaux schémas réactionnels

Lorsqu'une espèce électroactive peut subir une ou plusieurs réactions chimiques précédant ou suivant le transfert électronique, cela modifie de manière appréciable les réponses courant/potentiel obtenues par les techniques classiques exposées au chapitre 10. D'autre part, ces comportements peuvent être calculés, et ainsi les courbes électrochimiques peuvent permettre de porter un diagnostic sur le type de mécanisme intervenant lors d'un processus de ce type.

Voici les situations les plus étudiées et les plus fréquemment rencontrées.

1. J.-M. Savéant, Laboratoire d'Électrochimie moléculaire, université Paris 7.

13.1.1 Mécanisme EC

EC signifie « Electrochimie-Chimie », c'est-à-dire qu'une réaction chimique *du premier ordre* suit le transfert électronique. Le schéma est le suivant :

$$O + 1e^- \rightleftharpoons R$$
$$R \rightleftharpoons P$$

13.1.2 Mécanisme CE

Dans ce cas, la réaction chimique précède le transfert électronique, soit :

$$P \rightleftharpoons O$$
$$O + 1e^- \rightleftharpoons R$$

13.1.3 Mécanisme EC2 (DIM)[1]

À la différence des deux cas précédents, le transfert d'électrons est suivi d'une réaction *du deuxième ordre*, comme la dimérisation de l'espèce formée :

$$O + 1e^- \rightleftharpoons R$$
$$2R \rightleftharpoons P$$

13.1.4 Mécanisme ECE

Un premier transfert d'électrons a lieu, qui est suivi par une réaction chimique puis ensuite par un deuxième transfert électronique.

$$O + 1e^- \rightleftharpoons R$$
$$R \rightleftharpoons R'$$
$$R' + 1e^- \rightleftharpoons P$$

13.2 Résolution de quelques cas simples

Préambule important. Dans toutes les analyses qui vont suivre, on a choisi de traiter le cas de la réduction. Les potentiels sont naturellement négatifs en réduction, mais nous avons choisi de porter les courants positifs, c'est-à-dire du même signe que le gradient de concentration de l'oxydant, afin de simplifier les expressions. Pour repasser en convention classique, il suffit de mettre un signe moins devant l'expression du courant. La transposition en oxydation est aisée à condition de changer le signe des potentiels. On suppose également dans tout ce type d'analyse que les cinétiques liées au transfert électronique sont rapides et réversibles (l'équation de Nernst s'applique à l'électrode). D'autre part, dans ce chapitre uniquement, pour des raisons d'homogénéité des notations, la concentration à l'électrode, dimensionnelle ou non, sera notée en indiquant la valeur de x entre parenthèses, c'est à dire par exemple pour O respectivement $C_O(0)$ (concentration classique) ou $c_o(0)$ (concentration adimensionnelle).

1. EC2 est la nouvelle terminologie IUPAC.

Dans toutes les démonstrations qui vont suivre, on utilisera les notations suivantes : $C_O(x)$, $C_R(x)$, $C_P(x)$ représentent les concentrations respectives de O, R et P à l'abscisse x, et $C_O{}^*$, $C_R{}^*$ et $C_P{}^*$ les mêmes concentrations à l'infini (loin de l'électrode). Les coefficients de diffusion D seront pris égaux pour toutes les espèces (approximation très raisonnable pour des espèces électroactives présentes dans le même milieu). δ représente l'épaisseur de la couche de diffusion (constante dans le cas stationnaire), F la constante de Faraday, et A l'aire de l'électrode.

13.2.1 Cas C_rE_r : pré-équilibre chimique rapide en régime stationnaire,

Il s'agit de considérer le cas où la réaction chimique antécédente est un équilibre :

$$P \underset{}{\overset{K}{\rightleftarrows}} O$$

$$O + e^- \rightleftarrows R$$

avec : $K = C_{O(\text{eq})}/C_{P(\text{eq})}$

Ce cas ne présente d'intérêt que si $K < 1$ (sinon on est ramené au cas d'un simple transfert) ; c'est typiquement le cas de la réduction d'un acide faible : en effet, les protons se réduisent beaucoup plus facilement que l'acide AH et donc le pré-équilibre $AH \rightleftarrows A^- + H^+$ influence nettement la réaction électrochimique.

Dans le cas du régime stationnaire du transport (électrode tournante par exemple), on peut simplifier les calculs en considérant que l'espèce O est transitoire, et que seules sont effectivement transportées les espèces P et R. Au-delà de la couche de diffusion d'épaisseur fixe δ, seule est présente l'espèce P en solution (en équilibre avec une quantité négligeable de O). On peut donc poser sa concentration égale à C^*. Les flux de matière à l'électrode peuvent être décrits par les équations classiques :

$$i = \left(FA\frac{D}{\delta}\right)[C^* - C_P(0)] = \left[FA\frac{D}{\delta}\right]C_R(0) \tag{13.1}$$

Nous postulons aussi que la loi de Nernst s'applique à l'électrode :

$$C_O(0)\big/C_R(0) = \exp[(\text{E-E°})F\ /\ RT]$$

Il vient donc, d'après l'expression de la constante du pré-équilibre :

$$C_P(0)\big/C_R(0) = (1/K)\exp[(\text{E-E°})F\ /\ RT] \tag{13.2}$$

En posant (comme précédemment dans le cas d'une seule espèce, cf. chapitre 8) :

$$i^\ell = \left(FA\frac{D}{\delta}\right)C^*$$

on a :
$$C_P(0) = (i^\ell - i)\Big/\left(FA\frac{D}{\delta}\right) \quad \text{et} \quad C_R(0) = i\Big/\left(FA\frac{D}{\delta}\right) \tag{13.3}$$

On peut alors combiner les deux équations (13.2)-(13.3), ce qui donne :

$$(i^\ell - i)\big/i = (1/K)\exp[(E - E°)F\ /\ RT]$$

Soit encore :

$$\boxed{E = E^\circ + (RT\ /\ F)\ln K + (RT\ /\ F)\ln\left[{(i^\ell - i)}\big/{i}\right]} \tag{13.4}$$

Il apparaît que, comme $K < 1$, $\ln K$ est négatif et la *réduction est plus difficile* que si O était seul (stable) en solution[1]. Pour reprendre l'exemple de la réduction d'un acide, il est, comme on pouvait s'y attendre, plus difficile de réduire un acide faible qu'un acide fort, puisque les protons doivent être produits par une réaction dans la zone proche de l'électrode.

L'équation (13.4) montre que les potentiels sont décalés vers les potentiels négatifs de la valeur $-(RT/F\ln 10)\text{pK}$, soit $-(2{,}3RT/F)\text{pK}= -0{,}06$ pK (en V) à 25 °C[2].

Remarque

Dans le cas où on utilise la voltamétrie cyclique, les calculs sont plus compliqués, mais on peut montrer que le comportement est en apparence le même que sans réaction : on obtient une courbe en forme de pic, homothétique de la courbe en l'absence de réaction, mais de nouveau décalée en potentiel de la quantité $-(2{,}3RT/F)$ pK, toujours bien sûr vers les potentiels négatifs pour la réduction, cette dernière étant rendue plus difficile par la présence du pré-équilibre qui consomme le réactif.

13.2.2 Mécanisme EC_i : réaction chimique irréversible consécutive au transfert électronique

On suppose cette fois qu'une réaction chimique irréversible du premier ordre (caractérisée par la constante de vitesse k) suit le transfert électronique, soit :

$$O + e^- \rightleftharpoons R$$

$$R \xrightarrow{k} P$$

a) Modification des lois de Fick

Pour résoudre un tel problème, il est nécessaire de remonter aux définitions fondamentales qui sous-tendent un problème de cinétique électrochimique. Les équations de Fick sont modifiées par la réaction chimique puisque les molécules n'apparaissent ou ne disparaissent plus seulement par diffusion, mais aussi par la réaction correspondante.

Dans le cas qui nous occupe, on a :

$$\partial C_O/\partial t = D(\partial^2 C_O/\partial x^2) \tag{13.5a}$$

$$\partial C_R/\partial t = D(\partial^2 C_R/\partial x^2) - kC_R \tag{13.5b}$$

1. Le lecteur pourra vérifier que, dans le cas général (K quelconque), on peut aussi effectuer le calcul en écrivant que c'est l'ensemble [P+O] qui est transporté. On trouve alors une expression proche de (13-1), mais où K est substitué par K/(1+K). On vérifie que K/(1+K) ≈ K quand K est petit, ce qui permet de retrouver l'expression donnée ici.
2. En prenant ln10 = 2,3

Les équations (13.5) sont absolument générales, quelle que soit la méthode électrochimique utilisée, et sont caractéristiques exclusivement du mécanisme considéré, qui exige que R disparaisse par un *processus irréversible du premier ordre*. L'équation sur P pourrait être écrite, mais comme P est supposé non électroactif, elle n'intervient pas dans le calcul du courant[1].

b) Résolution dans le cas stationnaire

Dans le cas où le régime stationnaire est atteint (électrode tournante par exemple), les dérivées par rapport au temps sont donc égales à 0, ce qui permet de simplifier les calculs.

Les équations (13.5) deviennent :

$$0 = D\,(\mathrm{d}^2C_O/\mathrm{d}x^2) \qquad (13.6a)$$

$$0 = D\,(\mathrm{d}C_R/\mathrm{d}x^2) - kC_R \qquad (13.6b)$$

Remarque

Les dérivées partielles deviennent des dérivées simples puisque le temps n'intervient plus.

On voit tout de suite que le profil de la concentration de O sera linéaire, et on peut par analogie résoudre tout de suite l'équation sur O, ce qui donne, en utilisant le modèle de la couche de diffusion d'épaisseur δ (cf. chapitre 4) :

$$C_O(x) = [C_O(0) - C_O{}^*](x/\delta) \qquad (13.7)$$

et, comme i est proportionnel au flux de O à l'électrode on a :

$$i = (FAD)\left(\frac{\partial C_O}{\partial x}\right)_{x=0} = \left(FAD/\delta\right)[C^* - C_O(0)] \qquad (13.8)$$

Il faut maintenant calculer la concentration de R. Par conservation du flux à l'électrode[2], on a :

$$(\mathrm{d}C_O/\mathrm{d}x)_{(x=0)} = -\,(\mathrm{d}C_R/\mathrm{d}x)_{(x=0)} = i/FAD \qquad (13.9)$$

La résolution de l'équation (13.6b) peut alors s'effectuer. On obtient une expression de C_R de la forme :

$$C_R = X\exp\left[-\sqrt{\frac{k}{D}}x\right] + Y\exp\left[\sqrt{\frac{k}{D}}x\right] \qquad (13.10)$$

où X et Y représentent des constantes.

La condition de conservation du flux (13.9) impose alors une relation entre X et Y :

$$[C^* - C_O(0)]\,/\,\delta = X\left[\sqrt{\frac{k}{D}}\right] - Y\left[\sqrt{\frac{k}{D}}\right] \qquad (13.11)$$

1. Notons que cela pourrait toutefois avoir un intérêt de connaître la concentration de P, dans le cadre d'un capteur où P jouerait un rôle par exemple.
2. En effet à l'électrode, P n'a pas encore commencé à se former et les flux ne concernent que O et R.

Si l'on suppose que seul O est présent initialement en solution à la concentration C^*, la concentration de R doit tendre vers zéro au delà de la couche de diffusion, ce qui permet d'imposer la condition $C_R(\delta) = 0$, d'où une deuxième relation :

$$0 = X \exp\left[-\sqrt{\frac{k}{D}}\delta\right] + Y \exp\left[\sqrt{\frac{k}{D}}\delta\right] \tag{13.12}$$

La dernière relation sera donnée par la loi de Nernst. Nous avons donc trois équations et trois inconnues (X, Y, et $C_O(0)$), nous pouvons résoudre le système d'équations et déterminer ces trois grandeurs. Il ne restera plus alors qu'à remplacer $C_O(0)$ dans l'équation (13.8) pour trouver le courant.

Afin de rendre plus lisibles les expressions obtenues, nous pouvons introduire le paramètre adimensionnel :

$$\lambda = \frac{k\delta^2}{D}$$

Le système d'équations à résoudre (13.11)-(13.12) s'écrit alors :

$$\frac{[C^* - C_O(0)]}{\sqrt{\lambda}} = X - Y$$

$$0 = X \exp\left[-\sqrt{\lambda}\right] + Y \exp\left[\sqrt{\lambda}\right]$$

De la résolution de ce système d'équations, on déduit l'expression de la concentration de R à l'électrode :

$$C_R(0) = X + Y = [C^* - C_O(0)]\frac{\tanh\left(\sqrt{\lambda}\right)}{\sqrt{\lambda}} \tag{13.13}$$

Il est maintenant temps d'introduire la loi de Nernst à l'électrode :

$$C_O(0)/C_R(0) = \exp(-\xi)$$

en posant $\xi = -F(E-E^\circ)/RT$ (cf. chapitre 10).

En utilisant l'expression de $C_R(0)$ obtenue en (13.13), on obtient :

$$\exp(-\xi) = \frac{C_O(0)}{[C^* - C_O(0)]}\frac{\sqrt{\lambda}}{\tanh\left(\sqrt{\lambda}\right)}$$

soit encore :

$$E = E^\circ + \frac{RT}{F}\ln\frac{C_O(0)}{[C^* - C_O(0)]} + \frac{RT}{F}\ln\frac{\sqrt{\lambda}}{\tanh\left(\sqrt{\lambda}\right)}$$

En reprenant la définition du courant donnée par (13.8), on obtient :

$$\boxed{E = E^\circ + \frac{RT}{F}\ln\left[\frac{\sqrt{\lambda}}{\tanh(\sqrt{\lambda})}\right] + \frac{RT}{F}\ln\left[\frac{(i^\ell - i)}{i}\right]} \tag{13.14}$$

L'équation (13.14) montre que la courbe intensité-potentiel garde le même aspect que dans le cas classique, à la différence que les potentiels sont maintenant décalés de la valeur $RT/F\ln\,[\lambda^{1/2}/\tanh(\lambda^{1/2})]$, c'est-à-dire que le potentiel standard apparent E°_{app} du système sera donc égal à E° + RT/Fln [$\lambda^{1/2}$/tanh($\lambda^{1/2}$)]. Le paramètre λ est donc le paramètre cinétique déterminant qui va permettre d'apprécier de combien se décale la courbe.

Deux cas extrêmes sont d'ores et déjà à considérer : le cas où λ tend vers 0 et celui ou il tend vers l'infini.

- La tangente hyperbolique tendant rapidement vers 1 lorsque λ prend des valeurs supérieures à quelques unités, lorsque λ est grand, les potentiels sont alors décalés de la valeur : $(RT/2F)$ ln λ = 2,3$(RT/2F)$log λ = 0,03 log λ (à 25 °C). On voit d'autre part que λ varie comme δ^2, soit en 1/ω dans le cas de l'électrode tournante (cf. équation 7.6). Si l'on trace E°_{app} = f(log ω), on doit donc obtenir une droite de pente égale à –1,15(RT/F), c'est-à-dire –29,2 mV/décade à 25 °C.
- Si on augmente ω, le paramètre λ se met alors a tendre vers 0, ce qui a pour effet de faire tendre vers 1 le terme $\lambda^{1/2}$/tanh($\lambda^{1/2}$) et donc $E°app$ tend vers $E°$: on se ramène au cas où il n'y a pas de réaction. En effet, l'électrode est alimentée tellement vite, que la réaction chimique est pour ainsi dire « invisible », du fait de sa cinétique trop lente comparée à la vitesse du transport de matière. Si l'on parvient à atteindre ce stade, on peut alors extraire les données E° et k d'une même expérience, comme le montre la figure 13.1 ci-dessous. Dans le cas où E° n'est pas accessible (cinétique chimique trop rapide ne permettant pas d'atteindre les valeurs très faibles de λ), on pourra seulement conclure quand à la nature du mécanisme (EC) sans pouvoir calculer de valeurs de k.

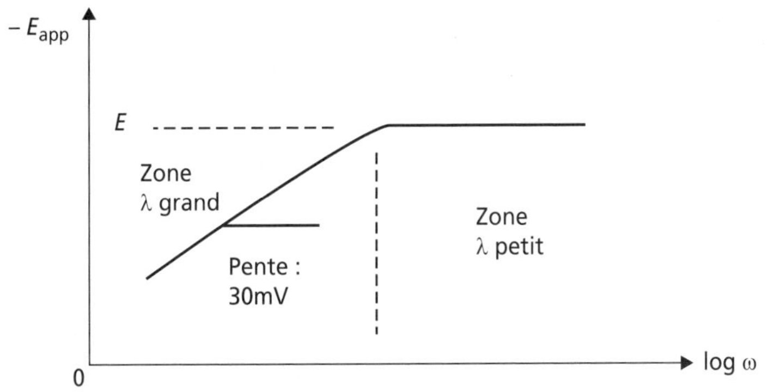

Figure 13.1 – Représentation schématique de la variation du potentiel standard apparent dans un EC simple en régime stationnaire, en fonction de la vitesse de rotation de l'électrode ω.

c) Cas transitoire : utilisation des variables adimensionnelles

Savéant et coll. ont introduit dans le passé la technique d'adimensionnalisation des variables dans les problèmes d'électrochimie, en particulier dans le domaine des réactions chimiques associées. Cette méthode, initialement due aux ingénieurs mécaniciens, consiste à normaliser toutes les données quantifiables d'un problème, par rapport aux hypothèses introduites dans ce dernier, par exemple toutes les longueurs par rapport à la plus grande longueur d'une barre dont on cherche la résistance, etc.

En électrochimie, les paramètres quantifiables sont les concentrations, les temps et les distances par rapport à l'électrode. On va donc les normaliser par rapport aux données caractéristiques du système, *qui sont elles-mêmes dépendantes de la méthode électrochimique utilisée*. Les courants et les potentiels peuvent être rendus aussi adimensionnels, ce qui permet d'alléger en général considérablement les calculs ainsi que l'expression de la courbe courant-potentiel.

Nous pouvons donc adimensionnaliser les variables de la manière suivante en posant[1] :

$$c_o = C_O/C^*$$
$$c_R = C_R/C^*$$
$$y = x/\delta$$
$$\psi = (dc_o/dy)_{(0)} = i\,(\delta/FADC^*) \qquad (13.14)$$

On peut aussi adimensionnaliser le potentiel à travers la relation de Nernst :

$$c_{o(0)}/c_{R(0)} = \exp[F(E-E°)/RT] = \exp(-\xi)$$

Remarque

Compte tenu de la définition de ξ, on voit que la réduction sera d'autant plus favorisée que ξ est grand et positif.

Ainsi, dans le cas stationnaire traité en au paragraphe b), l'utilisation des variables adimensionnelles pour la résolution des équations de la diffusion conduit à :

$$c_R(0) = (1 - c_O(0))\tanh(\lambda^{1/2})/\lambda^{1/2} \qquad (13.15)$$

$$\psi = c_R(0)/[(\tanh(\lambda^{1/2})/\lambda^{1/2})] \qquad (13.16)$$

D'où on déduit :

$$c_O(0)/c_R(0) = \exp(-\xi) = [(1-\psi)/\psi]\,\lambda^{1/2}/\tanh(\lambda^{1/2})$$

soit encore :

$$-\xi = \ln\frac{\lambda^{1/2}}{tanh(\lambda^{1/2})} + \ln\frac{1-\psi}{\psi} \qquad (13.17)$$

L'équation (13.17) est l'équation adimensionnelle de la courbe courant-potentiel, équivalente à l'équation (13.14) avec les variables habituelles.

Dans le cas de la voltampérométrie à balayage linéaire de potentiel, le temps intervient de manière liée au potentiel, puisque le potentiel varie comme $E = E_i - vt$, E_i représentant le potentiel initial de l'expérience. Comme il s'agit également d'un paramètre quantifiable, il peut être également adimensionnalisé en posant :

$$\tau = Fvt/RT$$

Le temps adimensionnel τ est donc normalisé par rapport à la vitesse de balayage (qui échantillonne le temps de mesure en quelque sorte). On en déduit :

$$-\xi = [F(E_i - E°) - vt]/RT = -\xi_i - \tau$$

Il ne reste plus qu'à adimensionnaliser les distances. C'est ici un peu moins évident, car le temps intervient également.

La loi de Fick s'exprime à l'aide des variables adimensionnelles par :

$$\partial^2 c_o/\partial y^2 = \partial c_o/\partial\tau$$

1. Pour les concentrations classiquement, les lettres minuscules représentent les variables adimensionnelles.

d'où il vient, pour le paramètre d'espace y :

$$y = \frac{x}{\sqrt{\dfrac{Fv}{DRT}}}$$

L'équation (13.14) conduit donc à la relation :

$$\psi = i/[FAC^*(Fv/RT)^{1/2}]$$

La résolution d'un tel problème oblige à utiliser les transformées de Laplace, et conduit à la solution :

$$1 / \sqrt{\pi}\xi\int_{-\xi_i}^{\xi} [1 + \exp(-\xi)\exp[-\lambda(\xi - z)]]\psi(z)\sqrt{\xi - z}\, dz = 1 \qquad (13\text{-}18)$$

Cette équation est assez complexe et fournit des courbes de forme assez variable en fonction des valeurs pouvant être prises par le paramètre cinétique λ. Il est aisé de vérifier que λ=0 redonne le voltammogramme adimensionnel simple :

$$1 / \sqrt{\pi}\xi\int_{-\xi_i}^{\xi} [1 + \exp(-\xi)]\psi(z)\sqrt{\xi - z}\, dz = 1$$

Comme dans le cas stationnaire, un cas intéressant est la situation dite « de cinétique pure » où λ tend vers l'infini. L'intégrale peut alors se simplifier, sous réserve d'opérer le changement de variable : $\xi = \xi^* + (1/2)\ln\lambda$

Sans rentrer dans le détail des calculs, l'équation devient alors :

$$\psi \exp(-\xi^*) = 1 - \sqrt{\pi}\int_{-\infty}^{\xi^*} \psi(z)\sqrt{(\xi^* - z)}\, dz$$

qui est extrêmement proche de celle du voltammogramme classique, à l'exception du fait que le rôle joué par ξ est maintenant joué par ξ^*. Tout se passe alors comme si la réaction se passait uniquement dans une couche, dite « couche de réaction » au voisinage de l'électrode. La courbe a la forme classique d'une voltamétrie cyclique, mais où le potentiel E a été translaté en E + *RT*/2*F* lnλ. Comme vu précédemment, cela revient à décaler la réduction vers des potentiels plus positifs, de la même valeur que dans le cas de l'électrode tournante.

13.3 Cas général de cinétique : diagrammes de zones

On peut maintenant aborder le cas plus complexe où la réaction couplée est renversable. Nous allons distinguer successivement le cas d'une cinétique du premier puis du second ordre.

13.3.1 Mécanisme E_rC_r

Nous considérons maintenant un mécanisme EC réversible, c'est-à-dire qu'il existe, après le transfert électronique réversible (gouverné par la loi de Nernst), une réaction chimique également renversable (équilibrée) ; on se placera dans le cas où le produit final n'est pas électroactif.

Les équations chimiques de ce mécanisme sont donc les suivantes :

$$O + e^- \rightleftharpoons R$$

$$R \underset{}{\overset{1/K}{\rightleftharpoons}} P$$

avec :

$$K = k_2/k_1 = C_R^{eq}/C_P^{eq}$$

Les indices 1 et 2 sur les constantes représentent respectivement les sens aller (de R vers P) et retour (de P vers R).

L'ensemble des données thermodynamiques et cinétiques d'un tel système peut être représenté par la constante d'équilibre K et la constante de vitesse globale $k = k_1 + k_2$[1].

On peut alors écrire les équations adimensionnelles qui gouvernent le système. On introduit ainsi les constantes adimensionnelles : K (inchangé car sans dimension) et $\lambda = k\delta^2/D$.

En régime transitoire (balayage linéaire de potentiel de vitesse v), compte tenu de l'expression de δ, $\lambda = kRT/(Fv)$.

On peut aisément exprimer les constantes k_1 et k_2 en fonction de k et K :

$$k_1 = k/(1+K)$$

$$k_2 = Kk/(1+K)$$

En considérant toujours que O est initialement seul présent en solution, les équations adimensionnelles s'écrivent alors :

Tableau 13.1 – **Équations adimensionnelles d'un mécanisme EC réversible.**

Régime stationnaire (électrode tournante)	**Régime transitoire (voltamétrie cyclique)**
$d^2c_O/dy^2 = 0$	$\partial^2 c_O / \partial y^2 = \partial c_O / \partial t$
$d^2c_R/dy^2 - [\lambda/(1+K)]\,(c_R - Kc_P) = 0$	$\partial^2 c_R / \partial y^2 - [\lambda / (1+K)](c_R - Kc_P) = \partial c_R / \partial t$
$d^2c_P/dy^2 + [\lambda/(1+K)]\,(c_R - Kc_P) = 0$	$\partial^2 c_P / \partial y^2 - [\lambda / (1+K)](c_R - Kc_P) = \partial c_P / \partial t$
pour $y = 1$: $c_R(1) = c_P(1) = 0$; $c_O(1) = 1$	pour $y = \infty$: $c_R(\infty) = c_P(\infty) = 0$; $c_O(\infty) = 1$
	pour $\tau = 0$: $c_O = 1$; $c_R = c_P = 0$
pour $y = 0$: $(dc_O/dy + dc_R/dy)(0) = 0$	pour $y = 0$: $(\partial c_O/\partial y + \partial c_R/\partial y)(0) = 0$
$(dc_P/dy)(0) = 0$ (P non électroactif)	$(\partial c_P/\partial y)(0) = 0$ (P non électroactif)

Dans les deux cas, on a comme toujours la relation potentiel-concentrations à l'électrode et la relation flux de matière-courant, soit en notation adimensionnelle :

- $c_{O(0)} = c_{R(0)} \exp(-\xi)$ (loi de Nernst)
- $\psi = (\partial c_O/\partial y)_{(0)}$ (loi de Faraday).

1. On voit que cette transformation permet de symétriser le système en quelque sorte, ainsi que de regrouper les effets cinétiques dans une seule et même constante.

a) Résolution dans le cas stationnaire

On voit que la variable (c_R–Kc_P) joue un rôle particulier dans le calcul. C'est normal, car il s'agit de *l'écart instantané par rapport à l'équilibre* induit par la réaction électrochimique. Il s'agit en quelque sorte d'une « mesure de l'écart à l'équilibre » amené par la cinétique.

Ainsi, si on multiplie par K l'équation sur c_P, puis qu'on la soustrait à l'équation sur c_R, on tombe sur la nouvelle équation suivante, combinaison linéaire des précédentes :

$$d^2(c_R - Kc_P)/dy^2 - \lambda(c_R - Kc_P) = 0 \qquad (13.19)$$

qui est une équation différentielle simple à résoudre pour la nouvelle variable (c_R–Kc_P).

Notons que rien ne change quant à la résolution sur c_O dont le profil reste linéaire au voisinage de l'électrode :

$$c_O = c_O(0) - y(c_O(0) - 1)$$

Un calcul en tout point similaire à celui effectué dans le cas E_rC_i (§2.2.2), en utilisant la variable (c_R–Kc_P), amène à l'expression :

$$\exp(-\xi) = \frac{\left[(1+\psi)/\psi\right]}{\left[\left(K/(1+K)\right) + \left(\tanh(\sqrt{\lambda})/\sqrt{\lambda}\right)\right]}$$

Soit pour clarifier, en revenant aux potentiels et aux courants :

$$\boxed{E = E^\circ - \frac{RT}{F}\ln\left[K/(1+K)\right] - \frac{RT}{F}\ln\left[\tanh(\sqrt{\lambda})/[(1+K)\sqrt{\lambda}]\right] + \frac{RT}{F}\ln\left[(i^\ell - i)/i\right]} \qquad (13.20)$$

Cette expression remarquable, à rapprocher de l'équation (13.14), montre, comme on pouvait le présupposer, qu'il y a un **contrôle mixte thermodynamique et cinétique** sur le potentiel de la vague de réduction de O. Bien entendu, cette expression se simplifie en fonction des différents cas que l'on considère selon que, soit K, soit λ domine dans l'expression, soit que ces deux paramètres sont négligeables devant 1.

Le premier cas à distinguer est celui où $K >> 1$ et $\lambda << 1$. Cela revient à dire qu'il n'y a pas de réaction, par conséquent les termes en K et λ dans (13.20) deviennent nuls et on retrouve l'équation de la vague classique. Savéant et Andrieux ont appelé ce cas « DO » (pour *Diffusion Ordinary*).

Ensuite, deux cas sont clairement identifiables, correspondant à la comparaison des termes en $K/(1+K)$ et $\tanh(\lambda^{1/2})/(1+K)\lambda^{1/2}$:

- Si $\lambda >> 1$, la tangente hyperbolique est très vite proche de 1, et on est donc ramené à comparer $1/K$ avec $\lambda^{1/2}$. Ainsi, si K est suffisamment petit (équilibre très fortement déplacé vers la formation de P) alors le potentiel restera totalement contrôlé par l'aspect thermodynamique (le terme en K). D'un autre côté, on voit que si K est relativement grand, même une cinétique d'échange rapide ne parviendra pas à contrôler la réaction. Cette zone a été appelée « DE » (*Diffusion Electrochemical reaction*).

- Si par contre $\lambda^{1/2} >> 1/K$, alors seule la cinétique (le terme en λ) va contrôler le potentiel de la réaction, ce cas particulier est celui que nous avons traité au début de ce chapitre (§ 2.2). Ce cas a été appelé « KP » (*Kinetics Pure*).

Enfin, il existe deux cas intermédiaires, pour lesquels on a un contrôle mixte entre les différents phénomènes intervenants. Le premier intervient si on ne peut plus négliger la tangente hyperbolique de λ (avec K suffisamment petit). On retrouve alors une zone cinétique où le paramètre qui gouverne est $\tanh(\lambda^{1/2})/\lambda^{1/2}$. Le second se produit si on ne peut pas négliger $\lambda^{1/2}$ devant $1/K$, mais avec $K << 1$ et $\tanh(\lambda^{1/2}) = 1$. On a encore une zone mixte, avec comme paramètre principal $K\lambda^{1/2}$.

L'ensemble de ces cas peut être regroupé sur un « **diagramme de zones** » permettant de distinguer immédiatement dans quelle situation on se trouve, et comment va varier le potentiel caractéristique du système. Ce diagramme est représenté sur la figure 13.2 ci dessous, sur lequel figure aussi la forme des voltamogrammes obtenus en voltamétrie cyclique.

b) Cas de la voltamétrie cyclique

On obtient un comportement analogue à celui de la réaction électrochimique non réversible, en substituant $k°$ par k dans la définition du paramètre λ ; celui-ci prend cette fois la valeur $kRT/F\text{v}$, traduisant comme précédemment la compétition entre la vitesse de la réaction chimique et la vitesse de balayage.

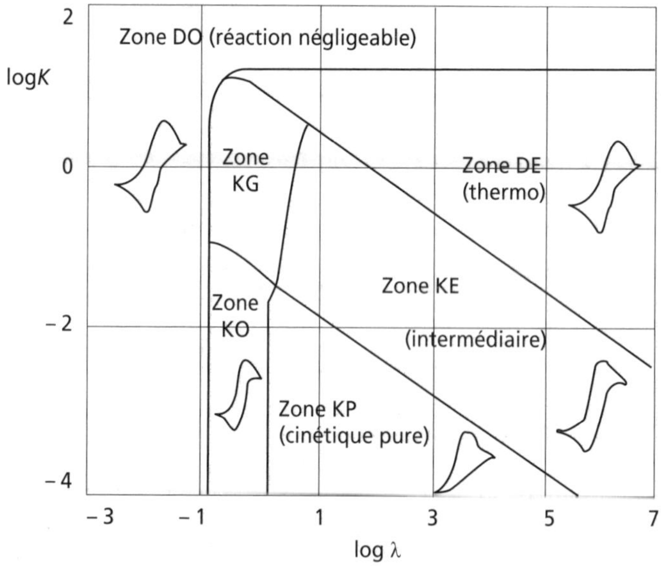

Figure 13.2 – Diagramme de zone en fonction des différents cas de cinétique et de thermodynamique envisageables pour un mécanisme de type E_rC_r.

Le tableau ci dessous donne l'expression des potentiels de demi-vague dans le cas stationnaire (électrode tournante), ou des potentiels de pic dans le cas de la voltamétrie à balayage linéaire de potentiel, lorsque ceux-ci ont une expression analytique.

Tableau 13.2

Zone considérée	Électrode tournante	Voltamétrie cyclique
KG (cas général)	$E_{1/2} = E° - \left(\frac{RT}{F}\right)\ln\left\{\left[\frac{K}{(1+K)}\right] + \left[\frac{\tanh(\lambda^{1/2})}{(1+K)\lambda^{1/2}}\right]\right\}$	
DO (pas de réaction)	$E_{1/2} = E°$	$E_{1/2} = E° - 1{,}11\frac{RT}{F}$
KO	$E_{1/2} = E° + \left(\frac{RT}{F}\right)\ln\left[\frac{\lambda^{1/2}}{\mathrm{th}(\lambda^{1/2})}\right]$	
KE	$E_{1/2} = E° - \left(\frac{RT}{F}\right)\ln\left\{\left[\frac{K}{(1+K)}\right] + \left[\frac{1}{(1+K)\lambda^{1/2}}\right]\right\}$	
DE (thermo.)	$E_{1/2} = E° - \left(\frac{RT}{F}\right)\ln\left[\frac{K}{(1+K)}\right]$	$E_{1/2} = E° - 1{,}11\frac{RT}{F} + \left(\frac{RT}{F}\right)\ln\left[\frac{K}{(1+K)}\right]$
KP (cinétique pure)	$E_{1/2} = E° + \left(\frac{RT}{2F}\right)\ln\lambda$	$E_{1/2} = E° - 0{,}78\frac{RT}{F} + \left(\frac{RT}{2F}\right)\ln\lambda$

13.3.2 Mécanisme EC2 ou DIM (dimérisation)

Rappelons le mécanisme correspondant :

$$\mathrm{O} + 1\mathrm{e}^- \rightleftharpoons \mathrm{R}$$
$$2\mathrm{R} \rightleftharpoons \mathrm{P}$$

avec :

$$K = \frac{k_2}{k_1} = \frac{C_{\mathrm{R\,eq}}^2}{C_{\mathrm{P\,eq}}}.$$

Nous pouvons écrire les équations dimensionnelles, puis adimensionnelles gouvernant ce système.

$$\frac{\partial C_\mathrm{O}}{\partial t} = D\frac{\partial^2 C_\mathrm{O}}{\partial x^2}$$

$$\frac{\partial C_\mathrm{R}}{\partial t} = D\frac{\partial^2 C_\mathrm{R}}{\partial x^2} - k_1 C_\mathrm{R}^2 + k_2 C_\mathrm{P}$$

$$\frac{\partial C_P}{\partial t} = D\frac{\partial^2 C_P}{\partial x^2} + \frac{1}{2}k_1 C_R^2 - \frac{1}{2}k_2 C_P$$

Il s'agit d'équations classiques de cinétique du second ordre : le coefficient ½ dans l'équation sur P s'explique par le fait que l'on forme deux moles de R par mole de P (et une demi-mole de P par mole de R).

On peut adimensionnaliser de la même manière que précédemment, ce qui fait instantanément apparaître les deux paramètres caractéristiques du système, que nous appellerons λ et χ.

$$\frac{\partial C_O}{\partial \tau} = \frac{\partial^2 C_O}{\partial y^2}$$

$$\frac{\partial C_R}{\partial \tau} = \frac{\partial^2 C_R}{\partial y^2} - \lambda(c_R^2 - \chi c_P)$$

$$\frac{\partial C_P}{\partial \tau} = \frac{\partial^2 C_P}{\partial y^2} + \frac{1}{2}\lambda(c_R^2 - \chi c_P)$$

avec[1] : $\chi = \frac{K}{C^*}$

et : $\lambda = \frac{k_1 C^* \delta^2}{D} = \frac{k_1 C^* RT}{F\text{v}}$ dans le cas de la voltampérométrie à balayage.

Remarque

La réaction chimique étant du second ordre, les paramètres adimensionnels contiennent cette fois la concentration C^*.

Bien sûr la loi des flux, la loi de Nernst et la définition du courant écrites lors de l'étude du mécanisme EC, restent valables pour ce cas.

Il est alors possible d'intégrer le système d'équations différentielles, et on peut, de la même manière que dans le mécanisme EC, tracer le diagramme de zones correspondant : celui-ci est représenté ci-dessous (figure 13.3). On peut remarquer qu'une nouvelle zone apparaît dans le diagramme, appelée « DI », correspondant au cas où le système ne dépend que de χ.

Il faut également remarquer que, comme les paramètres adimensionnels dépendent de la concentration, changer celle-ci permet de se déplacer sur le diagramme de zone. Diminuer la concentration revient à simultanément diminuer λ et augmenter χ, ce qui peut faire passer de n'importe quelle zone du diagramme jusqu'à la zone « DO », si la concentration devient suffisamment faible, en se déplaçant sur une diagonale du diagramme. Autrement dit on peut annuler l'effet de la réaction de dimérisation (comme on pouvait s'y attendre) en jouant sur le facteur concentration.

1. Remarquons que K n'est pas *stricto sensu* la constante d'équilibre (définie en fonction des activités et par conséquent sans unité), mais une constante apparente en fonction des concentrations.

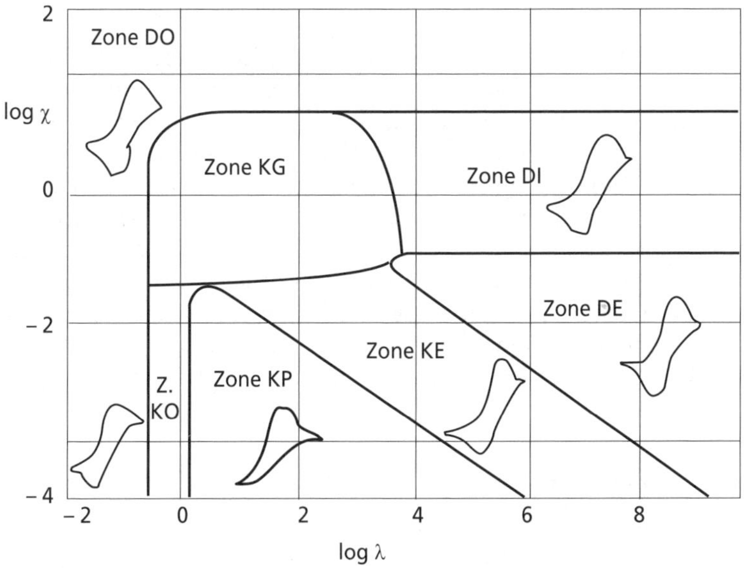

Figure 13.3 – Diagramme de zone en fonction des différents cas de cinétique et de thermodynamique envisageables pour un mécanisme de type EC.

Le tableau ci dessous rassemble les expressions de la variation du potentiel associé à la vague de réduction, dans le cas de l'électrode tournante, dans les cas les plus intéressants et fréquemment rencontrés (« KP » et « DE »), ainsi que la variation du potentiel de pic en voltamétrie cyclique. Il est intéressant de remarquer que la forme de la vague change, par rapport au cas classique, à cause du second ordre, qui amène dans le calcul les termes en $\ln[2^{1/3}(i^{\ell}-i)/i^{2/3}\, i^{\ell\,1/3}]$ et $\ln[2^{1/2}(i^{\ell}-i)/i^{1/2}\, i^{\ell\,1/2}]$ à la place du terme $\ln[(i^{\ell}-i)/i]$.

Tableau 13.3

Zone considérée	Électrode tournante	Voltamétrie cyclique
KP (cinétique pure)	$E = E° + \frac{RT}{3F}\ln\left(\frac{\lambda}{3}\right) + \frac{RT}{F}\ln\left[2^{1/3}\frac{(i^{\ell}-i)}{i^{2/3}i^{\ell 1/3}}\right]$	Variation de E_P avec $\left(\frac{1}{3}\right)\ln\lambda$
DE (zone thermo.)	$E = E° + \frac{RT}{2F}\ln(\chi) + \frac{RT}{F}\ln\left[2^{1/2}\frac{(i^{\ell}-i)}{i^{1/2}i^{\ell 1/2}}\right]$	Variation de E_P avec $\left(\frac{1}{2}\right)\ln\lambda$

Remarque

Nous avons beaucoup parlé de l'influence de la réaction chimique sur la variation de potentiels, et peu sur la variation des courants. Il est en effet rare que les courants varient beaucoup sous l'influence de réactions chimiques suivant un transfert électronique, à l'exception de mécanismes catalytiques (voir exercice 13) ou de réactions irréversibles précédant le transfert, avec une cinétique intervenant (cas assez rare). On peut toutefois analyser les courants de pic retour en voltamétrie cyclique, mais les expressions des pics retour ne sont jamais analytiques et le calcul précis des courbes devient donc extrêmement compliqué, même si une analyse des courants de pic en postulant le mécanisme peut donner une estimation raisonnable des constantes. Un calcul informatique par différences finies devient alors le seul moyen de déterminer précisément les paramètres lorsque de tels mécanismes interviennent.

Encart 13.1 – Critères de détermination des mécanismes

On dispose, grâce aux analyses détaillées dans ce qui précède, de critères de mécanismes. Il suffit de s'intéresser à la variation des potentiels de demi-vague en électrode tournante (ou de pic en voltamétrie cyclique), avec la vitesse de rotation (ou la vitesse de balayage), et la concentration, pour pouvoir, dans certains cas, déterminer le type de mécanismes mis en jeu.

Tableau 13.4 – **Variations du potentiel de pic avec la vitesse de balayage et la concentration selon le type de mécanisme.**

$E_p = f(\log v)$	$E_p = f(\log C^*)$	Mécanisme
–29 mV/décade	0 mV/décade	EC_i
–19 mV/décade	19 mV/décade	DIM_{irr}
–19 mV/décade	29 mV/décade	DIM_{rev}

Voici par exemple les critères de définition que nous pouvons dégager pour les principaux mécanismes que nous venons d'étudier :

Il existe bien sûr d'autres mécanismes, non étudiés ici, mais dans chaque cas l'analyse de la dépendance des potentiels de pic avec les paramètres ci-dessus permet le plus souvent de trancher.

Bibliographie

C.-P. Andrieux et J.-M. Savéant, « Electrochemical reactions », in *Investigations of rates and mechanisms of reactions*, vol. 6, 4/E, part. 2, Ed. J. Wiley and Sons, 1986.

J. M. Savéant, *Acc. Chem. Res.*, 13, 1980, 323; ibid. 26, 1993, p. 455.

A.-J. Bard and L.-R. Faulkner, *Electrochemical Methods, Fundamentals and Applications*, Wiley, 2001, chap. 12.

F. Bédioui, *Techniques de l'Ingénieur (traité Analyse et Caractérisation)*, p. 127.

ÉLECTROSYNTHÈSE ORGANIQUE

14

Ce chapitre s'intéresse aux principales réactions de l'électrochimie organique du point de vue moléculaire. On discutera en particulier la nature et la stabilité des espèces électro-générées en fonction des conditions expérimentales.

14.1 LES IONS RADICAUX

Au cours d'une réaction de transfert électronique *sur une espèce organique*, on crée des espèces chargées, qui possèdent en outre un caractère radicalaire, que l'on appelle donc *des ions-radicaux*. Cela est dû au fait qu'un seul électron est enlevé dans une orbitale liante, ou au contraire ajouté dans une orbitale anti-liante, et donc qu'on amène à la fois *une charge et un spin*. En général, les espèces susceptibles de s'oxyder ou de se réduire en chimie organique possèdent un système d'électrons π délocalisés (ou des doublets non liants de basse énergie). Sur des considérations d'énergie, on peut presque toujours considérer que lors de la formation d'un radical-cation (RC), un électron est enlevé à la HO, alors que dans la formation d'un radical anion (RA), il est ajouté à la BV. Cela implique nécessairement, pour que ces espèces aient une existence, que ces orbitales soient de type π. En effet, si elles sont de type σ, il y a clivage instantané de la molécule avec formation immédiate de produits (mécanisme EC avec vitesse infinie).

14.1.1 Ions-radicaux stables

Lorsqu'une molécule possède un système π fortement conjugué, il peut y avoir stabilisation importante de l'ion radical, en particulier lorsque le système est enrichi par des groupements donneurs dans le cas de la formation d'un RC, ou bien par des groupements attracteurs pour un RA. Il est toujours possible d'écrire pour les ions radicaux, comme pour les ions simples, des formules mésomères. De la même manière que dans le cas d'espèces chimiques en général, plus nombreuses seront les formules mésomères possibles, plus stable sera l'intermédiaire correspondant.

Deux exemples d'ions radicaux stables sont représentés sur le schéma suivant :

- RC stables

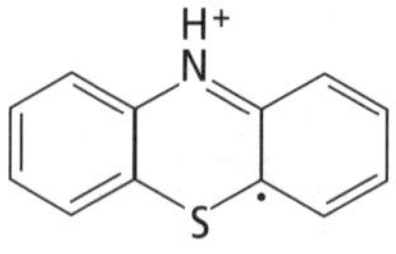

(a)

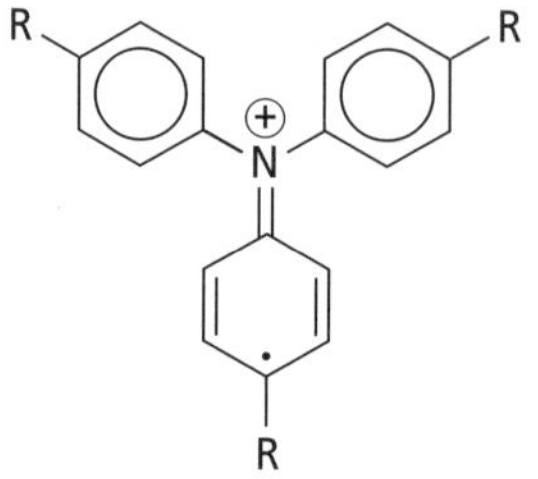

R = Br, NR_2, OR...

(b)

- (a) est le RC de la phénothiazine et (b) celui de composés de triphénylamine[1].
- RA stables

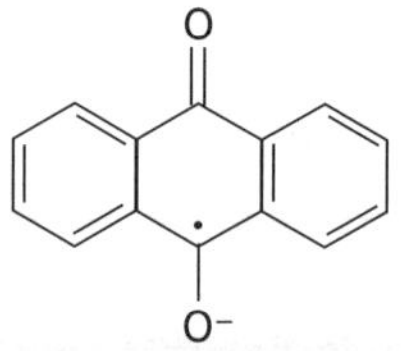

(c)

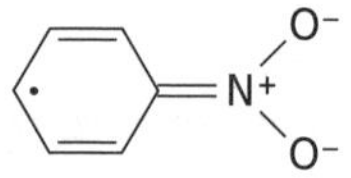

(d)

(c) est le RA de l'anthraquinone et (d) est celui du nitrobenzène.

14.1.2 Caractéristiques des ions radicaux

Il est clair que, dans le cas de ces composés, un grand nombre de formules mésomères peuvent être écrites, ce qui démontre leur stabilisation importante. Il faut noter que, de même qu'on observe en chimie organique classique que les anions sont plus stables que les cations, les RA sont aussi plus stables que les RC. En effet, sauf dans les cas exceptionnels (ou l'utilisation d'un milieu atypique, par exemple SO_2 liquide), la perte d'un proton est un mécanisme d'évolution énergétiquement favorable quasi universel des RC. Au contraire, beaucoup de RA sont indéfiniment stables en l'absence évidemment d'un électrophile dans le milieu (la seule voie de disparition possible pour un RA en l'absence d'électrophile, comme nous allons le voir dans la suite, est la dimérisation, mais elle suppose de pouvoir vaincre la répulsion coulombienne).

1. On notera l'analogie avec les cations de type cristal violet (en remplaçant l'azote par un carbone) qui explique la stabilité de ce type de structure.

Les RC organiques fortement stabilisés sont des composés très intéressants car ils constituent une très bonne alternative à l'utilisation des ions métalliques comme agents oxydants monoélectroniques, agissant par transfert dit « sphère externe » (cf. chapitre 3). Il s'agit d'un type de transfert électronique dans lequel aucun adduit, même peu stable, ne se forme entre le réactif et le substrat. C'est souvent le cas lors d'une réaction électrochimique à l'électrode ; en revanche la plupart des oxydants classiques, tels que les ions métalliques forment au contraire une liaison plus ou moins forte avec le substrat et donc agissent par un mécanisme de type « sphère interne ».

Exemple

Le RC issu de la tri(*p*-bromophényl)amine est vendu commercialement (Aldrich Chemicals) et permet d'effectuer des oxydations par transfert rigoureusement monoélectonique.

Dans la plupart des cas, contrairement aux exemples précédents, les ions radicaux sont en fait des espèces très réactives, et nous allons examiner leur réactivité générale, ainsi que passer en revue quelques réactions classiques.

14.1.3 Réactivité des ions radicaux

Les deux schémas synoptiques ci-dessous (figures 14.1 et 14.2) rassemblent les modes généraux d'évolution des RA et des RC, en fonction à la fois des composés, des conditions de réaction (présence ou non d'un électrophile, nucléophile, nature du solvant...), ainsi que du nombre d'électrons transférables dans quelques cas. Il va de soi que ces schémas sont très généraux, et ne peuvent en aucun cas expliquer définitivement une réaction particulière. Cependant, ils permettent de donner une idée raisonnable des chemins privilégiés d'évolution des espèces électrogénérées en électrochimie organique, tout au moins en ce qui concerne les premières étapes.

- Évolution des radicaux cations :

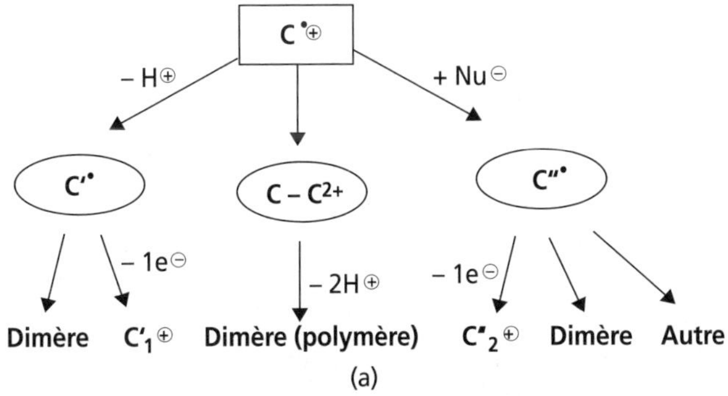

Figure 14.1 – Schéma synoptique de l'ensemble des mécanismes possible de décomposition d'un radical-cation.

- Évolution des radicaux anions :

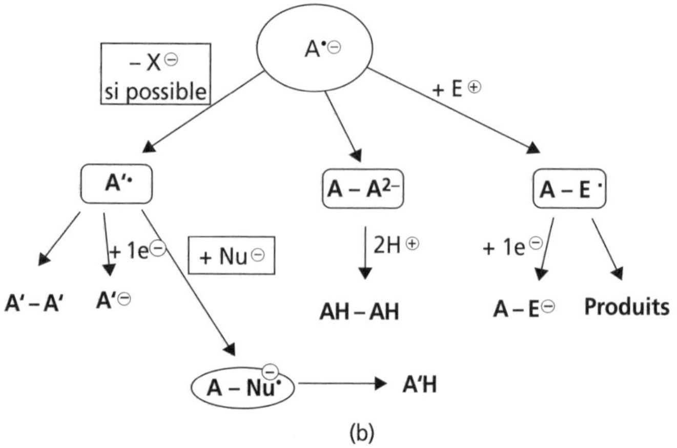

Figure 14.2 – **Schéma synoptique de l'ensemble des mécanismes possibles de décomposition d'un radical-anion.**

Il est intéressant de noter l'analogie entre le départ de proton d'un RC, et le départ d'un ion halogénure d'un RA immédiatement après leur formation respective (lorsque celle-ci est possible). L'évolution du radical formé ainsi que les chemins suivis présentent de nombreuses similarités, bien que le cas des RC soit extrêmement général, alors que les RA issus de composés halogénés constituent une sous-classe des RA.

14.2 Potentiels d'oxydation et de réduction de composés et fonctions organiques courantes

Une des caractéristiques intéressantes de l'électrochimie organique est de pouvoir réduire ou oxyder sélectivement une partie (fonction) d'une molécule tout en laissant intact le reste de cette dernière. Il est donc intéressant de connaître les plages de potentiels dans lesquelles se réduisent ou s'oxydent les principales fonctions et molécules classiques de la chimie organique. Les deux figures ci-dessous illustrent ceci pour les principales fonctions oxydables ou réductibles électrochimiquement[1].

Les potentiels sont donnés par rapport à l'électrode au calomel saturée[2], qui est la plus couramment utilisée comme référence en électrochimie. La figure 14.3 donne les plages approximatives de potentiel pour les réactions d'oxydation (par fonction) des familles de composés oxydables les plus courants, et la figure 14.4 pour les réactions de réduction des familles de composés réductibles les plus courants.

---

1. Par exemple, les cétones n'y figurent pas pour l'oxydation, car elles ne sont virtuellement pas oxydables par transfert électronique, ce qui contraste avec leur sensibilité à quelques agents chimiques tels que le MCPBA.
2. Son potentiel se situe environ 240 mV au-dessus de celui de l'ESH (cf. chapitre 6).

14.2.1 Potentiels d'oxydation

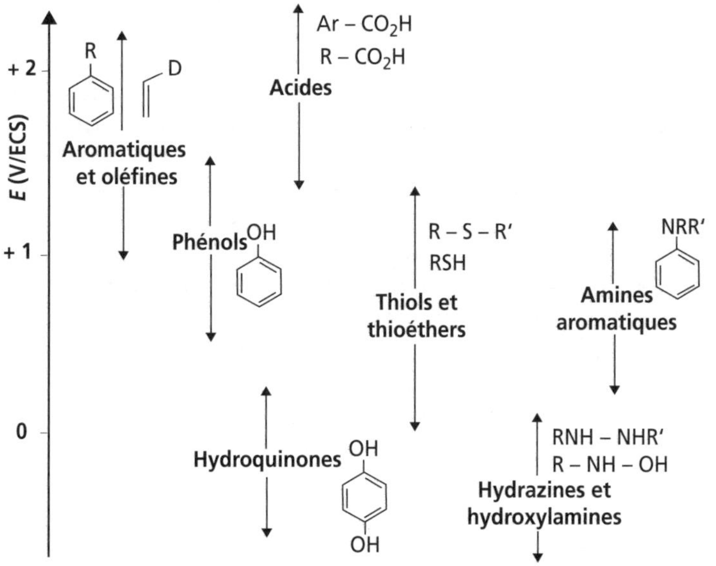

Figure 14.3 – **Figure synoptique de l'ensemble des plages de potentiels pour l'oxydation de diverses fonctions organiques courantes.**

Les composés et fonctions réductibles ne sont pas les mêmes, à quelques exceptions près, que ceux qui sont oxydables. Comme nous l'avons vu, un composé est oxydable s'il est donneur d'électrons, (*i.e.* a une HO haute en énergie) et un composé est réductible s'il est accepteur d'électrons (*i.e.* a une BV basse en énergie). On retrouve toutefois certains hydrocarbures insaturés qui figurent dans les deux catégories compte tenu de leur réactivité.

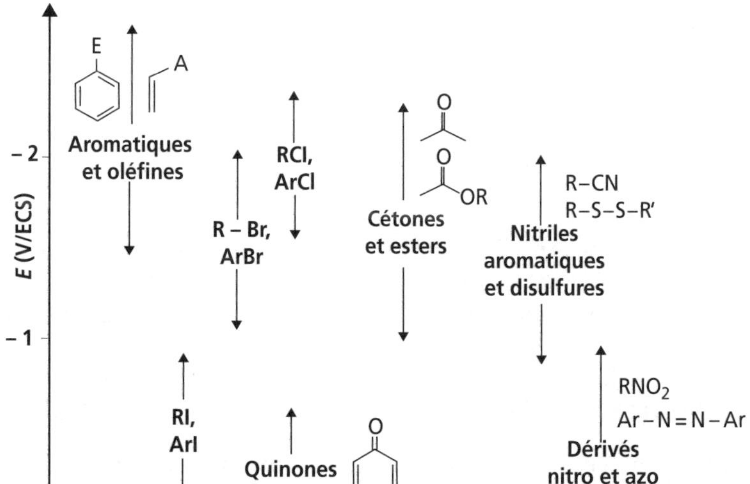

Figure 14.4 – **Figure synoptique de l'ensemble des plages de potentiels pour la réduction de diverses fonctions organiques courantes.**

14.2.2 Potentiels de réduction de composés et fonctions organiques courants

Ces diagrammes donnent déjà une idée de la réversibilité de certaines réactions. Une réaction électrochimique a en effet d'autant plus de chances d'être réversible que son potentiel est faible en valeur absolue, c'est-à-dire que l'énergie d'activation de la réaction est faible ou moyenne. Lorsque l'oxydation d'un composé s'effectue à un potentiel bien plus élevé que la réduction du produit obtenu, c'est un indice d'irréversibilité de la réaction électrochimique (i.e. l'énergie d'activation du transfert électronique est importante). On peut voir, par exemple, que l'oxydation des thiols intervient à des potentiels bien plus élevés que la réduction des disulfures. De ce fait, l'interconversion de ces fonctions demandera une énergie d'activation importante, ces systèmes sont fortement irréversibles.

Au contraire, le potentiel de réduction des quinones, est proche de celui d'oxydation des hydroquinones, on aura dans la plupart des cas un système réversible pour ce type de composés (du type $E_rC_rE_r$). Les voltammogrammes auront l'allure représentée sur la figure 14.5.

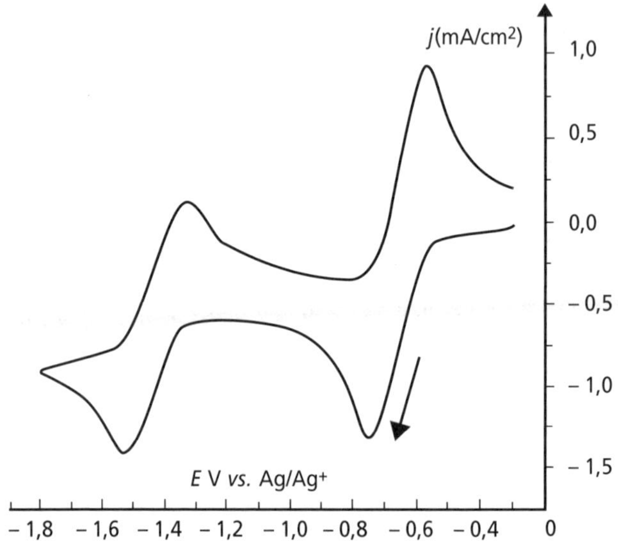

Figure 14.5 – Allure du voltammogramme pour le couple benzoquinone/hydroquinone.

Les voltammogrammes très irréversibles ont une importante largeur à mi-hauteur (qui dépend de la cinétique du transfert électronique en plus de l'influence de la réaction chimique), alors que les voltammogrammes de type ECE réversibles présentent un écart de pic de 29,5 mV (cf. encart 10.3)

14.2.3 Dépendance des potentiels avec les substituants

Comme mentionné précédemment, les substituants exercent une influence considérable sur la possibilité de transférer un électron, tout comme sur les potentiels d'oxydation ou de réduction. Par exemple il est très difficile de réduire ou d'oxyder le benzène, tout au moins dans des conditions et des solvants classiques. Par contre, il est facile d'obtenir, avec une certaine réversibilité, le radical-cation du durène (hexaméthylbenzène) ou bien le radical-anion du nitrobenzène, montrant ainsi l'influence des substituants, en particulier de leur caractère donneur ou attracteur.

D'une manière générale, les potentiels se corrèlent assez bien avec les coefficients σ de Taft-Hammett[1], les coefficients σ^+ dans le cas des radicaux-cations, et les coefficients σ^- dans le cas des radicaux-anions. Parfois la corrélation se fait avec les coefficients σ_I (si les effets inductifs dominent comme dans le cas des pyrroles) et l'électronégativité des substituants (figure 14.6).

Remarque

Rappelons que les coefficients de Taft-Hammett traduisent les effets électroniques mésomères pour les anions ou les cations en chimie organique ; ils permettent par exemple de corréler les acidités des phénates ou des acides phénylcarboxyliques en fonction des substituants.

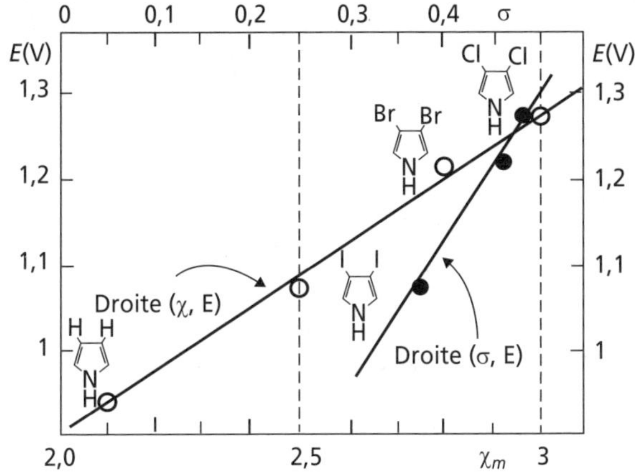

Figure 14.6 – Corrélation entre les potentiels d'oxydation de divers pyrroles et, d'une part les constantes de Hammett, d'autre part l'électronégativité des substituants (d'après : P. Audebert et G. Bidan, *J. Electroanal. Chem.* 190, (1985) 129).

14.3 Principales réactions d'oxydation

14.3.1 Composés oxygénés

Les alcools aliphatiques s'oxydent mal par électrochimie ; il s'agit d'un processus très irréversible, sauf dans le cas des phénols et phénates, qui réagissent comme décrit dans le schéma ci-dessous. L'avantage des phénates est qu'ils s'oxydent à un potentiel bien inférieur à celui des phénols.

Les acides carboxyliques et surtout les carboxylates s'oxydent pour donner un radical (réaction de Kolbe) qui possède la propriété de se décarboxyler très facilement en série aliphatique.

$$RCOO^- \xrightarrow{-e} RCOO^\bullet \rightarrow R^\bullet + CO_2 \rightarrow R - R$$

1. L.P. Hammett (1894-1987), chimiste américain. Pour la définition des coefficients, cf. *Physical Organic Chemistry*, Mac Graw-Hill, 1940, New York.

Exemple

Cette réaction est très utile pour passer des diacides gras saturés à leurs homologues possédant une chaîne comportant deux fois plus de carbones, et a été utilisée industriellement pour préparer le sébaçate de méthyle à partir du monoadipate :

$$2\ CH_3O_2C\text{–}(CH_2)_4\text{–}COO^-$$
$$\rightarrow CH_3O_2C\text{–}(CH_2)_8\text{–}CO_2CH_3 + 2e^- \text{ (sébaçate de méthyle).}$$

Il est en effet difficile (voire impossible) d'obtenir les a,ω-diacides et diesters par les procédés classiques de la chimie organique.

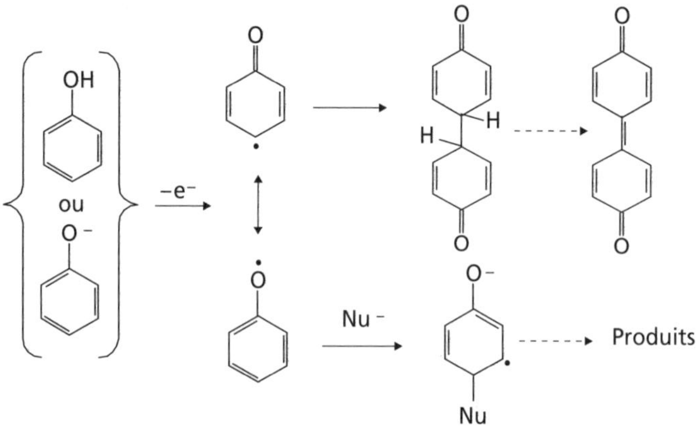

Figure 14.7 – **Oxydation des phénols et des phénates.**

14.3.2 Amines

L'oxydation se fait par arrachement d'un électron du doublet non liant de l'azote. Ensuite, de nombreuses évolutions sont possibles, en particulier dans le cas des amines primaires, telles que l'aniline (cf. figure 14.8). Certaines de ces évolutions sont complexes et nécessitent la présence d'eau dans l'électrolyte.

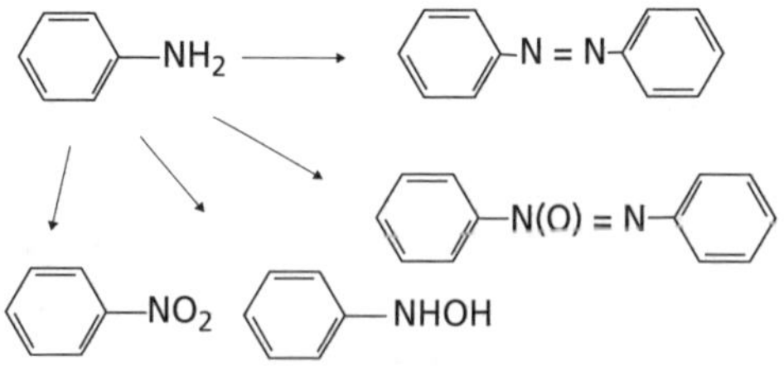

Figure 14.8 – **Oxydation des amines**

Les amines qui portent un hydrogène en α de l'azote présentent une situation intéressante, car le radical cation rend l'hydrogène très labile, et un deuxième transfert électronique peut avoir lieu avec élimination immédiate d'un proton (mécanisme EEC) pour aboutir à l'ion iminium (cf. figure 14.9). Cet ion iminium est un électrophile relativement fort, et stable seulement en l'absence d'eau ou de nucléophiles faibles. En présence d'eau, il se clive en redonnant la cétone et l'amine secondaire correspondante, et en face d'un nucléophile faible tel qu'un aromatique activé, il peut dans certains cas donner une addition de Michael, comme les ions iminium issus de l'addition du formaldéhyde sur une amine primaire.

Figure 14.9 – Exemple d'obtention d'ion iminium.

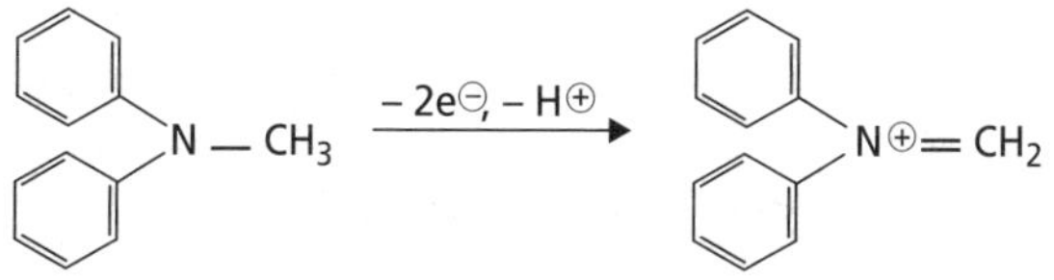

14.3.3 Divers

Les thiols s'oxydent en acides sulféniques et sulfoniques en présence d'eau dans le milieu.

$$RSH \longrightarrow RSO_2H + RSO_3H$$

En l'absence d'eau, ils donnent des disulfures en passant par le radical $RS^\bullet$:

$$RS^{\ominus} \xrightarrow{-e^-} [RS] \xrightarrow{x2} RSSR$$

Les thioéthers donnent des sulfoxydes ou des sulfones en fonction du potentiel[1], en présence d'eau. En l'absence d'eau on dégrade le composé.

$$RSR \longrightarrow RS(O)R + RS(O_2)R$$

De nombreux aromatiques peuvent s'oxyder, pour donner des produits d'évolution en présence de nucléophiles faibles, ou des dimères en l'absence d'autre composé. Deux exemples significatifs sont décrits ci-dessous :

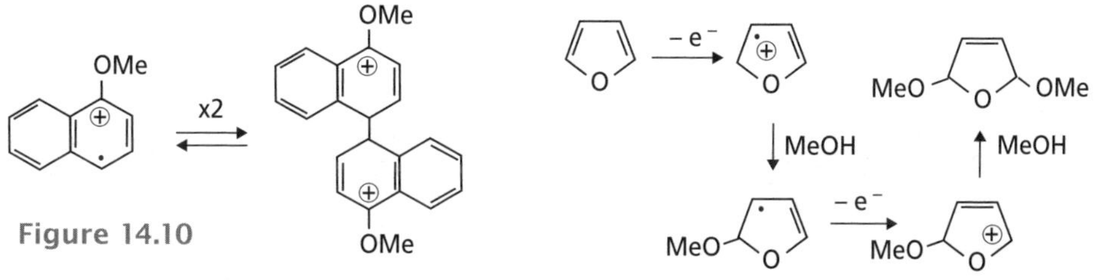

Figure 14.10

L'exemple ci-dessus du méthoxynaphtalène présente la particularité d'être un des rares cas de dimérisation réversibles connus (DIM_{rev}).

Figure 14.11

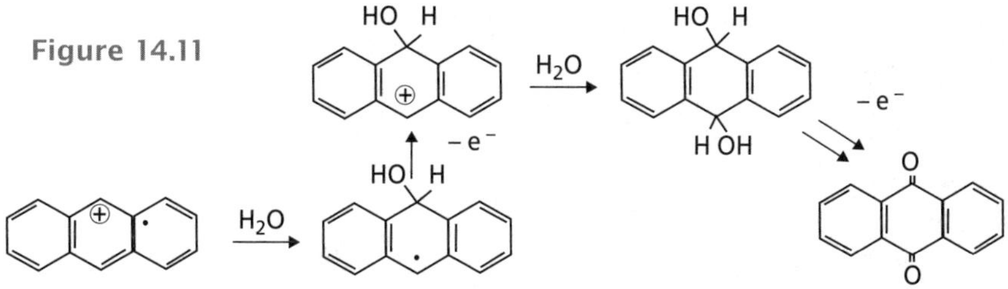

1. Sulfoxydes en dessous de 1 V, sulfones au-dessus.

Encart 14.1 – Polymères conducteurs électroniques et électrodes modifiées

Polymères conducteurs

Au début des années 1980, on a découvert que certaines molécules organiques comme le pyrrole, le thiophène ou l'aniline pouvaient, par électrooxydation, donner des polymères dont une des particularités était qu'ils étaient électroactifs entre deux états rédox et conducteurs électroniques intrinsèques.

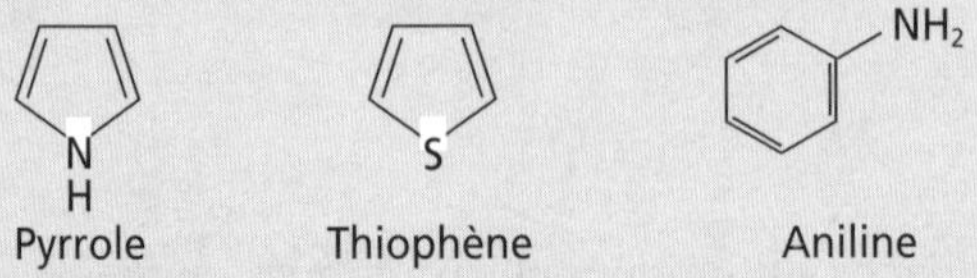

Cette dernière caractéristique permet de déposer électrochimiquement des couches épaisses de polymère sur une électrode, puisque le dépôt formé est conducteur : on parle d'électropolymérisation. Au cours d'une réaction d'électropolymérisation, le signal électrochimique va augmenter progressivement à chaque balayage successif : en effet, étant donné que la couche de polymère croît, la quantité de charge échangée lors de chaque processus d'oxydation et de réduction augmente également.

Le mécanisme de la polymérisation est représenté ci-dessous.

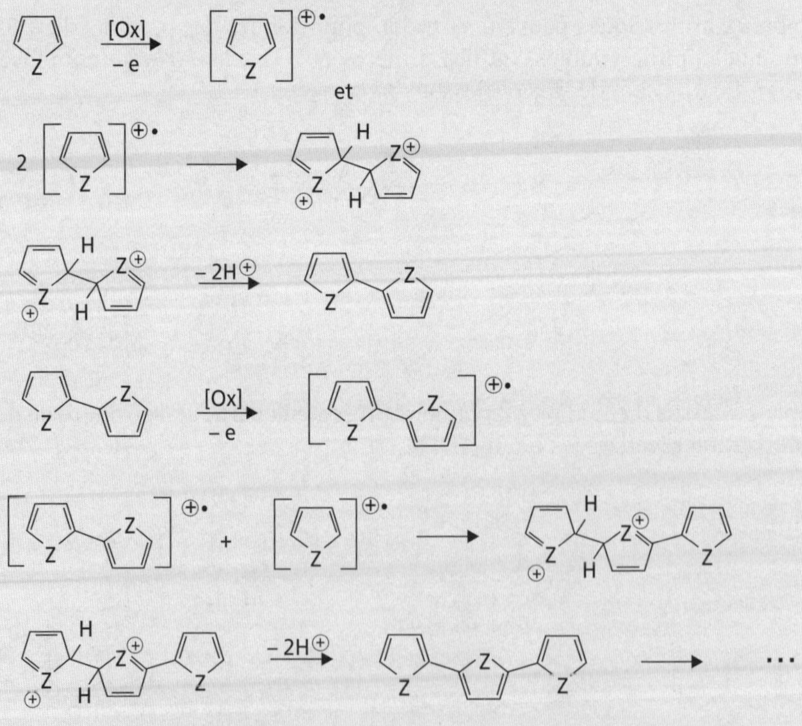

Figure 14.12 – Mécanisme de la polymérisation

Un tel mécanisme est complexe et l'allure des courbes de polymérisation est schématisée ci-dessous. On y distingue nettement l'accumulation du film à l'électrode au fil des balayages successifs. Il est aussi important de noter que le potentiel redox du polymère est nettement moins positif que celui du monomère, cela résultant de la conjugaison des cycles qui étend la délocalisation électronique. Dans le cas de systèmes facilement oxydables tels que le polypyrrole par exemple, seule la forme oxydée est stable à l'air.

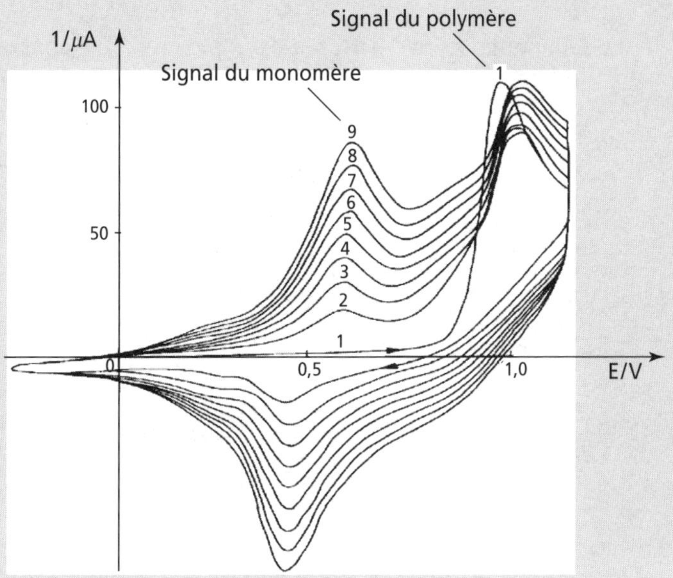

Figure 14.13 – Voltamétrie cyclique du 3,4-diiodopyrrole, montrant à chaque balayage l'augmentation de l'épaisseur de la couche de polymère électroactif déposé, comme attesté par l'augmentation de la réponse électrochimique de la couche. (les chiffres indiquent le numéro du cycle) (d'après la référence de la figure 14.6).

Électrodes modifiées

Dans le courant des années 1980, les électrochimistes se sont aperçus qu'il pouvait être intéressant de modifier la surface d'électrodes par une ou plusieurs couches d'un composé électroactif. Plusieurs méthodes sont possibles pour une telle modification : on peut par exemple obtenir une monocouche à l'aide de fonction thiol qui ont la propriété de se lier de manière covalente aux surfaces d'or (voir figure 14.14). Pour obtenir des systèmes multicouches, on utilise généralement des polymères. Ceux-ci peuvent être adsorbés sur la surface d'une électrode à partir d'une solution, puis utilisés dans un non-solvant pour l'électrochimie (c'est le cas d'une résine perfluorée, le Nafion®), ou bien au contraire directement électropolymérisés sur l'électrode comme les polyvinyles (par électroréduction) ou les polymères conducteurs électroniques (PCE).

Dans de tels systèmes, l'étape cinétiquement limitante est généralement le transfert de charge qui s'effectue par échange entre sites à des états rédox différents (l'un oxydé, l'autre réduit). Ce processus est appelé « hopping ». Si le « hopping » est rapide par rapport au temps caractéristique de la méthode (selon la vitesse de balayage en voltamétrie par exemple), la courbe i(E) obtenue sera totalement symétrique et se déduit en raisonnant sur la charge passée ; compte tenu que l'on est de manière permanente à l'équilibre défini par la loi de Nernst, on doit raisonner avec les concentrations surfaciques Γ (ce qui est caractéristique du mode « couches minces »).

Dans le cas d'une réduction $O + e^- \rightarrow R$, par exemple, avec une concentration surfacique initiale $\Gamma°$, on a :

$$Q = FA\Gamma_R$$

$$\Gamma_O = \Gamma_R \exp\left[\frac{F(E - E°)}{RT}\right] = (\Gamma° - \Gamma_R)$$

$$Q = \frac{FA\Gamma°}{\left\{1 + \exp\left[\frac{F(E - E°)}{RT}\right]\right\}}$$

Comme il s'agit de voltamétrie, il vient :

$$i = \frac{dQ}{dt} = FA\Gamma°\left(\frac{d}{dt}\right)\left(\frac{1}{1 + \exp\left[\frac{F(E - E°)}{RT}\right]}\right) \text{ avec : } E = E_i - vt$$

Soit :

$$i = \frac{\left(\frac{A\Gamma° F^2}{RT}\right)v}{\left\{1 + \exp\left[\frac{F(E - E°)}{RT}\right]\right\}^2}$$

La courbe présente l'allure d'un pic totalement symétrique centré sur le potentiel standard (cf. figure 14.14) et le courant de pic vaut $A\Gamma° vF^2/4RT$, (proportionnel à la vitesse de balayage et non à sa racine carrée comme dans le cas d'un processus contrôlé par la diffusion). Lorsqu'on a affaire à des espèces adsorbées sur une électrode, on doit toujours pouvoir obtenir un voltamogramme de ce type en ralentissant suffisamment la vitesse de balayage, ce qui constitue un critère de diagnostic de cette situation.

Par contre, lorsque la vitesse de balayage devient plus rapide que le transfert de charge au sein de la couche modifiante, on observe un retour à un comportement analogue au cas où le transport est limité par la diffusion. On a pu montrer qu'il s'agit toutefois d'une pseudo-diffusion, dont le coefficient D est relié à la cinétique du transfert de charge par la loi $D = kd^2C°$ ou k, d et $C°$ représentent respectivement la constante isotopique d'échange dans le film modifiant (qui définit la cinétique de transfert de charge au sein du film), la distance moyenne entre deux sites redox et la concentration des sites dans le film.

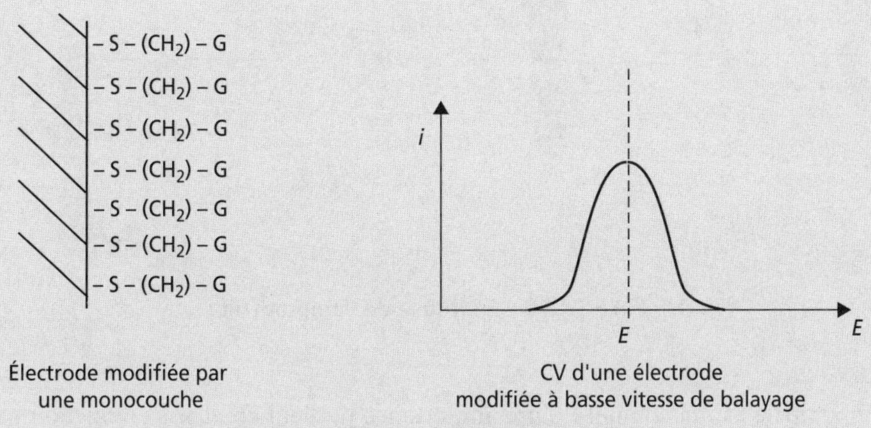

Figure 14.14 – **Réponse électrochimique d'une électrode modifiée par une monocouche.**

14.4 Principales réactions de réduction

La plupart des composés comportant une double (ou triple) liaison de type C = X, où X désigne un hétéroatome, sont réductibles, à condition que celle-ci soit conjuguée ou très appauvrie en électrons. Le radical anion est délocalisé (un peu comme un énolate), avec dans la forme dominante la charge localisée sur l'hétéroatome, et le radical avec une structure pseudo allylique ou benzylique, comme dans la figure 14.15.

14.4.1 Cas des composés insaturés

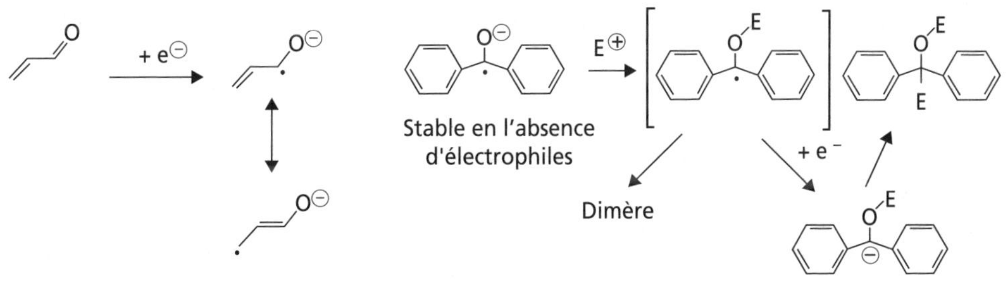

Figure 14.15 – **Réduction de composés insaturés.**

Un exemple très célèbre de ce type de dimérisation d'un RA est la synthèse développée par la compagnie Monsanto™ de l'adiponitrile, une des très rares électrosynthèses à avoir dépassé le stade de la centaine de milliers de tonnes.

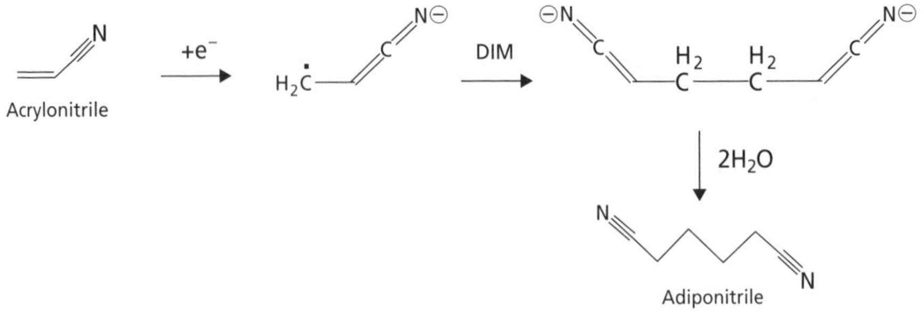

Figure 14.16 – **Synthèse de l'adiponitrile.**

Remarque

L'adiponitrile est un composé d'une importance particulière, car sa réduction (par un procédé chimique à base d'hydrogène) donne l'hexanediamine (ou 1,6-diaminohexane) qui est, avec l'acide adipique, l'un des monomères précurseurs du polyamide-6,6, plus connu sous le nom de Nylon®. Comme les α,ω diacides, les dinitriles, qui en sont les précurseurs sont également difficilement accessibles par des méthodes classiques (son concurrent principal est le clivage oxydant du cyclohexène, réaction multi-étapes encore assez difficile à réaliser).

14.4.2 Cas des composés halogénés

Les composés halogénés occupent une place de choix dans l'électrochimie organique. En effet, non seulement l'électrochimie peut jouer un rôle sélectif pour réduire un halogène préférentiellement à un autre sur une molécule, mais encore donne-t-elle lieu à de nombreuses réactions, dont certaines sont particulièrement intéressantes d'un point de vue mécanistique, et ont fait l'objet d'un grand nombre de publications.

Tout d'abord, les halogènes concernés ne comprennent pas le fluor, la liaison C-F étant tellement forte qu'elle n'est qu'exceptionnellement réductible. En série aliphatique, seules les liaisons C-I et C-Br sont aisément réductibles, la liaison simple C-Cl étant en général trop forte, (sauf dons le cas de composés particuliers comme par exemple CCl_4).

a) Composés aliphatiques, et composés pour lesquels le radical anion ne peut pas exister

La réduction des halogénures aliphatiques se produit selon le schéma suivant :

$$R–X + e^- \rightarrow R^\bullet + X^-$$

C'est également le cas des composés pour lesquels le RA ne peut se former, parce que son potentiel se trouverait bien en deçà du potentiel de réduction de la liaison : c'es le cas de la liaison C–I qui est faible, et donc aisément réductible. Comme il n'y a pas formation de RA, la coupure de la liaison est simultanée avec le transfert électronique, puisque de ce fait elle perd l'intégralité de son caractère liant. Le radical est donc formé très près de l'électrode, et dans presque tous les cas, subit immédiatement un deuxième transfert pour conduire à un anion R^-, qui sera alors éventuellement à même de réagir avec un électrophile présent dans la solution. Cette réaction a été utilisée par exemple pour produire des anions perfluorés électrogénérés, dont l'accès est limité par d'autres méthodes, et les engager dans des réactions comme ci-dessous :

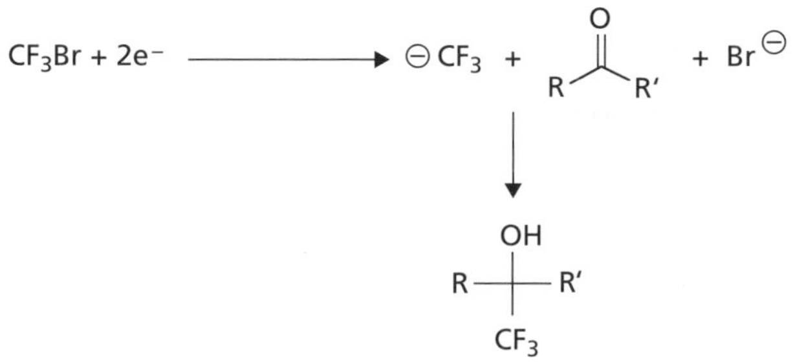

Ce type de réaction est également utile pour la substitution de dérivés benzéniques relativement riches en électrons, par exemple la deutériation suivant le schéma suivant :

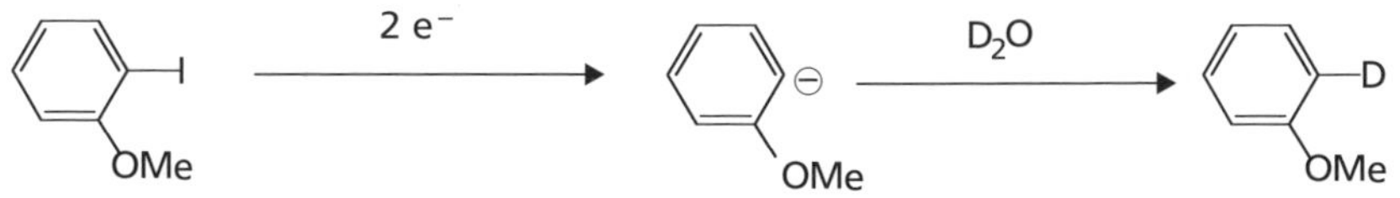

b) Cas ou le RA existe

Lorsque le RA peut exister, la situation peut devenir plus compliquée, car tout dépend de la durée de vie du RA. En effet, comme nous avons vu précédemment, un RA halogéné perd presque toujours l'halogène pour donner un radical et l'ion halogénure, comme dans le cas de la benzophénone. Mais le radical formé peut alors évoluer de nombreuses façons différentes en fonction de la composition chimique comme on voit sur la figure 14.17 :

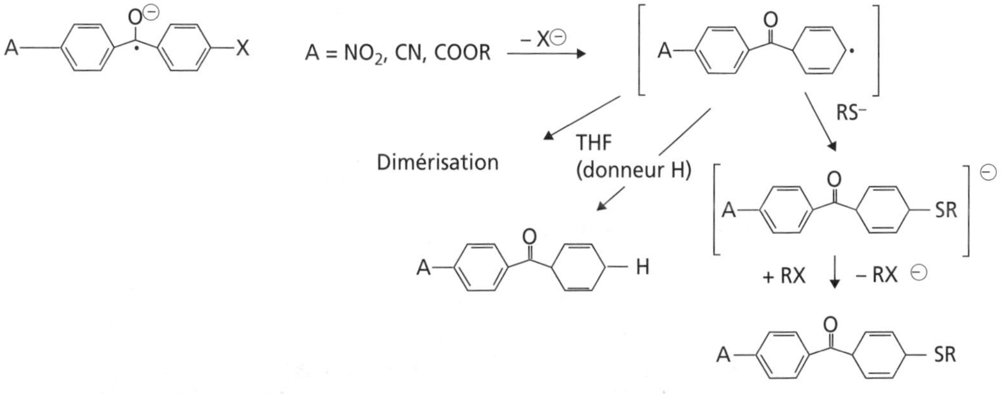

Figure 14.17 – **Réduction du radical anion de la diphénylcétone disubstituée en fonction des conditions expérimentales.**

Le cas le plus intéressant est certainement celui où un nucléophile mou tel que RS^- se trouve dans le milieu. Un tel nucléophile est susceptible d'effectuer une attaque nucléophile sur le radical, pour donner un nouveau RA. Comme le potentiel de réduction de ce

RA est toujours plus négatif que le RA électrogénéré, on peut avoir génération d'un cycle électrocatalytique tel que représenté sur la figure 14.18.

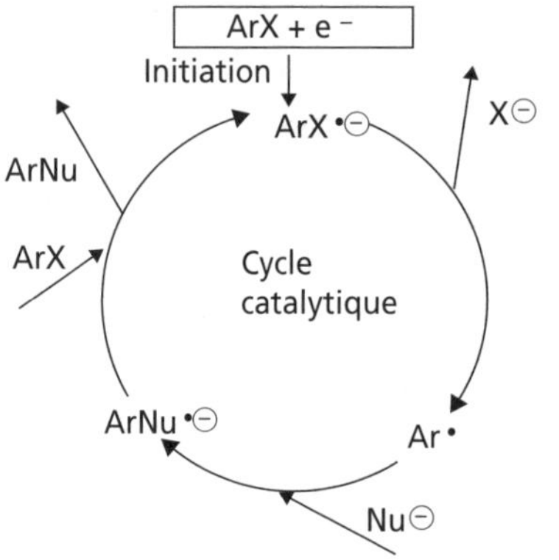

Figure 14.18 – Cycle catalytique à ε électrons pour la réduction de composés halogénés.

Le cycle ci-dessus montre qu'il s'agit de catalyse « par ajout d'électrons ». Les électrons sont les seuls acteurs du système nécessaires en quantités catalytiques. Il est intéressant de regarder ce que l'on observe en voltamétrie cyclique pour un système de ce type (figure 14.19).

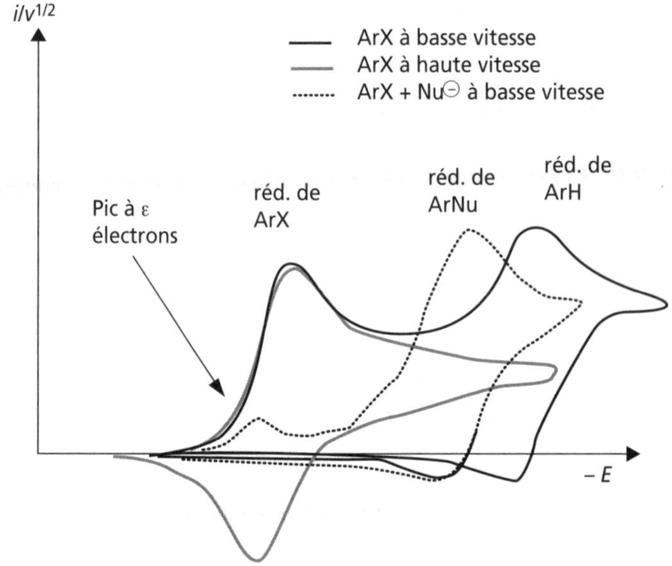

Figure 14.19 – Allure des voltammogrammes (normalisés par rapport à la vitesse de balayage) pour la réduction catalytique de composés halogénés en fonction de la vitesse de balayage.

Les voltammogrammes sont dessinés avec la convention des courants positifs en réduction (normalisés par rapport à la vitesse de balayage, la flèche des potentiels allant dans le sens des potentiels négatifs). À haute vitesse de balayage, la formation du RA de ArX est réversible (courbe bleue). À basse vitesse en l'absence de nucléophile, le RA se décompose en un radical, qui est réduit à son tour en Ar^- puis en ArH par les traces d'eau du milieu. On observe alors la réduction du composé ArH formé, à un potentiel plus négatif que celui d'ArX. Enfin, en présence de nucléophile, ArX est consommé par le cycle catalytique avec très peu d'électrons et on observe un autre système qui est celui d'ArNu, toujours à un potentiel inférieur à celui d'ArX, à cause du pouvoir attracteur de l'halogène (les valeurs relatives des potentiels de réduction d'ArH et d'ArNu peuvent par contre différer de celles représentées sur le schéma).

14.4.3 Électrocatalyse

Indépendamment de la catalyse à un électron vue précédemment, il existe de nombreuses possibilités de catalyse en électrochimie, en particulier en réduction, car le transfert électronique entre une électrode et un composé peut être très lent (au sens électrochimique du terme) alors qu'il sera rapide avec un RA judicieusement choisi, lequel sera également capable de transférer rapidement avec l'électrode. De tels RA doivent en plus être stables en l'absence de substrat. Il existe de nombreux exemples, dont le plus célèbre est certainement celui du naphtalène, mais on trouve de nombreux couples molécule/RA susceptibles de remplir ce rôle.

Exemples : on peut citer le pérylène, l'anthracène, le paracyanotoluène, la benzophénone, etc.

Pour que la catalyse soit efficace, il est préférable que le potentiel du catalyseur soit inférieur au potentiel redox du substrat, mais ce n'est pas obligatoire, pour peu que le RA issu du substrat subisse après sa formation une réaction extrêmement rapide et/ou exergonique. Parmi les exemples de réactions difficiles ou impossibles en électrochimie « directe » et rendues possibles par la catalyse, on peut citer la réduction des éthers, des sulfones ou des époxydes somme dans l'exemple suivant :

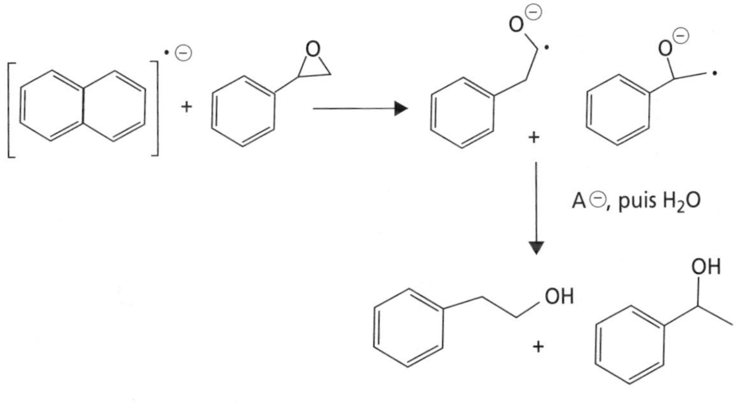

Figure 14.20 – **Exemple d'électrocayalyse utilisant le radical anion du naphtalène.**

De tels catalyseurs s'emploient aussi pour accélérer certaines réactions, par exemple la réduction déjà vue de certains composés halogénés. L'emploi de catalyseurs permet souvent d'augmenter les rendements en dimères : comme la réaction de réduction se passe en phase homogène (loin de l'électrode), le radical a moins de possibilités d'évoluer vers le produit de réduction.

Remarque

En oxydation, l'électrocatalyse est nettement plus rare, car les radicaux cations stables sont beaucoup moins nombreux (vide supra) ; toutefois, on peut citer comme exemple la réaction de clivage des thioacétals, qui présente en outre un intérêt synthétique évident.

Encart 14.2 – Modification de surfaces par réduction de sels de diazonium

Au début des années 1990, Pinson *et al.* ont découvert qu'une famille de molécules organiques, les sels de diazonium aromatiques stables de formule ArN_2^+, (ou Ar dénote un cycle aromatique) pouvaient être réduits et que le radical diazo neutre formé perdait immédiatement une molécule d'azote avec une cinétique très rapide. De ce fait, un radical neutre de type Ar• était formé tout près de l'électrode, et pouvait réagir avec celle-ci en se greffant par addition, en particulier sur les électrodes de carbone.

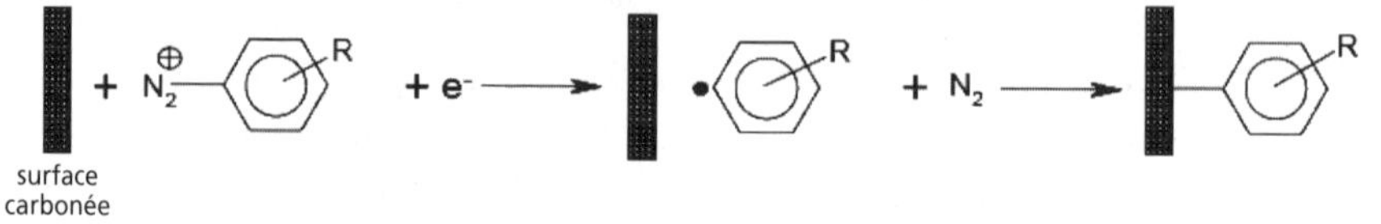

1. Schématisation du processus de greffage covalent de groupes fonctionnels par réduction électrochimique d'un sel d'aryldizonium.

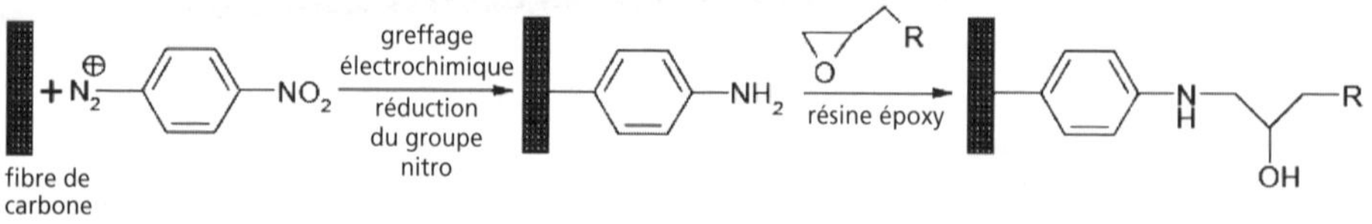

2. Le greffage de groupes 4-nitrophényles en milieu acide a lieu simultanément avec la réduction de la fonction NO_2. Les groupes 4-aminophényles qui en résultent peuvent, à leur tour, réagir sur les fonctions époxy d'une résine, de manière à renforcer l'adhésion entre les fibres de carbones et la résine.

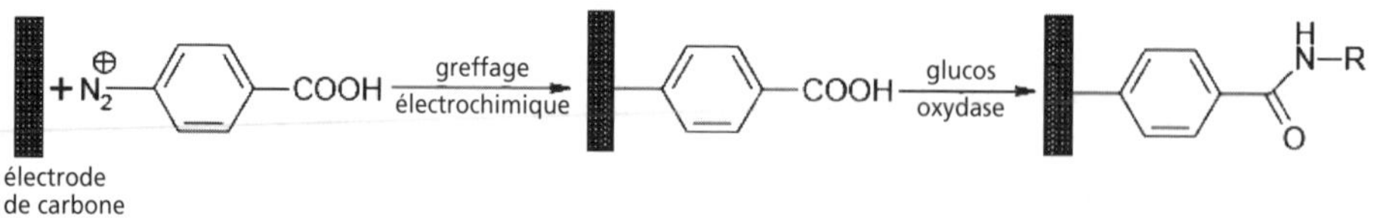

3. Le greffage avec des groupes 4-phénylacétiques permet d'immobiliser, grâce à des liaisons amides, une enzyme à la surface d'une électrode en carbone vitreux.

Figure 14.21 – **La figure 1 ci-dessus illustre le principe général de la méthode, et les figures 2 et 3 montrent deux applications parmi les plus remarquables, respectivement le renfort de l'adhésion entre une fibre de carbone et une résine polymère, ainsi que le greffage d'enzymes.**

En conclusion, l'électrosynthèse organique, bien que possédant de nombreux avantages apparents, garde un champ applicatif limité du fait d'inconvénients intrinsèques : présence obligatoire d'un sel d'électrolyte, utilisation d'un solvant organique, séparation des produits. Un excellent livre, bien que déjà un peu ancien, détaille la plupart des points développés ici. À l'exception de quelques exemples quasiment limités à la chimie fine, elle reste peu répandue pour des raisons de coûts et de pollution. Toutefois, l'usage de pigments organiques actifs contre la corrosion est en cours de développement, et la recherche sur les dispositifs électrochromes (et électrofluorochromes, c'est-à-dire la modulation de la fluorescence en fonction de l'état redox) à base de processus redox reste active.

Bibliographie

P. Audebert et G. Bidan, *J. Electroanal. Chem.*, 1985, n°190, p.129.

Adapté de C. Bourdillon, M. Delamar, C. Demaille, R. Hitmi, J. Moiroux, J. Pinson, *J. Electroanal. Chem.*, 1992, n°336, p. 113.

M. Delamar, R. Hitmi, J. Pinson, J.-M. Savéant, *J. Am. Chem. Soc.*, 1992, p. 114.

M. Delamar, G. Désarmot, O. Fagebaume, R. Hitmi, J. Pinson, J.-M. Savéant, *Carbon*, 1997, n°35, p. 801.

A. Tallec, *Électrochimie Organique, Synthèses et Mécanismes*, Masson, 1985.

S. Sadki, P. Suttland, N. Brodie, G. Sabouraud, *Chem. Soc. Rev*, 2000, 28, p. 283.

CAPTEURS ÉLECTROCHIMIQUES

15

Tout système électrochimique est sensible à l'environnement, car un changement du solvant, des concentrations ou bien sûr un ajout de produit électroactif perturbe les équilibres redox initialement présents. Ces changements sont bien plus importants si la modification est ciblée, c'est-à-dire si le composé éventuellement rajouté au système est capable de développer une interaction particulière avec un des substrats présents. Si cette interaction est spécifique, on obtient un capteur, c'est-à-dire un système réagissant à un composé (ou une famille de composés) particulier.

Il existe deux grands types de capteurs redox : ceux pour lesquels la réponse se traduit par l'observation d'un modification des potentiels redox : on parle alors de capteur potentiométrique. Il s'agit du type le plus fréquent. Dans un deuxième type de capteur, on applique en supplément un potentiel au système (souvent une électrode) et on observe une modification de la réponse en courant (qui par exemple passe de nulle à non nulle) : on parle alors de capteur ampérométrique (ou intensiométrique).

Nous traiterons à part les biocapteurs qui sont surtout ampérométriques (mais aussi parfois potentiométriques), car cette famille est très spécifique, aussi bien du fait des mécanismes mis en jeu que de l'accrochage des transducteurs bioactifs.

15.1 CAPTEURS POTENTIOMÉTRIQUES

15.1.1 Principe d'une électrode spécifique

De manière générale, à l'interface entre deux milieux contenant chacun l'ion X^{z+} aux concentrations respectives $[X^{z+}]_1$ et $[X^{z+}]_2$, l'équilibre électrochimique conduit à l'existence d'une différence de potentiel E_m de part et d'autre de l'interface égale à[1] :

$$E_m = \frac{\Delta\mu°1}{zF} + \frac{RT}{zF}\ln\frac{\gamma_1}{\gamma_2} + \frac{RT}{zF}\ln\frac{[X^{z+}]_1}{[X^{z+}]_2}$$

1. Cette expression est obtenue aisément à partir de l'égalité des potentiels électrochimiques de X^{z+} dans les deux milieux.

où γ désigne le coefficient d'activité de l'ion et $\Delta\mu°$ est la différence des potentiels chimiques standard de l'ion entre les deux milieux. E_m est appelé **potentiel de membrane**.

Un des types les plus répandus de capteurs potentiométriques repose sur la mesure des différences de potentiel entre deux électrodes de référence immergées dans deux milieux séparés par une membrane sélective. Une membrane est sélective lorsqu'elle interagit spécifiquement avec un ion (voire une entité redox au sens large) du milieu environnant. De ce fait, se crée un gradient de potentiel lié aux concentrations différentes des espèces de chaque côté de la membrane.

Si nous prenons le cas d'une membrane complexant (donc échangeant) les cations sur des sites avec une stœchiométrie 1:1, on aura, à chaque interface de la membrane (et en négligeant la différence des coefficients d'activité) :

$$E_m = \frac{\Delta G°}{zF} + \frac{RT}{zF}\ln\left(\frac{[LX^{z+}]}{[X^{z+}][L]}\right) \quad (15.1)$$

$[X^{z+}]$, [L] et $[LX^{z+}]$ représentant respectivement les concentrations du cation non complexé dans la solution, du ligand et du complexe dans la membrane. Le terme $\Delta G°$ représente l'enthalpie libre molaire standard de complexation de $[X^{z+}]$ ($\Delta G° = \mu°(LX^{z+}) - \mu°(L) - \mu°(X^{z+})$).

La différence de potentiel entre les deux extrémités de la membrane sera donc égale à :

$$\Delta E_m = \left(\frac{RT}{zF}\right)\ln\left(\frac{[X^{z+}]_1}{[X^{z+}]_2}\right) \quad (15.2)$$

Remarque

Si chaque site peut complexer n cations[1], ce terme devient :

$$\Delta E_m = \left(\frac{RT}{nzF}\right)\ln\left(\frac{[X^{z+}]_1}{[X^{z+}]_2}\right) \quad (15.3)$$

Si une telle membrane est intégrée à un dispositif tel que représenté sur la figure 15.1, où une électrode de référence plonge dans chaque solution de part et d'autre de la membrane, alors la différence de potentiel indiquée par un voltmètre de haute impédance reliant chaque électrode sera égale à ΔE_m (à quelques potentiels de jonction près, mais l'erreur est mineure, car il ne s'agit que de quelques mV).

1. Cela peut arriver par exemple si chaque site correspond à un anion multivalent.

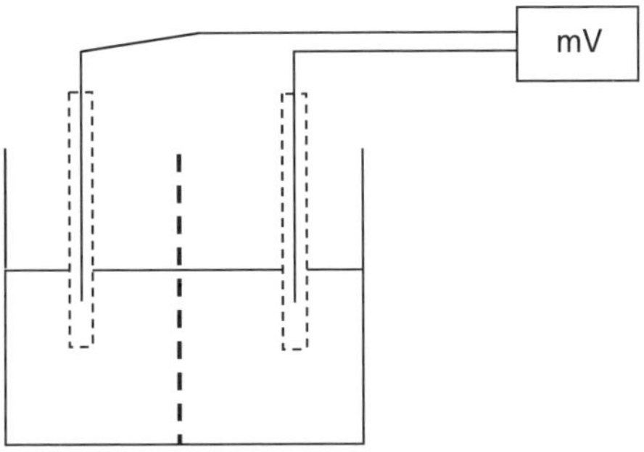

Figure 15.1 – **Schéma d'une électrode à membrane séparant deux milieux contenant chacun une électrode de référence.**

Si l'un des compartiments contient une solution de concentration connue, on peut alors déterminer la concentration d'une solution inconnue, à partir de la mesure de ΔE_m.

En fait, dans les cas réels, on doit en général considérer les activités des ions au lieu de leurs concentrations. Le potentiel de membrane obéit à la loi générale suivante :

$$E_m = \mathrm{A} + \mathrm{B}\ \mathrm{Log}(a_i) = \mathrm{A}' + \mathrm{B}\ \mathrm{Log}(C_i) \tag{15.4}$$

a_i représentant l'activité de l'ion et A, A′ et B étant des constantes. Normalement la constante A′ dépend en retour du coefficient d'activité de l'ion, lequel dépend enfin de la force ionique du milieu.

Cet inconvénient est surmonté en ajustant le milieu contenant l'analyte avec une solution contenant un ion non interférant en concentration élevée, de la même valeur que dans le compartiment servant de référence. Ainsi l'équation (15.4) traduit une dépendance linéaire du potentiel de membrane avec la concentration de l'analyte.

Enfin, il faut envisager la présence éventuelle d'espèces interférentes, c'est-à-dire d'espèces proches de l'analyte, donnant une réponse moindre, mais pas forcément négligeable. Dans le cas général, l'équation (15.4) devient (équation de Nikolskii) :

$$E_m = \mathrm{A} + \left(\frac{RT}{ZF}\right)\ln\left(a_i + K_p a_j^{\frac{z_j}{z_i}}\right)$$

K_p est le coefficient de sélectivité potentiométrique de la membrane. Plus sa valeur est petite, plus la limite de détection de l'ion i sera abaissée, donc plus l'électrode sera sélective.

Remarque

L'électrode doit en général être équilibrée un certain temps dans la solution d'étude pour fournir une valeur précise. D'autre part, pour déterminer avec une précision correcte une concentration d'un ion donné, on utilise volontiers la méthode dite des ajouts dosés. Cette méthode revient à faire plusieurs mesures en ajoutant à chaque reprise une quantité connue (et du même ordre de grandeur que la concentration inconnue) au prélèvement de la solution contenant l'ion à doser. On peut également utiliser une gamme de solutions étalons élaborées par dilutions successives d'une solution mère.

15.1.2 Types d'électrodes les plus couramment utilisées en électroanalyse

a) Électrode à membrane de verre

Ces électrodes sont sélectives des ions H^+ et sont couramment utilisées pour mesurer le pH. Elles sont constituées (figure 15.2) de deux compartiments : l'un contenant une électrode de référence (en principe des fils d'argent recouverts de chlorure d'argent) et l'autre étant mis en contact avec la solution d'analyte par l'intermédiaire d'un verre fritté. La composition du verre doit être précisément définie[1] afin que les propriétés d'échange restent bonnes. Cet échange se fait sur les silicates de sodium contenus dans le verre suivant la réaction :

$$SiO^-, Na^+ + H^+ \rightleftharpoons SiOH + Na^+ \quad (15.5)$$

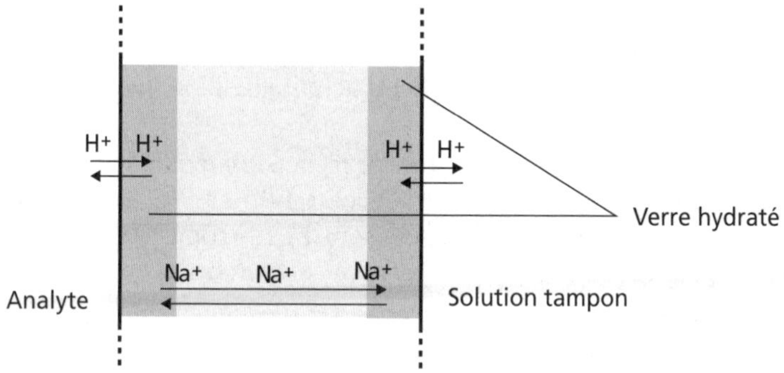

Figure 15.2 – **Principe d'une électrode à membrane de verre.**

Un calcul assez simple[2] permet de démontrer que la relation liant la différence de potentiel entre l'analyte et la solution tampon dépend des activités des protons dans les solutions respectives, ainsi que d'un autre terme impliquant les activités dans le verre hydraté. Ce dernier terme est le plus souvent négligeable, ce qui revient à dire que la différence de potentiel observée obéit à la formule :

$$\Delta E_m = \left(\frac{RT}{F}\right)\ln\left(\frac{\left[a_{H^+}^{\text{analyte}}\right]}{\left[a_{H^+}^{\text{tampon}}\right]}\right) \quad (15.6)$$

Le potentiel de cette électrode varie donc comme $E_{(mV)} = A - 59{,}1$ pH, mais bien sûr elle doit être calibrée dans deux solutions tampon (en général une de pH 7, et

1. Une composition typique est : 72 % SiO_2, 22% Na_2O, 6 % CaO.
2. Il suffit d'écrire la condition d'équilibre électrochimique à chacune des interfaces.

une autre acide ou basique en fonction du domaine de mesure) avant utilisation pour adapter la lecture de la mesure.

Une situation intéressante arrive lorsque le dosage est effectué en présence d'une autre espèce (ionique) M^+ partiellement soluble dans le verre hydraté, par exemple les ions lithium. Une telle espèce est un interférent. Dans ce cas l'équation (15.6) devient, conformément à l'équation de Nikolskii :

$$\Delta E_m = \left(\frac{RT}{F}\right)\ln\left(\frac{\left[a_{\mathrm{H}^+}^{\text{analyte}}\right] + K_{\mathrm{H}^+/M^+}\cdot\left[a_{\mathrm{M}^+}^{\text{analyte}}\right]}{\left[a_{\mathrm{H}^+}^{\text{tampon}}\right]}\right) \qquad (15.7)$$

Le coefficient K_{H^+/M^+} est appelé coefficient de sélectivité des protons par rapport à l'ion M^+. Il est de l'ordre de 10^{-12} à 10^{-13} pour les électrodes de verre usuelles.

b) Électrodes à membrane solide

La membrane est constituée d'un cristal ou bien d'un solide pressé en pastille (figure 15.3). Les électrodes les plus répandues sont celles à fluorure. Leur membrane est constituée d'un cristal de fluorure de lanthane LaF_3, dopé à l'aide d'ions europium Eu^{2+}. La présence d'ions divalents est motivée par le fait de créer des « trous » dans le réseau cristallin des anions fluorures, qui permettent l'existence de la conductivité ionique. L'ion Eu^{2+} est par ailleurs de la même taille que l'ion La^{3+}, puisqu'ils appartiennent tous deux à la série des lanthanides, qui ont presque tous le même rayon ionique.

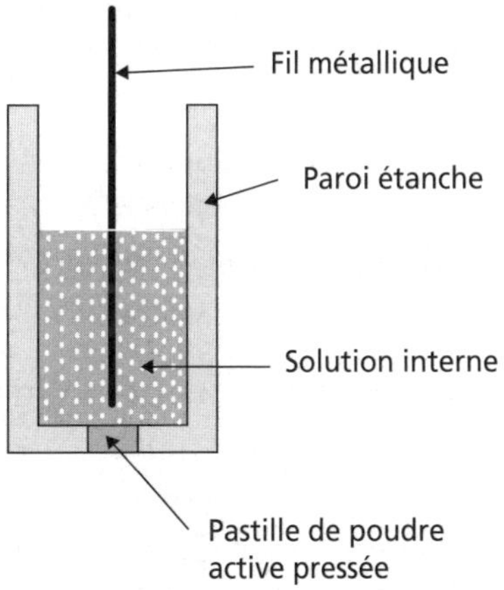

Figure 15.3 – **Électrode à membrane solide.**

On peut aussi utiliser des électrodes en poudre pressée, c'est le cas pour les sulfures pour lesquels l'on utilise des électrodes constituées d'un mélange de poudres pressées d'argent et de sulfure d'argent. L'incorporation de sulfures d'autres cations métalliques (Pb^{2+}, Cu^{2+}, Cd^{2+}...) rend l'électrode également indicatrice de ces ions.

c) Électrodes à membrane sélective liquide

Elles sont basées sur le principe décrit au paragraphe 15.1.1. Elles comportent une matrice, en général polymérique (PVC), contenant l'agent chélatant L spécifique de l'analyte.

Les exemples les plus représentatifs sont l'électrode à calcium (figure 15.4), dans laquelle l'agent chélatant est un ester phosphorique $POO(OR)_2^-$ et l'électrode à potassium qui utilise un macrocycle à base d'éther cyclique (la valinomycine) comme complexant. L'utilisation de ces deux types d'électrode spécifique est très courante en milieu physiologique, les ions Ca^{2+} et K^+ jouant un rôle important dans la transmission de l'influx nerveux.

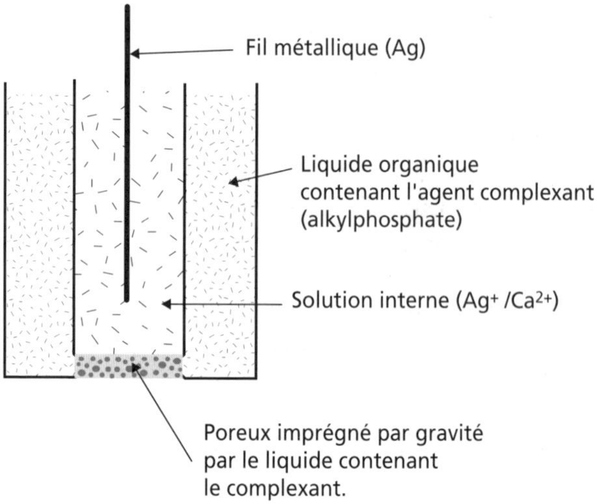

Figure 15.4 – **Électrode à membrane liquide sélective des ions calcium.**

Il est possible de détecter également des anions (chlorure, nitrate...) ; dans ce cas, la membrane contient le plus souvent une résine échangeuse d'ions.

d) Exemple de capteur de gaz à électrode solide

Un troisième type d'électrode entièrement solide et parfaitement adapté à la détection des gaz est basé sur la réaction des oxydes avec l'oxygène de l'air, puis avec un substrat oxydable. L'oxyde métallique, typiquement MO_2 (M = Zr,Ti par exemple), est non stœchiométrique et contient toujours des lacunes d'oxygène et donc un excès d'électrons, qui peut réagir suivant l'équation :

$$MO_{2-2x}, 2xe^- + yO_2 \longrightarrow MO_{2-2(x-y)} \tag{15.8}$$

Cette réaction a pour conséquence une baisse du nombre d'électrons dans l'oxyde, et donc une baisse de la conductivité. En présence d'un gaz réducteur, la réaction inverse a lieu. Le gaz analyte (typiquement : SO_2, NH_3, CO...) est oxydé avec pour conséquence la régénération des électrons dans la couche d'oxyde dont la conductivité augmente de nouveau (équation 15.9).

$$MO_{2-2(x-y)} + \text{Analyte} \longrightarrow MO_{2-2x}, 2xe^- + [\text{Analyte} - O_2y] \quad (15.9)$$

Un schéma typique de dispositif utilisant ce concept est le suivant (figure 15.5) :

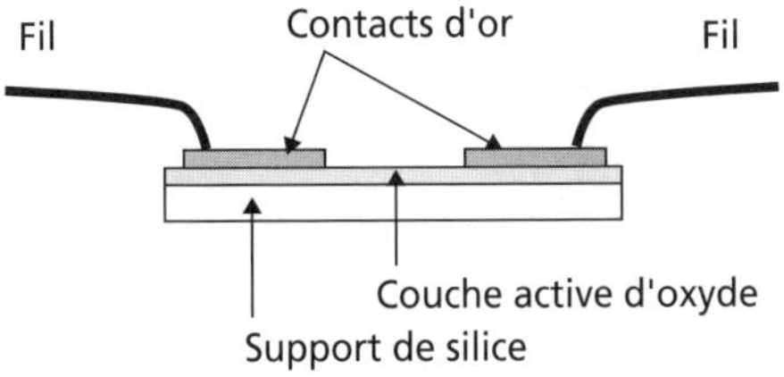

Figure 15.5 – **Électrode à gaz.**

Remarque

Ce capteur peut ne pas être considéré comme potentiométrique stricto sensu, puisqu'un courant est mesuré ; cependant l'effet de captation est provoqué par une réaction électrochimique qui modifie le potentiel de la couche d'oxyde.

15.2 Capteurs ampérométriques

Avec les capteurs ampérométriques, nous nous intéressons maintenant aux courants, ou plus exactement à l'amplification des courants du fait de la présence de l'analyte et de la structure particulière de l'électrode. Nous traiterons à part, du fait de leur spécificité et de leur complexité relative, les biocapteurs, qui peuvent être potentiométriques ou ampérométriques, mais qui sont le plus souvent et de plus en plus ampérométriques.

15.2.1 Électrodes à pâte de carbone

Une électrode à pâte de carbone consiste en une électrode dotée d'une cavité remplie d'un mélange de poudre de carbone et soit d'électrolyte, soit d'huile (figure 15.6). Dans le premier cas, la totalité de la pâte peut participer au processus électrochimique, alors que dans le second cas, seule une couche de faible épaisseur à la surface de la pâte est active.

Lorsque la pâte ne contient rien d'autre que du carbone et un liquide électro-inactif (électrolyte ou huile), on assiste simplement à une augmentation de l'intensité du signal (par rapport à celui que l'on obtiendrait par exemple sur une électrode de carbone vitreux poli), associé souvent à un ralentissement de la diffusion et à un élargissement des pics. Toutefois, on peut incorporer à la pâte un composé électroactif, et c'est d'ailleurs ce qui constitue l'intérêt principal de ce type d'électrodes.

Un additif très classique est un dérivé de la famille des phénantrolines (figure 15.7).

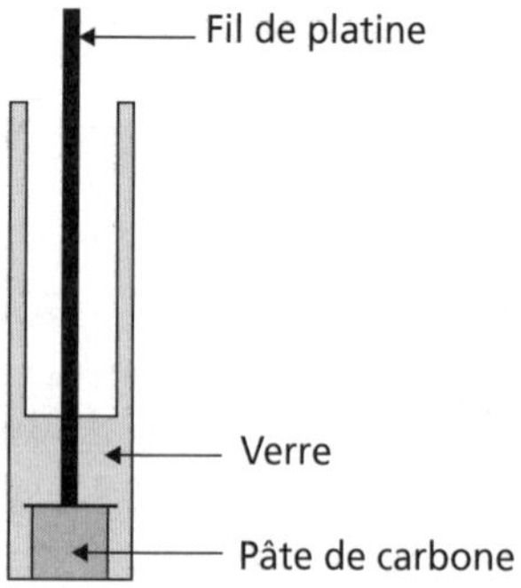

Figure 15.6 – **Électrode à pâte de carbone.**

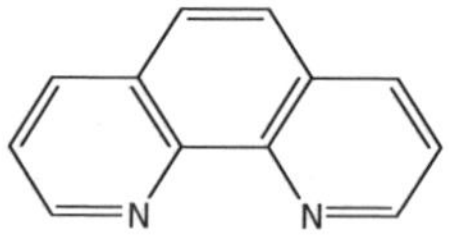

Figure 15.7 – **Formule de la 1,10 phénantroline.**

À cause de la présence des deux azotes dans le système cyclique, les composés de cette famille complexent très efficacement les cations métalliques. Lorsque l'on disperse une phénantroline dans la pâte, celle-ci peut extraire et donc préconcentrer efficacement des cations métalliques de la solution dans la pâte sous forme de complexe, ce qui améliore considérablement l'efficacité de leur détection[1].

On peut aussi incorporer dans une telle électrode un composé bioactif (une enzyme), ou même un broyat cellulaire (un exemple célèbre concerne la « banana electrode » faite avec de la pulpe de banane), de manière à provoquer *in situ* une réaction avec l'analyte, produisant un composé électroactif que l'on pourra oxyder ou réduire ultérieurement.

15.2.2 Électrodes modifiées par des ionomères

Un ionomère est un polymère contenant des ions (la plupart du temps des anions) attachés à la matrice polymérique. Le plus remarquable exemple de ce type de polymère est le Nafion® (créé par DuPont de Nemours il y a une trentaine d'années). Cet ionomère est un polyperfluoroéthylène, substitué par des chaînes latérales également perfluorées et terminées par des groupements sulfonate.

1. De manière un peu comparable à celle de la redissolution anodique (*cf. chapitre 7*).

Remarque

Il en existe plusieurs sortes en fonction de la proportion de ramifications sur la chaîne principale (figure 15.8) : en général, $m \geq 10n$ avec p compris entre 2 et 5.

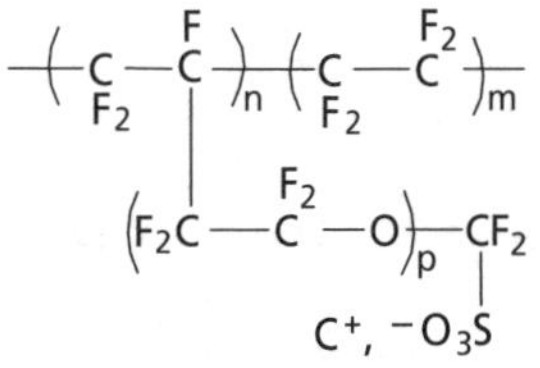

Figure 15.8 – Formule générale du Nafion® (C+ désigne le contre-ion).

Ces sulfonates terminaux sont associés à des contre-cations positifs (H^+ ou cations alcalins), mais possèdent une affinité très importante pour les cations organiques, tels que le viologène (figure 15.9) qu'ils sont capables de préconcentrer à partir de solutions fortement diluées. Il est possible de modifier des électrodes avec des ionomères par simple adsorption, ou bien encore d'incorporer l'ionomère dans une électrode à pâte de carbone par exemple. À condition que l'analyte soit électroactif (ce qui est le cas du viologène), on peut alors détecter par voltamétrie cyclique ou bien par voltamétrie impulsionnelle (plus sensible) les ions incorporés dans l'électrode modifiée.

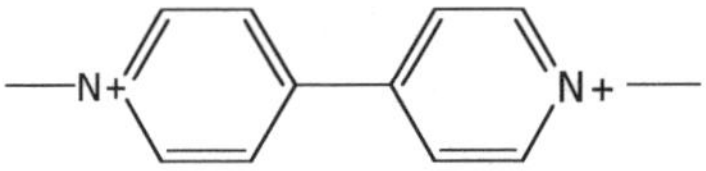

Figure 15.9 – Formule du cation viologène.

Le Nafion®, du fait de la présence de ses groupements perfluorés, possède également la propriété de préconcentrer l'oxygène. Cette propriété a été exploitée dans des électrodes modifiées avec des gels de Nafion hydrophobes.

15.2.3 Autres électrodes modifiées

À part les ionomères, beaucoup d'autres types d'électrodes modifiées peuvent être envisagés. Une classe importante concerne les électrodes modifiées par un polymère conducteur électronique (PCE). Ce point a été abordé dans le chapitre 14 sur un plan plus conceptuel. Toutefois, il faut noter que, au-delà des polymères conducteurs de base (les polymères « génériques » tels que le polypyrrole, le polythiophène, la polyaniline…), chaque PCE peut générer une famille de polymères fonctionnalisés par modification du monomère. Prenons l'exemple du pyrrole : le cycle pyrrolique peut être fonctionnalisé par un groupement doté d'une fonction catalytique et/ou redox (représentée par G), par exemple sur l'atome d'azote (figure 15.10).

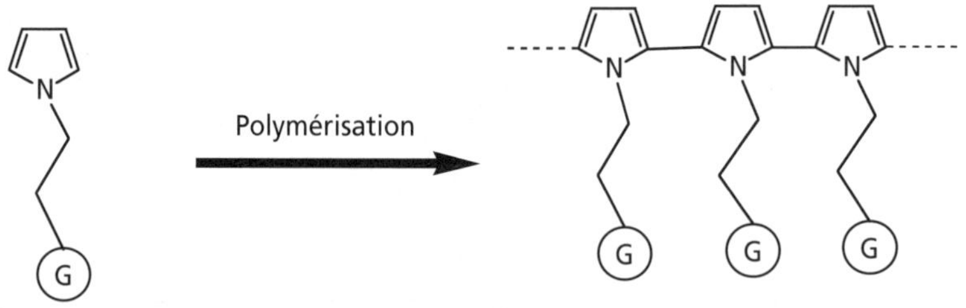

Figure 15.10 – **Polymérisation d'un pyrrole fonctionnalisé.**

Lorsque l'hétérocycle est polymérisé, la fonction se retrouve dans le polymère, celui-ci pouvant être par ailleurs directement déposé sur l'électrode par électrooxydation. Parmi les fonctions actives, on peut citer, à titre d'exemples non limitatifs, le ferrocène (qui peut catalyser diverses oxydations par transfert électronique), la quinone ou l'anthraquinone (qui catalysent la réduction de l'oxygène), le ruthénium trisbipyridine, etc. Le thiophène, qui peut être facilement fonctionnalisé en position 3 de l'hétérocycle, a lui aussi été l'objet d'une importante recherche analogue.

De nombreux polymères classiques (polyvinylpyrrolidone, acide polyacrylique...) ont aussi été fonctionnalisés et déposés sur une électrode. Toutefois, l'avantage des PCE tient au fait que leur conductivité leur permet (en principe) de garder toute la matrice connectée électriquement à l'électrode sur lequel le polymère est déposé, et ainsi de disposer d'une électroactivité plus importante, concernant l'ensemble de l'électrode (adressage volumique). Cet avantage est malheureusement souvent contre-balancé par le fait que les PCE sont très compacts et que la diffusion aussi bien de l'analyte que des ions est fortement ralentie. Il est aussi fréquent que le domaine d'électroactivité du capteur soit hors de la zone de conduction du PCE (par exemple, en dessous de son potentiel d'oxydation, puisque dans la très grande majorité des cas, c'est la forme oxydée du PCE qui est conductrice).

15.3 Biocapteurs

L'adressage électrochimique a été mis à profit dans de nombreux biocapteurs. Dans la quasi-totalité des cas, on se sert d'un sous-produit de la réaction biochimique que l'on détecte grâce à une électrode appropriée, souvent analogue à celles décrites dans les paragraphes ci-dessus.

15.3.1 Biocapteurs potentiométriques

Ils sont basés sur une électrode spécifique, sur laquelle a été adsorbée une enzyme produisant un analyte détectable de cette manière. Les quatre grandes catégories d'analytes produits par des réactions catalysées par des enzymes et ainsi détectés sont les protons, l'ammoniaque, le dioxyde de carbone, et le sulfure d'hydrogène.

Par exemple, l'urée est un analyte important, qui est décomposé par une enzyme appelée l'uréase suivant la réaction :

$$CO(NH_2)_2 + 2\,H_2O \longrightarrow 2\,NH_4^+ + CO_3^{2-} \quad (15.10)$$

À cause des composés formés, le pH de la solution est modifié au fur et à mesure de la réaction (il devient plus basique), et le suivi de l'évolution du pH avec une électrode à pH permet de quantifier la quantité d'urée initialement présente.

Un autre exemple est l'oxalate oxydase qui, en présence d'oxygène, oxyde l'acide oxalique ($HO_2C - CO_2H$) en deux molécule de gaz carbonique CO_2 et une d'eau oxygénée H_2O_2. L'activité de cette enzyme, adsorbée dans une membrane, peut être suivi précisément par une électrode spécifique à dioxyde de carbone.

15.3.2 Biocapteurs ampérométriques

Ce sont les plus courants ; ils se rapprochent conceptuellement des électrodes à pâte de carbone, mais la voie la plus générale est plutôt de construire l'architecture du capteur directement par greffage sur l'électrode, ou tout au moins que celle-ci contienne tous les éléments nécessaires à son fonctionnement. Nous développerons dans ce chapitre deux exemples de ce type de capteurs.

a) Capteurs à glucose

- *Mécanisme*

Un exemple particulièrement typique concerne l'électrode à glucose, qui fonctionne avec une enzyme, la glucose oxydase (GOD), greffée sur l'électrode, et un médiateur redox agissant comme co-facteur de l'enzyme.

La GOD agit suivant le mécanisme ci-dessous :

$$E + G \underset{k_{-1}}{\overset{k_1}{\rightleftarrows}} [EG] \xrightarrow{k_2} EH_2 + GL \quad (15.11a)$$

$$EH_2 + 2Q \xrightarrow{k_3} E + 2P \quad (15.11b)$$

$$Q + E^- \underset{}{\overset{E_0}{\rightleftarrows}} P \quad (15.11c)$$

E désigne l'enzyme, G le glucose, EG l'adduit enzyme-glucose, GL la glutonolactone ; EH_2 est la forme réduite de l'enzyme, P et Q sont les formes respectivement réduite et oxydée du médiateur.

La première équation représente l'activité de l'enzyme elle-même, et la deuxième sa régénération par la forme oxydée du médiateur redox. La dernière équation montre comment le médiateur est régénéré à l'électrode. Dans la nature, le médiateur naturel de la GOD est l'oxygène, mais elle peut être oxydée par toute une série d'oxydants doux monoélectroniques tels que le ferrocène, ou biélectroniques tels que des quinones. Lorsque de tels médiateurs sont inclus dans une électrode modifiée avec de la GOD, ils génèrent un courant en oxydation, qui est témoin de l'activité de l'enzyme, et donc entre autres de la quantité de glucose présent, si les conditions expérimentales ont été bien choisies.

Une bioélectrode à GOD doit donc encapsuler d'une manière ou d'une autre les deux éléments actifs, à savoir l'enzyme et le médiateur, être perméable au substrat (glucose), faire en sorte que la mobilité du substrat et du médiateur soient bonnes, et enfin faire en sorte que la limitation du courant provienne du flux de glucose.

Cela peut être réalisé à condition de travailler en excès à la fois d'enzyme et de médiateur. Heureusement, les réactions de la GOD sont rapides, à l'exception du premier pré-équilibre : il suffit donc de faire en sorte que l'ensemble des deux premières réactions soient tout de même plus rapides que le flux de glucose. Ce dernier sera donc le facteur limitant le courant, et par conséquent la donnée mesurée par le capteur.

Cette situation a par exemple été obtenue dans une pâte de carbone contenant à la fois du glucose, un ferrocène suffisamment hydrophobe pour rester dans la pâte, et du Nafion® pour améliorer la conductivité ionique. Un autre exemple (voir fiche TP) consiste à encapsuler le éléments actifs dans un gel de silice préparé *in situ*.

- *Analyse du courant*[1]

La consommation du médiateur dans une réaction classique de cinétique enzymatique couplée à une régénération électrochimique telle que celle de la GOD obéit à l'équation suivante :

$$\frac{\partial[\mathrm{Q}]}{\partial t} = D\left(\frac{\partial^2[\mathrm{Q}]}{\partial x^2}\right) - \frac{2k_3C_\mathrm{E}^0[\mathrm{Q}]}{1 + k_3\left(\dfrac{1}{k_2} + \dfrac{k_{-1} + k_2}{k_1k_2[\mathrm{Q}]}\right)[\mathrm{Q}]} \qquad (15.12)$$

C_E^0 est la concentration initiale en enzyme et les k_i représentent les constantes de vitesse (cf. équations (15.11)).

Le premier terme de l'équation traduit le transport du substrat (équation de Fick). Le second terme cinétique qui fait apparaître les constantes de vitesse dérive de l'équation dite de Menten-Michaelis, qui analyse la disparition du médiateur au travers du processus enzymatique multi-étapes (décrites dans l'ensemble des équations 15.11). L'analyse complète de ce mécanisme a été faite à l'aide de calculs complexes effectués par ordinateur. Dans le cas qui nous occupe toutefois, la concentration initiale de médiateur est suffisamment faible, et celle de glucose suffisamment élevée, pour que le deuxième terme de la somme au dénominateur (celui qui contient les constantes de vitesse) soit petit devant l'autre terme, c'est-à-dire 1. L'analyse se résume alors à un cas dit de pseudo premier ordre, et obéit à l'équation simplifiée suivante :

$$\frac{\partial[\mathrm{Q}]}{\partial t} = D\left(\frac{\partial^2[\mathrm{Q}]}{\partial t^2}\right) - 2k_3C_\mathrm{E}^0[\mathrm{Q}]$$

Ce cas devient donc proche d'un EC classique (voir chap. 13, § 13.1.4), à ceci près que le médiateur est régénéré à l'électrode. Les courbes de voltamétrie cyclique en présence de glucose prennent l'allure d'une vague et on peut montrer que les rapports de courant ne dépendent que d'un paramètre caractéristique λ défini par :

$$\lambda = \frac{2k_3C_\mathrm{E}^0}{\mathrm{v}}$$

1. Voir par exemple : C. Bourdillon, C. Demaille, J. Moiroux et J. M. Savéant, *J. Am. Chem. Soc.*, 113, 2, 1993.

On peut alors vérifier la relation suivante, reliant le rapport normalisé des courants de plateau i^ℓ et du courant de pic i_p^0 en l'absence de glucose au paramètre λ :

$$\frac{i^\ell}{i_p^0} = \frac{(\lambda^{1/2})}{0{,}446}$$

b) Capteurs basés sur le système biotine-avidine

La biotine (ou vitamine B1) est une petite molécule de formule suivante (figure 15.11).

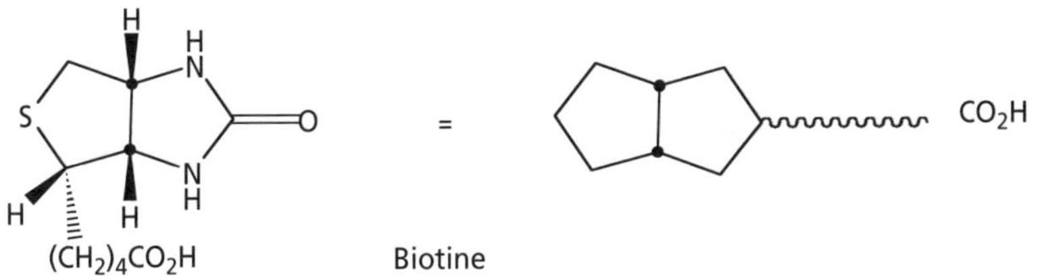

Figure 15.11 – **Structure de la biotine (vitamine B1).**

Cette biotine peut en outre être modifiée, par exemple par un thiol, de manière à se fixer irréversiblement sur une électrode d'or. Un exemple de ce type de modification est donné dans la figure 15.12.

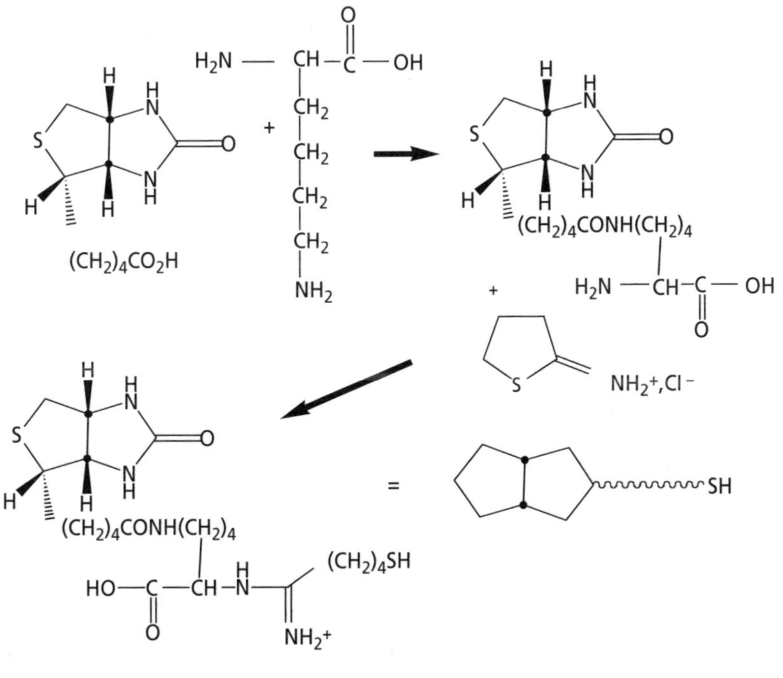

Figure 15.12 – **Fonctionnalisation de la biotine.**

La biotine possède la propriété de se complexer de manière extrêmement forte et irréversible avec une grosse protéine nommée avidine, ce que l'on peut symboliser comme sur la figure 15.13.

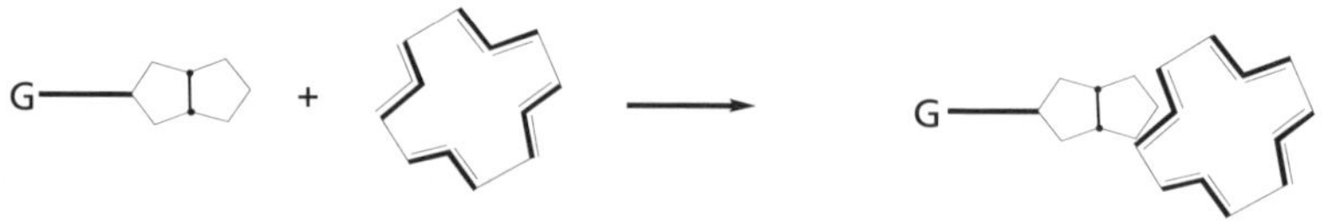

Figure 15.13 – **Mode de liaison biotine-avidine.**

L'avidine possède encore trois sites de complexation pour fixer d'autres protéines, des anticorps par exemples (figure 15.13). Le principe du capteur le plus simple est le suivant (figure 15.14).

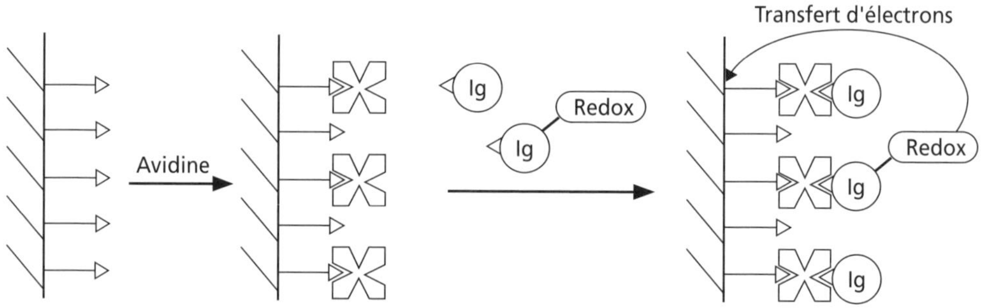

Figure 15.14 – **Mode d'utilisation d'une électrode biotinylée.**

Il faut tout d'abord modifier une électrode par une monocouche de biotine, que l'on complexe ensuite avec de l'avidine. À cause de l'encombrement stérique inhérent au confinement sur l'électrode, en général pas plus d'un site de l'avidine ne peut réagir, ce qui laisse les autres disponibles pour la fixation d'un anticorps par exemple.

La détection et la détermination de la quantité d'un anticorps donné dans un analyte se fait alors de la manière suivante.

On doit disposer d'une petite quantité d'analyte contenant le substrat fonctionnalisé par une substance électroactive (le ferrocène par exemple). La proportion de substrat fonctionnalisé qui vient se fixer sur l'électrode est proportionnelle à celle contenue dans la solution, et peut alors être déterminée par n'importe quelle méthode électrochimique[1] (voltamétrie cyclique ou différentielle par exemple).

Un des inconvénients de ce type d'analyse, par ailleurs très sensible, est que le transfert électronique peut souvent être difficile entre le transducteur redox et l'électrode du fait de son éloignement, mais la mobilité pallie fréquemment cet inconvénient.

1. On utilisera préférentiellement une méthode utilisant des potentiels surimposés pour accroître la sensibilité.

Toutefois, pour cette dernière raison, on préfère parfois utiliser un transducteur fluorescent pour la détection. Des systèmes plus élaborés, multicouches par exemple, ont été également développés.

En conclusion, dans le cadre de cet ouvrage, il était bien entendu impossible de donner un panorama exhaustif des très nombreux capteurs et biocapteurs électrochimiques développés à ce jour. Il en apparaît d'ailleurs tous les ans de nouveaux, car il s'agit d'un secteur d'activité en plein développement. Nous espérons toutefois avoir donné les grandes lignes du fonctionnement d'un capteur électrochimique, ainsi qu'avoir présenté de manière suffisamment détaillée les familles les plus importantes de capteurs de ce type. Il faut toutefois avoir conscience que le domaine des capteurs optiques, en particulier ceux utilisant la fluorescence, est encore plus développé. Le lecteur intéressé trouvera nombre de monographies plus complètes, mais qui s'étendent souvent à l'ensemble des capteurs, avec une partie décrivant les capteurs électrochimiques.

Bibliographie

BRETT C.M.A, BRETT A.M.O. – *Electrochemistry : Principles, Methods and Applications.* Oxford Science Publications, chap. 13-14, 1993.

COSNIER S. – « Biomolecule immobilization on electrode surfaces by entrapment or attachement to electrochemically polymerized films. A review ». *Biosens. Bioelectron.*, 14, 443, 1999.

EGGINS B.R. – *Chemical Sensors and Biosensors.* ANTS Collection. J. Wiley and Sons, 2002.

FABRY P. – *L'Actualité Chimique.* 279, 39, 2004 ; ibid, 280-81, 96, 2004.

FABRY P., GONDRAN C. – *Capeurs électrochimiques.* Technosup (Ellipses), 2008.

LABBE P., MOIROUX J., BOURDILLON C. – *L'Actualité Chimique.* Société Française de Chimie, 8-9, 78-84, 1998.

SKOOG, WEST, HOLLER – *Chimie analytique.* De Boecke, 1997.

ÉLECTROSYNTHÈSE MINÉRALE

16

Dans ce chapitre, nous aborderons la synthèse de produits minéraux (métalliques ou non) selon des procédés électrolytiques. Le processus d'électrolyse consiste à « forcer » une réaction non spontanée en imposant un courant ou une tension, avec simultanément oxydation anodique et réduction cathodique. L'électrosynthèse minérale est préférée à d'autres processus chimiques lorsque ceux-ci sont irréalisables (par exemple, pour la préparation des métaux très électropositifs ou de composés comme le difluor) ou lorsque la pureté obtenue n'est pas suffisante. Des anions oxydants comme l'hypochlorite, les chlorates ou perchlorates ou des éléments électronégatifs comme les halogènes sont également préparés par voie électrolytique et ce par réaction anodique.

Nous nous intéresserons tout d'abord à l'élaboration des métaux : soit en solution aqueuse (cuivre, zinc, nickel, manganèse), soit en milieu igné (aluminium, sodium, lithium, magnésium). Nous étudierons ensuite la purification des métaux par raffinage électrolytique et leur protection contre la corrosion (exemple du nickelage par électrolyse). Enfin nous aborderons l'élaboration des non-métaux et plus particulièrement le procédé chlore-soude, la production d'hypochlorite de sodium ou l'électrolyse de l'eau, mais aussi la production de difluor ou de permanganate de potassium.

16.1 ÉLABORATION DES MÉTAUX

16.1.1 En solution aqueuse

a) Cuivre

Le cuivre est un métal utilisé par l'homme depuis plusieurs milliers d'années. C'est un des métaux les plus anciennement connus car il existe à l'état natif (comme l'or ou l'argent). Sa métallurgie est antérieure à celle du bronze.

Il est utilisé pur ou sous forme d'alliage : le laiton (alliage cuivre-zinc) ; les bronzes (alliages cuivre-étain), les alliages cupronickels, cupro-aluminium, cupro-chrome et bien d'autres encore. Le cuivre et ses alliages ont d'abord été utilisés pour leur résistance à la corrosion et leur malléabilité (armes, outils, canalisations, hélices, toitures…), mais aussi pour leur coloration dorée (décoration). De nos jours, le cuivre et ses alliages sont aussi beaucoup utilisés pour leurs propriétés de conductivité électrique (production, transformation, transport et utilisation de l'électricité). En 2003, en France, la demande totale en cuivre fut de 707 000 tonnes (source FEDEM[1]).

La majorité du cuivre est produite par voie chimique, cependant le métal doit souvent subir une étape de **raffinage électrolytique**, dit raffinage à anode soluble (*cf.* § 16.2.1.a). Toutefois les minerais assez riches en cuivre (teneur > 2 %) sont traités directement par électrolyse. Ce procédé, dit à anode insoluble, couvre 10 % de la production totale de cuivre.

Après une étape de grillage, dans le cas des minerais sulfurés, et après une lixiviation acide, c'est-à-dire la solubilisation du minerai dans l'acide sulfurique à 1 mol.L^{-1}, la solution acide est électrolysée à 40-60 °C, en présence de gélatine (amélioration de la qualité du dépôt car celui-ci est plus régulier), entre anodes en alliage plomb-argent (recouvertes d'oxydes de plomb) et cathodes en aluminium ou en titane.

La réaction d'oxydation de l'eau en dioxygène a lieu sur les anodes (qui doivent être résistantes à la corrosion en milieu acide sulfurique ; on utilise aussi du titane recouvert de métaux précieux).

À la cathode a lieu la réduction des ions cuivre (II) en cuivre métallique. Ces électrodes sont régulièrement extraites du bain d'électrolyse pour être « pelées » afin de récupérer le métal (pureté > 99,5 %).

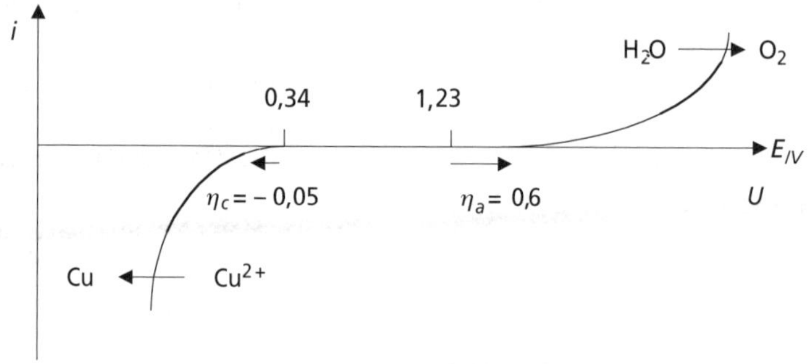

Figure 16.1 **Électrolyse d'une solution issue d'un grillage et d'une lixiviation de minerai afin de déposer du métal cuivre.**

On peut écrire l'équation-bilan suivante :

$$2\ Cu^{2+} + 2\ H_2O \rightarrow 2\ Cu + 4\ H^+ + O_2$$

Les conditions opératoires son résumées dans le tableau 16.1.

1. FEDEM : Fédération des minerais, minéraux industriels et métaux. http://www.mineraux-et-metaux.org/metaux/cuivre.php

Tableau 16.1 – **Conditions opératoires du raffinage électrolytique du cuivre (d'après *Actualité Chimique* n° 1, janv.-févr. 1992).**

Tension thermodynamique	0,90 V
Surtension anodique **Surtension cathodique**	0,60 V 0,05 V
Chute ohmique (électrolyte) **Chute ohmique (électrodes)**	0,40 V 0,50 V
d.d.p. totale	2,45 V (1,8-2,5 V)
Densité de courant	1,3 $A.dm^{-2}$
Consommation énergétique	2-2,5 $kWh.kg^{-1}$
Rendement faradique	0,80-0,96

b) Zinc

Le métal zinc est très utilisé dans le secteur du bâtiment (résistance à la corrosion atmosphérique), et en particulier pour les toitures, les gouttières et accessoires d'évacuation d'eaux pluviales. En effet, le métal est passivé grâce à une couche de carbonate-hydroxyde de zinc. Le zinc est aussi utilisé comme anode sacrificielle pour protéger les coques de navires ou citernes, et comme anode dans des piles. En fait près de 50 % de la production de zinc sont utilisés pour la protection de l'acier (galvanisation par électrodéposition, *cf.* § 16.2.2, par immersion dans le zinc fondu, par métallisation, ou par protection cathodique). En France, en 2003, la demande de zinc fut de 386 000 tonnes (source FEDEM).

L'écorce terrestre compte 80g de zinc par tonne. Le principal minerai est la blende (ZnS) associée à une gangue de calcite ($CaCO_3$) et dolomie ($MgCO_3$). Le zinc est souvent associé à d'autres métaux (en particulier le plomb) et la teneur du minerai en zinc va de 4 à 20 %. Une fois le minerai concentré, et grillé (transformation en oxyde ou en sulfate de zinc), deux types de métallurgies sont possibles :

- l'hydrométallurgie (90 % de la production) ;
- la pyrométallurgie.

Le premier procédé, plus facile à mettre en œuvre, représente 90 % de la production totale du métal. Comme pour le métal cuivre, l'étape électrochimique consiste en une électrolyse à anode insoluble. Le zinc produit est pur à 99,995 %.

Le minerai sulfuré subit d'abord une étape de grillage, il est ainsi transformé en oxyde ou en sulfate (on parle de calcine), comme décrit dans l'équation-bilan ci-dessous :

$$ZnS_{(s)} + \frac{3}{2}O_{2(g)} \xrightarrow{900\ °C} ZnO_{(s)} + SO_{2(g)}$$

Le dioxyde de soufre obtenu est transformé en acide sulfurique.

Les ions métalliques sont alors mis en solution aqueuse par lixiviation acide (acide sulfurique environ 2 $mol.L^{-1}$, à 60 °C, de 1 à 3 heures). Certains oxydes ou sulfates (silice, oxyde de plomb) et certains métaux précieux comme l'or ou l'argent sont insolubles et sont éliminés par filtration. Tous les cations métalliques qui sont plus facilement réductibles (cuivre, cadmium, nickel, cobalt…) que les ions zinc(II) doivent être éliminés, sinon ils se déposeraient sur les cathodes lors de l'électrolyse. Ainsi tous les hydroxydes plus insolubles que l'hydroxyde de zinc sont précipités ; il s'ensuit alors une étape de précipitation des ions ferreux et ferriques (procédé dit « à la jarosite ») suivie d'une réduction avec de la poudre de zinc, qui permet de précipiter les éléments moins réducteurs que le zinc (en particulier le cuivre) sous forme métallique (cémentation). La solution, contenant 10 à 25 % de zinc, est enfin acidifiée (acide sulfurique 1,8 mol.L^{-1}). La composition d'un litre de solution est approximativement la suivante :

- 2 moles Zn^{2+} ;
- 0,09 mole Mn^{2+} ;
- 0,008 mole Cu^{2+} ;
- 0,005 mole Cd^{2+} ;
- 10^{-4} mole Co^{2+} ;
- 10^{-4} mole Ni^{2+} .

Cette solution va subir une électrolyse entre cathodes en aluminium et anodes en plomb-dioxyde plomb[1]. Les cathodes se recouvrent de zinc et sont régulièrement retirées du bain électrolytique pour être « pelées » (décollement du métal zinc).

La réaction globale d'électrolyse s'écrit :

$$2\,Zn^{2+}_{aq} + 2\,H_2O \rightarrow 2\,Zn_{(s)} + 4\,H^+_{aq} + O_{2(g)}$$

La figure 16.2 donne une idée des courbes intensité-potentiel mises en jeu dans le processus.

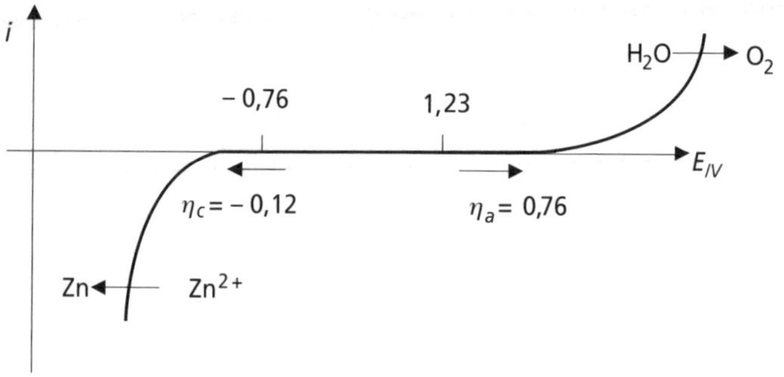

Figure 16.2 Courbes intensité-potentiel associées à la fabrication du zinc par électrolyse.

1. L'aluminium est choisi, entre autres, parce qu'il ne forme pas d'alliage avec le zinc et parce que la surtension de dégagement de dihydrogène est suffisante. Le plomb est le matériau d'anode par excellence en milieu acide sulfurique (la formation de $PbSO_4$ insoluble empêche la dissolution du plomb).

Des raisons cinétiques permettent le dépôt de zinc sur la cathode de zinc, dépôt qui est thermodynamiquement impossible à ce pH, à cause de la réduction concurrente des protons.

Le tableau 16.2 reproduit les conditions opératoires pour l'électrolyse.

Tableau 16.2 – Conditions opératoires dans une cellule d'électrolyse industrielle afin d'obtenir du zinc métallique (source *Actualité Chimique* n° 1, janv.-févr. 1992).

Tension thermodynamique	2,00 V
Surtension anodique **Surtension cathodique**	0,76 V 0,12 V
Chute ohmique (électrolyte)	0,50 V
Chute ohmique (électrodes)	0,25 V
d.d.p. totale	3,2-3,7 V
Densité de courant	4-7 $A.dm^{-2}$
Consommation énergétique	2,95-3,5 $kWh.kg^{-1}$
Rendement faradique	0,90

L'électrolyse est réalisée dans des cuves en ciment, revêtu de PVC (polychlorure de vinyle). La température est maintenue à 30-40 °C (une élévation trop forte de la température réduit la surtension de dégagement de $H_{2(g)}$ et favorise la décharge simultanée des ions zinc et hydroxonium, s'ensuit alors une baisse du rendement faradique). L'électrolyte est constitué de la solution purifiée de sulfate de zinc d'une teneur de 125 à 170 $g.L^{-1}$, acidifiée à l'acide sulfurique à 150-190 $g.L^{-1}$. La tension est comprise entre 3,2 et 3,7 V, la densité de courant va de 400 à 700 $A.m^{-2}$. L'intensité peut atteindre 115 00 A. Les cellules peuvent contenir 86 cathodes de 1,6 m^2 et peuvent produire jusqu'à 3 tonnes par jour.

Le zinc obtenu est très pur (99,995 %). La principale impureté est le plomb. Aucun raffinage ultérieur n'est nécessaire.

c) Nickel

C'est un métal blanc-argenté, avec de grandes conductivités thermique et électrique (15 % supérieures à celles de l'argent). Il est assez résistant à la corrosion par l'air ou l'eau. Il est donc utilisé comme revêtement de protection de pièces métalliques corrodables (voir ci-dessous). Il est ferromagnétique, et pyrophorique dans certaines conditions (nickel de Raney). Le métal est quelque peu électropositif ($E°$ (Ni^{2+}/Ni) = – 0,24 V). Le métal est rapidement dissous dans les acides dilués, mais est passivé dans l'acide nitrique concentré.

La teneur moyenne en nickel dans l'écorce terrestre est d'environ 80 ppm, il est souvent associé au fer, cuivre, chrome et cobalt. Il existe des minerais sulfurés et des oxydes. Les premiers contiennent de 0,7 à 3 % de nickel, et associent le fer et/ou le cuivre :

ils représentent 65 % de la production du métal. Les oxydes (35 % de la production), essentiellement des minerais silicatés, contiennent moins de 3 % de nickel mais aussi du cobalt.

Le métal est utilisé pour du traitement de surface et entre dans la composition de nombreux alliages (aciers inoxydables, fontes et aciers, superalliages) ainsi que des pièces de monnaie, (2 et 1 euros, mais aussi les pièces de 10, 20 et 50 centimes d'euros), *(cf.* TP n° 7).

Le traitement de surface consiste en un nickelage (chimique ou électrochimique). Les aciers sont ainsi recouverts de nickel sur une épaisseur de 20 à 30 μm, couche sur laquelle vient s'ajouter une couche de chrome (0,2 à 0,3 μm) : les pièces dites chromées sont en fait essentiellement nickelées. Le nickel dans les aciers inoxydables renforce la résistance mécanique de l'alliage. L'alliage nickel-chrome est utilisé dans certaines prothèses dentaires. Le nickel est aussi utilisé dans certains types d'accumulateurs (Ni-Cd). La demande en France, en 2003, a été de 54 800 tonnes (source FEDEM).

Dans le cas de minerais oxydés, ceux-ci subissent une réduction. Il y a tout d'abord séchage du matériau, ajout de charbon (réducteur) et calcination à 1 000 °C : c'est la réduction à l'état solide. Le minerai subit ensuite une réduction en phase liquide : le métal obtenu est appelé ferronickel de première fusion. Une tonne de minerai produit 110 kg de ce métal (contenant entre 22 et 26 % de nickel). Ce ferronickel est ensuite affiné :

- soit pour obtenir des ferronickels plus purs (élimination d'impuretés telles que carbone, soufre, silicium…) ;
- soit pour obtenir des mattes (sulfure de nickel, 75 % Ni – 25 % S). Ces dernières sont destinées à l'élaboration du nickel métallique.

Les mattes sont affinées par hydrométallurgie. Elles sont tout d'abord broyées et dissoutes dans une solution de chlorure ferrique en présence de dichlore. Le soufre est éliminé, et les ions métalliques (Ni^{2+}, Co^{3+}, Fe^{3+}, Cr^{3+} …) passent en solution.

Les impuretés, *i.e* les cations métalliques autres que les ions nickel, sont éliminés :

- par extractions successives par des solvants organiques (Fe^{3+} par du tributyl-phosphate, par de la triisooctylamine) ;
- sur des résines échangeuses d'ions ou par du charbon actif (Cr^{3+}, Al^{3+}, Mg^{2+}) ;
- par électrolyse sélective (Pb^{2+}).

La solution d'ions nickel(II) ainsi purifiée subit une électrolyse selon le procédé de l'anode insoluble. Le métal se dépose sur des cathodes de nickel. Il est obtenu pur à 99,97 %.

Remarque

Dans le cas des minerais sulfurés, ceux-ci sont calcinés en présence d'air pour donner, les étapes suivantes sont alors les mêmes que celles décrites précédemment.

d) Manganèse, dioxyde de manganèse

C'est le métal le plus électropositif ($E°(Mn^{2+})/Mn$) = – 1,17 V) obtenu par électrolyse en milieu aqueux. On réalise l'électrolyse d'une solution de sulfate manganeux et de sulfate d'ammonium.

À l'anode (Pb-Ag), il y a oxydation de l'eau. On peut rajouter du dioxyde de soufre (SO_2 dissous), afin d'éviter la formation de MnO_2.

À la cathode (acier inox ou titane), il y a réduction du sulfate de manganèse (II), en présence de sulfate d'ammonium.

Remarque

L'utilisation de la pyrométallurgie (silicothermie ou aluminothermie) pour produire du métal manganèse est très peu utilisée.

Les minerais de manganèse peuvent être directement utilisés en sidérurgie pour fabriquer des produits réfractaires ou des cathodes de piles (MnO_2). Les minerais peuvent aussi être réduits pour produire des alliages de ferromanganèse.

Le manganèse est utilisé comme agent désoxydant ou désulfurant lors de l'affinage de la fonte. Il intervient aussi dans de nombreux alliages : aciers, inox, ou bien encore allié avec l'aluminium (ce qui renforce la résistance à la corrosion), avec le cuivre (il agit comme agent désoxydant, et améliore les propriétés mécaniques). Il existe aussi un fongicide qui combine le métal et l'éthylène bisdithiocarbamate.

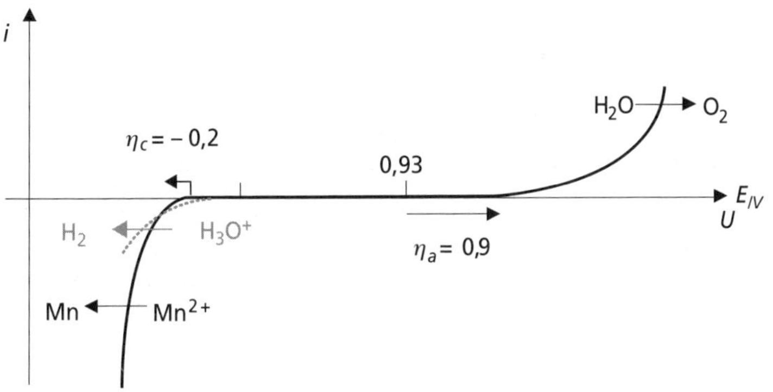

Figure 16.3 Courbes intensité-potentiel associées à l'électrolyse d'une solution de sulfate manganeux.

Le dioxyde de manganèse, quant à lui, est produit par électrolyse d'une solution de sulfate de manganèse(II) en présence d'acide sulfurique molaire, à 90-100 °C. À l'anode (en graphite ou Pb/PbO_2 ou titane), les ions manganèse(II) sont oxydés en MnO_2. À la cathode il y a réduction de l'eau en dihydrogène. L'oxyde obtenu est utilisé comme matériau cathodique dans les piles Leclanché, les piles alcalines ou au lithium. Il augmente en effet la conductivité électrique et joue également un rôle de dépolarisant (plus oxydant que H^+, il évite l'électrolyse de l'eau et la formation de H_2 qui alors polariserait la pile et induirait son arrêt).

16.1.2 Les éléments très électropositifs : élaboration en sel fondu ou milieu igné

Des éléments très électropositifs comme les alcalins, les alcalino-terreux, l'aluminium ne peuvent être obtenus par électrolyse en milieu aqueux. Ceux-ci ne sont en effet pas stables dans l'eau (tableau 16.3).

Tableau 16.3 – **Potentiels standard de quelques métaux électropositifs et couples de l'eau.**

Couple	$E°$(V/ESH)
H_2O/H_2	0,00
O_2/H_2O	1,23
Al^{3+}/Al	– 1,66
Na^+/Na	– 2,71
Li^+/Li	– 3,03
Mg^{2+}/Mg	– 2,37

a) Aluminium

• *Obtention de l'aluminium*

C'est un métal très utilisé (la demande totale en France en 2003 est de 1 256 000 tonnes, source FEDEM) et sa production suit globalement le schéma suivant :

- extraction du minerai, la bauxite (étape 1) ;
- traitement de la bauxite selon le procédé Bayer[1] = préparation de l'alumine (étape 2) ;
- réduction de l'alumine selon le procédé Hall[2]-Héroult[3] (étape 3).

Il existe quelques procédés alternatifs et d'importance mineure, sur lesquels nous reviendrons en fin de paragraphe. Nous allons tout d'abord décrire les trois étapes citées ci-dessus.

Étapes 1-2 : Les minerais de bauxite traités par le procédé Bayer sont constitués d'alumine hydratée (Al_2O_3. H_2O ou Al_2O_3. 3 H_2O, teneur 45-60 %), d'oxydes de fer (Fe_2O_3, teneur 3-25 %), d'oxyde de titane (TiO_2, teneur 2-4 %) et de silice (SiO_2, teneur 4-9 %).

Le minerai est d'abord broyé, puis attaqué à la soude (T = 250 °C, P = 32 bars, 200-250 g.L^{-1} en Na_2O) : les insolubles *i.e* les oxydes plus basiques (Fe_2O_3, TiO_2) précipitent. Ils sont filtrés et décantés. En revanche, l'oxyde acide SiO_2 est dissous et donne des silicates. Ceux-ci, en présence d'aluminium, vont générer des aluminosilicates créant ainsi une perte d'alumine (c'est pourquoi les minerais doivent être pauvres en silice : teneur < 10 %). La solution obtenue (liqueur) a une forte concentration en aluminate de sodium. Cette dernière est refroidie (55-70 °C) et mélangée à des cristaux d'hydrate (qui jouent le rôle de germes). L'alumine précipite sous forme d'hydrargilite (trihydrate d'alumine).

Une étape de filtration a lieu pour récupérer l'hydrate qui est lavé, essoré puis calciné à 900-1 000 °C (on élimine alors l'eau). Ainsi est produite l'alumine.

---

1. Karl Josef Bayer (1847-1904) chimiste autrichien, brevets déposés en 1888 (Grande-Bretagne) et 1889 (Allemagne). Première installation industrielle en 1893.
2. Charles Martin Hall (1863-1914) chimiste américain, brevet déposé en 1885.
3. Paul Héroult (1863-1914) physicien français, brevet déposé en 1886.

On peut résumer le procédé ci-dessus comme suit :

$$Al_2O_3, 3\ H_2O + 2\ NaOH \rightarrow 2\ NaAl(OH)_4\ ;\ T = 250\ °C \text{ et } P = 32 \text{ bars}$$

$$NaAl(OH)_4 \rightarrow Al(OH)_3 + NaOH\ ;\ T \downarrow \text{ et } P \downarrow$$

$$2\ Al(OH)_3 \rightarrow Al_2O_3 + 3\ H_2O\ ;\ T = 900\ °C$$

Étape 3 : Le procédé Hall-Héroult permet l'électrolyse ignée de l'alumine en aluminium. Le « sel fondu » est à base de cryolithe (Na_3AlF_6). La température est de 940 à 980 °C. C'est grâce au mélange eutectique $Na_3AlF_6 - CaF_2 - Al_2O_3$ que la température de fusion de ces constituants est abaissée. En effet, un mélange de 59 % en Na_3AlF_6 ($T_f \approx$ 1 010 °C), 23 % CaF_2 ((T_f= 1 360 °C) et 18 % Al_2O_3 (T_f= 2 040 °C) est entièrement liquide à 868 °C.

Industriellement les mélanges électrolysés ont une composition comme suit :

Na_3AlF_6 (≈ 60-80 %) ; CaF_2 (1-2 %) ; AlF_3 (5-15 %) ; MgF_2 (0-5 %) ; LiF (0-5 %) ; Al_2O_3 (3-8 %).

La réaction d'électrolyse est :

$$2\ Al_2O_{3(l)} + 3\ C_{(s)} \rightarrow 4\ Al_{(l)} + 3\ CO_{2(g)}$$

À l'anode (en carbone graphite, consommable), il y a oxydation, selon un mécanisme complexe (pas d'ions O^{2-} libres en solution), du carbone en dioxyde de carbone. Il a toutefois été montré que le monoxyde de carbone est présent (par l'équilibre de Boudouard et réduction parasite du CO_2 par l'aluminium, qui a diffusé de la cathode vers l'anode). « L'effet d'anode » induit une forte augmentation de la d.d.p. aux bornes de la cellule (de 4 à 30 V) lorsque la concentration en alumine est trop faible (< 1,5 %) : on dit que l'anode se polarise. Le phénomène est parfois accompagné d'arcs électriques entre électrolyte et anode, de forts dégagements gazeux (monoxyde carbone et composés fluorocarbonés) rendant nécessaire de réalimenter la cellule en alumine avant ce seuil (tableau 16.4).

Tableau 16.4 – **Conditions opératoires dans une cellule d'électrolyse pour l'obtention d'aluminium (source *Actualité Chimique* n° 1, janv.-févr. 1992).**

Tension thermodynamique	1,19 V
Surtension anodique	0,48 V
Surtension cathodique	0,05 V
Chute ohmique (électrolyte)	1,42 V
Chute ohmique (électrodes)	1,17 V
d.d.p. totale	4,31 V
Densité de courant	70 $A.dm^{-2}$
Consommation énergétique	6,5-14,5 $kWh.kg^{-1}$
Rendement faradique	0,90-0,95

Les anodes requièrent une attention et des techniques de fabrication particulières : il faut minimiser leur résistivité (jusqu'à $5.10^{-3}\ \Omega.cm$) et le taux d'impuretés (cendres, soufre, métaux). Elles doivent pouvoir résister à des densités de courant élevées (entre 60 et 130 A.dm^{-2}) et avoir des propriétés mécaniques qui leur permettent d'endurer des chocs thermiques. Il existe deux types d'anodes : précuites et « à auto-cuisson ».

Les anodes précuites sont constituées d'un mélange (on parle de pâte) de coke et de houille (brai, c'est le liant), chauffé, malaxé à 160 °C et mis en forme (pressage, compactage). Les anodes sont alors cuites à 1 100 °C, pendant deux jours, pour cokéfier la houille et la rendre peu réactive (figure 16.4).

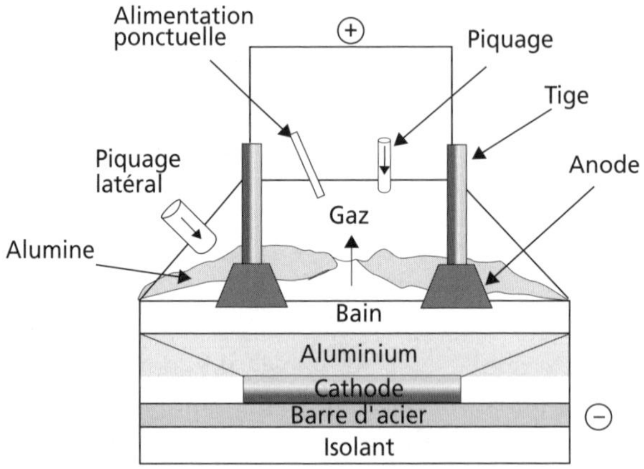

Figure 16.4 Schéma d'une cuve d'électrolyse à anodes précuites pour la fabrication d'aluminium.

Les « anodes à auto-cuisson » ou anodes Söderberg sont des anodes « continues ». La pâte crue, malaxée et refroidie est chargée dans les cuves d'électrolyse, directement, dans des gaines métalliques. Ce sont l'effet Joule (du courant qui alimente la cellule) et la conduction thermique dans le bain qui permettent la cuisson. L'anode cuite se consomme au cours de l'électrolyse : la pâte crue est alors rechargée. De telles anodes présentent l'avantage d'être plus économiques (pas de mise en forme, pas de cuisson préalable) mais leur résistivité électrique est 30 % plus élevée et cela induit une consommation électrique plus importante.

À la cathode : l'alumine est réduite en aluminium. Les cathodes sont en carbone recouvert en permanence d'aluminium liquide. Le carbone constitue le revêtement interne ou sole, ainsi la pureté n'est pas un facteur limitant (l'anthracite, le graphite ou le coke métallurgique peuvent être utilisés). C'est l'aluminium liquide qui sert en réalité de cathode.

On peut faire quelques remarques sur le coût, ainsi que la consommation électrique. La tension aux bornes d'une série de cuves (250 cuves, d.d.p. 4 V) est d'environ 1 000 V avec une intensité de l'ordre de 300 000 A. Il faut en moyenne de 13 à 15 MWh par tonne d'aluminium produit. Le coût est ainsi 5 fois plus élevé que pour fabriquer du dichlore. Il faut également souligner les problèmes de rejets dans l'environnement, en particulier de fluorure d'hydrogène (résultant de l'hydrolyse des fluorures du bain de sels fondus au contact de l'air humide). Soit celui-ci s'échappe sous forme de gaz, soit il est adsorbé sur des poussières d'alumine. Gaz et poussières ne sont plus rejetés à l'extérieur mais confinés dans les cuves, puis aspirés afin que le fluorure d'hydrogène réagisse avec de l'alumine pour donner du trifluorure d'aluminium, qui pourra réalimenter par la suite le bain de sels fondus.

• *Utilisation et applications de l'aluminium*

C'est un métal peu dense (2,7 g.cm^{-3} à 20 °C) possédant une grande conductivité thermique (236 W.m^{-1}.K^{-1}, contre 52 pour l'acier et 390 pour le cuivre) ainsi qu'électrique (370,4 Ω^{-1}.m^{-1}). Il est résistant à la corrosion et forme avec d'autres métaux des alliages légers et résistants. On peut citer les plus connus : le Duralumin® (Al-Cu-Mn), le Zicral® (Al-Zn-Mg-Cu entre autres) ou encore l'Alpax® (Al-Si).

Les utilisations de l'aluminium et de ses alliages sont multiples : pour les transports (automobile, avionique, trains...), la construction, les emballages, le transport et la distribution d'électricité...

D'autres métaux nécessitent le passage par une électrolyse en milieu igné, c'est le cas des alcalino-terreux et des alcalins.

b) Sodium

• Production

Métal alcalin le plus utilisé, il est fabriqué par électrolyse en « sels fondus » de chlorure de sodium raffiné.

Le raffinage du sel, extrait de la mer ou de mines, se fait en plusieurs étapes : solubilisation des cristaux dans l'eau, concentration et obtention de saumure à environ 300 g.L^{-1} ; précipitation de l'hydroxyde de magnésium par ajout de soude ; élimination des ions sulfate par ajout de chlorure de baryum ; concentration de la saumure et précipitation du $NaCl_{(s)}$, et enfin essorage et séchage.

Le sel raffiné ainsi obtenu est électrolysé dans des cellules de type Downs (figure 16.5), à 600 °C. Le bain de « sels fondus » est constitué de : 46 % $BaCl_2$, 26 % $CaCl_2$, 28 % NaCl. Ce mélange est proche d'un mélange eutectique qui a un point de fusion à 550 °C. Seuls les chlorures de sodium et de calcium sont électrolysés (tableau 16.5).

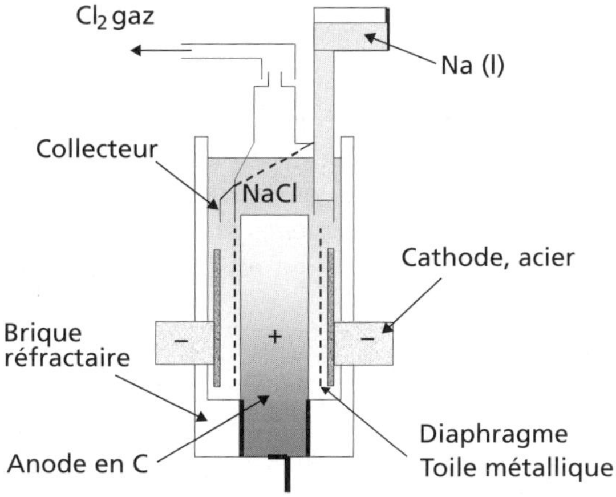

Figure 16.5 Schéma d'une cuve d'électrolyse de type Downs pour l'élaboration du sodium.

Tableau 16.5 – **Conditions opératoires dans une cellule d'électrolyse pour obtenir du sodium (source *Actualité Chimique* n° 1, janv.-févr. 1992).**

Tension thermodynamique	3,45 V
d.d.p. totale	7 V
Densité de courant	100 A.dm^{-2}
Consommation énergétique	10 kWh.kg^{-1}
Rendement faradique	0,80-0,90

À l'anode (en graphite), les ions chlorure sont oxydés en dichlore. Cependant la présence d'eau ou d'ions O^{2-} peut induire des réactions parasites comme l'oxydation de l'anode elle-même (formation de dioxyde et de monoxyde de carbone). Le gaz dichlore produit est utilisé après quelques transformations (filtration, lavage, séchage, liquéfaction) (*cf.* § 16.3.1.)

À la cathode (en acier ou cuivre), les ions sodium sont réduits en sodium métallique. Celui-ci est liquide et moins dense que le bain d'électrolyse, c'est donc le surnageant de $Na_{(l)}$ qui est régulièrement prélevé. Comme signalé plus haut, le chlorure de calcium est lui aussi électrolysé, et le calcium formé à la cathode « tombe » au fond de la cellule (car il est plus dense que le mélange).

Les compartiments anodique et cathodique sont séparés par un diaphragme (toile métallique, qui empêche la réaction entre sodium et dichlore, figure 16.5).

Le sodium produit contient des impuretés insolubles comme le calcium, des oxydes ou des chlorures entraînés par le flux de sodium. Celles-ci sont éliminées par filtration[1]. Certaines applications nécessitent d'abaisser la concentration en calcium à 10 ppm ou moins (par exemple, l'utilisation dans les réacteurs nucléaires ou les batteries sodium-soufre).

• *Utilisations*

Le sodium est un réducteur puissant ($E^\circ_{(Na^+/Na)} = -2,71$ V).

Il a servi par le passé pour fabriquer le tétaéthylplomb, qui était utilisé comme additif anti-détonant pour les essences avec plomb.

Il est beaucoup utilisé en « chimie fine » :

- obtention de la triphénylphosphine (utilisée en chimie fine pour la synthèse de la vitamine A_2 par la réaction de Wittig) ;
- sous forme d'alcoolates et d'amidures, qui servent de bases en synthèse organique (médicaments, colorants, parfums, détergents…) ;
- sous forme de borohydrure de sodium (qui est le réducteur par excellence dans les solvants protiques) ;
- pour la fabrication de l'azoture de sodium, que contiennent les airbags des voitures (par choc et élévation de la température, l'azoture de sodium NaN_3 se transforme en diazote et sodium).

1. En fait, seul le calcium n'est pas complètement absent du sodium purifié (teneur ≈ 300 ppm).

Le développement des véhicules électriques a conduit à l'élaboration de batteries sodium-soufre. Les anodes sont en sodium liquide et les cathodes en soufre liquide. L'électrolyte est solide, il contient de l'alumine, de l'aluminate de sodium. La température de fonctionnement est élevée (300 °C) ; il y a formation de sulfures de sodium.

Le sodium possède une très forte conductivité thermique à température ambiante (134 $W.m^{-1}.K^{-1}$ contre 71 pour Li et 96 pour K). Il est donc utilisé comme fluide caloporteur dans les surgénérateurs des centrales nucléaires (type Phénix ou SuperPhénix).

c) Lithium

• Production

Le carbonate de lithium est extrait de minerais (surtout ferromagnésiens) dont la teneur en lithium varie de 1,4 % à 4,2 %. Le carbonate, après purification est transformé en chlorure. C'est le chlorure de lithium qui est électrolysé en milieu fondu.

Le protocole fait apparaître deux étapes :

Étape 1 : La purification du carbonate de lithium est nécessaire pour éliminer les impuretés qui resteraient après l'électrolyse (calcium, magnésium, sodium, sulfate). L'ajout de dioxyde de carbone à une suspension de carbonate de lithium, conduit à la précipitation de $NaHCO_3$. Il y a ensuite filtration, puis un chauffage à 90 °C induit une décomposition thermique et la précipitation du lithium sous forme de carbonate Li_2CO_3. Les cristaux ainsi purifiés sont mis en présence d'acide chlorhydrique. Le chlorure de lithium LiCl obtenu est essoré et séché[1].

Étape 2 : L'électrolyse est du même type que celle pour l'obtention du sodium (tableau 16.6). Le lithium est électrolysé en milieu fondu de composition : LiCl 50 % – KCl 50 %. C'est un mélange proche d'une composition eutectique, avec un point de fusion de 360 °C. La température de travail est alors abaissée par rapport à celle d'un bain de LiCl fondu (T_f = 614 °C). Mais ce mélange présente aussi l'avantage d'être moins corrosif que LiCl seul. Les cellules sont semblables à celles utilisées pour le sodium : les anodes sont en carbone et les cathodes en acier. Les compartiments anodiques et cathodiques sont séparés par un diaphragme en acier. Lithium et dichlore sont récupérés en haut de la cellule ; la pureté en lithium est proche de 99 %.

Tableau 16.6 – Conditions opératoires d'une cellule d'électrolyse pour produire du lithium (source *Actualité Chimique* n° 1, janv.-févr. 1992).

Tension thermodynamique	3,6 V
d.d.p. totale	6,8 V
Intensité de courant	14 200 A
Consommation énergétique	≈ 36 $kWh.kg^{-1}$
Rendement faradique	0,80

1. Une étape de séchage juste avant l'électrolyse est souvent nécessaire car ce sel est très hygroscopique.

- Utilisations

Le lithium est le plus électropositif de tous les métaux ($E^{\circ}_{(Li^+/Li)}$ = – 3,03 V). Même s'il peut avoir les mêmes utilisations en chimie que le sodium, le coût plus élevé du lithium rend son utilisation moindre. Il sert à la fabrication du butyllithium (par réaction du chlorure de butyle avec le lithium en dispersion dans l'hydrocarbure), qui est notamment utilisé comme initiateur de polymérisation anionique (butadiène, isoprène…).

Le lithium est aussi présent dans des alliages avec l'aluminium car il induit une baisse de densité et une augmentation de rigidité. Il est aussi présent dans des piles ou des batteries (grâce notamment à sa faible densité, la plus faible des métaux réducteurs). C'est un matériau anodique associé ou non avec de l'aluminium, du bore, du magnésium. Les piles au lithium peuvent être utilisées sur une gamme thermique d'environ 120 °C (plus précisément de – 50 à + 70 °C). Elles ont un faible taux d'autodécharge, et une forte densité d'énergie (de 70 à 160 $Wh.kg^{-1}$). L'utilisation des batteries au lithium s'est désormais généralisée dans le domaine de la téléphonie mobile.

d) Magnésium

- Production

Les ions magnésium, issus de saumures ou d'eau de mer, sont précipités en milieu basique sous forme d'hydroxyde. Celui-ci est filtré et transformé en chlorure de magnésium hydraté par ajout d'acide chlorhydrique. Ce chlorure de magnésium est déshydraté. C'est, en effet, le chlorure de magnésium anhydre qui sert de matériau de départ (il contient moins de 1 % d'eau). L'eau excédentaire peut être éliminée par évaporation au moment du chargement de la cellule ou par électrolyse.

L'électrolyse du chlorure de magnésium anhydre a lieu entre 700 et 800 °C. Le bain de sels fondus est constitué de : $MgCl_2$ (20-30 %) ; NaCl (50-60 %) ; $CaCl_2$ (≈ 15 %).

Sur les anodes, en carbone graphite, il y a formation de dichlore et sur les cathodes, en acier, il a formation du magnésium. Les deux produits sont collectés en haut de cellule (type Dow, tableau 16.7).

Tableau 16.7 – **Conditions opératoires dans une cellule d'électrolyse pour obtenir du magnésium (cellule Dow Chemical Company).**

Tension thermodynamique	2,5 V
d.d.p. totale	6 à 7 V
Densité de courant	Anode 500 à 1 000 $A.dm^{-2}$ Cathode 100 $A.dm^{-2}$
Consommation énergétique	≈ 17 à 20 $kWh.kg^{-1}$
Rendement faradique	0,75 à 0,80 (suivant teneur en eau de $MgCl_2$)

Il est aussi possible d'obtenir le magnésium par pyrométallurgie, il s'agit de la réduction du magnésium(II) par le silicium.

• Utilisations

Le métal est utilisé en alliage avec l'aluminium et pour la désulfurisation de l'acier. Il sert en chimie pour la préparation des organomagnésiens. Il intervient en pyrométallurgie, pour réaliser des réductions par magnésiothermie (obtention du zirconium, titane, uranium…). Il est un composant important dans les transports (aéronautique, automobile, train). Il peut être utilisé comme anode sacrificielle ou dans des piles.

16.2 Purification des métaux par électrolyse, protection contre la corrosion

16.2.1 Raffinage électrolytique ou procédé électrométallurgique à anode soluble

Les métaux qui peuvent constituer une anode soluble et dont l'électrodéposition peut être réalisée en milieu aqueux se prêtent au raffinage électrolytique aqueux : c'est le cas du cuivre, de l'argent, du zinc, du manganèse, du nickel, de l'or, du plomb. Les impuretés du métal plus difficilement oxydables (*i.e.* plus nobles) que le métal se déposent sous forme de boues anodiques. Il reste alors les impuretés moins nobles, qui sont oxydées en même temps que le métal. Elles se dissolvent et les conditions opératoires font qu'elles ne se redéposent pas à la cathode.

a) Raffinage du cuivre

On utilise une pièce de métal comme anode en la portant au potentiel (figure 16.6) : les impuretés métalliques plus nobles que le cuivre, comme l'argent, l'or, le platine, ne sont pas oxydées et tombent au fond de la cuve lorsque tout le cuivre de l'anode est consommé. En revanche les impuretés moins nobles, comme le nickel, le manganèse et le fer sont forcément oxydées. Pour déposer le cuivre pur sur la cathode, il faut alors éviter d'y déposer aussi les impuretés dissoutes. Ceci peut être réalisé si l'on impose une très faible d.d.p. entre anode et cathode ($E_a - E_c \approx 0{,}1$ V).

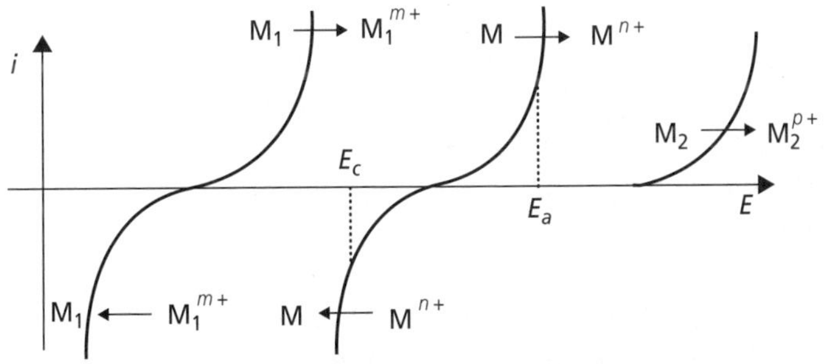

Figure 16.6 Raffinage électrolytique du cuivre : courbes $i = f(E)$ M_1 = Ni ; M = Cu ; M_2 = Ag.

On peut aussi choisir convenablement l'électrolyte afin qu'il forme avec les impuretés dissoutes des composés peu solubles (élimination du bismuth, de l'antimoine, de l'arsenic). Dans le cas du cuivre, il s'agit d'une solution d'acide sulfurique (180-200 g.L^{-1}) et de sulfate cuivrique (40-45 g.L^{-1}).

b) Raffinage de l'aluminium

L'aluminium produit par électrolyse a une pureté entre 99,4 et 99,9 %. Cependant pour certaines applications (fabrication de condensateurs électriques), il est nécessaire de le raffiner. Il existe deux procédés : l'électrolyse à anode soluble ou la cristallisation fractionnée. Nous allons rapidement décrire le premier procédé (figure 16.7).

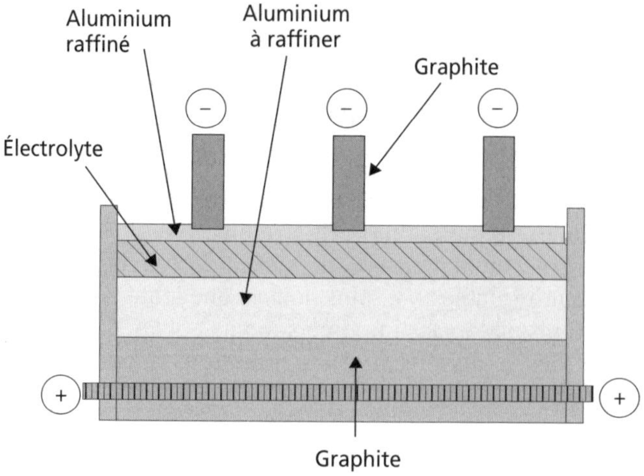

Figure 16.7 Schéma d'une cellule pour le raffinage de l'aluminium.

Le dépôt électrolytique de l'aluminium se fait à l'état liquide (sel fondu), à une température supérieure à 660 °C. Le bain électrolytique et les deux électrodes liquides (Al impur et Al raffiné) forment trois couches horizontales superposées. Il faut alors ajuster les conditions opératoires de telle sorte que la masse volumique de l'électrolyte soit intermédiaire entre celles des deux électrodes.

La température est fixée à 720 °C, ainsi la cathode d'aluminium pur se trouve au-dessus de l'électrolyte. En effet à cette température, la masse volumique de l'aluminium pur est 2,4 g.cm^{-3} ; celle de l'électrolyte, constitué de $BaCl_2$ (60 %) – NaF (24 %) – AlF_3 (6 %), est 2,7 g.cm^{-3}. L'anode doit être la plus dense des trois matériaux. On utilise un alliage Al (67 %) – Cu (33 %), qui fond à 548 °C et dont la masse volumique à 720 °C est 3,2 g.cm^{-3}. L'aluminium cathodique est pur à 99,99 % en masse. Le raffinage consiste ici en un transfert du métal de l'anode impure à la cathode pure.

16.2.2 Protection contre la corrosion : exemple du nickelage par électrolyse

L'électrodéposition du nickel ne peut, *a priori*, avoir lieu sans compétition avec la réduction de l'eau. En effet, le potentiel standard associé au couple Ni^{2+}/Ni étant de – 0,25 V, il est inférieur à celui du couple H^+/H_2 (à pH = 0). Il faut donc s'affranchir au mieux du dégagement de dihydrogène qui constitue un surcoût énergétique et qui fragilise le dépôt.

Le pH de la solution électrolytique est alors déterminant car il joue sur la cinétique de réduction de l'eau (c'est aussi le cas de la température). On peut voir que la réduction de l'eau se fait à des potentiels d'autant plus bas que le pH est élevé (plus le pH est élevé, plus le potentiel thermodynamique diminue et plus la surtension est grande). Mais il faut veiller à ne pas dépasser des valeurs de pH de l'ordre de 4-5 afin d'éviter la précipitation d'hydroxyde de nickel(II), qui se dépose alors avec le métal (figure 16.8).

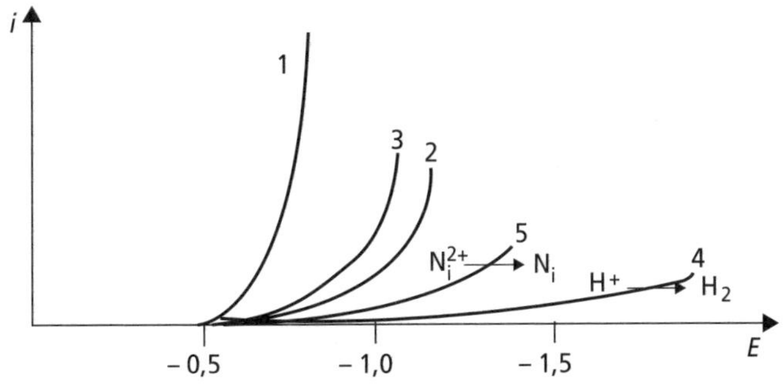

Figure 16.8 **Influence du pH sur le dépôt de nickel métallique.**
1) pH = 1,2 absence d'ions nickel. 2) pH = 1,5 absence d'ions nickel. 3) pH = 1,5 en présence d'ions nickel. 4) pH = 3,5 absence d'ions nickel. 5) pH =3,5 en présence d'ions nickel.

À l'anode, on observe un dégagement gazeux, qui correspond à l'oxydation de l'eau en dioxygène.

Cette méthode permet de préparer du nickel métallique pur à 99,99 % ; elle permet également de déposer une couche métallique protectrice (nickelage).

Remarque

Le nickelage peut aussi se faire par voie chimique. Le dépôt de nickel sur les pièces à protéger se fait dans des bains contenant des ions nickel(II) et un réducteur (hypophosphite de sodium, borohydrure de sodium). La température est voisine de 90-100 °C, et le pH est maintenu autour de 4,5.

16.3 Synthèse de composés non métalliques

16.3.1 Procédé chlore/soude

a) Présentation générale

La production du dichlore et de la soude se fait par électrolyse de solutions aqueuses de chlorure de sodium (saumures).

Le dichlore est utilisé comme matière première pour la synthèse de l'acide chlorhydrique, du dibrome ou du polychlorure de vinyle. Industriellement il sert pour le blanchiment de la pâte à papier ou la destruction de germes dans l'eau.

Les éléments métalliques des saumures, qui pourraient gêner l'électrolyse, sont préalablement éliminés soit par précipitation (sous forme d'hydroxydes, sulfates, carbonates), soit par traitement sur des résines échangeuses d'ions. Ainsi l'élimination du calcium et du fer permet d'éviter la formation d'amalgames plus visqueux et moins stables que celui de sodium. L'élimination du nickel, du chrome, du vanadium permet d'augmenter la surtension de dégagement du dihydrogène. D'autre part les éventuels hydroxydes métalliques formés, si les impuretés n'étaient pas éliminées, pourraient obturer les diaphragmes.

À l'anode, d'une manière générale, les ions chlorure sont oxydés en dichlore :

$$2\,Cl^- \rightarrow Cl_2 + 2\,e^-$$

L'oxydation de l'eau en dioxygène entre en compétition, car cette réaction est thermodynamiquement plus favorable. Le potentiel dépend du pH ; dans les conditions usuelles, on a :

$$2\,H_2O \rightarrow O_2 + 4\,H^+ + 4\,e^- \;;\; E_{eq} = 0{,}99\text{ V à pH} = 4 \;;\; p(O_2) = 1\text{ bar}$$

Cependant l'oxydation de l'eau est lente. La nature du matériau anodique contrôle sévèrement la cinétique : il faut pouvoir minimiser la surtension correspondant à la réaction d'oxydation des ions chlorure et, maximiser celle correspondant au dégagement de dioxygène. C'est pourquoi les anodes en graphite tendent à être remplacées par des anodes de type « DSA »® (*Dimensionally Stable Anodes*®) : l'électrode a une structure en titane, recouverte d'un revêtement conducteur et stable (chimiquement, mécaniquement, thermiquement, électrochimiquement). Elle possède des propriétés électrocatalytiques qui minimisent la surtension de dégagement de dichlore. En effet le revêtement contient un catalyseur de la réaction à réaliser (métal, oxydes – RuO_2, TiO_2 –, céramique) ainsi qu'un stabilisateur (assurant une bonne adhérence) et des agents dopants (comme promoteurs catalytiques). Par rapport aux anodes de graphite, elles ont permis d'améliorer le rendement énergétique et d'obtenir des produits plus purs. Ainsi pour la production du dichlore, la d.d.p. a été diminuée de 30 % et la densité de courant augmentée de 50 %. Leur durée de vie est considérablement plus longue que celle des anodes en graphite (usure de 2 à 3 kg de C par tonne de dichlore)[1].

À la cathode les réactions varient suivant la nature du matériau de l'électrode :

Sur une cathode en fer ou en acier (*cf.* procédé à diaphragme ou cellule à membrane), il y a réduction de l'eau en dihydrogène avec production d'ions hydroxydes :

$$2\,H_2O + 2\,e^- \rightarrow H_2 + 2\,HO^- \;;\; E_{eq} = -\,0{,}84\text{ V à pH} = 14$$

La cellule possède alors une tension thermodynamique (en circuit ouvert) égale à 2,15 V.

Sur une cathode de mercure, il y a réduction des ions sodium par formation d'un amalgame de sodium $Na_{(Hg)}$.

$$Na^+ + Hg + e^- \rightarrow NaHg \;;\; E_{eq} = -\,1{,}85\text{ V}$$

Il n'y a pas réduction de l'eau en dihydrogène car la surtension de cette réaction est très élevée sur mercure. La tension de la cellule en circuit ouvert est alors nettement plus élevée que précédemment (3,16 V).

1. Pour plus d'informations, voir *Actualité Chimique*, n° 1, janv.-févr. 1992.

Le dichlore produit peut se dismuter si les conditions de pH ne sont pas assez acides (par exemple s'il y a migration des ions HO^- du compartiment cathodique vers le compartiment anodique). Par réaction avec l'eau en milieu basique, l'ion hypochlorite (ClO^-) et des ions chlorure seront alors générés.

$$Cl_2 + 2\ H_O^- \rightarrow ClO^- + Cl^- + H_2O$$

Pour éviter la disparition du chlore, il faut éviter que les ions hydroxyde n'atteignent l'anode. Ainsi les cellules à diaphragme empêchent la diffusion des ions HO^- et les cellules à membrane sélective en interdisent la migration. Si la cathode est en mercure, la formation des ions hydroxyde n'a pas lieu dans l'électrolyseur.

Ainsi trois procédés sont classiquement utilisés :

- le procédé à cellule à diaphragme ;
- celui à cellule à cathode de mercure ;
- le procédé à cellule à membrane.

b) Procédé à cellule à diaphragme

• Principe

Les courbes intensité-potentiel associées à ce procédé sont tracées sur la figure 16.9. Les compartiments anodique et cathodique sont séparés par un diaphragme en amiante (figure 16.10). Des polymères peuvent être ajoutés au diaphragme afin de le renforcer. L'amiante étant un matériau poreux, la solution de chlorure de sodium est introduite à l'anode et l'écoulement forcé se fait du compartiment anodique vers le cathodique. Mais le diaphragme sert de barrière physique et empêche la diffusion des ions hydroxyde dans le sens cathode vers anode. Cependant la migration sous l'effet du champ électrique n'est pas annulée. Ainsi quelques ions sodium et ions chlorure (contre-ions) migrent de l'anode vers la cathode, conduisant à la production de soude impure et peu concentrée (de par la présence de chlorure de sodium).

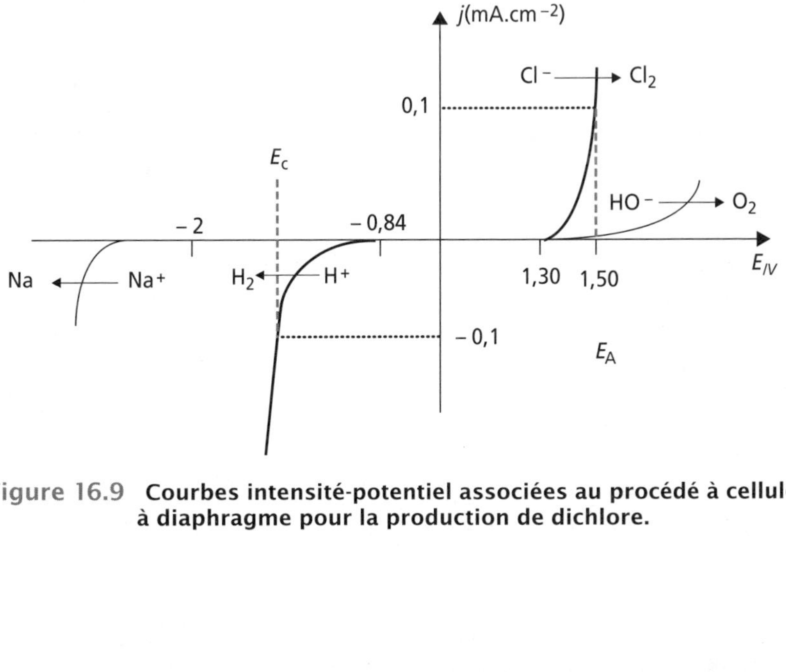

Figure 16.9 Courbes intensité-potentiel associées au procédé à cellule à diaphragme pour la production de dichlore.

Si la concentration en ions hydroxyde devient trop importante à la cathode, il y a diffusion vers l'anode. Le pH anodique augmente alors et provoque deux effets néfastes :

- risque de dismutation du dichlore ;
- diminution du potentiel thermodynamique et de la surtension de dégagement du dioxygène (qui contamine alors Cl_2 formé).

• Produits formés et applications

La principale application concerne la soude caustique (à 12 %) à teneur élevée en chlorure de sodium : dilution de la soude et utilisation telle quelle ou concentration par évaporation de l'eau. Une purification par cristallisation du chlorure de sodium (refroidissement) peut être jugée nécessaire. Malgré cela, la teneur en chlorure de sodium est forte (1,3 %), et le caractère corrosif des ions rend ce type de soude difficile à valoriser.

Tableau 16.8 – **Conditions opératoires d'une cellule à diaphragme pour la production de dichlore (source *Actualité Chimique* n° 1, janv.-févr. 1992).**

Tension thermodynamique	2,15 V
Surtension anodique	0,03 V
Surtension cathodique	0,30 V
Chute ohmique (électrolyte)	0,27 V
Chute ohmique (électrodes)	0,27 V
Chute ohmique (séparateur)	0,46 V
d.d.p. totale	3,48 V
Intensité débitée*	120 kA
Production*	3,5 tonnes Cl_2 par jour

* Cellule MDC 55 Oxytech Systems, 17 grilles d'acier (cathode), 18 paires anodes DSA, diaphragme amiante.

c) Procédé à cellule à membrane

Les courbes intensité-potentiel associées à ce procédé sont identiques à celles du procédé diaphragme (cf. figure 16.9). Le schéma de principe est également similaire (figure 16.10).

• *Principe*

Le séparateur entre compartiment anodique et cathodique est une membrane échangeuse de cations. En principe, seule la migration des cations hydratés est possible, les autres électrolytes ne peuvent que diffuser. Cependant la membrane ne peut pas strictement et rigoureusement arrêter la migration des ions hydroxyde de la cathode vers l'anode. Il faut donc que la nature de la membrane la rende la plus sélective possible vis-à-vis des ions HO^-. Comme dit précédemment, l'apparition d'ions hydroxyde à l'anode provoque une baisse du rendement faradique par formation d'hypochlorite et dégrade la pureté du dichlore (production de dioxygène). Deux autres qualités sont requises pour la membrane : une faible résistance électrique et une bonne stabilité chimique.

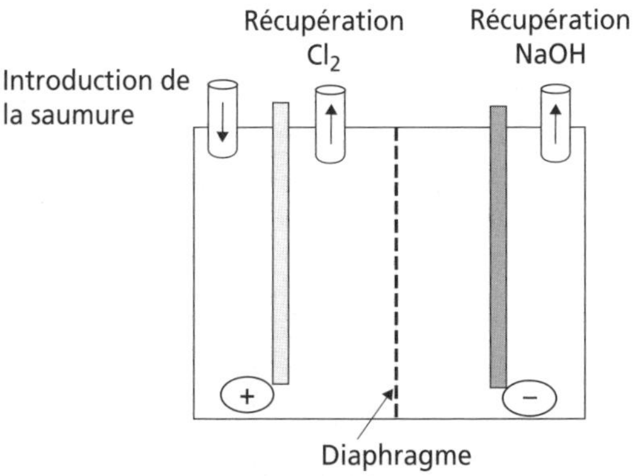

Figure 16.10 **Schéma d'une cellule à diaphragme pour la production de dichlore.**

Historiquement les premières membranes étaient de type Nafion® ou Flemion® : elles sont constituées d'un polymère perfluoré fonctionnalisé par des groupes sulfonates[1]. Ce sont les sites acides des pores de la membrane qui permettent le transport des cations. Ces membranes permettent le passage des ions sodium mais pas celui des ions chlorure ou hydroxyde (tableau 16.9).

Tableau 16.9 – **Conditions opératoires d'une cellule à membrane pour la production de dichlore (source *Actualité Chimique* n° 1, janv.-févr. 1992).**

Tension thermodynamique	2,15 V
Surtension anodique et cathodique	0,12 V
Chute ohmique (électrolyte)	0,23 V
Chute ohmique (électrodes)	0,05 V
Chute ohmique (séparateur)	0,50 V
d.d.p. totale	3,05 V
Densité de courant usuelles*	25-40 $A.dm^{-2}$
Production mondiale*	1,7 Mt NaOH par an

* Procédé Asahi Chemicals, membranes avec groupements COOH.

• Produits formés et applications

Les membranes « à sulfonate » permettent de produire de la soude à plus de 15 %. En revanche grâce aux membranes « à carboxylates », de la soude à 30-40 % est fabriquée.

Le pH du compartiment anodique est maintenu autour de 2-2,5.

C'est le procédé le plus utilisé actuellement (produits obtenus de plus grande pureté, coût moindre, problèmes de pollution limités).

1. Des membranes avec des groupes carboxylates existent également.

d) Procédé à cellule à cathode de mercure

Les courbes intensité-potentiel associées à ce procédé sont présentées sur la figure 16.11.

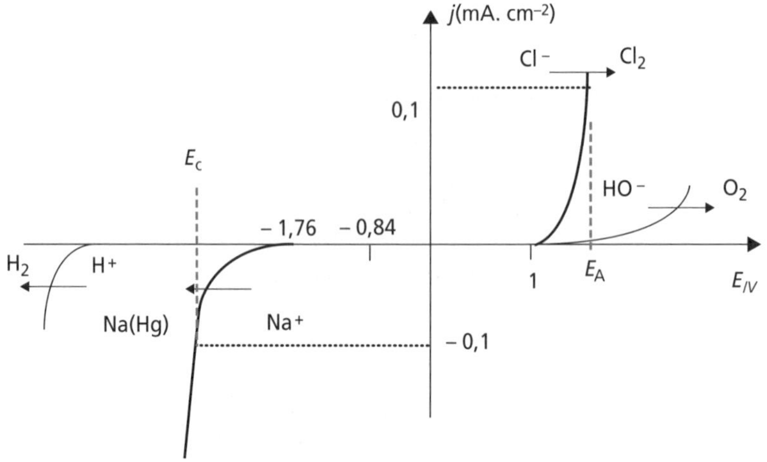

Figure 16.11 **Courbes intensité-potentiel associées au procédé à cathode de mercure.**

• Principe

Une cathode en mercure tapisse le fond de la cellule. Le changement de nature de la cathode par rapport aux cas précédents modifie les réactions mises en jeu à la réduction (figure 16.11). On n'observe plus la réduction des protons mais celle des ions sodium pour former un amalgame de mercure. La production de dichlore se fait toujours à l'anode. L'électrolyte est une solution de chlorure de sodium (25 à 35 %). Le pH est voisin de 4 (à pH acide, les ions hypochlorites ne sont pas formés).

Tableau 16.10 – **Conditions opératoires d'une cellule à cathode de mercure pour la production de dichlore (source *Actualité Chimique*, n° 1 janv.-févr. 1992).**

Tension thermodynamique	3,16 V
Surtension anodique (DSA)	0,20 V
Surtension cathodique (Hg)	0,05 V
Chute ohmique (électrolyte) Chute ohmique (électrodes) Chute ohmique (séparateur)	0,44 V 0,05 V –
d.d.p. totale	3,90 V
Intensité débitée*	185-315 kA
Production*	250 ktonnes Cl_2 par an

* Pour une usine possédant une centaine de cellules en série.

• *Produits formés et applications*

Le dichlore est récupéré au sommet des anodes (dégagement gazeux). L'amalgame cathodique est pompé hors de la cellule pour à la fois être décomposé et réagir avec de l'eau afin de produire de la soude :

$$2\ Na(Hg) + 2\ H_2O \rightarrow 2\ Na^+ + 2\ Hg + H_2 + 2\ HO^-$$

La soude produite titre environ 30 à 40 % comme dans le procédé précédent. Le mercure peut être recyclé. Le dihydrogène produit peut aussi être utilisé (tableau 16.10).

Toutefois des problèmes à la fois de coût et de protection de l'environnement (pollution par le mercure, exemple de la contamination de Minamata) font que ce procédé est de plus en plus délaissé au profit des procédés sur cathode en acier.

16.3.2 Hypochlorite, chlorate, perchlorate

a) Hypochlorite de sodium

• *Procédé*

L'hypochlorite de sodium est un oxydant comparable au dichlore mais moins dangereux à manipuler. Les équations ci-dessous montrent que, pour une concentration identique, une solution d'hypochlorite de sodium (eau de Javel) et une solution de chlore échangent le même nombre d'électrons :

$$2\ H^+ + 2\ e^- + ClO^- \rightarrow H_2O + Cl^-$$

$$Cl_2 + 2\ e^- \rightarrow Cl^-$$

Le pourcentage de chlore actif d'un litre d'une solution d'hypochlorite de sodium est la masse de chlore élémentaire équivalente ($g.L^{-1}$).

L'hypochlorite de sodium peut-être fabriqué selon deux voies (tableau 16.11) :

- comme sous-produit du procédé chlore-soude (par dismutation du dichlore en milieu basique) ;
- par électrolyse de solutions de chlorure de sodium.

C'est ce dernier procédé que nous décrirons. Dans le paragraphe précédent (procédé chlore-soude), nous avons décrit l'électrolyse de solutions de chlorure de sodium dans des conditions opératoires particulières (dégagement de dichlore à l'anode). Comme signalé plus haut, en modulant les conditions opératoires, il est possible d'obtenir, dans l'électrolyseur, la dismutation du dichlore en acide hypochloreux et en ions chlorure. L'acide hypochloreux est partiellement dissocié.

À l'anode (pH > 2-3 et anodes en graphite Pb/PbO_2, titane platiné ou DSA®) :

$$Cl^+ + H_2O \rightarrow HClO + Cl^- + H^+$$

$$HClO \rightleftharpoons ClO^- + H^+ \ ;\ pK_a = 7{,}53$$

La production d'acide hypochloreux diminue le pH au voisinage de l'anode. Afin de le maintenir supérieur à 2 ou 3, dans les cellules sans séparateur, l'électrolyte est brassé afin que les ions hydroxyde produits à la cathode viennent neutraliser l'acidité au voisinage de l'anode.

À la cathode (acier, nickel, titane) :

$$2\,H_2O + 2\,e^- \rightarrow H_2 + 2\,HO^-$$

Plusieurs réactions parasites existent et diminuent d'autant le rendement faradique :

- réduction des ions hypochlorite et chlorure à la cathode (1) ;
- oxydation des ions hypochlorite en chlorate (2) ;
- dégagement de dioxygène à l'anode (3) ;
- formation d'ions chlorure et chlorate par réactions acide-base entre l'acide hypochloreux et les ions hypochlorite (4).

Les réactions (1) et (2) sont favorisées si on élève la température, si on concentre les ions hypochlorite et si la vitesse d'écoulement augmente. La réaction (4) est également favorisée à température « élevée » et si le pH est inférieur à 7. La réaction (3) est favorisée à très basse température et pour des solutions très diluées.

En conséquence les conditions opératoires imposent une température entre 25 et 40 °C et pH > 7 (tableau 16.11). Les solutions d'hypochlorite produites sont diluées (teneur en chlore < 10 $g.L^{-1}$).

Tableau 16.11 – Exemple de solutions d'hypochlorite obtenues à partir de différentes solutions.

	Électrolyse de l'eau de mer	Électrolyse de saumures
Teneur en NaCl ($g.L^{-1}$)	15-30	> 30
Solution produite de NaClO (g de « chlore ».L^{-1})	1-3	8-10
Rendement faradique	≈ 0,85	< 0,65
Consommation énergétique $kWh.kg^{-1}$ de « chlore »	3,3 à 4,1	4,5 à 5

- *Utilisations*

L'hypochlorite de sodium est utilisé comme oxydant pour le traitement des eaux (stérilisation en industrie alimentaire ou pour les piscines, traitement des eaux usées[1]) ainsi qu'en chimie finie. Il est parfois utilisé comme agent de blanchiment pour le textile et la pâte à papier (c'est toutefois l'oxyde de chlore ClO_2, produit à partir du chlorate, qui a ces usages, cf. § 16.3.2.b).

1. Les propriétés désinfectantes sont plus liées à l'action de l'acide hypochloreux qui est un agent bactéricide (100 fois plus efficace que l'ion hypochlorite).

b) Chlorate de sodium

- *Procédé*

Il se fabrique à partir du chlorure de sodium selon :

$$Cl^- + 3\ H_2O \rightarrow ClO_3^- + 3\ H_2$$

Les cellules n'ont pas de séparateur.

Le mécanisme est complexe et se fait en plusieurs étapes.

À l'anode (DSA®, ou titane platiné), il y a oxydation des ions chlorure en dichlore :

$$2\ Cl^- \rightarrow Cl_2 + 2\ e^-$$

Celui-ci ne se dégage pas, car il se forme des ions hypochlorite et de l'acide hypochloreux :

$$Cl_2 + H_2O \rightarrow HClO + Cl^- + H^+$$

$$HClO \rightleftharpoons ClO^- + H^+ \ ;\ pK_a = 7{,}53$$

À la cathode (le plus souvent en acier), il y a réduction de l'eau.

$$2\ H_2O + 2\ e^- \rightarrow H_2 + 2\ HO^-$$

Afin d'éviter la réduction des ions hypochlorite et chlorate, du dichromate de potassium est ajouté à l'électrolyte. La diffusion des anions vers la surface de la cathode est alors empêchée par un film poreux d'hydroxyde de chrome (tableau 16.12).

Les ions chlorate sont alors produits selon deux processus :

- Dismutation de l'ion hypochlorite, à température élevée, avec maintien rigoureux du pH entre 6,1 et 6,6 (il faut $pH \geqslant 6$ pour la dismutation du dichlore, et $pH < 7$ pour celle de l'hypochlorite). L'ajustement du pH se fait par ajouts d'acide chlorhydrique :

$$2\ HClO + ClO^- \rightarrow ClO_3^- + 2\ H^+ + 2\ Cl^-$$

Tableau 16.12 – **Conditions opératoires d'une cellule pour l'obtention de chlorate de sodium (source *Actualité Chimique* n° 1, janv.-févr. 1992).**

Tension thermodynamique	1,67 V
Surtension anodique	0,03 V
Surtension cathodique	0,84 V
Chute ohmique (électrolyte)	0,13 V
Chute ohmique (électrodes)	0,08 V
d.d.p. totale	2,75 V
Intensité débitée	100 kA
Production*	25 kt Cl_2 par an

* Pour une cellule industrielle de type LCD Mk-II, Occidental Chemical Corporation.

Cette conversion des ions hypochlorite en chlorate se fait souvent à l'extérieur de la cellule (brassage par réinjection du dihydrogène produit à la cathode).

- Oxydation des ions hypochlorite en chlorate par voie électrochimique :

$$2\ H_2O + ClO^- \rightarrow ClO_3^- + 4\ H^+ + 4\ e^-$$

Le chlorate de sodium est récupéré par cristallisation.

- *Utilisation*

Le chlorate de potassium $KClO_3$ permet la fabrication des allumettes (il joue le rôle de comburant).

Le chlorate de sodium $NaClO_3$ est utilisé comme oxydant en chimie organique industrielle fine (pharmacie). C'est également un herbicide courant. Il sert à la fabrication du dioxyde de chlore pour l'industrie papetière et du chlorite de sodium $NaClO_2$ (agent de blanchiment pour textiles, oxydant pour le traitement des eaux). C'est aussi la source principale de production des perchlorate et chlorate (allumettes, explosifs, pyrotechnie).

c) Perchlorate de sodium

- *Procédé*

Il s'agit de l'oxydation électrochimique d'une solution de chlorate de sodium. Le sel de sodium peut être converti en sels de potassium, ammonium ou en acide perchlorique par réaction avec du chlorure de potassium, du chlorure d'ammonium ou de l'acide chlorhydrique :

$$ClO_3^- + H_2O \rightarrow ClO_4^- + 2\ H^+ + 2\ e^-$$

Les cathodes sont en acier, nickel ou bronze et les anodes en platine poli (rendement faradique 0,95-0,97) ou en plomb/dioxyde de plomb (rendement faradique 0,85). Les cellules n'ont pas de séparateur. Les anions chlorate et perchlorate peuvent diffuser de l'anode vers la cathode et y subir une réduction. L'ajout de dichromate de sodium permet d'éviter ce phénomène.

Les conditions opératoires sont les suivantes :

- T = 35-45 °C ;
- d.d.p. = 5-6,5 V ;
- densité de courant = 15-50 $A.dm^{-2}$;
- énergie massique consommée = 2,5-3 $kWh.kg^{-1}$.

- *Utilisation*

Les ions perchlorate et l'acide perchlorique sont de forts oxydants. Les perchlorates peuvent être utilisés purs ou mélangés pour fabriquer des explosifs (comburants de fusées, autopropulsion d'engins militaires, pyrotechnie). Les sels de lithium sont aussi utilisés dans des piles boutons.

16.3.3 Électrolyse de l'eau

a) Présentation générale

Ce procédé permet la production de gaz dihydrogène et dioxygène (celui-ci est considéré comme sous-produit) selon la réaction :

$$2\ H_2O \rightarrow O_2 + 2\ H_2\ ;\ U\ (298\ K) = 1{,}23\ V$$

Le dihydrogène produit est d'une grande pureté (99,995 %) contrairement à celui obtenu par reformage du gaz naturel ou oxydation de coupes pétrolières. Il permet de réaliser l'hydrogénation de matières grasses alimentaires (fabrication de la margarine), est utilisé dans l'industrie des semi-conducteurs (frittage en atmosphère non oxydante de poudres métalliques), mais aussi pour la propulsion des fusées (hydrogène très pur pour la fusée Ariane). Dans un futur plus ou moins proche, l'utilisation du dihydrogène dans des piles à combustibles pourrait être envisagée dans le cas d'une politique de développement durable.

b) Données quantitatives

La tension en circuit ouvert associée à la réaction décrite ci-dessus ne dépend pas du pH, mais de la température. Elle a été évaluée en considérant que la pression partielle des gaz est de 1 bar.

Les conditions de l'électrolyse et en particulier la présence d'un électrolyte modifient cette valeur de potentiel[1]. Par exmple, si l'électrolyte est de la soude à 20 % en masse, que la température est de 80 °C, alors les calculs montrent que le potentiel de décomposition de l'eau est de 1,146 V.

Cependant, ne serait-ce qu'en laboratoire, on s'aperçoit rapidement qu'imposer une tension de l'ordre de 1,23 V ne suffit pas à réaliser l'électrolyse de l'eau.

Examinons alors les réactions à l'anode et à la cathode :

$$2\ H_2O + 2e^- \rightarrow H_{2(g)} + 2\ HO^- \qquad \text{(cathode)}$$

Le couple H_2O/H_2 est rapide sur platine platiné ou palladium palladié. De telles électrodes, de par leur coût, ne sont pas utilisables industriellement. Or la cinétique de dégagement du dihydrogène est lente sur toute autre électrode métallique. Les premières électrodes utilisées étaient en acier. Elles sont désormais supplantées par des cathodes recouvertes d'alliages de nickel très divisé (plus efficaces car minimisant mieux la surtension).

$$2\ HO^- + 2e^- \rightarrow \frac{1}{2}O_{2(g)} + H_2O + 2e^- \qquad \text{(anode)}$$

Le couple O_2/HO^- est lent sur la plupart des métaux. Des anodes en nickel ou en acier nickelé sont utilisées.

Lors de l'électrolyse, il existe donc des termes de surtensions anodiques et cathodiques non négligeables, et le choix des matériaux d'électrodes s'avère crucial.

c) Procédé industriel

L'électrolyte utilisé est souvent basique plutôt qu'acide (on évite ainsi des problèmes de corrosion). Par exemple, on peut trouver des potasse de 20 à 40 % en poids. La température est généralement élevée (> 70 °C), afin de diminuer les surtensions. L'eau utilisée est purifiée par filtration sur charbon actif et déminéralisation totale sur résines échangeuses d'ions ; les ions chlorure sont notamment éliminés (afin de minimiser le risque de production de dichlore). Le diaphragme le plus courant est en amiante (chrysolite).

1. Il faut notamment tenir compte de la pression de vapeur de l'eau produite et du fait que l'activité de l'eau liquide n'est plus égale à 1.

On peut minimiser la chute ohmique, en diminuant la taille des bulles de gaz produits. Il faut alors augmenter la température et travailler sous pression (30 bar). De telles cellules existent dans des sous-marins nucléaires. D'autres cellules compactes et légères sont mises au point : cellule type SPE (*Solid Polymer Electrolyte*) : l'électrolyte est une membrane de Nafion®, perméable aux cations ; sur une face est plaquée l'anode et sur l'autre la cathode (tableau 16.13).

Tableau 16.13 – **Conditions opératoires d'une cellule d'électrolyse de l'eau (source *Actualité Chimique* n° 1, janv.-févr. 1992).**

Tension thermodynamique	1,146 V
Surtension anodique **Surtension cathodique**	0,35 V 0,47 V
Chute ohmique (électrolyte soude à 20 %) **Chute ohmique (électrodes acier nickelé)** **Chute ohmique (diaphragme amiante 3 mm)** **Chute ohmique (bulles)**	0,098 V 0,03 V 0,017 V 0,1 V
d.d.p. totale	2,21 V
Densité du courant	5 $A.dm^{-2}$
Consommation énergétique	3-5 $kWh.m^{-3}$

L'eau lourde, utilisée comme modérateur de la vitesse des neutrons ou comme fluide caloporteur dans des réacteurs nucléaires, peut aussi être produite par électrolyse.

L'électrolyse de l'eau est cependant un moyen coûteux de produire du dihydrogène. Celui-ci est principalement fabriqué par reformage du gaz naturel (réduction de l'eau par le méthane), pyrolyse du charbon (production de coke avec dégagement de gaz 60 % H_2 et 25 % CH_4), gazéification du charbon (C + H_2O à 1 000 °C produisant CO et H_2). Une étape de purification est nécessaire (adsorption des impuretés sur charbon actif).

16.3.4 Fabrication du permanganate de potassium

• *Procédés*

Il existe deux procédés : chimique et électrochimique. La première étape, dans les deux cas, est l'oxydation du minerai MnO_2 (pyrolusite) en manganate de potassium (K_2MnO_4) (oxydation par le dioxygène, en présence de potasse).

La voie chimique consiste soit à oxyder le manganate en permanganate ($KMnO_4$) par le dichlore, soit à réaliser la dismutation du manganate en ion manganèse et ion permanganate. Le coût de la potasse est élevé ce qui rend la voie électrochimique préférable (moindre consommation de KOH).

Dans le procédé électrochimique, l'électrolyse de solution de manganate de sodium a lieu en présence de potasse :

- à l'anode (en fer – on évite ainsi la corrosion en milieu basique – ou acier recouvert de nickel) : oxydation des ions MnO_4^{2-} en MnO_4^- ;

- à la cathode (en fer avec gaine de PVC) : réduction de l'eau en dihydrogène.

- *Utilisations*

Le permanganate de potassium est un oxydant et un désinfectant. Il peut être utilisé en chimie fine, pour le traitement des eaux, comme antidote aux empoisonnements au phosphore, comme désinfectant pour l'hygiène corporelle (solutions diluées).

16.3.5 Synthèse électrochimique du difluor

- *Procédés*

Le fluor est l'élément le plus électronégatif (χ_m, échelle de Pauling[1]). À l'état naturel, il se trouve sous forme, par exemple, de fluorine (fluorure de calcium, CaF_2). L'oxydation chimique étant quasi impossible, le difluor est produit par électrolyse ignée. Il s'agit d'une oxydation anodique du fluorure d'hydrogène. Celui-ci est produit à partir de la fluorine, par ajout d'acide sulfurique :

$$CaF_2 + H_2SO_4 \xrightarrow{T=300\ °C} CaSO_4 + 2\ HF$$

La présence de silice doit être évitée car elle consomme de l'acide fluorhydrique (production de SiF_4, H_2SiF_6). L'acide sulfurique est concentré (98 %, oleum), car il permet aussi de dessécher le milieu et de produire du HF anhydre. Le sel de Frémy KHF_2 (produit par ajout de potasse ou de carbonate de calcium sur HF) est aussi une matière première possible pour la production du difluor.

HF étant peu conducteur (c'est un acide faible), l'ajout d'un sel de fluorure permet de rendre le mélange suffisamment conducteur pour réaliser l'électrolyse. Ainsi l'électrolyte fondu est constitué du mélange (KF-2HF). Il y a environ deux fois plus de fluorure d'hydrogène dans le bain que de fluorure de potassium (la température de fusion est de 75 °C). Aux anodes de carbone, il y a oxydation du fluorure en difluor. En fait, le mécanisme est plus complexe car à la surface de l'anode se forment des fluorures de carbone (du fait de la surtension anodique élevée de dégagement du difluor). Il a été montré que l'ajout de fluorure de lithium permettait d'abaisser cette surtension grâce à la formation de fluorure de carbone et de lithium (CF_xLi_y) Celui-ci est en effet est plus conducteur que CF_x. Aucun autre matériau n'a pu être utilisé comme anode, car il y a soit passivation, soit corrosion ou même destruction.

À la cathode, en acier, les protons sont réduits en dihydrogène. L'acier, porté à un potentiel négatif, n'est pas oxydé dans les conditions d'électrolyse. La température est de 90 à 110 °C.

Les compartiments anodique et cathodique sont séparés par des diaphragmes. Les anodes et cathodes sont beaucoup plus espacées que dans les autres procédés[2]. La chute ohmique est alors élevée et le rendement énergétique est faible, proche de 30 % (tableau 16.14).

1. Linus Carl Pauling (1901-1994) chimiste américain, prix Nobel de chimie 1954 – prix Nobel de la Paix 1962.
2. En effet, il faut éviter absolument les recombinaisons de dihydrogène et de difluor.

Remarque

Il est nécessaire de maintenir la composition du mélange à KF-2HF pour contrôler l'acidité (ajout de HF gazeux). Si celle-ci devient trop élevée, les pièces métalliques se corrodent ; si elle devient faible, on risque un effet de « polarisation » des anodes et une forte élévation de la tension nécessaire à l'électrolyse.

Tableau 16.14 – **Conditions opératoires (Comurhex) d'une cellule pour la synthèse du difluor (source : *Actualité Chimique* n° 1, janv.-févr. 1992).**

Tension thermodynamique	2,9 V
Surtension anodique **Surtension cathodique**	3 V 0,2 V
Chute ohmique (électrolyte) **Chute ohmique (électrodes)**	3 V 0,5 V
d.d.p. totale	9,6 V
Intensité débitée	6 kA
Consommation énergétique	15 $kWh.kg^{-1}$

- *Utilisations*

C'est la production d'hexafluorure d'uranium (pour les besoins nucléaires) qui consomme une grande part du difluor. UF_6 gazeux sert en effet à l'enrichissement isotopique en ^{235}U.

L'hexafluorure de soufre SF_6 est utilisé comme isolant électrique, thermique et acoustique. Le difluor est aussi utile pour la préparation de fluorures de graphite CF_x (dépolarisant cathodique de batteries), de fluorures métalliques (agents fluorants ou vecteurs de fluor, $CoF_{3(s)}$, $ClF_{3(g)}$, BrF_3, $IF_{5(s)}$). Il permet la synthèse du Teflon® (polytétrafluoroéthylène) ou du Fréon® (agent de dispersion pour aérosol), de lubrifiants très stables (hydrocarbures fluorés liquides)...

Enfin, comme la teneur des os est proportionnelle à la durée d'enfouissement, il est possible par un test au fluor de connaître la date d'enfouissement d'ossements fossiles[1].

Bibliographie

PERRIN R., SCHARFF J.P. – *Chimie industrielle.* Dunod.

VIGNES J.L., ANDRÉ G., KAPALA F. – *Données sur les principaux produits chimiques, métaux et matériaux.* 7e édition, 1997, Union des Physiciens, Société Française de Chimie p. 247-254.

Dossiers des Éditions « Techniques de l'Ingénieur ».

Numéro Spécial « L'électrochimie ». *Actualité Chimique*, n°1, janvier-février 1992.

Internet

http://www.mineraux-et-metaux.org/metaux/cuivre.php

1. Source : http://www.ac-versailles.fr/etabliss/herblay/briques/fr/fr_f.htm

EXERCICES

Exercice 1. Enthalpies libres de transfert électrochimique*

Considérons une espèce i de charge z se répartissant à l'interface entre une phase aqueuse (w) et une phase organique (o). On définit l'enthalpie libre standard de transfert de l'espèce i de la phase aqueuse vers la phase organique comme la différence des potentiels chimiques standard de cette espèce entre les deux phases :

$$\Delta_t G^{\circ w \to o}_i = \mu^{\circ o}_i - \mu^{\circ w}_i$$

On suppose en outre que chaque phase est soumise à un potentiel électrostatique, noté ϕ^w pour la phase aqueuse et ϕ^o pour la phase organique. On notera $\Delta\phi^{w/o}$ la différence $(\phi^w - \phi^o)$.

1.1 En utilisant les potentiels électrochimiques de i dans chaque phase, établir la relation entre $\Delta_t G^{\circ w \to o}_i$ et $\Delta\phi^{\circ w/o}$, différence de potentiel à l'équilibre de l'interface lorsque l'espèce i est dans l'état standard.

1.2 Quelle relation peut-on établir entre le signe de $\Delta\phi^{\circ w/o}$ et le caractère hydrophile/lipophile de l'espèce i ?

On définit le coefficient de partage P_i de i entre les deux phases par le rapport des activités de i dans chaque phase :

$$P_i = \frac{a_i^o}{a_i^w}$$

1.3 Exprimer $\Delta\phi^{w/o}$ en fonction de $\Delta\phi^{\circ w/o}$ et P_i à l'équilibre de l'interface. À quelle relation bien connue cette équation s'apparente-t-elle ?

Considérons maintenant une réaction d'échange d'électrons à l'interface faisant intervenir un couple redox O_1/R_1 présent en phase aqueuse et un couple O_2/R_2 présent en phase organique :

$$O_1^w + R_2^o \leftrightarrow O_2^o + R_1^w \qquad (1)$$

On pose : $n = z_{O_1} - z_{R_1} = z_{O_2} - z_{R_2}$

1.4 À partir des potentiels électrochimiques de chaque espèce, établir pour l'équilibre (1) la relation entre $\Delta\phi^{w/o}$, $\Delta\phi^{\circ w/o}$ et les activités de O_1, O_2, R_1 et R_2 dans chaque phase.

Exercice 2. Potentiels standard en phase organique**

De manière générale, on définit le **potentiel standard relatif à l'ESH** d'un couple redox O/R en solution aqueuse, noté $[E°_{/ESH}]^w$, par la relation :

$$[E°_{/\mathrm{ESH}}]^w = \frac{-\Delta_{\mathrm{ESH}}G°}{nF}$$

où $\Delta_{\mathrm{ESH}}G°$ représente l'enthalpie libre standard associée à l'équilibre :

$$O^w + \frac{n}{2}\mathrm{H}_{2(g)} \longleftrightarrow n\mathrm{H}^{+w} + R^w$$

et n est le nombre d'électrons échangés entre O et R.

2.1 Exprimer $[E°_{/ESH}]^w$ en fonction des potentiels chimiques standard de O, R, H^+ et H_2.

On note $[E°_{/ESH}]^o$ le potentiel standard relatif à l'ESH du couple O/R en phase organique. On définit l'enthalpie libre standard de transfert d'une espèce i entre phase aqueuse et organique par :

$$\Delta_t G°_i^{w\to o} = \mu°_i^o - \mu°_i^w$$

2.2 Exprimer $[E°_{/ESH}]^o$ en fonction de $[E°_{/ESH}]^w$ et des enthalpies libres standard de transfert de O et R.

En pratique, on utilise fréquemment le couple ferricinium/ferrocène (noté Fc^+/Fc) comme référence des potentiels redox en phase organique.

On donne :

$$\Delta_t G°_{Fc}^{w\to o} = -24{,}5 \text{ kJ mol}^{-1}$$

$$\Delta_t G°_{Fc^+}^{w\to o} = +0{,}5 \text{ kJ mol}^{-1}$$

2.3 Justifier le signe des enthalpies libres standard de transfert pour les espèces Fc et Fc^+.

2.4 Calculer la valeur de $[E°_{Fc/ESH}]^o$ sachant que $[E°_{Fc/ESH}]^w$ a été estimé à 0,38 V.

2.5 En déduire une expression de $[E°_{/ESH}]^o$ en fonction du potentiel redox standard relatif au ferrocène $[E°_{2/Fc}]^o$ pour le couple O/R.

Exercice 3. Effet de la complexation en polarographie**

On dispose des résultats suivants obtenus à 25 °C et concernant la vague de réduction d'un complexe métallique sur mercure dans le cas d'un système réversible :

$$\mathrm{MLp}^{(2-p)+} + 2e^- \longrightarrow \mathrm{M(Hg)} + p\mathrm{L}^-$$

Concentration du ligand (introduit sous forme de NaL) en mol·L^{-1}	$E_{1/2}$ (V/ECS)
0,1	– 0,448
0,5	–0,531
1	–0,566

Pour la réaction de réduction du cation métallique non complexé, on a $E_{1/2} = 0,081$ V/ECS.

3.1 Justifier qualitativement le sens de variation du potentiel de demi-vague lors de l'ajout de ligand.

3.2 Déterminer le nombre de ligands L associé au cation métallique M^{2+} dans le complexe.

3.3 Calculer la constante de dissociation K du complexe sachant que pour la réaction de réduction de la réaction du complexe on a $E_{1/2} = 0,081$ V/ECS. On supposera que les valeurs des coefficients de diffusion D sont identiques pour le complexe et l'ion métallique et que les coefficients d'activité sont égaux à 1.

Exercice 4. Pile à combustible au borohydrure**

On s'intéresse à l'utilisation du borohydrure comme combustible de pile.

4.1 Préciser les degrés d'oxydation du bore, de l'hydrogène et de l'oxygène dans les ions borohydrure BH_4^- et borate BO_2^-. Équilibrer l'équation redox correspondant à la transformation borohydrure $\longrightarrow$ borate + eau.

4.2 Écrire l'équation bilan traduisant le fonctionnement de la pile borohydrure-oxygène.

4.3 Calculer la force électromotrice standard apparente de cette pile à pH 14 à 298 K. On souhaite comparer les performances énergétiques des piles à combustible hydrogène/oxygène, méthanol/oxygène et borohydrure/oxygène.

4.4 Calculer l'énergie massique théorique (en kWh par kg de combustible) récupérée lors du fonctionnement de chacune de ces piles à pH 14.

4.5 Que peut-on en conclure ? Quel est l'avantage de la pile au borohydrure ?

Données :

Numéro atomique du bore : Z = 5

Électronégativités (Pauling) : H : 2,2 B : 2,04 O : 3,44

Masses molaires atomiques (g/mol) : B : 11 ; C : 12 ; O : 16 ; Na : 23.

Potentiel standard (BO_2^-/ BH_4^-) : E° = –0,41 V.

Potentiel standard (dioxyde de carbone/methanol) : E° = 0,02 V.

Potentiel standard (dioxygène/eau) : E° = 1,23 V.

Constante de Faraday : F = 96 500 $C{\cdot}mol^{-1}$.

Exercice 5. Étude d'un supercondensateur*

Les condensateurs usuels ont une capacité qui se chiffre en micro ou millifarads. Les « supercondensateurs » ont une capacité qui peut dépasser le millier de farads. La firme Bombardier a développé le projet Mitrac Energy Saver : il s'agit d'équiper un tramway de supercondensateurs. Ceux-ci, logés dans le toit du véhicule, sont capables d'emmagasiner une énergie importante, largement récupérée lors des freinages. L'objectif de cet exercice est d'étudier la charge du condensateur à l'aide d'une source de tension constante.

On dispose d'un condensateur sur lequel le fabricant a indiqué « 1F ». Pour vérifier la valeur de la capacité, on réalise le circuit suivant :

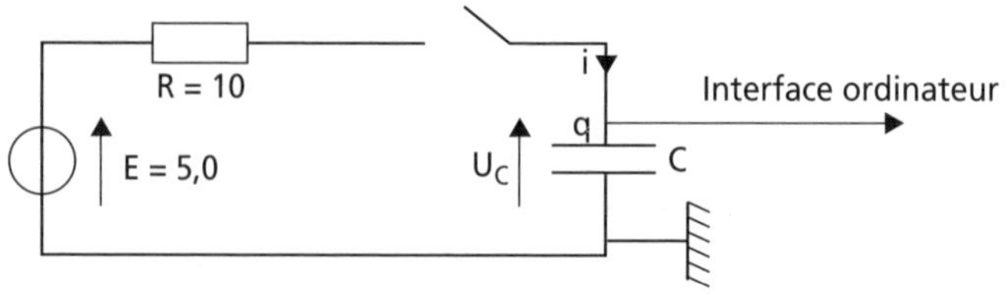

L'ensemble RC est attaqué par un générateur de tension $E = 5{,}0$ V. Le sens positif du courant et les tensions sont indiqués sur le schéma. On relie le condensateur à une interface de saisie de données. À l'instant $t = 0$, on ferme l'interrupteur et on relève la tension aux bornes du condensateur. On obtient la courbe ci-dessous :

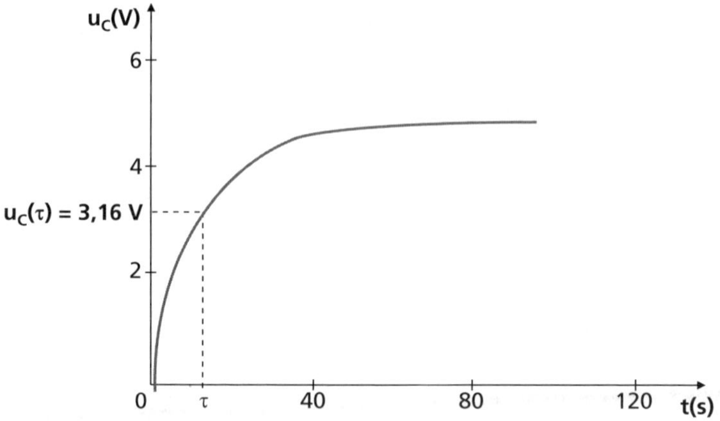

5.1 En utilisant la loi d'additivité des tensions, établir la relation qui existe entre $u_c(t)$ et sa dérivée par rapport au temps (équation différentielle vérifiée par u_c).

5.2 Vérifier que $u_c(t) = E(1 - e^{-t/\tau})$ est solution de l'équation différentielle précédente. Déterminer l'expression de τ en fonction des caractéristiques du circuit.

5.3 À partir de la figure ci-dessus déterminer la valeur de la capacité C du condensateur étudié. Comparer avec la valeur donnée par le fabricant.

Exercice 6. Transferts d'électrons multiples***

Considérons une espèce comportant deux centres redox se réduisant selon un mécanisme biélectronique :

$$A_2 + e^- \longrightarrow A_2^-(1) \qquad E°_1$$

$$A_2^- + e^- \longrightarrow A_2^{2-}(2) \qquad E°_2$$

On suppose que les enthalpies standard de réaction associées à (1) et (2) sont identiques et égales à $\Delta H°$.

6.1 Donner un exemple dans lequel l'hypothèse ci-dessus s'applique.

Dans le cas d'un transfert monoélectronique (un seul site redox), on considère que les formes oxydées et réduites ont la même entropie molaire S°. Par ailleurs, on rappelle que l'entropie d'un système est liée au nombre de configurations possibles Ω par la formule de Boltzmann : $S = k_B \ln \Omega$. (k_B : constante de Boltzmann)

6.2 Exprimer les variations d'entropie molaires $\Delta S°_1$ et $\Delta S°_2$ associées à (1) et (2),

6.3 En déduire l'expression de la différence ($E°_2 - E°_1$) et calculer sa valeur à 25 °C.

6.4 Lorsque les enthalpies standard de (1) et (2) ne sont pas égales, quel est généralement le signe de la différence ($E°_2 - E°_1$) ? Justifier.

6.5 Dans ce cas, discuter la stabilité de l'espèce intermédiaire A_2^- en fonction du potentiel.

Exercice 7. Pile à combustible au méthanol*

La pile à combustible au méthanol présente l'équation bilan de fonctionnement suivante :

$$CH_3OH_{(l)} + \frac{3}{2}O_{2(g)} \rightarrow CO_{2(g)} + 2H_2O_{(l)}$$

On définit l'efficacité thermodynamique comme le rapport de l'enthalpie libre standard et de l'enthalpie standard.

7.1 Écrire les équations des réactions aux électrodes.

7.2 Calculer la tension aux bornes de la cellule en circuit ouvert lorsque les composés sont pris dans l'état standard. En déduire l'efficacité thermodynamique de la pile.

7.3 Calculer le volume de méthanol liquide nécessaire pour obtenir une énergie de 20 kWh. Comparer au volume d'un combustible gazeux sous une pression de 150 bar. Conclure.

Données numériques :

Enthalpies standard de formation $\Delta_f H°$ (à 25 °C) :

Compound	$H_2O_{(l)}$	$O_2(g)$	$CH_3OH_{(l)}$	$CO_2(g)$
$\Delta_f H°$ (kJ·mol^{-1})	– 286	0	– 239	– 394

Potentiels standard (25 °C, vs. ESH)

$E°(CO_{2(g)}/CH_3OH_{(l)}) = 0.03$ V

$E°(O_{2(g)}/H_2O_{(l)}) = 1.23$ V

Densité du méthanol liquide : 0,79

Masse molaire du méthanol : 32 g·mol^{-1}

$R = 8{,}31$ J·K^{-1}mol^{-1}

$F = 96485$ C·mol^{-1}

Exercice 8. Électrogravimétrie et coulométrie*

Les ions Cu^{2+} présents dans une solution aqueuse (volume V_s) peuvent être dosés par coulométrie à potentiel contrôlé ($E_{el} = -0,15$ V vs ESH) sur une électrode de platine (aire A). Outre les ions Cu^{2+}, présents en concentration de l'ordre de 5.10^{-4} mol·L^{-1}, la solution à électrolyser contient :

- du tartrate de potassium et sodium KOOC–$(CHOH)_2$–COONa en concentration environ 10^{-2} mol·L^{-1} ;
- du chlorure d'hydrazinium NH_2–NH_3Cl, en concentration environ 0,1 mol·L^{-1} ;

Le pH de la solution est ajusté à 6 avec de la soude. L'électrolyse est réalisée entre deux électrodes de platine plongeant dans la solution, sans séparation (un seul compartiment) et sous agitation mécanique.

8.1 D'après les données fournies, quelles sont les réactions possibles à chaque électrode au cours de l'électrolyse ? En déduire une justification pour la valeur de pH choisie et pour le rôle du chlorure d'hydrazinium.

8.2 Calculer la durée nécessaire pour électrolyser 99 % de la solution de cuivre.
On prendra : A = 20 cm^2 ; V_s = 100 mL ; constante de vitesse de diffusion :

$$m_{Cu^{2+}} = 10^{-2}\ \text{cm·s}^{-1}.$$

8.3 La quantité d'électricité nécessaire pour transformer la totalité des ions Cu^{2+} présents en solution vaut Q_{Cu} = 11,2 C. En déduire la concentration initiale en ions Cu^{2+} dans la solution.

8.4 En outre, après lavage et séchage de l'électrode, on mesure la masse de cuivre déposée, qui vaut m_{Cu} = 3,0 mg. Ce résultat est-il en accord avec celui de la question 8.3 ? Interpréter les différences éventuelles.

Données numériques :

Constante de Faraday = F = 96 500 C·mol^{-1}
Masse molaire du cuivre : M_{Cu} = 63,5 g·mol^{-1}
Potentiels standard à 25 °C (vs. ESH, pH 0) :

Couple	$Cu^{2+}_{aq}/Cu_{(s)}$	$NH_2NH^+_{3\,aq}/N_{2(g)}$	$O_{2(g)}/H_2O$
E° (V)	0,34	– 0,17	1,23

Produit de solubilité de $Cu(OH)_2$: $K_s = 5.10^{-20}$
Constante de formation de $Cu(OOC–(CHOH)_2–COO)_2^{2-}$: $K_f = 10^{8,3}$

Exercice 9. Photosensibilisateur**

On considère la série d'expériences suivantes :

- Le mélange d'une solution aqueuse concentrée (incolore) de chlorure de méthylviologène (V^{2+}) et d'une solution aqueuse concentrée (incolore) de triméthylamine ne conduit à aucune réaction, même en présence de rayonnement (dans le visible).

- L'ajout de quelques gouttes d'une solution aqueuse de $Ru(bpy)_2Cl_2$ (orange) au mélange précédent entraîne la formation d'un produit bleu foncé (V^+).

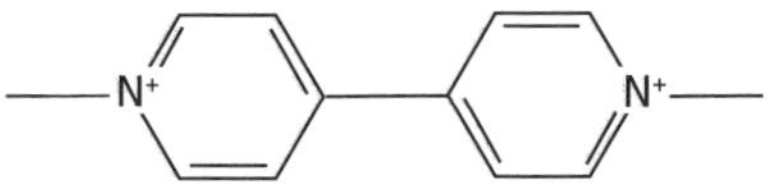

Formule du méthylviologène V^{2+}

9.1 Écrire l'équation de la réaction d'échange monoélectronique entre le méthylviologène et la triméthylamine. Donner la structure de Lewis des produits formés.

9.2 Calculer la valeur d'un paramètre thermodynamique pertinent justifiant l'absence de réaction à l'obscurité. Pourquoi la réaction n'a-t-elle pas lieu non plus à la lumière ?
Le complexe $Ru(bpy)_2Cl_2$ joue le rôle de photosensibilisateur, en convertissant l'énergie lumineuse absorbée en énergie chimique pour la réaction.

9.3 Déterminer le seuil d'absorption (en longueur d'onde) du complexe $Ru(bpy)_2^{2+}$. Cette valeur est-elle compatible avec le rôle de photosensibilisateur ?

9.4 Donner le mécanisme de la réaction faisant intervenir l'état excité $Ru(bpy)_2^{2+*}$ et justifier le rôle catalytique de $Ru(bpy)_2^{2+}$.

Données :

Couple redox	V^{2+} / V^+	NMe^{3+} / NMe^3	$Ru(bpy)_2^{3+}$ / $Ru(bpy)_2^{2+}$	$Ru(bpy)_2^{3+}$ / $Ru(bpy)_2^{2+}$ *
E°/V vs. ESH	– 0,45	0,99	1,26	– 0,86

Constante de Planck : $h = 6{,}62\ 10^{-34}$ J s^{-1}

Constante de Faraday : F = 96 500 C mol^{-1}

Exercice 10. Théorie de Debye-Hückel***

On considère une solution électrolytique composée d'ions k de charge z_k en concentration molaire C_k^*. On note $\phi(r)$ le potentiel électrostatique en un point situé à une distance r d'une origine arbitraire.

10.1 En supposant une répartition des charges selon une statistique de Boltzmann, exprimer la densité volumique de charges $\rho(r)$ en fonction de $\phi(r)$, z_k et C_k^*.

10.2 Écrire une autre équation reliant $\rho(r)$ et $\phi(r)$.

10.3 Moyennant une approximation, montrer que $\phi(r)$ est solution d'une équation différentielle de la forme :

$$\frac{\partial^2\phi(r)}{\partial r^2} + \frac{2}{r}\frac{\partial\phi(r)}{\partial r} = \kappa^2\phi(r) \qquad (1)$$

Préciser la dimension et la signification physique du paramètre κ.

La solution générale de l'équation (1) est de la forme : $\phi(r) = A\dfrac{e^{-\kappa r}}{r}$, où A est une constante.

10.4 Montrer que $A = \dfrac{z_c e}{4\pi\varepsilon}\left[\dfrac{e^{\kappa R}}{1+\kappa R}\right]$, où R représente le rayon de l'atmosphère ionique autour d'un ion central de charge z_c.

10.5 Exprimer κ en fonction de la force ionique *I* définie par : $I = \dfrac{1}{2}\sum_k z_k^2 C_k^*$.

Calculer κ^{-1} dans l'eau pour une force ionique de 0,2 M.

Annexe : Laplacien en coordonnées sphériques : $\Delta^2\phi(r) = \dfrac{\partial^2\phi(r)}{\partial r^2} + \dfrac{2}{r}\dfrac{\partial\phi(r)}{\partial r}$

Donnée : Constante diélectrique de l'eau : $\varepsilon = 6{,}9\ 10^{-10}$ F·m

Exercice 11. Équation de Levich***

On rappelle l'expression générale de l'équation de Nernst-Planck en l'absence de migration :

$$J = -\sum_{k_{el}} D_k \frac{\partial C_k}{\partial x} + \mathrm{v_f}\sum_k C_k$$

Dans le modèle de Cochran et Levich, qui s'applique au cas de l'électrode à disque tournant, la vitesse du fluide au voisinage de l'électrode ne possède qu'une composante dans la direction *x* perpendiculaire à l'électrode de la forme : $\mathrm{v_f} = -\theta x^2$ où est θ une constante dépendant du coefficient de diffusion *D*, de la vitesse de rotation de l'électrode ω et de la viscosité cinématique ν du milieu.

On considère le cas d'une seule espèce électroactive en concentration C^* au sein de la solution.

11.1 Établir l'équation différentielle vérifiée par *C*(*x*), concentration de l'espèce électroactive dans ce modèle.

11.2 Par intégration de cette équation, donner l'équation vérifiée par $y = \dfrac{\partial C}{\partial x}$.

11.3 Après une nouvelle intégration, établir une relation entre C^{el} (concentration à l'électrode), C^* et $\left(\dfrac{\partial C}{\partial x}\right)_{x=0}$.

On donne : $\displaystyle\int_0^\infty e^{-\frac{y^3}{3B}}\,dy \approx 0{,}89(3B)^{1/3}$ où *B* est une constante.

11.4 En déduire l'expression du courant limite en fonction notamment de la vitesse de rotation de l'électrode ω, sachant que : $\theta = 0{,}51.\omega^{3/2}\nu^{-1/2}$.

Exercice 12. Analyse d'une électrode modifiée passive***

Une électrode modifiée par une membrane passive (c'est-à-dire ne contenant pas d'espèces électroactives greffées) d'épaisseur l est mise en rotation comme une électrode tournante, de manière à générer une couche de diffusion d'épaisseur δ constante à l'extérieur de la membrane. Une espèce électroactive O, réductible en son homologue R, est présente à la concentration C* initialement dans la solution, (et la concentration initiale en espèce réduite R est nulle). On supposera que l'électrode modifiée est complètement perméable aux deux espèces O et R, avec un coefficient de diffusion identique pour chaque espèce O et R, et de valeur D_s dans la solution et D_f dans le film. On fixe le potentiel de l'électrode à une valeur telle que la réduction de O soit totale à l'électrode. On donne les paramètres du problème : A, la surface de l'électrode, l, D_s et D_f précédemment définis, δ l'épaisseur de la couche de diffusion et C* la concentration initiale de O.

12.1 Un état stationnaire s'établit rapidement au voisinage de l'électrode et dans la membrane, pourquoi ?

12.2 Écrivez les équations différentielles, puis faites un schéma décrivant l'allure générale des profils de concentration dans la couche de diffusion et la membrane. Résolvez ensuite les équations algébriques décrivant les profils de concentration.

12.3 À partir des équations précédentes, en appliquant le principe de continuité, calculez la concentration C_i de O à l'interface membrane-solution, en fonction des paramètres du problème. Discutez l'influence relative des valeurs de D_f et D_s, ainsi que de δ et l lorsque D_f et D_s sont égaux à D.

12.4 On se place cette fois dans le cas où les coefficients de diffusion D_f et D_s sont égaux à D, mais dans lequel existe un équilibre de pré-concentration à l'interface solution-membrane tel que la concentration C_{im} de O dans la membrane à l'interface soit égale à κC_{is}, C_{is} représentant la concentration de O dans la solution à l'interface avec la membrane. À partir de ces hypothèses, reprenez le calcul des questions 12.2 et 12.3.

12.5 Quel est l'intérêt d'une telle électrode ? Le Nafion, un polymère perfluoré, préconcentre l'oxygène. Expliquez en quoi ce cas présente un intérêt particulier.

Exercice 13. Réaction catalytique couplée au transfert d'électron**

Un cas particulier de mécanisme de transfert d'électron avec réaction chimique couplée est celui où celle-ci régénère l'espèce redox initiale (mécanisme EC catalytique) :

$$\mathrm{O} + e^- \rightleftarrows \mathrm{R}$$

$$\mathrm{R} + \mathrm{Z} \xrightarrow{k'} \mathrm{O}$$

On part d'une solution ne contenant que O et Z. On suppose que l'espèce Z est en large excès par rapport à O.

On rappelle la définition générale du paramètre adimensionnel pertinent pour les mécanismes EC :

$$\lambda = k\,\tau$$

où k est la constante de vitesse de la réaction chimique du premier ordre et τ est le temps caractéristique de variation du potentiel.

13.1 Donner l'expression de τ dans le cas de la voltampérométrie à balayage linéaire de vitesse v.

13.2 Donner l'expression de λ dans le cas du mécanisme EC catalytique (Indice : on se ramènera à une cinétique du premier ordre).

L'allure des voltampérogrammes (pour E°(O/R) = 0 V) en fonction de λ est alors la suivante :

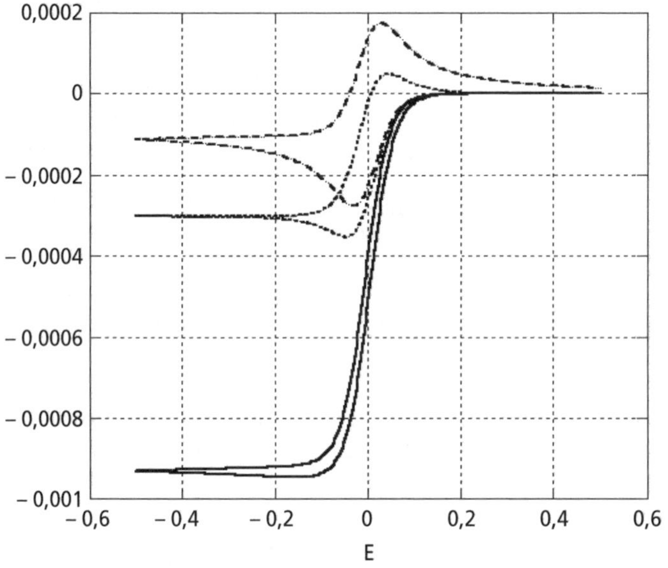

Voltampérogrammes du mécanisme EC catalytique
pour les valeurs suivantes du paramètre λ : 0,025 ; 0,25 ; 2,5.

13.3 Attribuer les courbes aux valeurs de λ correspondantes.

13.4 Expliquer l'allure différente de la courbe du bas par rapport aux autres.

L'expression du courant limite sur cette courbe peut être obtenue à partir de l'équation générale reliant le courant au flux d'une part et en posant $\lambda = 1$.

13.5 Quelle est l'expression du courant limite i_ℓ observé sur la courbe c) en fonction des concentrations de O et Z en solution, de D et de la constante de vitesse k' ?

Exercice 14. Courant de court-circuit d'une pile***

On considère une pile faisant intervenir l'oxydation d'un métal (réaction anodique) et la réduction d'un agent oxydant (réaction cathodique). Chacune de ces réactions suit la loi de Tafel.

Pour chacune des réactions aux électrodes, on définit les paramètres suivants :

α_a = coefficient de transfert anodique

α_c = coefficient de transfert cathodique

i°_a = courant d'échange anodique (> 0)

$i°_c$ = courant d'échange cathodique (< 0)
η_a = surtension anodique (> 0)
η_c = surtension cathodique (< 0)

14.1 Indiquer les conditions expérimentales permettant de justifier la validité de la loi de Tafel et représenter schématiquement les courbes i(E) associées aux réactions aux électrodes.

14.2 Quelle équation lie η_a, η_c, $i°_a$, $i°_c$, α_a, α_c ?

14.3 Calculer $(\eta_a+\eta_c)$ pour $\alpha_a = \alpha_c = 0{,}5$ et $i°_a = 10^3\, i°_c$. Quelle est la réaction limitante ? Citer un exemple pratique où ce cas s'applique.

14.4 Exprimer le courant de court-circuit i_{cc} fourni par la pile en fonction de $i°_a$, $i°_c$ et $\Delta E°$. Conclure quant au choix optimal des couples redox impliqués dans une pile.

Exercice 15. Analyse d'une pile**

Une pile est basée sur les couples redox Ag^+/Ag et Zn^{2+}/Zn. Quand la pile est chargée, le compartiment cathodique est constitué d'une cathode en acier inox qui plonge dans un compartiment contenant une solution aqueuse molaire d'acétate d'argent, et le compartiment anodique est constitué d'une anode de zinc plongeant dans une solution d'acétate de zinc.

15.1 Quel est l'oxydant et quel est le réducteur lors de la décharge ?

15.2 Donner le potentiel de circuit ouvert d'une telle pile complètement chargée, et à moitié déchargée.

15.3 On donne les courbes intensité-potentiel ci-dessous pour chaque électrode de la pile. Déterminer graphiquement la différence de potentiel entre les électrodes lorsque la pile fournit un courant de 100 mA.

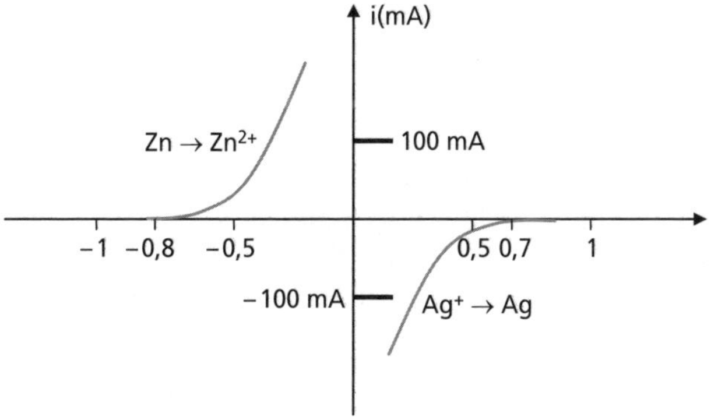

15.4 Le compartiment cathodique à une capacité de un litre, et l'anode de zinc pèse 50 g. Quel sera le premier composant épuisé ? Quel sera le courant (moyen) délivré par cette pile si on impose une décharge durant un jour entier ?

Données :

E° Ag^+/Ag = + 0,8 V ; E° Zn^{2+}/Zn = –0,77 V ; M_{Zn}= 65 $gmol^{-1}$.

Exercice 16. Niveaux d'énergie dans les cellules photovoltaïques***

Le schéma suivant représente les niveaux d'énergie électroniques des composés impliqués dans une cellule photovoltaïque de type Grätzel. Ce type de cellule associe un photosensibilisateur, assurant la capture des photons incidents, un oxyde semi-conducteur de type n et un couple redox permettant la fermeture du circuit électrique et assurant la régénération du photosensibilisateur. Les deux électrodes sont reliées entre elles via le circuit extérieur qui fournit le courant. L'étape 1 est l'absorption d'un photon, les étapes 2-5 sont des transferts d'électron successifs.

On donne les potentiels redox des couples mis en jeu (supposés réversibles) :

Couple redox	I_3^-/I^-	Ru(III)/Ru(II)
E° / V vs. ESH	+ 0,53	0,8

On rappelle que le niveau d'énergie électronique correspondant à l'ESH est situé à –4,4 eV par rapport au vide. Le dioxyde de titane utilisé est un semi-conducteur de type n dont la largeur de bande vaut environ 3,1 eV. Le complexe de Ru(II) utilisé absorbe en deçà de 800 nm.

16.1 Identifier les niveaux d'énergie a)-e) et donner leur valeur en eV.

16.2 Estimer la tension de circuit ouvert V_{oc} de la cellule.

16.3 Le rendement de la cellule peut être calculé à partir de l'équation : $\rho = \dfrac{FF.J_{cc}V_{OC}}{P_i}$

avec :

FF : facteur de forme

J_{cc} : densité de courant de court-circuit

P_i : puissance du rayonnement incident

Estimer la valeur du rendement pour FF = 0,7 ; J_{cc} = 10 $mAcm^{-2}$; P_i = 500 $W{\cdot}m^{-2}$

Exercice 17. Dosage d'ions nickel*

17.1 Quel est le potentiel pris par un fil de nickel plongé dans une solution d'ions Ni^{2+} (par exemple du nitrate de nickel) à la concentration de 10^{-1} M ?

L'éthylènediaminetetraacétate (EDTA), forme facilement un complexe de stœchiométrie 1/1 avec les ions Ni^{2+}, avec une constante de formation K = $10^{18,6}$.

17.2 Dans 100 mL de la solution précédente, on ajoute progressivement de l'EDTA sous forme solide (on pourra ainsi négliger la dilution) Calculez le potentiel pris par le même fil de nickel, en fonction du nombre n de moles d'EDTA ajoutées (on pourra tracer un courbe comme réponse à la question).

Donnée : E° (Ni/Ni^{2+}) = –0,25 V

Exercice 18. Redissolution anodique - Calcul simplifié du courant de pic**

On désigne par A la surface d'une électrode de mercure à goutte pendante, qui sera supposée sphérique. On considère une expérience de redissolution anodique effectuée avec un coefficient de pré-concentration β, dans le cas d'un métal monovalent (réduction $M^+ \longrightarrow M$).

Calculez le courant de pic que l'on peut obtenir lorsque la redissolution est suivie par voltampérométrie à la vitesse de balayage v, en supposant que tout le métal déposé se trouve à la surface de la goutte (ce qui revient à négliger le transport dans la goutte).

Application numérique : $V = 1\ mm^3$, $C^* = 10^{-8}$ M, $\beta = 100$, $v = 20$ mV/s (attention aux unités !).

Exercice 19. Diagramme potentiel pH simplifié du fer**

On cherche à construire le diagramme potentiel-pH du fer. Pour cela, il est nécessaire de rappeler les éléments suivants :

Conventions de tracé :

- On considère uniquement les espèces $Fe_{(s)}$, $Fe^{2+}{}_{(aq)}$, $Fe^{3+}{}_{(aq)}$, $Fe(OH)_{2(s)}$, $Fe(OH)_{3(s)}$.
- La concentration totale en espèce dissoute est égale à $C_0 = 10^{-2}\ mol{\cdot}L^{-1}$.
- À la frontière entre deux espèces dissoutes, les concentrations sont supposées également réparties entre les deux et donc égales à $C_0/2$.
- À la frontière entre une espèce dissoute et un solide, on se place à l'apparition du solide, c'est-à-dire que l'espèce dissoute est à la concentration C_0.

Données numériques à 25 °C :

$E°(Fe^{3+}{}_{(aq)}/Fe^{2+}{}_{(aq)}) = 0{,}77$ V$E°(Fe^{2+}{}_{(aq)}/Fe(s)) = -0{,}44$V

pKs1 $(Fe(HO)_2) = 15{,}1$ $pKs_2(Fe(HO)_3) = 38{,}0$.

Calculer les pH d'apparition pHa et pHb des deux hydroxydes de fer.

19.1 Déterminer l'équation de la droite frontière du couple Fe(+II)/Fe(0) en fonction du pH.

19.2 Calculer la valeur du potentiel standard apparent des couples $Fe(HO)_3/Fe^{2+}$ et $Fe(HO)_3/\ Fe(HO)_2$.

19.3 Tracer le diagramme complet à partir des segments de droite déterminés précédemment.

Exercice 20. L'accumulateur Ni-MH et Lithium ion*

Les accumulateurs Lithium ion et Ni-MH sont des dispositifs puissants et présentant une autonomie élevée utilisables pour des applications en véhicule électrique. La plupart des équipements électroniques nomades actuels (ordinateur, téléphones portables, appareils photo...) sont équipés de batteries lithium-ion.

L'accumulateur nickel hydrure métallique utilise l'hydrure métallique MH_{ab} (composé permettant un stockage de l'hydrogène). L'une des réactions aux électrodes est :

$$M_{(s)} + H_2O_{(l)} + e^- = MH_{ab} + HO^-{}_{(aq)}$$

M étant le métal et H_{ab} étant l'hydrogène absorbé.

Un téléphone sans fil actuel utilise deux piles rechargeables type « AAA » de technologie Ni-MH. La plupart des appareils nomades peuvent utiliser ce type d'accumulateurs. Il existe des chargeurs extrêmement rapides : un fabriquant propose des piles rechargeables de capacités 800 mAh pouvant être rechargées en 15 minutes.

20.1 Quelle est la valeur de la capacité de cette pile en unité SI ?

20.2 L'accumulateur étant totalement déchargé, on veut obtenir à nouveau, une capacité de 800 mAh. Quelle est l'intensité nécessaire en courant constant pour réaliser la charge rapide en 15 minutes ?

20.3 L'accumulateur est maintenant totalement chargé. L'intensité, supposée constante, débitée lors de la décharge est de 0,27 A. Quelle est la durée de fonctionnement en minutes de cette pile ?

Le lithium est un métal intéressant pour la constitution d'une pile car sa capacité massique (en $mAh{\cdot}g^{-1}$) est très supérieure à celle d'autres métaux. Ces piles rechargeables contiennent uniquement des ions Li^+. C'est l'une des technologies envisagées pour la voiture électrique.

20.4 Justifier la capacité massique élevée des accumulateurs au lithium.

20.5 La capacité d'une pile de téléphone portable est de 4 320 C. En supposant que la tension aux bornes de la pile est de 3,7 V lors de son fonctionnement, quelle est l'énergie électrique que peut fournir cette pile ?

Exercice 21. Corrosion du fer dans une solution acide*

On considère une plaque de fer de faible épaisseur immergée dans un litre de solution désaérée à pH = 2 et contenant des ions Fe^{2+} à 10^{-2} M.

21.1 La plaque se corrode-t-elle ? Écrire la réaction bilan d'oxydoréduction qui se produit dans le milieu.

21.2 Déterminer par le calcul la densité de courant d'échange de corrosion et le potentiel pris par la plaque de fer.

21.3 Calculer la vitesse de diminution d'épaisseur de la plaque de fer en $\mu m{\cdot}s^{-1}$.

Données :

$E°\ (Fe^{2+}/Fe) = -0{,}44$ V/ESH

$J_C^0\ (H^+/H_2) = 6{,}3{\cdot}10{-}6\ A{\cdot}cm^{-2}$ $\beta = 0{,}5$ $n = 1$

$J_A^0\ (Fe^{2+}/Fe) = 4{\cdot}10{-}5\ A{\cdot}cm^{-2}$ $\alpha = 0{,}1$ $n = 2$ $M_{Fe} = 55{,}85\ g{\cdot}mol^{-1}$

et $\rho_{Fe} = 7{,}86\ g{\cdot}cm^{-3}$.

Solutions

Exercice 1. Enthalpies libres de transfert électrochimique*

1.1 On écrit : $\tilde{\mu}_i^{\circ o} = \mu_i^{\circ o} + z_i F\phi^o = \tilde{\mu}_i^{\circ w} = \mu_i^{\circ w} + z_i F\phi^w$

d'où : $\Delta_t G_i^{\circ w\to o} = z_i F(\phi^w - \phi^o) = z_i F\Delta\phi^{w/o}$

1.2 $\Delta\varphi^{w/o} > 0 \Leftrightarrow \Delta_t G_i^{\circ w\to o} > 0$, i.e. l'espèce i est plutôt hydrophile

1.3 $\tilde{\mu}_i^o = \mu_i^{\circ o} + RT\ln a_i^o + z_i F\phi^o = \tilde{\mu}_i^{\circ w} = \mu_i^{\circ w} + RT\ln a_i^w + z_i F\phi^w$

D'où : $RT\ln P_i = -\Delta_t G_i^{\circ w\to o} + z_i F\Delta\phi^{w/o}$

$$\Delta\phi^{w/o} = \frac{\Delta_t G_i^{\circ w\to o}}{z_i F} + \frac{RT}{z_i F}\ln P_i = \Delta\phi^{\circ w/o} + \frac{RT}{z_i F}\ln P_i \text{ (cf. Nernst).}$$

1.4 $\tilde{\mu}_{O_2}^{\circ o} + \tilde{\mu}_{R_1}^{\circ w} = \tilde{\mu}_{O_1}^{\circ w} + \tilde{\mu}_{R_2}^{\circ o}$

$$\left(\mu_{O_2}^{\circ o} + RT\ln a_{O_2}^o + z_{O_2}F\phi^o\right) - \left(\mu_{O_1}^{\circ w} + RT\ln a_{O_1}^w + z_{O_1}F\phi^w\right)$$
$$= \left(\mu_{R_2}^{\circ o} + RT\ln a_{R_2}^o + z_{R_2}F\phi^o\right) - \left(\mu_{R_1}^{\circ w} + RT\ln a_{R_1}^w + z_{R_1}F\phi^w\right)$$

$$\left(\mu_{O_2}^{\circ o} - \mu_{R_2}^{\circ o} + RT\ln\frac{a_{O_2}^o}{a_{R_2}^o} + nF\phi^o\right) = \left(\mu_{O_1}^{\circ w} - \mu_{R_1}^{\circ w} + RT\ln\frac{a_{O_1}^w}{a_{R_1}^w} + nF\phi^w\right)$$

Soit : $\Delta\phi^{w/o} = \Delta\phi_{(O/R)}^{\circ w/o} - +\dfrac{RT}{nF}\ln\dfrac{a_{O_2}^o a_{R_1}^w}{a_{R_2}^o a_{O_1}^w}$

Exercice 2. Potentiels standard en phase organique**

2.1 $$[E^\circ_{/ESH}]^w = \frac{-\Delta_{ESH}G^\circ}{nF} = \frac{\mu^\circ_{(O^w)} - \mu^\circ_{(R^w)} + n\mu^\circ_{(H+^w)} - \frac{n}{2}\mu^\circ_{(H_2^{(g)})}}{nF}$$

2.2 $$[E^\circ_{/ESH}]^o = \frac{-\Delta_{ESH}G^\circ}{nF} = \frac{\mu^\circ_{(O^o)} - \mu^\circ_{(R^o)} + n\mu^\circ_{(H+^w)} - \frac{n}{2}\mu^\circ_{(H_2^{(g)})}}{nF}$$ 2.3

$$= [E^\circ_{/ESH}]^w + \frac{\mu^\circ_{(O^o)} - \mu^\circ_{(R^o)}}{nF} - \frac{\mu^\circ_{(O^w)} - \mu^\circ_{(R^w)}}{nF}$$

$$= [E^\circ_{/ESH}]^w + \frac{\Delta_t G^{\circ w\to o}_O - \Delta_t G^{\circ w\to o}_R}{nF}$$

Pour Fc qui est lipophile, il est logique que le transfert soit spontané de l'eau vers la phase organique. Pour le ferricinium, la charge compense la lipholicité du squelette organique et l'enthalpie libre de transfert devient quasi nulle.

2.4 $[E^\circ_{Fc/ESH}]^o = [E^\circ_{Fc/ESH}]^w + \dfrac{\Delta_t G^{\circ w\to o}_{Fc+} - \Delta_t G^{\circ w\to o}_{Fc}}{F} = 0{,}38 + 0{,}26 = 0{,}64$ V

2.5 Pour le couple O/R : $O^o + \dfrac{n}{2}H_{2(g)} \rightleftarrows nH^{w+} + R^o \qquad [E^\circ_{/ESH}]^o = \dfrac{-\Delta_{ESH}G^\circ}{nF}$

Pour le couple Fc^+/Fc : $Fc^{o+} + \dfrac{1}{2}H_{2(g)} \rightleftarrows H^{w+} + Fc^o \qquad [E^\circ_{Fc/ESH}]^o = \dfrac{-\Delta_{ESH}G^\circ_{Fc}}{F}$

Pour le couple O/R vs. Fc^+/Fc : $O^o + nFc^o \rightleftarrows nFc^{o+} + R^o$

$$[E^\circ_{/Fc}]^o = -\frac{\Delta_{ESH}G^\circ_{(O/R)^o} - n\Delta_{ESH}G^\circ_{Fc}}{nF} = [E^\circ_{/ESH}]^o - [E^\circ_{Fc/ESH}]^o$$

$$[E^\circ_{/ESH}]^o = [E^\circ_{/Fc}]^o + [E^\circ_{Fc/ESH}]^o = [E^\circ_{/Fc}]^o + 0{,}64$$

Le potentiel standard en phase organique mesuré par rapport à la référence Fc peut ainsi être converti par rapport à l'ESH.

Exercice 3. Effet de la complexation en polarographie**

3.1 La formation du complexe stabilise la forme oxydée et rend donc la réduction plus difficile, ce qui est cohérent avec un potentiel de réduction plus négatif.

3.2 Considérons la réduction du cation métallique sur la goutte de mercure :

$$M^{2+} + 2Hg + 2e^- \; M(Hg)$$

En présence de Ligand L, la réaction de complexation est :

$$K = \frac{[M^{2+}][L]^p}{[ML_p]}$$

Le potentiel de réduction du cation métallique à l'électrode est donné par la formule de Nernst :

$$E = E'_O + \frac{RT}{nF}Ln\frac{[M^{2+}]}{[M(Hg)]}$$

Initialement on introduit le ligand en large excès. On a :

$$[ML_p] = C^*_C \text{ et } [L] = C_L^* >> C^*_C$$

$$[MHg] = 0$$

Le courant produit à l'électrode est donné par :

$i(t) = nFAm(C_x)[C^*\,(ML_p) - C\,(ML_{p(x=0)})$ (l'espèce qui diffuse à l'électrode est le complexe)

$$i(t) = nFAm_A C_{M(Hg)}$$

On néglige la contribution du métal par rapport au complexe

$$i_d = \mathrm{nFAC}_0^*$$

Le potentiel prés de l'électrode devient :

$$E = E'_0 + \frac{RT}{nF} LnK - \frac{pRT}{nF} Ln[L] + \frac{RT}{nF} Ln\frac{m_A}{m_C} + \frac{RT}{nF} Ln\frac{i_d - i}{i}$$

Avec [L] = 0,1

Le potentiel de demi vague est donné par :

$$E_{1/2} = E'_0 + \frac{RT}{nF} LnK - \frac{pRT}{nF} Ln[L] + \frac{RT}{nF} Ln\frac{m_A}{m_C}$$

On trace le graphe $E_{1/2}$ en fonction de $\frac{RT}{nF} Ln[L]$

À partir de la pente de la droite on obtient le nombre de ligand fixés sur le métal soit p = 4.

3.3 On a $E_{1/2} = E'0 + \frac{RT}{nF} LnK - \frac{pRT}{nF} Ln[L] + \frac{RT}{nF} Ln\frac{m_A}{m_C}$

Concernant les coefficients de diffusion on $D_{métal} = D_{Cx}$ et par conséquent $m_M = m_C$

Le potentiel de demi-vague de complexation est donné par :

$$E_{1/2(Cx)} = E_{1/2} + \frac{RT}{nF} LnK - \frac{pRT}{nF} Ln[L]$$

Pour [L] = 1 M

On trouve $E_{1/2(Cx)} = E_{1/2} + \frac{RT}{nF} LnK$

Application numérique : $K = 1{,}3 \cdot 10^{-22}$

Exercice 4. Pile à combustible au borohydrure**

4.1 L'hydrogène étant plus électronégatif que le bore, on lui attribue les électrons dans BH4- , d'où : B(III) ; H(-I) ; O(–II)

Il s'agit en fait d'une réaction d'oxydation de l'hydrogène :

$$BH_4^- + 2H_2O \rightarrow BO_2^- + 8H^+ + 8e^-$$

4.2 $BH_4^- + 2H_2O \rightarrow BO_2^- + 8H^+ + 8e^-$ à l'anode

$O_2 + 4H^+ + 4e^- \rightarrow 2H_2O$ à la cathode

Soit au bilan : $BH_4^- + 2O_2 \rightarrow BO_2^- + 2H_2O$

4.3 E° = 1,23 + 0,41 = 1.64 V

4.4 Écrivons l'équation-bilan pour l'hydrogène et le méthanol :

$$H_2 \rightarrow 2H^+ + 2e^- \qquad E° = 0\ V$$

$$CH_3OH + H_2O \rightarrow CO_2 + 6H^+ + 6e^- \qquad E° = 0{,}02\ V$$

On assimile l'énergie récupérée à $-DrG° = nF(E°O_2 - E°)$ et donc l'énergie massique à $-DrG°/M_{comb}$, où n est le nombre d'électrons par combustible. D'où :

– pour la pile au borohydrure : $8FE°/M_{NaBH4} = 33{,}3\ kJ \cdot g^{-1}$ soit $9{,}25\ kWh \cdot kg^{-1}$

– pour la pile à l'hydrogène : $2FE°/M_{H2} = 118{,}7\ kJ \cdot g^{-1}$ soit $32{,}9\ kWh \cdot kg^{-1}$

– pour la pile au méthanol : $6FE°/M_{CH3OH} = 21{,}9\ kJ \cdot g^{-1}$ soit $6{,}08\ kWh \cdot kg^{-1}$.

4.5 La pile au borohydrure est donc plus énergétique que la pile au méthanol. Elle l'est moins que la pile à hydrogène, mais présente l'avantage d'un combustible solide, plus facile à stocker que l'hydrogène gazeux.

Exercice 5. Étude d'un supercondensateur*

5.1 La loi d'additivité des tensions nous donne : E = uC(t) + uR(t)

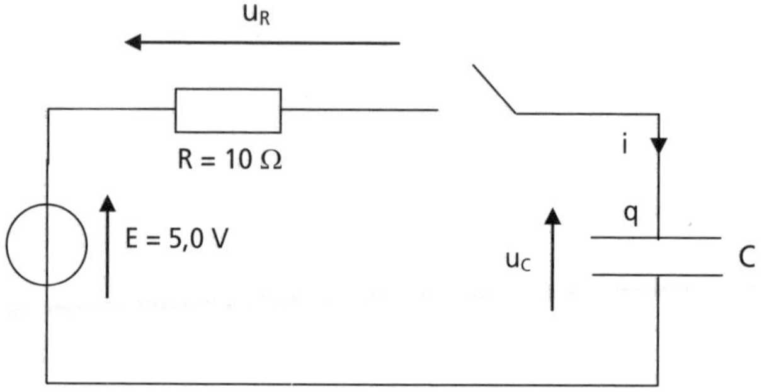

D'après la loi d'Ohm $u_R(t) = R.i(t)$, d'autre part $i(t) = \dfrac{dq(t)}{dt}$

donc $u_R(t) = R \cdot \dfrac{dq(t)}{dt}$

De plus $q(t) = C \cdot u_C(t)$ et C est une constante

donc $u_R(t) = R \cdot C \cdot \dfrac{du_C(t)}{dt}$.

Il vient : $E = u_C(t) + R \cdot C \cdot \dfrac{du_C(t)}{dt}$ équation différentielle vérifiée par $u_C(t)$.

5.2 Si $uc(t)= E \cdot (1 - e^{-t/\tau})$ est solution de l'équation différentielle, on aura :

$$\frac{du_C(t)}{dt} = \frac{d\left(E \cdot \left(1 - e^{-\frac{t}{\tau}}\right)\right)}{dt} = E \cdot \frac{d\left(1 - e^{-\frac{t}{\tau}}\right)}{dt} = \frac{E}{\tau} \cdot e^{-\frac{t}{\tau}}$$

En remplaçant dans l'équation précédente, il vient :

$$u_C(t) + R \cdot C \cdot \frac{du_C(t)}{dt} = E \cdot \left(1 - e^{-\frac{t}{\tau}}\right) + R \cdot C \cdot \frac{E}{\tau} \cdot e^{-\frac{t}{\tau}} = E - E \cdot 1 - e^{-\frac{t}{\tau}} + R \cdot C \cdot \frac{E}{\tau} \cdot e^{-\frac{t}{\tau}}$$

$$u_C(t) + R \cdot C \cdot \frac{du_C(t)}{dt} = E \cdot \left(1 - e^{-\frac{t}{\tau}} + \frac{R \cdot C}{\tau} \cdot e^{-\frac{t}{\tau}}\right) = E \cdot \left(1 - e^{-\frac{t}{\tau}}\left(1 - \frac{R \cdot C}{\tau}\right)\right)$$

Pour que $u_c(t) = E \cdot \left(1 - e^{-\frac{t}{\tau}}\right)$ soit solution de l'équation différentielle, il faut que $\left(1 - \frac{R \cdot C}{\tau}\right) = 0$,

soit : $\tau = R.C$

Condition initiale, à $t = 0$, $u_c(0) = 0$

$u_C(0) = E \cdot \left(1 - e^{-\frac{0}{\tau}}\right) = E \cdot (1 - 1) = 0$ cette condition est vérifiée.

5.3 $t = R \cdot C$ donc $C = \frac{\tau}{R}$.

Déterminons graphiquement la valeur de la constante de temps τ.

Pour $t = \tau$, $u_c(\tau) = E \cdot \left(1 - e^{-\frac{\tau}{\tau}}\right) = E \cdot (1 - e^{-1})$

$$u_C(\tau) = 0{,}63 \cdot E$$

$u_C(\tau) = 0{,}63 \times 5{,}0 = 3{,}16$ V = **3,2 V**. On trace la droite horizontale $u_C = 3{,}2$ V qui coupe la courbe $u_c(t)$ en un point dont l'abscisse t est égale à τ. Graphiquement **τ** = 12 s.

Donc $$\mathbf{C} = \frac{\tau}{R} = \frac{12}{10} = \mathbf{1{,}2\ F}.$$

Le constructeur indique la valeur de C avec seulement un chiffre significatif : C = 1 F. On obtient un écart relatif d'environ **20 %** avec la valeur donnée par le fabricant. Notre résultat est compatible avec l'indication du fabricant.

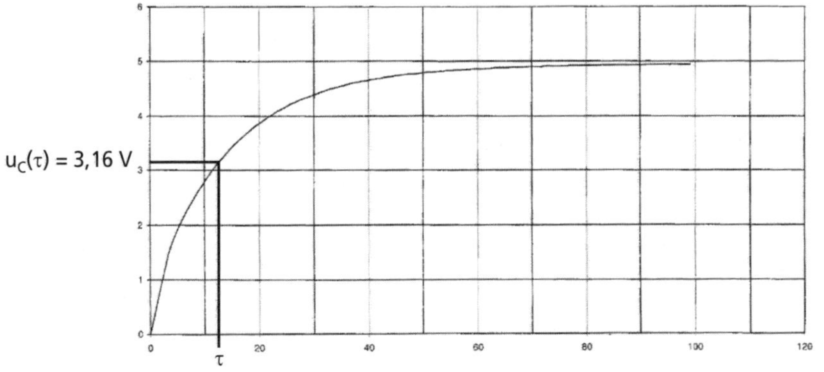

Exercice 6. Transferts d'électrons multiples***

6.1 Deux centres redox identiques (e.g. ferrocène) séparés par un lien non conjugué suffisamment long pour pouvoir négliger les interactions coulombiennes (e.g. lien hexyl).

6.2 Il y a deux choix possibles pour la première réduction, mais un seul pour la seconde :

$$\Delta S_1^\circ = 2R\ln 2$$

$$\Delta S_2^\circ = 0$$

6.3

$$E_2^\circ - E_1^\circ = \frac{\Delta G_1^\circ - \Delta G_2^\circ}{F} = \frac{\Delta H_1^\circ - \Delta H_2^\circ}{F} - T\frac{\Delta S_1^\circ - \Delta S_2^\circ}{F} = -2\frac{RT}{F}\ln 2$$

$$E_2^\circ - E_1^\circ = -35{,}6 \text{ mV}$$

6.4 Il est normalement plus difficile d'ajouter la deuxième charge pour des raisons électrostatiques, donc :

$$\Delta H_1^\circ - \Delta H_2^\circ < 0 \Rightarrow E_2^\circ - E_1^\circ < -35{,}6mV$$

6.5 Il suffit d'exprimer la constante d'équilibre associé à la dismutation de A^{2-} :

$$2A_2^- \rightarrow A_2 + A_2^{2-}$$

$$RT\ln K_{disp} = -(\Delta G_2^\circ - \Delta G_1^\circ) = F(E_2^\circ - E_1^\circ)$$

L'espèce intermédiaire est d'autant plus stable que la deuxième réduction se passe à un potentiel plus négatif.

Exercice 7. Pile à combustible au méthanol*

7.1 Le n.o. du C passe de –II à +IV du méthanol au dioxyde de carbone, il y a donc 6 électrons échangés.

$$CH_3OH_{(l)} + H_2O \rightarrow CO_{2(g)} + 6H^+ + 6e^- \text{ à l'anode}$$

$$O_{2(g)} + 4H^+ + 4e^- \rightarrow 2H_2O \text{ à la cathode.}$$

7.2

$U^\circ = E^\circ(O_{2(g)}/H_2O_{(l)}) - E^\circ(CO_{2(g)}/CH_3OH_{(l)})$

$= 1{,}20$ V d'où $\Delta_rG^\circ = -6FU^\circ = -694{,}5 \text{ k}\cdot\text{mol}^{-1}$.

Et $\Delta H^\circ = \Delta_fH^\circ(CO_2) + 2.\Delta_fH^\circ(H_2O) - \Delta_fH^\circ(CH_3OH) - 1{,}5.\Delta_fH^\circ(O_2) = -727 \text{ kJ}\cdot\text{mol}^{-1}$.

D'où une efficacité thermodynamique de 95 %.

7.3 $$n_{CH_3OH} = \frac{20\times 3{,}6\times 10^3}{727} \approx 100 \text{ mol d'où } V_{CH_3OH} = \frac{n_{CH_3OH}\cdot M_{CH_3OH}}{d_{CH_3OH}} \approx 4 \text{ L}$$

$$V_{gaz} = \frac{RT}{P}n_{gaz} = \frac{8{,}31\times 298}{150\times 10^5}\times 100 \approx 16{,}5 \text{ L}$$

Ainsi, le méthanol a l'avantage d'un volume molaire beaucoup plus faible que les gaz (comme l'hydrogène) ce qui est un plus pour le stockage du combustible.

Exercice 8. Électrogravimétrie et coulométrie*

8.1 $CuT_2^{2-} + 2e^- \rightarrow Cu + 2T^{2-}$ avec T^{2-} : tartrate

$$NH_2 - NH_3^+ \rightarrow N_2 + 5H^+ + 4e^-$$

Il faut ajuster le pH pour avoir le tartrate sous forme basique mais éviter la formation de l'hydroxyde de cuivre. L'hydrazinium fixe le potentiel de l'anode grâce à une réaction ne produisant que du diazote, c'est un dépolarisant anodique.

8.2 La décroissance de la concentration de cuivre par électrolyse à potentiel contrôlé s'exprime par (cf. chap. 7) : $C = C_{(t=0)}e^{-t/\tau}$ avec : $\tau = \dfrac{V}{mA}$

Par conséquent, pour réduire 99 % du cuivre, il faut : (t/t) = ln100, soit t = 2,3 · 2 · V/mA = 4,6 · 5/10^{-2} = 2300 s.

8.3 Par intégration, il vient :

$$Q = nFC^S_{(t=0)}V_s(1 - \exp(-t / \tau)) \xrightarrow{t \to \infty} nFC^S_{(t=0)}V_s$$

D'où : $C^S_{(t=0)} = \dfrac{Q_{tot}}{2FV_s} = \dfrac{11{,}2}{2 \times 96500 \times 0 \times 1} = 5{,}8 \cdot 10^{-4}\ \text{mol} \cdot \text{L}^{-1}$

8.3 $n_{Cu} = \dfrac{m_{Cu}}{M_{Cu}} = 4{,}7 \cdot 10^{-5}$ mol.

Or d'après l'électrolyse : $n_{Cu} = C^S_{(t=0)}V_s = \dfrac{Q_{tot}}{2F} = 5{,}8 \cdot 10^{-5}$ mol

La coulométrie donne une valeur surestimée par rapport à la gravimétrie, ce qui peut s'expliquer par un rendement faradique inférieur à 100 %.

Exercice 9. Photosensibilisateur**

9.1 $V^{2+} + NMe_3 \rightarrow V+ + NMe_3^+$

Structure de Lewis de V^+ :

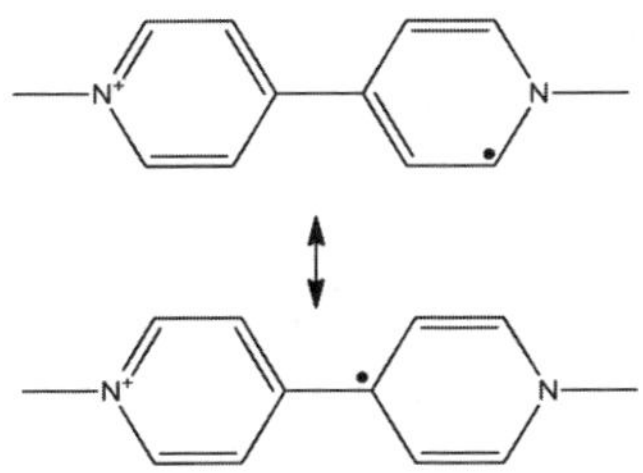

9.2 On peut calculer :

$$\log K = \frac{E°(V^{2+} / V^{+}) - E°(NMe_3^{+} / NMe_3)}{0{,}06} = -24$$

La réaction n'est donc pas thermodynamiquement possible à l'obscurité. En présence de lumière, on peut théoriquement fournir l'énergie nécessaire, mais aucun des réactifs n'absorbe dans le visible…

9.3 On utilise la conversion : $\Delta E = \frac{hc}{\lambda} = \frac{1240_{eV}}{\lambda_{/nm}}$ soit pour une absorption dans le bleu (le complexe étant orange) environ 3 eV, ce qui est bien supérieur à la différence des potentiels des deux couples (1,44 V). Le complexe peut donc jouer le rôle de photosensibilisateur en absorbant les photons dont l'énergie est utilisée pour initier la réaction redox.

9.4 $Ru(bpy)_2^{2+} + h\nu \rightarrow Ru(bpy)_2^{2+*}$

$Ru(bpy)_2^{2+*} + V^{2+} \rightarrow Ru(bpy)_2^{3+} + V^{+}$

$NMe_3 + Ru(bpy)_2^{3+} \rightarrow NMe_3^{+} + Ru(bpy)_2^{2+}$

Le bilan est identique à celui de la question 1. et le complexe $Ru(bpy)_2^{2+}$est régénéré, on peut donc l'introduire en faible quantité.

Exercice 10. Théorie de Debye-Hückel***

10.1 En exprimant l'énergie électrostatique pour une mole de charge zk qui vaut : $z_k F\varphi(r)$, on obtient :

$$\rho(r) = \sum_k \rho_{(r\to\infty)} \exp\left(\frac{-z_k F\varphi(r)}{RT}\right) = \sum_k z_k F C_k^{\infty} \exp\left(\frac{-z_k F\varphi(r)}{RT}\right)$$

10.2 Équation de Poisson : $\Delta^2\varphi = -\frac{\rho}{\varepsilon}$

10.3 On fait l'approximation que l'énergie électrostatique reste faible devant l'agitation thermique. Alors :

$$\rho(r) \approx \sum_k z_k F C_k^{\infty}\left[1 - \frac{z_k F\varphi(r)}{RT}\right]$$

En remplaçant dans (1) : $\frac{\partial^2\varphi(r)}{\partial r^2} + \frac{2}{r}\frac{\partial\varphi(r)}{\partial r} = \frac{-F}{\varepsilon}\sum_k z_k C_k^{\infty}\left[1 - \frac{z_k F\varphi(r)}{RT}\right]$

Or la solution étant électriquement neutre : $\sum_k z_k C_k^{\infty} = 0$

D'où : $\frac{\partial^2\varphi(r)}{\partial r^2} + \frac{2}{r}\frac{\partial\varphi(r)}{\partial r} = \frac{F^2}{\varepsilon}\sum_k C_k^{\infty}\left[\frac{z_k^2\varphi(r)}{RT}\right] = \kappa^2\varphi(r)$

Avec : $\frac{F^2}{\varepsilon RT}\sum_k C_k^{\infty}[z_k^2] = \kappa^2$

k a la dimension de l'inverse d'une longueur (longueur de Debye), qui représente lextension spatiale de la zone de charge despace. On remarque que cette extension est dautant plus petite que la constante diélectrique est faible (peu décrantage) et la force ionique élevée.

10.4 La condition d'électroneutralité de l'atmosphère ionique autour de l'ion central s'écrit : $\int_R^\infty \rho(r) 4\pi r^2 \, dr = -z_c e$ (la charge totale de l'atmosphère ionique compense la charge de l'ion central).

Soit en remplaçant r par f : $\varepsilon \int_R^\infty \kappa^2 \varphi(r) 4\pi r^2 \, dr = z_c e$

En remplaçant f par son expression : $4\pi\varepsilon\kappa^2 \int_R^\infty A \frac{e^{-\kappa r}}{r} r^2 \, dr = z_c e$

soit : $A = \dfrac{z_c e}{4\pi\varepsilon\kappa^2 \left(\int_R^\infty e^{-\kappa r} r \, dr \right)}$

qui conduit à l'expression donnée après intégration par parties :

$$\int_R^\infty e^{-\kappa r} r \, dr = \left[\frac{-re^{-\kappa r}}{\kappa} \right]_R^\infty + \frac{1}{\kappa} \int_R^\infty e^{-\kappa r} \, dr = \left(R \frac{e^{-\kappa R}}{\kappa} + \frac{e^{-\kappa R}}{\kappa^2} \right) = \frac{1}{\kappa^2}(1 + \kappa R) e^{-\kappa R}$$

10.5 Il vient : $\kappa^2 = \dfrac{F^2}{\varepsilon RT} \sum_k C_k^\infty [z_k^2] = \dfrac{2F^2}{\varepsilon RT} I$

Soit : $\kappa = F\sqrt{\dfrac{2}{\varepsilon RT} I}$

I = 0,2 M = 200 mol · m^{-3}, d'où $\kappa = 1.510^9 \, \text{m}^{-1} \rightarrow \kappa^{-1} = 6{,}7$ Å

Cette longueur représente la distance d'écrantage de la charge de l'ion central.

Pour aller plus loin : On peut estimer les coefficients d'activité dans la théorie de Debye-Hückel en postulant que l'écart à l'idéalité est dû à l'interaction entre ions, laquelle peut s'exprimer par :

$$W_{ion-ion} = N_A \int_0^{z_c e} \varphi_{atm}(R) \, dq = N_A \int_0^{z_c e} \left[\varphi(R,q) - \frac{q}{4\pi\varepsilon R} \right] dq$$

$$= \frac{N_A}{4\pi\varepsilon} \int_0^{z_c e} \frac{-\kappa \cdot q}{1 + \kappa R} \, dq = -\frac{N_A}{8\pi\varepsilon} \frac{\kappa \cdot z_c^2 e^2}{1 + \kappa R}$$

L'équation ci-dessus traduit que l'interaction ion-ion correspond au travail nécessaire pour faire passer la charge de l'ion central de 0 à $z_c e$, au travers de l'atmosphère ionique de rayon R (le potentiel de l'atmosphère ionique seule se déduit de celui obtenu à la question 4 en soustrayant la contribution de l'ion central).

On en tire l'expression du coefficient d'activité :

$$\ln \gamma = \frac{W_{ion-ion}}{RT} = -\frac{\kappa \cdot z_c^2 e^2}{8\pi\varepsilon k_B T} \frac{1}{1+\kappa R}$$

que l'on exprime généralement en fonction de la force ionique (au lieu de k) en utilisant le résultat de la question 5 :

$$\boxed{\log \gamma_i = -z_i^2 \frac{A\sqrt{I}}{1 + RB\sqrt{I}}}$$

avec :

$$B = \frac{\kappa}{\sqrt{I}} = F\sqrt{\frac{2000}{\varepsilon_0 \varepsilon_r RT}}$$

$$A = \frac{e^2 B}{8\pi\varepsilon_0\varepsilon_r k_B T(\ln 10)}$$

pour une force ionique s'exprimant en $\text{mol} \cdot \text{L}^{-1}$

Exercice 11. Équation de Levich***

11.1 Rappelons que pour obtenir cette équation, il convient d'introduire la conservation de la matière qui peut s'écrire (cf. chap. 4) :

$$\frac{\partial J_k}{\partial x} = -\frac{\partial C_k}{\partial t}$$

D'où : $$\frac{\partial C_k}{\partial t} = \sum_{k_{el}} D_k \frac{\partial^2 C_k}{\partial x^2} - \text{v}_\text{f} \sum_k \frac{\partial C_k}{\partial x} = \sum_{k_{el}} D_k \frac{\partial^2 C_k}{\partial x^2} + \theta x^2 \sum_k \frac{\partial C_k}{\partial x}$$

Qui devient, pour une seule espèce électroactive et en régime stationnaire : $D\frac{\partial^2 C}{\partial x^2} + \theta x^2 \frac{\partial C}{\partial x} = 0$

11.2 L'équation différentielle peut s'écrire : $D\frac{\partial y}{\partial x} + \theta x^2 y = 0$

Soit : $D\frac{\partial y}{y} = -\theta x^2 \partial x$

En intégrant, on trouve : $$\ln \frac{y}{y_{(x=0)}} = -\frac{\theta}{D}\frac{x^3}{3} \qquad (1)$$

11.3 L'équation (1) peut être réécrite sous la forme : $\frac{dC}{dx} = \left(\frac{dC}{dx}\right)_{x=0} e^{\frac{-\theta}{3D}x^3}$ qui, après intégration donne :

$$\int_0^\infty \frac{dC}{dx}dx = C^{el} - C^* = \left(\frac{dC}{dx}\right)_{x=0} \int_0^\infty e^{\frac{-\theta}{3D}x^3} dx \approx \left(\frac{dC}{dx}\right)_{x=0} 0{,}89\left(3\frac{D}{\theta}\right)^{1/3}$$

$$C^{el} - C^* \approx 1{,}28\left(\frac{dC}{dx}\right)_{x=0}\left(\frac{D}{\theta}\right)^{1/3} \quad (2)$$

11.4 Le courant limite est obtenu à partir du flux en posant Cel =0, soit en tenant compte de l'équation (2).

$$i^\ell = \pm nFAJ^\ell = \mp nFAD\left(\frac{dC}{dx}\right)_{x=0} = \pm 0{,}78nFAD^{2/3}C^*\theta^{1/3} = \pm 0{,}62nFAD^{2/3}C^*\omega^{1/2}\nu^{-1/6}$$

On retrouve bien l'équation de Levich du courant limite sur électrode tournante (cf. chapitre 8).

Exercice 12. Analyse d'une électrode modifiée passive***

12.1 Un état stationnaire est toujours établi dans un système dissipatif, c'est-à-dire lorsqu'un apport constant de matière (ou d'énergie) est maintenu. Ici c'est la rotation de l'électrode qui garantit l'établissement d'un système stationnaire.

12.2 On a donc $d^2C/dx^2 = 0$, dans la couche de diffusion et dans la membrane, ce qui permet d'écrire C = ax + b, en égalisant par rapport aux bornes, et on peut immédiatement représenter le diagramme de concentration en plaçant les bornes sur le schéma.

On sait que, dans la couche extérieure de diffusion : $C(\delta) = C^*$ et $C(l) = C_i$, ce qui nous donne dans la couche de diffusion $C = [C_i\delta - C^* l + x(C^* - C_i)]/(\delta - l)$ et dans la membrane $C = C_i x/l$

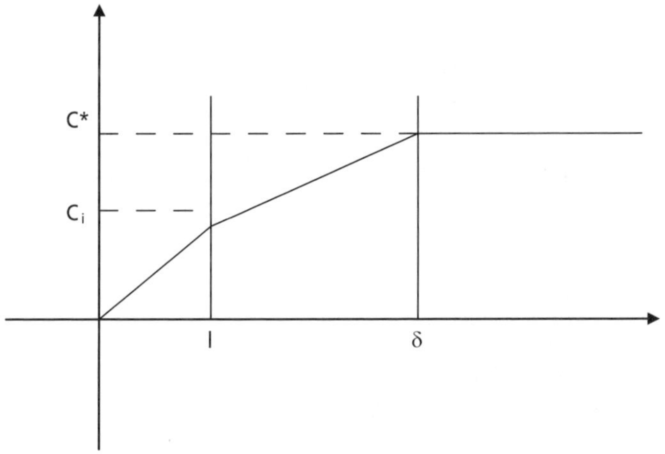

12.3 D'après la loi de continuité, on sait que le flux de O est identique dans la couche de diffusion et dans la membrane, soit

$$J = -D\left(\frac{dC}{dx}\right)_{x=l} = -\frac{D_f}{l}C_i = -\frac{D_s}{\delta - l}(C^* - C_i)$$

On trouve après simplification : $C_i = \dfrac{C^* D_s l}{D_f(\delta - l) + D_s l}$.

Si D_f est grand devant D_s et/ou d est grand devant l, le deuxième terme du dénominateur est négligeable, et on obtient $C_i = \dfrac{C^* D_s l}{D_f(\delta - l)}$, ce qui, compte tenu des hypothèses précédentes, est une valeur très faible et qui montre que tout le transport se passe dans la solution. A l'opposé, si le deuxième terme l'emporte (D_f petit devant D_s et/ou δ petit devant l), il vient $C_i = C^*$, ce qui montre que cette fois tout le transport se passe dans le film.

12.4 Le flux de O à travers la membrane devient $J = -(D_f/l)C_{im} = -(D_f/l)kC_i$ et les calculs peuvent être repris intégralement de la même manière qu'à la question précédente. On trouve $C_i = \dfrac{C^* D_s l}{\kappa D_f(\delta - l) + D_s l}$, ce qui revient au même que de considérer que le coefficient de diffusion dans la membrane a été augmenté par un facteur k. En général, cela revient à privilégier le transport dans la membrane dans des conditions classiques au niveau de la couche de diffusion (kD_f grand devant D_s, et C_i qui baisse par rapport à C^*). Le schéma devient comme ci-dessous :

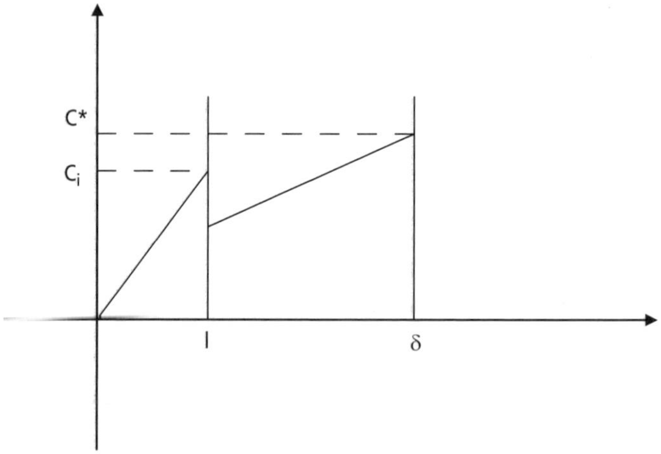

12.5 La préconcentration de l'oxygène est d'un grand intérêt pour les capteurs à oxygène, mais aussi et surtout pour les piles à combustibles.

Exercice 13. Réaction catalytique couplée au transfert d'électron**

13.1 $\tau = \dfrac{RT}{Fv}$

13.2 On peut se ramener à une cinétique du pseudo-premier ordre en posant k = k'CZ (la concentration de Z reste constante puisqu'il est en large excès).

D'où : $\lambda = k'C_Z\tau = k'C_Z\dfrac{RT}{Fv}$

13.3 Le courant de réduction augmente avec la vitesse de la régénération de O, donc avec l. Par conséquent l augmente du haut vers le bas.

13.4 On obtient un voltammogramme stationnaire, car la vitesse de régénération de O est telle que la concentration de O au voisinage de l'électrode devient constante. On voit que la réaction catalytique joue alors le même rôle que la convection pour maintenir la concentration en réactif constante à l'extrémité de la couche de diffusion.

13.5 $i_\ell = FA\dfrac{D}{\delta}C_O^*$

avec : $\delta = \sqrt{D\tau} = \sqrt{\dfrac{D}{k'C_Z}}$ (l = 1)

d'où : $i_\ell = FA\sqrt{Dk'C_Z}C_O^*$

L'équation du voltammogramme stationnaire) est donc :

$$i = \frac{i_\ell}{1 + \exp\left[\dfrac{F}{RT}(E - E°)\right]} = \frac{FA\sqrt{Dk'C_Z}C_O^*}{1 + \exp\left[\dfrac{F}{RT}(E - E°)\right]}$$

Exercice 14 : Courant de court-circuit d'une pile**

14.1 Il faut se placer dans des conditions où le transport de matière n'est pas limitant : c'est le cas pour la réaction anodique qui concerne l'oxydation d'un métal. Pour la réduction cela nécessite que l'agent oxydant soit suffisamment concentré s'il s'agit d'un soluté (oxygène dissous, protons, cations métalliques). Par ailleurs, on établit l'équation du courant dans des conditions de potentiel suffisamment loin de l'équilibre (partie exponentielle de la courbe i(E)).

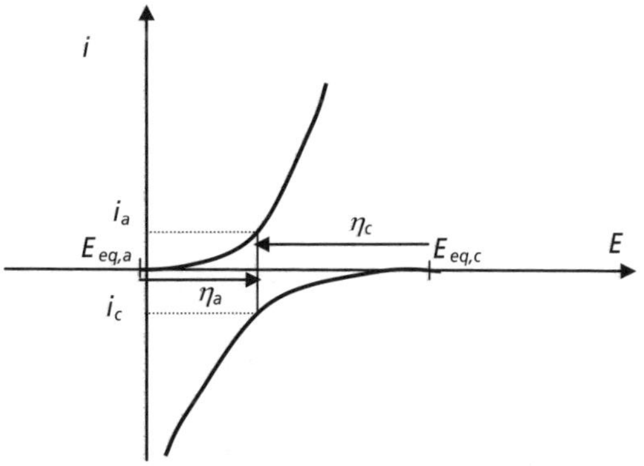

14.2 La connexion des deux électrodes impose :

$$i_a = i_a^\circ \exp\left(\frac{F}{RT}\alpha_a\eta_a\right) = -i_c = i_c^\circ \exp\left(\frac{-F}{RT}\alpha_c\eta_c\right) \quad (1)$$

14.3 De (1) on tire : $\exp\left(\frac{-F}{RT}(\alpha_a\eta_a + \alpha_a\eta_a)\right) = \frac{i_a^\circ}{i_c^\circ}$,

d'où pour aa = ac = 0,5 : $(\eta_a + \eta_c) = \frac{-2RT}{F}\ln\left(\frac{i_a^\circ}{i_c^\circ}\right)$

Numériquement : $(\eta_a + \eta_c) = -2 \times 0{,}06 \times 3 = -0{,}18V$

Dans ce cas, c'est la réaction cathodique qui est limitante, puisque la surtension cathodique l'emporte, ce qui est cohérent avec le rapport des courants d'échange.

C'est le cas par exemple pour les piles de corrosion, car les couples métal-cation métallique sont en général plus rapides que les couples de l'eau ou du dioxygène.

N.B : La relation établie montre que le point de fonctionnement en potentiel de la pile est déterminé par le rapport des cinétiques d'échange (dans l'approximation de Tafel) : celui-ci est situé « du côté » du couple le plus rapide (i.e. le potentiel est plus proche du potentiel d'équilibre du couple le plus rapide pour un courant donné).

14.4 On repart de : $E = \eta_a + E_{eq,a} = \eta_c + E_{eq,c}$ lorsque la pile est en court-circuit.

D'où :

$$i_{cc} = i_a^\circ \exp\left(\frac{F}{2RT}\eta_a\right) = i_a^\circ \exp\left(\frac{F}{2RT}(\eta_c + E_{eq,c} - E_{eq,a})\right)$$

$$= \frac{i_a^\circ i_c^\circ}{i_{cc}} \exp\left(\frac{F}{2RT}(E_{eq,c} - E_{eq,a})\right)$$

On en déduit : $\boxed{i_{cc} = \sqrt{i_a^\circ i_c^\circ}\exp\left(\frac{F}{2RT}\Delta E_{eq}\right)}$

Il apparaît clairement que le courant de court-circuit augmente avec l'écart des potentiels d'équilibre des deux couples redox et avec la moyenne géométrique des courants d'échange (i.e. qu'il faut idéalement deux couples rapides avec des potentiels très différents).

Exercice 15. Analyse d'une pile**

15.1 L'oxydant est Ag^+ et le réducteur le zinc.

15.2 Au début, le potentiel est exactement égal à la différence des potentiels normaux, la concentration des ions étant égale à 1, soit $E = E°_a - E°_c = 0{,}80 - (-0{,}77) = 1{,}57$ V.

À mi-décharge (du compartiment contenant l'acétate d'argent) la concentration d'Ag^+ est devenue 0,5 M, et celle de Zn^{2+} dans l'autre compartiment 1,25. La ddp est donnée par la loi de Nernst : $\Delta E = E°_{Ag/Ag+} + 0{,}06 \log(Ag^+) - [(E° + (0{,}06/2) \log(Zn^{2+})]$ ce qui fait $\Delta E° + 0{,}06 \log(0{,}5) - 0{,}03 \log(1{,}25) = 1{,}55$ V. Ce nest pas très différent de la valeur initiale, ce qui est heureux pour les usagers éventuels de la pile.

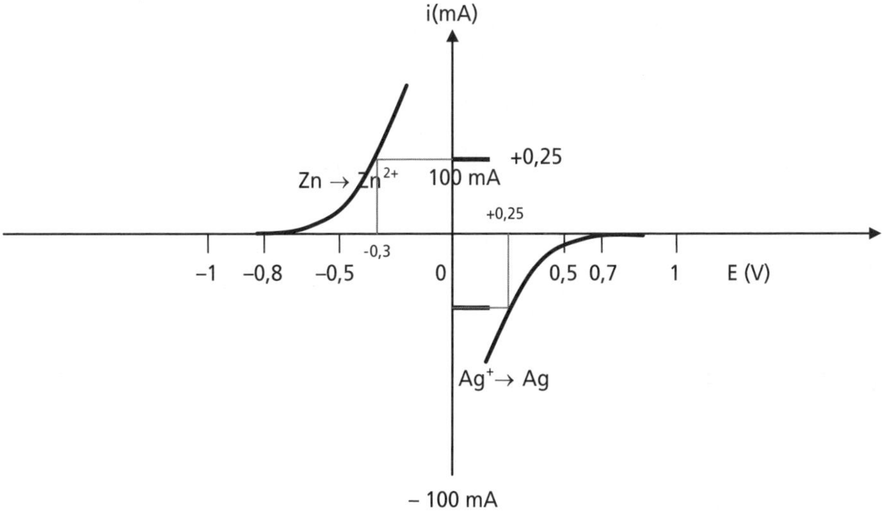

15.3 Le diagramme permet de mesurer les tensions de fonctionnement comme indiqué sur le schéma ci-dessus, et on lit la ddp en fonctionnement, qui est égale à 0.25 – (–0,3) = 0,55 V.

15.4 Il y a exactement une mole d'ions Ag^+, et 50/65 = 0,77 moles de zinc métallique, mais le zinc fournit 2 électrons quand l'argent en consomme un, aussi l'argent sera le plus vite consommé. On va donc consommer une mole d'argent en un jour, ce qui nous fait une charge de 10^5 coulombs. Si on décharge pendant 24h, on aura donc un courant i = Q/t, soit $10^5/(24 \times 3\,600) = 1{,}13$ A.

Exercice 16. Niveaux d'énergie dans les cellules photovoltaïques***

16.1 On utilise la formule de conversion (cf. chap. 1) :

$$E^{redox}_{F,0/eV} = -E_{/V} - 4{,}4$$

La valeur de d) se déduit du potentiel redox et correspond à la HO de Ru(II). Le complexe de Ru(II) a une largeur de bande de 1240/800 = 1,55 eV, ce qui donne la différence entre a) et d) et donc la valeur pour a), LUMO de Ru(II). Le potentiel redox du couple I_3^-/ I^- donne la valeur de c) qui représente la HO de I^- (donneur d'électron), qui est également proche de la BV de I_3^- (car c'est un couple réversible). Enfin la largeur de bande de TiO_2 donne la position de b) qui est l'énergie du bas de la bande de conduction.

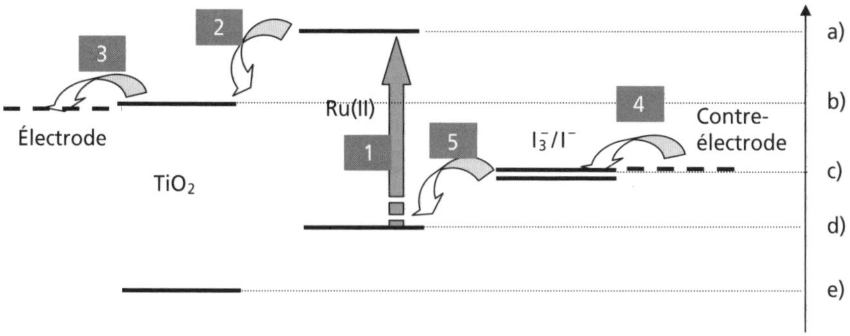

16.2 La tension de circuit ouvert est la ddp entre les deux électrodes, soit environ 0.73 V.

16.3 Le rendement de la cellule peut être calculé à partir de l'équation :

$$\rho = \frac{FF \cdot J_{cc} V_{OC}}{P_i}$$

avec : FF : facteur de forme J_{cc} : densité de courant de court-circuit

P_i : puissance du rayonnement incident.

Valeur du rendement pour FF = 0,7 ; J_{cc} = 10 mAcm^{-2} ; P_i = 500 W · m^{-2}

$$\rho = \frac{0,7 \times 100 \times 0,73}{500} \cong 10\ \%$$

Exercice 17. Dosage d'ions nickel*

17.1 Le potentiel pris par le fil de nickel est donné par la loi de Nernst, avec les conditions du problème, le nickel étant un solide son activité vaut 1. :

$$E = E° + (RT/2F)\ \ln(C^{o2+}_{Ni}) = -0,25 + 0,059\ \lg(0,1) = -0,31\ V$$

17.2 Avant l'équivalence, l'EDTA complexe intégralement le Ni^{2+} et le potentiel varie lentement suivant l'équation

$$E = E° + (RT/2F)\ \ln(C^{2+}_{Ni}) = E = E° + (RT/2F)\ \ln(C^{o2+}_{Ni} - C_{EDTA}).$$

Après l'équivalence, on aura un excès d'EDTA, et la concentration de nickel prendra donc la valeur $C_{Ni}{}^{2+} = C_{EDTA}/10^{18.6} = [(n_{EDTA} - n^{o2+}_{Ni})/Vsol]/10^{18.6} = 10\ (n_{EDTA} - 0,01)/10^{18,6}$.

L'allure de la courbe sera comme suit :

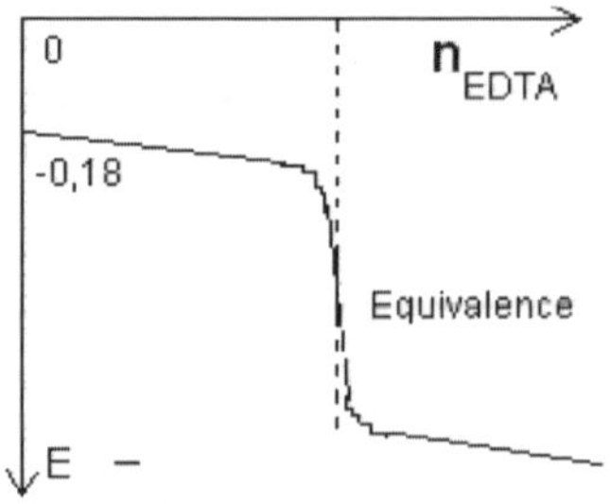

Exercice 18. Redissolution anodique-Calcul simplifié du courant de pic**

Le problème revient à négliger le transport dans la goutte, ce qui revient à considérer que tout le métal se trouve à la surface de la goutte. Ce courant est donné par la formule correspondant à l'électrode modifiée sans transport (cf. chapitre 14).

Le courant de pic issu d'une électrode modifiée en supposant l'absence de transport est donc donnée par la formule suivante : $i_p = AG°vF^2/4RT$ et dans le cas de figure qui nous occupe $G° = n_{met}/A = C_gV/A$, il vient $i_p = C_gV\ vF^2/4RT$.

N.B : Il faut mettre toutes les longueurs en cm. $C° = 10^{-8}$ M $= 10^{-11}$ mol/cm^3, b = 100, donc $C_g = 10^{-9}$ mol/cm^3, $V = 10^{-3}$ cm^3, v = 0,02 V/s ; $F = 10^5$ C/mol et RT = 2 500 J·mol^{-1}. Il vient $i_p = 2\ 10^{-8}$ A = 20 nA.

Exercice 19. Diagramme potentiel pH simplifié du fer**

19.1 Les conditions de précipitation de $Fe(HO)_{3(s)}$ sont telles que :

$$[Fe^{3+}]_0 \cdot [HO^-]_0^3 \geqslant K_{s2}.$$

D'après les conventions ci–dessus : $C_0 = [Fe^{3+}]_0 = 10^{-2}$ mol·L^{-1}

$$\Leftrightarrow [HO^-]_0 \geqslant \sqrt[3]{\frac{K_{s2}}{[Fe^{3+}]_0}} = 10^{-12} \text{mol} \cdot L^{-1} \Leftrightarrow pH_a = 2{,}0.$$

Les conditions de précipitation de $Fe(HO)_{2(s)}$ sont telles que :

$$[Fe^{2+}]_0 . [HO^-]_0^2 \geqslant K_{s1}.$$

D'après les conventions ci–dessus : $C_0 = [Fe^{2+}]_0 = 10^{-2}$ mol·L^{-1}

$$\Leftrightarrow [HO^-]_0 \geqslant \sqrt[3]{\frac{K_{s1}}{[Fe^{2+}]_0}} = 10^{-6{,}5} \text{mol} \cdot L^{-1} \Leftrightarrow pH_b = 7{,}5.$$

La figure ci-dessous donne la nature des couples du fer à considérer en fonction du pH :

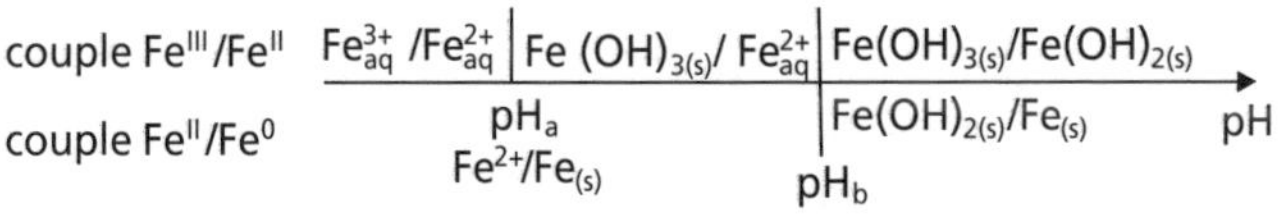

19.2 Si pH < 7,5, le couple présent est Fe2+(aq)/Fe(s).

$$Fe^{2+}{}_{(aq)} + 2\ e^- \rightleftarrows Fe_{(s)}$$

$$\Rightarrow E = E°(Fe^{2+}_{(aq)} / Fe_{(s)}) + \frac{0{,}06}{2}\log\left(\frac{[Fe^{2+}]}{C^{ref}}\right) \quad (1)$$

Si on applique les conventions de tracé, il vient :

$$\Rightarrow E = -\ 0{,}44 + 0{,}03 \cdot \log 10^{-2}$$

$$\Rightarrow \boxed{E = -0{,}50\ V} \quad (2)$$

On trace cette demi-droite (2) sur le graphe.

- Si pH > 7,5, on considère le couple $Fe(HO)_{2(s)}/Fe_{(s)}$. La constante K_{s1} est utilisable.

$$Fe(HO)_{2(s)} + 2\,H^+_{(aq)} + 2\,e^- \rightleftarrows Fe_{(s)} + 2\,H_2O$$

Mais, comme le potentiel de la solution peut s'exprimer à partir de n'importe quel couple présent, il suffit de reprendre l'expression (1) et de remplacer $[Fe^{2+}]$ par son expression en fonction du K_{s1} :

$$\Rightarrow E = E°(Fe^{2+}_{aq} / Fe_{(s)}) + \frac{0,06}{2}\log\left(\frac{[Fe^{2+}]}{C^{ref}}\right)$$

$$\Rightarrow E = E°(Fe^{2+}_{aq} / Fe_{(s)}) + \frac{0,06}{2}\log\left(\frac{K_{s1}\cdot[H^+]^2}{K_e^2}\right)$$

$$\Rightarrow E = E°(Fe^{2+}{}_{aq}/Fe_{(s)}) - 0,03\cdot pK_{s1} + 0,06\cdot pK_e - 0,06\cdot pH$$

$$\Rightarrow E = -0,44 - 0,03 \times 15,1 + (0,06 \times 14) - 0,06\cdot pH$$

$$\Rightarrow \boxed{E = -0,053 - 0,06\cdot pH} \qquad (3)$$

On trace cette demi-droite sur le graphe.

N.B : On vérifie la concordance des expressions (2) et (3) au point pH = 7,5.

19.3 Si 0 < pH < 2, le couple présent est $Fe^{3+}(aq)/Fe^{2+}(aq)$,

Comme nous l'avons vu précédemment :

$$Fe^{3+}{}_{(aq)} + e^- \rightleftarrows Fe^{2+}{}_{(aq)}$$

$$\Rightarrow E = E°(Fe^{3+}_{(aq)} / Fe^{2+}_{(aq)}) + 0,06\log\left(\frac{[Fe^{3+}]}{[Fe^{2+}]}\right) \qquad (4)$$

Si on applique les conventions de tracé, il vient :

$$\Rightarrow \boxed{E = 0,77\ V}$$

On trace cette demi-droite (4) sur le graphe.

- Si 2 ⩽ pH < 7,5, le couple $Fe(HO)_{3(s)}/Fe^{2+}{}_{(aq)}$ est majoritaire et la constante K_{s2} est utilisable.

$$Fe(HO)_{3(s)} + 3\,H^+_{(aq)} + e^- \rightleftarrows Fe^{2+}{}_{(aq)} + 3\,H_2O$$

Mais il est plus astucieux de reprendre l'expression (4) et de remplacer $[Fe^{3+}]$ comme suit :

$$\Rightarrow E = E°(Fe^{3+}_{(aq)} / Fe^{2+}_{(aq)}) + 0,06\log\left(\frac{K_{s2}\cdot[H^+]^3}{Ke^3\cdot[Fe^{2+}]}\right)$$

Si on applique les conventions de tracé, il vient :

$$\Rightarrow E = E°(Fe^{3+}{}_{aq}/Fe^{2+}{}_{aq}) - 0,06\cdot pK_{s2} + (3 \times 0,06)\cdot pK_e - 0,06\log C_0 - (3 \times 0,06)\cdot pH$$

$$\Rightarrow E = 0,77 - 0,06 \times 38 + 3 \times 0,06 \times 14 - 0,06\log 10^{-2} - 3 \times 0,06\cdot pH$$

$$\Rightarrow \boxed{E = 1,13 - 0,18\ pH} \qquad (5)$$

On trace cette demi-droite (5) sur le graphe.

N.B: On vérifie la concordance des expressions (2) et (3) au point pH = 2.

- Si pH $\geqslant$ 7,5, le couple $Fe(HO)_{3(s)}/Fe(HO)_{2(s)}$ est majoritaire ; les constantes K_{s1} et K_{s2} sont utilisables.

$$Fe(HO)_{3(s)} + H^+_{(aq)} + e^- \rightleftarrows Fe(HO)_{2(s)} + H_2O$$

Mais il est plus astucieux de reprendre l'expression (4) et de remplacer $[Fe^{3+}]$ et $[Fe^{2+}]$ comme suit :

$$\Rightarrow E = E°(Fe^{3+}_{(aq)} / Fe^{2+}_{(aq)}) + 0{,}06\log\left(\frac{K_{s2}\cdot[H^+]}{Ke\cdot K_{s1}}\right)$$

Si on applique les conventions de tracé, il vient :

$$\Rightarrow E = E°(Fe^{3+}_{(aq)}/Fe^{2+}_{(aq)}) - 0{,}06\cdot(pK_{s2} - pK_{s1}) + 0{,}06\cdot pK_e - 0{,}06\cdot pH$$

$$\Rightarrow E = 0{,}77 - 0{,}06\cdot(38 - 15{,}1) + 0{,}06 \times 14 - 0{,}06\cdot pH$$

$$\Rightarrow \boxed{E = 0{,}23 - 0{,}06\ pH} \qquad (7)$$

On trace cette demi-droite (7) sur le graphe.

N.B : On vérifie la concordance des expressions (7) et (6) au point pH = 7,5.

19.4 $\Rightarrow E = E°(Fe(HO)_{3(s)} / Fe^{2+}_{(aq)}) + 0{,}06\log\left(\frac{[H^+]^3}{[Fe^{2+}]\cdot(C^{ref})^2}\right)$

$$\Rightarrow E = E°(\ Fe(HO)_{3(s)}/Fe^{2+}_{(aq)}) - 0{,}06\cdot\log C_0 - 0{,}18\ pH$$

$$\Rightarrow E = E°(\ Fe(HO)_{3(s)}/Fe^{2+}_{(aq)}) + 0{,}12 - 0{,}18\ pH \qquad (6)$$

On peut facilement déterminer la valeur du potentiel standard du couple $Fe(HO)_{3(s)}/Fe^{2+}_{(aq)}$ par identification des expressions (5) et (6) :

$$E°(Fe(HO)_{3(s)}/Fe^{2+}_{aq}) + 0{,}12 - 0{,}18\ pH = 1{,}13 - 0{,}18\ pH$$

$$\Rightarrow \boxed{E°(Fe(HO)_{3(s)}/Fe^{2+}_{aq}) = +\ 1{,}01\ V}$$

De même :

$$\Rightarrow E = E°(Fe(HO)_{3(s)} / Fe(HO)_{2(s)}) + 0{,}06\log\left(\frac{[H^+]}{C^{ref}}\right)$$

$$\Rightarrow E = E°(Fe(HO)_{3(s)}/Fe(HO)_{2(s)}) - 0{,}06\ pH$$

$$\Rightarrow E = E°(Fe(HO)_{3(s)}/Fe(HO)_{2(s)}) - 0{,}06\ pH \qquad (8)$$

On peut facilement déterminer la valeur du potentiel standard du couple $Fe(HO)_{3(s)}/Fe(HO)_{2(s)}$ par identification des expressions (7) et (8) :

$$E°(Fe(HO)_{3(s)}/Fe(HO)_{2(s)}) - 0{,}06\ pH = 0{,}23 - 0{,}06\ pH$$

$$\Rightarrow \boxed{E°(Fe(HO)_{3(s)}/Fe(HO)_{2(s)}) = +\ 0{,}23\ V}$$

19.5

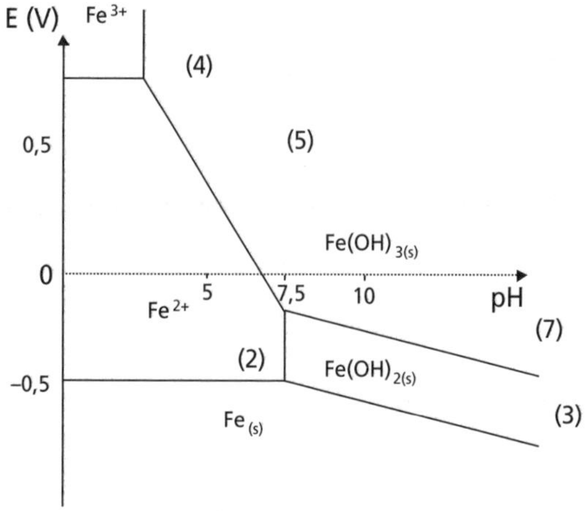

Exercice 20. L'accumulateur Ni-MH et Lithium ion*

20.1 $Q = 800 \text{ mA} \cdot \text{h} = I \cdot \Delta t$

en exprimant I en A et Δt en s, il vient **Q** = 0,800 × 3600 = **2,88 × 10³** C

20.2 $Q = I \cdot \Delta t$

$$\boxed{I = \frac{Q}{\Delta t}}$$

$$\mathbf{I} = \frac{2{,}88 \times 10^3}{15 \times 60} = \mathbf{3{,}2\ A}$$

20.3 $\boxed{\Delta t = \frac{Q}{I}}$

$$\mathbf{\Delta t} = \frac{2{,}88 \times 10^3}{0{,}27} = 1{,}1 \times 10^4 \text{ s} = \mathbf{1{,}8 \times 10^2\ min}$$

20.4 Le lithium est un métal alcalin, il se situe donc dans la première colonne du tableau périodique, d'où un caractère réducteur très marqué (potentiel redox très négatif). De plus sa masse molaire en fait un des éléments les plus légers de la classification périodique, caractéristique cruciale pour des applications en véhicules électriques légers avec une plus grande autonomie par rapport aux accumulateurs plomb.

20.5 $E_{él} = P_{él} \cdot \Delta t = U \cdot I \cdot \Delta t$ $\boxed{E_{él} = U \cdot Q}$

$$E_{él} = 3{,}7 \times 4\,320 = 1{,}6 \times 10^4 \text{ J} = \mathbf{4{,}4\ Wh}$$

Exercice 21. Corrosion du fer dans une solution acide*

21.1 Dans la solution le fer se corrode suivant $Fe \rightarrow Fe^{2+} + 2\ e^-$

Les protons se réduisent en dihydrogène. La réaction globale s'écrit alors :

$$Fe + 2\ H^+ \rightleftarrows Fe + H_2$$

21.2 En considérant les droites de Tafel pour la dissolution du fer et la réduction des protons ; il suffit de faire l'égalité des deux équations de Tafel pour obtenir le potentiel mixte de corrosion.

$$E_{corr} = [\left[\ln\frac{J_{0C}}{J_{0A}} + \frac{F}{RT}(\alpha n_a \rho_{Fe} + \beta n_C \rho_{H^+}) \right] \times \left[\frac{1}{\frac{F}{RT}(\alpha n_a + \beta n_C)} \right]$$

$$\text{A.N : } E_{corr} = -0{,}279 \text{ V/ESH}$$

La densité de courant d'échange est donnée par :

$$J_{corr} = J_{OA} e^{\frac{\alpha n_a}{RT}(E_{corr} - E_{Fe})}$$

$$\text{A}\cdot\text{N : } J_{corr} = 1{,}4 \cdot 10^{-4}\ \text{A}\cdot\text{cm}^{-2}$$

21.3 La vitesse de diminution de l'épaisseur de la plaque est donnée par :

$$V = \frac{e}{t} = \frac{J_{corr} \times M_{Fe}}{nF\rho_{Fe}}$$

$$\text{A}\cdot\text{N : } V = 4{,}05\ 10^{-5}\ \text{mm}\cdot\text{s}^{-1}.$$

QCM

Les affirmations suivantes sont-elles vraies ou fausses ?

Piles et électrolyse

1 L'intensité débitée par une pile dépend principalement de la force électromotrice de cette pile.

2 Lorsqu'une pile débite à travers une résistance constante, l'intensité ne varie quasiment pas au cours du temps, sauf lorsque la pile est usée.

3 Dans une cellule électrochimique, les cations de l'électrolyte peuvent accepter des électrons et les transférer de la cathode à l'anode.

4 Dans une cellule électrochimique, les cations se déplacent vers la cathode, les anions vers l'anode.

5 Dans une pile comme dans un électrolyseur en fonctionnement, les électrons circulent toujours de l'anode vers la cathode.

6 Pour réaliser une électrolyse à intensité constante, il faut appliquer une tension aux bornes de la cellule, dont la valeur dépend de celle de l'intensité désirée.

7 Lorsqu'on branche une source de tension aux bornes d'une cellule électrochimique, la réaction se déroule dans le sens non spontané : réduction du moins bon oxydant et oxydation du moins bon réducteur.

8 Une cellule électrochimique fonctionnant dans l'eau peut avoir une force électromotrice supérieure à la différence des potentiels d'oxydation et de réduction de l'eau.

Réaction électrochimique

9 Une interface électrode|électrolyte est à l'équilibre si le potentiel électrostatique de chacune des phases est identique.

10 Au voisinage immédiat de l'interface électrode|électrolyte, la solution électrolytique n'est pas électriquement neutre.

11 Lorsqu'on atteint le régime de limitation par la diffusion, la courbe $i(E)$ présente un palier.

12 Les espèces ayant le plus gros rayon (atomique ou ionique) sont celles qui diffusent le moins vite en solution.

13 On peut obtenir un régime de diffusion stationnaire en l'absence de convection.

14 Pour un couple rapide en régime stationnaire, la vitesse de diffusion de l'espèce électroactive est plus faible que la vitesse de l'échange d'électrons à l'électrode.

15 Dans une expérience de voltamétrie cyclique, le courant diminue dès lors qu'il devient limité par la diffusion de l'espèce électroactive.

16 Dans une cellule conductimétrique fonctionnant sous tension alternative, il n'y a pas de réaction d'oxydation/réduction aux électrodes.

Phénomènes de corrosion

17 La corrosion humide d'une pièce métallique uniforme et sans défaut se produit principalement dans les zones où l'agent oxydant est le moins concentré.

18 Du seul point de vue thermodynamique, un métal devient plus facilement oxydable lorsque le pH diminue.

19 On peut prévoir la vitesse de corrosion comparée de deux métaux en milieu acide aqueux en comparant leur potentiel d'oxydation respectif.

20 On peut protéger un métal de la corrosion en l'oxydant électrochimiquement.

Réponses

1 FAUX : C'est principalement la résistance à travers laquelle la pile débite qui fixe l'intensité. La force électromotrice (ou tension en circuit ouvert) est une grandeur thermodynamique qui correspond à l'énergie maximale que peut fournir la pile, mais la vitesse avec laquelle cette énergie est délivrée dépend du circuit extérieur.

2 VRAI : C'est une conséquence de la loi de Nernst. Tant que les réactifs et produits sont présents, les potentiels d'électrode varient peu et donc la tension aux bornes de la pile reste quasiment constante. Si la résistance à travers laquelle la pile débite ne varie pas non plus, l'intensité reste constante. Ce n'est qu'en fin de décharge qu'on observe une variation du fait de la disparition du réactif limitant.

3 FAUX : Le transfert de charge dans l'électrolyte se fait par conduction ionique et non électronique.

4 FAUX : Les cations migrent vers la cathode, mais ils peuvent diffuser vers l'anode s'ils y sont oxydés (idem pour les anions qui peuvent diffuser vers la cathode s'ils y sont réduits). La migration et la diffusion peuvent se produire en sens contraire au voisinage des électrodes...

5 VRAI : Par définition, l'anode étant le lieu de l'oxydation, les électrons y sont produits et circulent jusqu'à la cathode où ils sont consommés par la réduction, et ceci qu'il y ait ou non une source extérieure.

6 VRAI : Ceci est dû aux surtensions et à la chute ohmique. L'apparition d'un courant nécessite l'application d'une tension minimale (différence des potentiels thermodynamiques donnés par la loi de Nernst) mais la valeur de ce courant est conditionnée par les cinétiques des réactions aux électrodes et par les pertes par effet Joule.

7 FAUX : Le fait de brancher une source de tension n'implique pas une électrolyse. On peut fort bien forcer la réaction spontanée à produire plus de courant que l'intensité de court-circuit fixée par la force électromotrice et la résistance interne. C'est le cas par exemple dans la protection cathodique à courant imposé.

8 FAUX : Les potentiels d'oxydation et de réduction du solvant fixent la gamme de potentiels maximale pour les réactions redox se déroulant dans ce solvant. Mais attention : ces potentiels ne sont pas nécessairement les potentiels thermodynamiques ! Ainsi, dans l'eau, une cellule peut avoir une force électromotrice supérieure à 1,23 V (cas des piles Leclanché, de l'accumulateur au plomb etc.).

9 FAUX : L'interface est à l'équilibre si l'électron a la même énergie dans chaque phase, mais ceci n'implique pas la même valeur de potentiel (cf. chap. 1).

10 VRAI : C'est la double couche électrochimique, zone où peut exister un excès de charge compensant la charge du métal. L'épaisseur de cette zone est la longueur de Debye.

11 FAUX : On peut atteindre le régime de limitation par la diffusion avant d'observer un palier (c'est le cas pour les couples rapides...). Le fait que le courant soit limité par la diffusion n'implique pas que celui-ci soit constant.

12 FAUX : La vitesse de diffusion a bien quelque chose à voir avec la taille de l'espèce mais ce sont les rayons solvatés qui fixent le coefficient de diffusion, pas les rayons ioniques. Ainsi, dans la série des ions alcalins, le lithium diffuse moins vite que le sodium bien que son rayon ionique soit plus petit.

13 VRAI : La convection n'est qu'un moyen parmi d'autres d'obtenir un régime de diffusion stationnaire, l'utilisation de microélectrodes en est un autre.

14 FAUX : En régime stationnaire, transfert de matière et transfert d'électrons procèdent à la même vitesse, sinon il y aurait accumulation quelque part ! La notion de couple rapide implique que c'est le transport qui est limitant, mais cela ne veut pas dire qu'il va moins vite que le transfert de charge...

15 FAUX : (voir question 11). Le régime de limitation par la diffusion n'implique rien sur le sens de variation du courant avec le potentiel. En régime non stationnaire, ce n'est que lorsque le potentiel d'électrode ne varie pas que le flux de diffusion (et donc le courant pour un couple rapide) doit diminuer. Mais dans une expérience de voltamétrie cyclique, le potentiel varie avec le temps... on a donc compétition entre l'augmentation de la différence de concentration du réactif au voisinage de l'électrode au cours du balayage et l'extension de la couche de diffusion : le gradient qui est le rapport de ces deux quantités peut donc augmenter ou diminuer !

16 VRAI : C'est bel et bien la double couche qui ferme le circuit et non une réaction redox. Ceci illustre le fait que le courant mesuré dans une cellule n'est pas nécessairement d'origine faradique, mais peut être de nature capacitive. Dans ce dernier cas cependant, le courant ne peut pas être continu, c'est pourquoi on utilise une tension alternative dans les cellules conductimétriques.

17 VRAI : Bien que paradoxale au premier abord, cette affirmation est une conséquence du fait que la corrosion humide est un processus électrochimique (une pile...) et non une réaction d'oxydo-réduction. L'agent oxydant ne réagit pas directement avec le métal, mais par le biais d'une pile de concentration. La zone de plus forte concentration (correspondant au potentiel de réduction le plus élevé) constitue la cathode et donc c'est la zone de plus faible concentration qui constitue l'anode, c'est-à-dire la zone de corrosion.

18 FAUX : Certes la corrosion est généralement favorisée en milieu acide... mais le potentiel d'oxydation du métal (son caractère oxydable) diminue quand le pH... augmente ! Il suffit de regarder les diagrammes de Pourbaix pour s'en convaincre, ou la loi de Nernst, puisque les protons y figurent au numérateur.

19 FAUX : La vitesse de corrosion d'un métal dépend principalement de la vitesse de réduction de l'agent oxydant (dioxygène, eau) sur ce métal... lorsque cette réaction est lente (forte surtension), la corrosion le sera aussi et ce même si le métal a un potentiel d'oxydation très bas (cas du zinc par exemple). Le fait de coupler deux métaux différents entraîne généralement la corrosion accélérée du plus oxydable (corrosion galvanique) simplement parce que la réduction de l'agent oxydant ne se produit plus sur ce métal mais sur l'autre...

20 VRAI : C'est le principe de la protection anodique. Elle nécessite une passivation par formation d'une couche d'oxyde protectrice (cas de l'anodisation de l'aluminium).

FICHES TP

1 DISCRIMINATIONS DES COURANTS FARADIQUE ET CAPACITIF PAR POLAROGRAPHIE

Objectifs

Visualiser la différence entre courants faradique et capacitif et en mesurer les caractéristiques respectives.

Matériel

- Cellule électrochimique
- Stand polarographique
- Potentiostat
- Bouteille d'azote
- Fils de connexion
- 1 EGM
- 1 contre-électrode en Pt
- 1 électrode de référence (AgCl|Ag)

Produits et solutions

- Solution de KNO_3 0,1 m (A)
- Solution de $PbNO_3$ 2 10^{-5} M dans la solution A (B)

Protocole

- Rincer soigneusement la cellule électrochimique et mettre en place les électrodes.
- Sélectionner l'électrode de mercure à goutte pendante (HMDE) et la polarographie continue échantillonnée (« tast polaro ») avec les paramètres suivants :
  - Incrément de potentiel : 5 mV
  - Gamme de potentiel : 0 à –0.7 V (à adapter au cas où une résistance additionnelle décalerait le pic de réduction du plomb)
  - Durée du dégazage (N_2) = 5 minutes avant la première mesure, 30 s entre chaque mesure.
  - Incrément de temps τ : de 1 à 10 ms par pas de 1 ms.
  - Pour chaque solution, enregistrer la courbe i(E) correspondant à chaque valeur de l'incrément de temps.

Principaux résultats et discussion

Il s'agit ici de profiter des avantages de l'électrode à goutte de mercure (fenêtre de potentiel plus large en réduction permettant l'analyse de solutions aqueuses de cations métalliques, absence d'adsorption susceptible de modifier la surface de l'électrode au cours du balayage en potentiel) afin d'enregistrer les chronoampérogrammes correspondant respectivement à la solution d'électrolyte (courant capacitif seul) et à la solution d'analyte (courant faradique + courant capacitif).

Les appareils polarographiques commerciaux ne permettent pas en général d'effectuer directement une chronoampérométrie, aussi la réalise-t-on de manière indirecte. Pour chaque valeur de potentiel imposé à l'électrode, le courant est mesuré au bout d'une valeur τ, conduisant à une courbe i(E) : en faisant varier la durée τ, on obtient un réseau de courbes i(E,τ) à partir duquel on reconstitue le chronoampérogramme.

L'allure observée pour les courbes i(E) pour des valeurs croissantes de τ est la suivante :

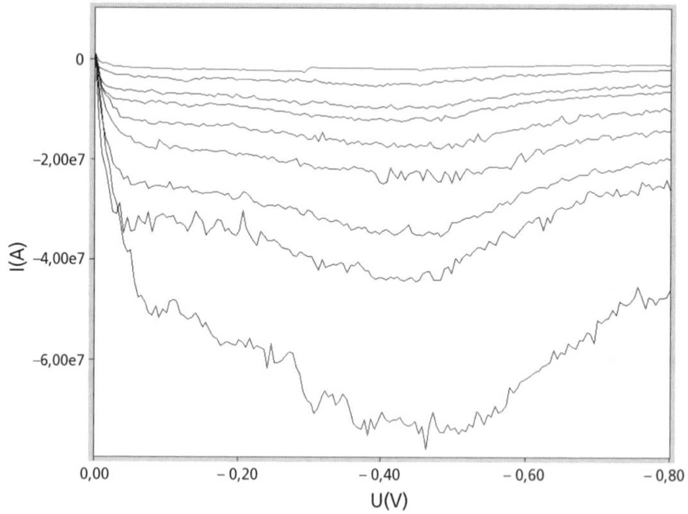

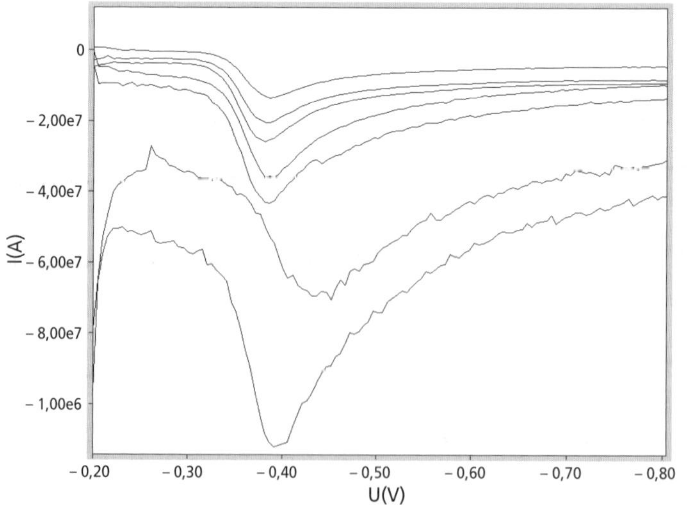

Dans le cas de la solution (B), on observe le pic caractéristique du courant de réduction de Pb^2 (courant faradique), alors que pour la solution (A), on observe une courbe plate (courant capacitif) sauf au voisinage du potentiel de charge nulle (cf. la variation de la capacité de double couche dans le modèle de Gouy-Chapman).

Exploitation

- Dans le cas de la solution de KNO_3, le chronoampérogramme est fitté par une équation de la forme :

$$I_c = \frac{\Delta E}{R_s} \exp\left(\frac{-t}{R_s C_d}\right)$$

La pente de la droite $\ln I_c = f(t)$ donne la valeur de la constante de temps du circuit RC associé à la double couche électrochimique (cf. chap. 2) :

$$R_S C_d = \frac{\rho \varepsilon \pi r_0}{\ell_D} = \rho \pi \; r_0 F \sqrt{\frac{2\varepsilon}{RT} C_{el}}$$

r_0 est le rayon de la goutte de mercure, C_{el} la concentration de l'électrolyte, ρ est la résistivité et ε la constante diélectrique de la solution électrolytique.

On mesure typiquement une constante de temps de l'ordre de 0,3 ms, ce qui conduit à une capacité de double couche de 0,4 µF.

- Dans le cas de la solution de $PbNO_3$, on mesure la somme du courant capacitif précédent et d'un courant faradique dont l'expression est donnée par l'équation de Randles adaptée à une électrode sphérique :

$$I_F = 0{,}446(nF)^{3/2} \sqrt{\frac{7D}{3RT}} A C^* \sqrt{\mathrm{v}}$$

(A : aire de la goutte ; C^* : concentration en Pb^{2+} ; v : vitesse de balayage)

d'où l'on tire : $D = \frac{3}{7}\frac{RT}{nF}\left(\frac{\sigma}{0.446 nFSC^*}\right)^2$

avec σ : pente de la droite $I_F = f(\mathrm{v}^{1/2})$

On obtient un coefficient de diffusion de l'ordre de 2,5 10^{-5} cm^2s^{-1} pour Pb^{2+}.

Données

Conductivités ioniques à dilution infinie à 25 °C.

	$\lambda°$/mS m² mol⁻¹
K^+	7,35
NO^{3-}	7,14

$\varepsilon = 78\ \varepsilon_0 = 6.9\ 10^{-10}$ F m^{-1}

$A = 0{,}6$ mm² ($r_0 = 0{,}22$ mm)

2 Utilisation d'ultramicroélectrodes pour l'analyse de la diffusion et de la cinétique de transfert électronique

Objectifs

Visualiser la différence entre les courants obtenus sur des électrodes conventionnelles et des UME et mesurer exactement des coefficients de diffusion. Apprécier la rapidité du transfert électronique.

Matériel

- Cellule électrochimique
- Potentiostat avec compensation de chute ohmique
- Bouteille d'azote
- Fils de connexion
- Deux UME (50 et 100 µm)
- 1 contre-électrode en Pt
- 1 électrode de référence (ex. AgCl|Ag)

Produits et solutions

- Solution de $LiBF_4$ ou NEt_4BF_4 0,1 m dans CH_3CN (A)
- Solution de ferrocène environ 10^{-3} m dans la solution A (B)

Protocole

- Rincer soigneusement la cellule électrochimique et mettre en place les électrodes.
- Introduire la solution sans composé actif dans la cellule et dégazer (N_2) 2 min avant la première mesure. (a priori l'électrochimie du ferrocène est peu sensible à l'oxygène)
  - Tracer une courbe (Gamme de potentiel : 0 à 2 V)
  - Introduire la solution de ferrocène.
- Pour chaque solution, enregistrer une série de courbes i(E) correspondant à des vitesses de balayage croissantes.

Ensuite, enregistrer des courbes de chronoampérométrie à différents temps totaux, en faisant varier entre quelques µs et quelques s le temps d'acquisition de la courbe.

Principaux résultats et discussion

En chronoampéromètrie, les courants sont donnés par les lois de Cottrell et de Shoup et Szabo (voir partie exploitation).

En voltamétrie cyclique, même si l'équation de la courbe n'est pas analytique, sa forme change et prend, aux vitesses basses de balayage (*i.e.* aux vitesses basses des microélectrodes conventionnelles, de 0,02 à 1 V/s), la forme d'une courbe stationnaire. Par contre, aux hautes vitesses, on retrouve la forme classique de la voltamétrie cyclique, lorsque l'épaisseur de la couche de diffusion devient petite par rapport aux dimensions de l'électrode. La valeur de la couche de diffusion étant égale à $\delta = (\pi D\tau)^{1/2}$, ou τ est le temps caractéristique de la mesure, on passe donc en augmentant la vitesse de balayage d'un régime de pure diffusion sphérique ($\delta >> r$) à un régime de diffusion plane ($\delta << r$). La figure ci-dessous représente l'allure des voltammogrammes obtenus à vitesses basses et intermédiaires sur une UME de 50 µm de diamètre.

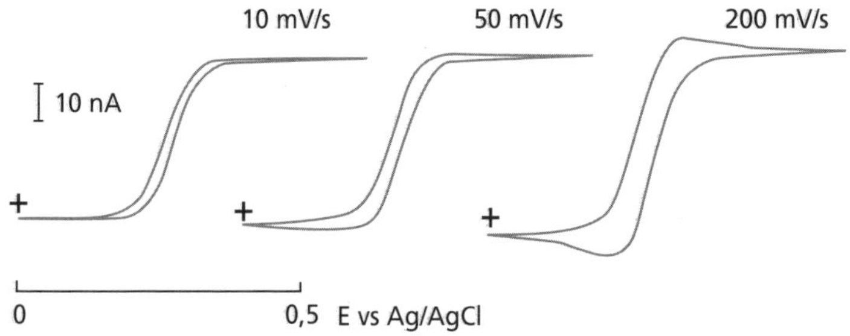

La courbe à basse vitesse est donc en mode de transport stationnaire, comparé à la vitesse de balayage, c'est donc une courbe semi-logarithmique de la forme $i = i_0$ [1/(1+ exp(–F(E–E°)/RT)] (pour une oxydation et un électron échangé, comme par exemple pour une électrode tournante. Toutefois, à la différence de l'électrode tournante, dans ce cas particulier le courant limite i_0 prend la valeur 4FDC*r liée au flux stationnaire de la diffusion hémisphérique (C* : concentration du réducteur en solution). En mode intermédiaire, la valeur du courant revient à la formule classique sur une électrode plane, mais avec le terme stationnaire toujours présent, qui ne peut toujours pas être négligé dans ce cas. La courbe prend l'aspect d'un plateau surmonté d'un pic. L'expression générale est très compliquée, mais celle du courant de pic est plus simple et est égale à $i = C^*\{2{,}6FDr + 1{,}4\ v^{1/2}F^{3/2}r^2(D/RT)^{1/2}\}$ (il est facile de vérifier que le second terme correspond au terme classique $0{,}446\ F^{3/2}AC^*\ v^{1/2}\ (D/RT)^{1/2}$, puisque la surface est égale à πr^2). En mode très rapide (à condition d'avoir un potentiostat adéquat) on peut ensuite négliger le terme constant.

Exploitation

a) Analyse qualitative du changement de régime, et mesure de la cinétique électrochimique

Tracer le courant de pic en VC en fonction de la vitesse de balayage. Conclure quant au changement de régime du transport. On proposera une première évaluation du coefficient de diffusion du ferrocène en considérant que, au niveau du changement de régime, la couche de diffusion « classique », d'épaisseur $(\pi Dt)^{1/2}$ est exactement égale au diamètre de l'électrode.

Tracer le potentiel de pic en fonction de la vitesse de balayage. En déduire autour de quelle vitesse de balayage le système du ferrocène commence à devenir lent du point de vue de la cinétique électrochimique. En déduire une estimation de la constante de vitesse de transfert électronique, à l'aide de la loi de Butler-Volmer.

Si vous disposez du logiciel DIGISIM, introduire les valeurs trouvées dans le programme et comparer la courbe théorique fournie par le programme avec les courbes expérimentales.

b) Exploitation des courbes de chronoampérométrie – Mesure du coefficient de diffusion

L'équation de Shoup et Szabo (diffusion hémisphérique) donne la forme analytique du courant obtenu sur UME, qui est en fait la somme du courant « classique » (de Cottrell) et du courant constant du à la diffusion hémisphérique.

$$i = \underbrace{\left(\frac{8}{\pi^2}\right) \times F \times A \times C \times \left(\frac{D}{\pi t}\right)^{1/2}}_{\textit{Diffusion plane}} + \underbrace{4 \times F \times D \times C \times r}_{\textit{Diffusion sphérique}}$$

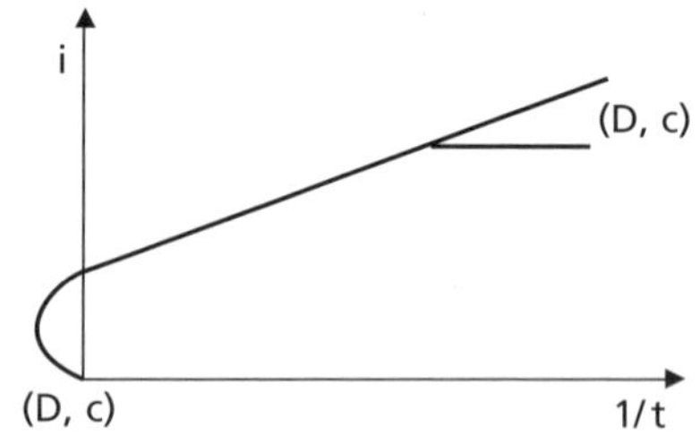

En déduire (avec précision) le coefficient de diffusion D et la surface de l'électrode A. Discuter l'incertitude sur la surface de l'électrode.

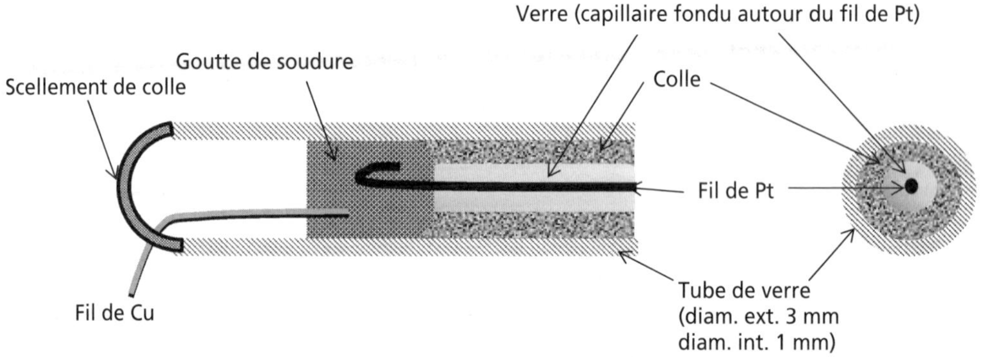

Représentations de l'ultramicroélectrode vue de profil (à gauche) et vue de dessous (à droite). La soudure est solidifiée à la flamme. La surface est polie pour faire apparaître le disque micrométrique initialement scellé dans le capillaire de verre.

Données

Coefficient de diffusion du ferrocène dans l'acétonitrile : $(2{,}62 \pm 0{,}01) \times 10^{-5}$ cm^2 s^{-1}.

3 SYNTHÈSE ET ÉTUDE DE LA POLYANILINE

Objectifs

Il s'agit de synthétiser un film mince de polyaniline et d'en étudier les propriétés électrochimiques et spectroscopiques.

La polyaniline est un poly (cycle aromatique) comportant des cycles benzéniques reliés entre eux dans la position « para » par des atomes d'azote (structure idéale) :

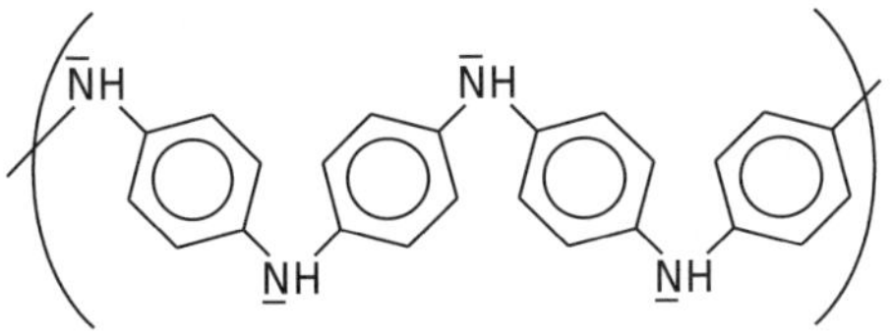

Le polymère est issu du couplage tête à queue de radicaux de l'aniline formés par oxydation du monomère, et existe sous trois états d'oxydation, formes stables qui peuvent être protonnées ou non (voir figure 1).

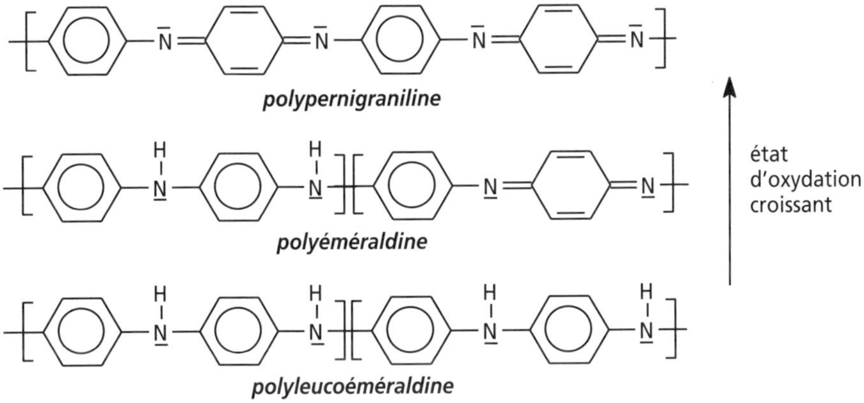

Différents états d'oxydation de la polyaniline et leur dénomination.

Parmi ces différentes formes du polymère, seul change l'état d'oxydation de l'azote: son nombre d'oxydation moyen (vs. H) passe de –I (polyleucoéméraldine) à –0,5 (polyéméraldine) puis 0 (polypernigraniline). En parallèle, la proportion de cycles quinoïdiques augmente de 0 à 50 % par rapport aux cycles aromatiques.

La polyaniline a connu un essor important au début des années 1980 avec les travaux de A.J. Bard et A. Mc Diarmid (prix Nobel 2000) aux États-Unis et E. Géniès en France et la mise en évidence de ses propriétés de conduction électronique. Des applications dans le domaine des batteries, des capteurs électrochimiques et des dispositifs électrochromes ont été développées dans les années 1990-2000.

Matériel

- Cellule électrochimique
- Potentiostat
- Électrode ITO
- Support électrode
- Fils de connexion
- 1 contre-électrode en Pt
- 1 électrode de référence (ECS)
- Pince

Produits et solutions

- Aniline
- Solution d'acide sulfurique 1 m

Protocole

- Introduire dans une cellule électrochimique, 0,5 ml d'aniline[1] dans 50 ml d'acide sulfurique molaire. Les électrodes utilisées sont :
  - une plaque d'ITO[2] (électrode de travail, largeur 0,8 cm)
  - électrode au calomel saturé (électrode de référence)
  - fil de platine (électrode auxiliaire)

  On veillera à positionner la face conductrice des plaques d'ITO en face de l'électrode de référence et à n'immerger que 1 cm^2 environ pour limiter le courant.
- Connecter les électrodes au potentiostat.
- 2 types de films seront réalisés :

  a) par cyclage de potentiel entre –0,2 V et +0,95 V (60 cycles) à 100 mV/s

  b) à potentiel constant : +0,95 V pendant 200 s.

  Après synthèse, les films seront rincés abondamment à l'eau et la solution de la cellule sera remplacée par une solution d'acide sulfurique 1 m.
- Enregistrer 5 cycles de voltampérométrie cyclique à 50 mV/s entre –0,4 V et +0,7 V, puis 2 cycles en faisant varier la vitesse de balayage : 10 ; 20 ; 50 ; 100 ; 200 mV/s.
- Observer les changements de couleur du film entre l'état réduit et l'état oxydé, en réalisant des sauts de potentiel entre +0.6 V et –0.3 V pendant 10 cycles de 10 secondes.
- Enregistrer le spectre UV-visible du film entre 400 et 800 nm après l'avoir sorti de la cellule dans l'état réduit et dans l'état oxydé.

Principaux résultats et discussion :

Si on la compare à la méthode chimique, la synthèse électrochimique offre l'avantage d'être « propre », car elle permet d'éviter toute étape d'extraction du mélange monomère-oxydant-solvant. Un deuxième avantage est de pouvoir suivre l'évolution de la

1. Même si l'aniline n'a pas besoin d'être fraîchement distillée, il faut veiller à ce qu'elle ne soit pas déjà oxydée dans le flacon…
2. ITO : électrode semi-conductrice transparente (Indium Tin Oxide).

polymérisation en temps réel (par voltampérométrie cyclique ou chronoampérométrie, cf. ci-dessous). Enfin, le polymère est obtenu sous forme de film déposé sur l'électrode.

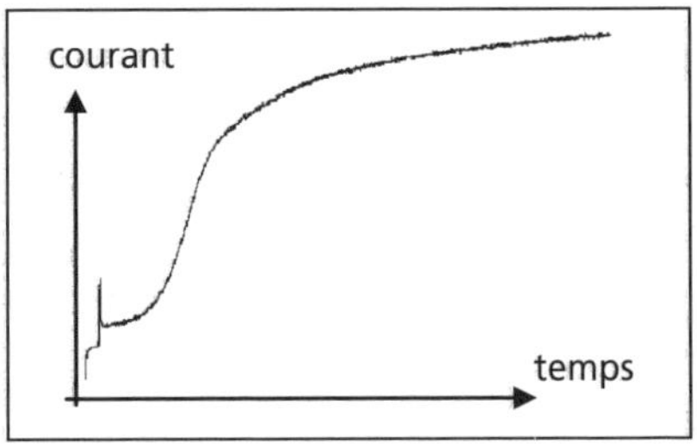

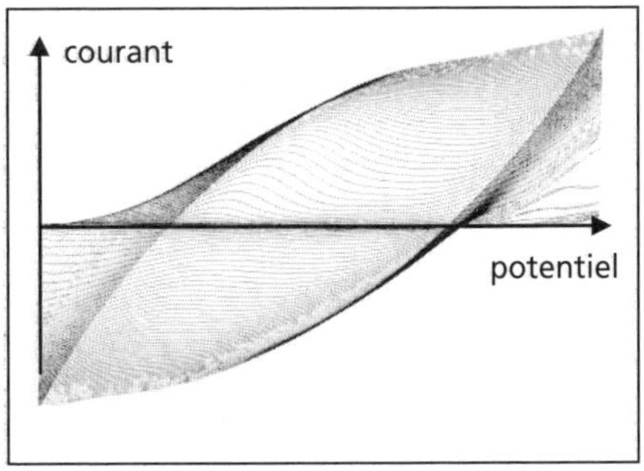

Chroampérogramme (gauche) et voltampérogrammes successifs (droite) lors de l'électropolymérisation de l'aniline.

Théoriquement, deux électrons sont nécessaires pour oxyder l'aniline en polyleucoéméraldine. Cependant, le polymère s'oxyde en même temps que le monomère, ce qui requiert une fraction δ de charge supplémentaire ; δ est appelé taux de dopage et la réaction d'électropolymérisation peut être représentée par :

$$nHMH - (2+\delta)ne^- + \left(n\frac{\delta}{2}\right)X^{2-} \rightarrow [(M)_n^{n\delta+}, \left(n\frac{\delta}{2}\right)X^{2-}] + 2nH^+$$

où M représente l'unité de répétition (HMH est le monomère de départ) et X^{2-} le contre-ion provenant de l'électrolyte (sulfate ici).

Le taux de dopage δ peut être évalué à partir de l'équation :

$$\delta \approx \frac{2Q_r}{Q_s - Q_r}$$

où Q_s est la charge de synthèse du film (par unité d'aire d'électrode) et Q_r la charge permettant d'oxyder le polymère une fois formé.

Des valeurs typiques de 25 % sont généralement mesurées.

Une fois la synthèse réalisée, il est possible de vérifier l'électroactivité du film en le cyclant dans une solution d'acide sans monomère (cf. ci-dessous).

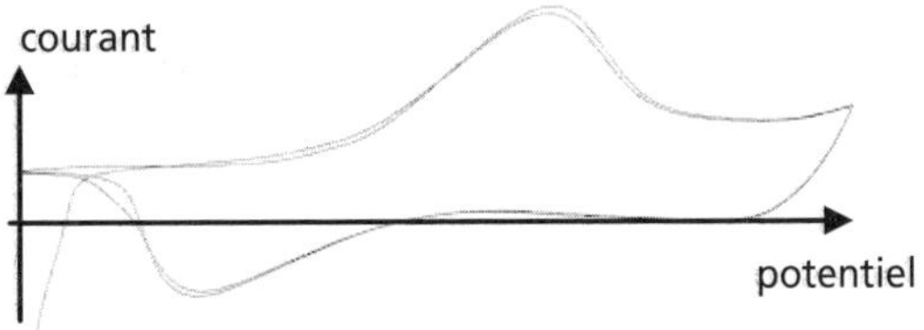

CV du film de PANI à 20 mV/s

On vérifie notamment que le cyclage n'entraîne pas de diminution du courant (il arrive fréquemment que le voltammogramme diffère entre le premier et le second cycle).

La polyaniline présente par ailleurs des propriétés électrochromes, c'est-à-dire une coloration différente selon l'état redox : jaune pâle à l'état réduit, bleu foncé à l'état oxydé. Ce changement de coloration peut être facilement observé sur l'électrode transparente en appliquant des sauts de potentiel. La signature spectroscopique de l'état réduit et de l'état oxydé peut être obtenue en plaçant l'électrode dans la cuve d'un spectrophotomètre : la bande d'absorption située dans le bleu lorsque la polyaniline est dans l'état réduit disparaît dans l'état oxydé pour faire place à une bande large s'étendant dans le rouge et le proche IR.

4 REDISSOLUTION DE MÉTAL EN RÉGIME DE DIFFUSION STATIONNAIRE

Objectifs

Mise en œuvre de la diffusion stationnaire sur électrode tournante dans le cas de la redissolution de métal préalablement électrodéposé.

Principe

La manipulation s'effectue en 2 étapes : lors de la première, on électrodépose, à courant imposé i_d, une couche de cuivre métallique sur l'électrode d'or pendant une durée t_d. Dans une deuxième étape, la couche de cuivre est redissoute par les ions Fe(III), à courant nul (en circuit circuit ouvert). La vitesse de dissolution du cuivre est limitée par la vitesse de diffusion des ions Fe(III) en solution. Celle-ci peut être modélisée par l'équation de Levich en réalisant la manipulation sur électrode tournante.

Matériel

- Cellule électrochimique
- Potentiostat
- Bouteille d'azote
- Fils de connexion
- 1 électrode à disque tournante à disque en or
- Contrôleur de vitesse pour l'électrode tournante.
- 1 contre-électrode en Pt
- 1 électrode de référence (AgCl|Ag)

Produits et solutions

- solution de sulfate de cuivre(II) 0,2 m dans l'acide sulfurique 0,1 M
- solution de sulfate de Fe(III) et d'ammonium 0,01 M dans $NaCl_{sat}$
- solution d'acide nitrique 1 M

Protocole

Les mesures sont réalisées sur électrode à disque d'or. L'électrode de référence est une ECS et l'électrode auxiliaire un fil de Pt.

- Introduire dans la cellule la solution de Cu(II) dans H_2SO_4.
- Désoxygéner la solution par barbotage d'azote pendant 5 minutes.
- Régler la vitesse de rotation de l'électrode sur 100 rpm.

- Sélectionner la potentiométrie à courant imposé.
- Appliquer **–1 mA** (c'est-à-dire 1 mA en polarisant l'électrode négativement) pendant une durée **t_d = 30 s**. Enregistrer la variation du potentiel E(t) pendant cette durée.
- Rincer l'électrode et la cellule à l'eau distillée.
- Introduire la solution de Fe(III) 10^{-2} M dans $NaCl_{sat}$ dans la cellule.
- Régler la vitesse de rotation de l'électrode sur **Ω = 800 tr min^{-1} (Attention : effectuer ce réglage avec l'électrode hors de la solution).**
- Enregistrer la courbe E(t) en circuit ouvert (courant nul).

On veillera à déclencher simultanément la rotation de l'électrode et l'acquisition du signal en potentiel.

- Déterminer la durée τ de redissolution du cuivre.
- Nettoyer l'électrode en la plongeant quelques instants dans une solution HNO_3 1M puis la rincer à l'eau distillée.

Réitérer la manipulation en faisant varier successivement :

- Temps de dépôt (s) : 30 ; 60 ; 90 ; 120 (à Ω = 800 tr min^{-1})
- Vitesse de rotation (tr min^{-1}) : 200 ; 400 ; 600 ; 800 ; 1000 (à t_d = 30 s)

Exploitation

L'application de la loi de Faraday donne l'expression de la quantité de cuivre déposée à partir du Cu(II) en fonction de t_d :

$$n_{Cu} = \frac{i_d t_d}{2F} \quad (1)$$

D'autre part, la vitesse de dissolution moyenne s'exprime par :

$$r = \frac{n_{Cu}}{A\tau} \quad (2)$$

D'où en combinant (1) et (2) :

$$\tau = \frac{i_d}{2FAr} t_d \quad (3)$$

Le courant de diffusion stationnaire au cours de l'étape de redissolution est relié à la vitesse de dissolution du cuivre par :

$$|i| = FAr = FA\frac{D}{\delta}C_{Fe}$$

où C_{Fe} est la concentration en Fe(III) au sein de la solution.

D'où on déduit :

$$r = \frac{D}{\delta}c_{Fe} = 0{,}62\ \nu^{-1/6}\ D^{2/3}\ \omega^{1/2}c_{Fe} \quad (4)$$

Principaux résultats et discussion

- La variation de potentiel lors de la redissolution du cuivre présente une forme similaire à celle d'un titrage potentiométrique (saut). En effet, on peut voir la redissolution comme une réaction du titrage du cuivre métallique par les ions Fe(III), dont l'apport est contrôlé par la vitesse de rotation de l'électrode (qui joue en quelque sorte le rôle d'une burette automatique dans un titrage volumétrique). La stœchiométrie de la réaction est 1:1 du fait du milieu riche en chlorure qui stabilise l'ion Cu(I), de sorte que la redissolution s'écrit : Cu + Fe(III) $\rightarrow$ Cu(I) + Fe(II)

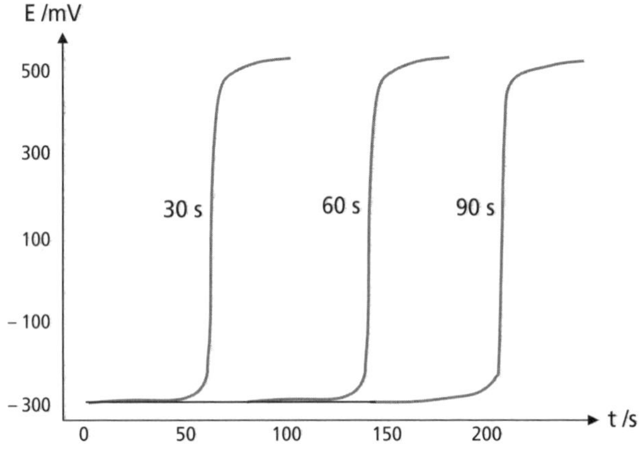

Allure des courbes potentiel-temps lors de la redissolution selon la durée d'électrodéposition τ_d.

Au moment de l'équivalence (disparition du cuivre métal), le potentiel passe brusquement d'une valeur correspondant au couple Cu(I)/Cu(0) à une valeur correspondant au couple Fe(III)/Fe(II), d'où le saut.

- La courbe $\tau = f(t_d)$ à $\Omega = 800$ tr min^{-1} permet de vérifier la relation (3). En effet, à vitesse de rotation fixée, c'est-à-dire à vitesse de dissolution *r* fixée, la courbe $\tau = f(t_d)$ est une droite qui passe par l'origine, dont la pente permet de déterminer *r*.
- On peut vérifier l'équation de Levich pour la redissolution du cuivre, en traçant $r = f(\omega^{1/2})$, conformément à la relation 4. La pente de la droite obtenue permet de déduire une estimation du coefficient de diffusion des ions Fe(III) en milieu $NaCl_{sat}$. On trouve une valeur de l'ordre de 5.10^{-6} cm^{2}s^{-1}, compatible avec le rayon déduit de la complexation des ions Fe(III) par les ligands chlorure et aquo.

Données numériques

$F = 96\,500$ C mol^{-1}

$F/RT = 38{,}95$ V^{-1}

E°(Fe^{3+}/Fe^{2+}) = 0,77 V

E°(Cu^{2+}/Cu) = 0,34 V

E°($CuCl_2^-$/Cu) = 0,17 V

Viscosités à 25 °C (10^{-2} cm^2.s^{-1}) : 1,35 pour l'eau saturée en sel.

Référence

K.I. Drok, I.M. Ritchie, G.P. Power, *J. Chem. Ed.*, 75 (1998), p. 1145.

5. Détermination de nombres de transport

Objectifs

Détermination du nombre de transport de l'anion et du cation dans une solution de sulfate de zinc, en utilisant la méthode de Hittorf.

Matériel

- Conductimètre
- Alimentation stabilisée à courant imposé (5 mA)
- Milliampèremètre
- Micropipette
- Cellule de Hittorf
- 5 béchers de 100 mL
- chronomètre
- électrodes de zinc (2)
- fils électriques + 2 pinces crocodiles

Produits et solutions

- Solution de $BaCl_2$ 0,1 M
- Solution de $ZnCl_2$ 0,1 M
- Solution de KCl pour l'étalonnage du conductimètre

Protocole

On utilise pour l'expérience un appareil de Hittorf dont le schéma est donné ci-dessous :

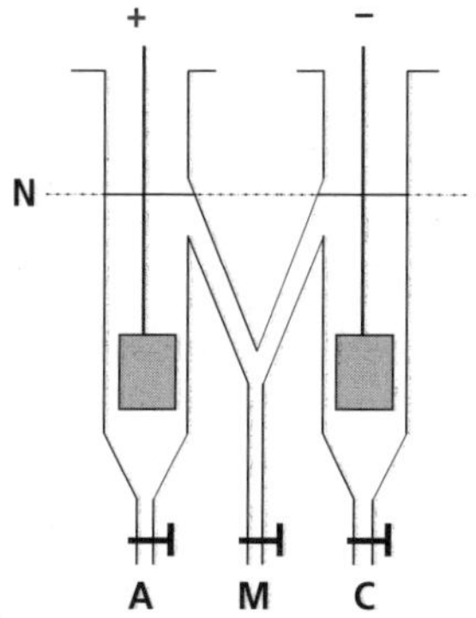

Schéma de la cellule de Hittorf.

C'est un vase à trois compartiments (A, M, C). Les compartiments extrêmes reçoivent les électrodes. Chaque compartiment est muni d'un robinet qui permet de recueillir les différentes fractions à la fin de l'électrolyse. La cellule est alimentée en courant continu à l'aide d'une alimentation stabilisée et on évaluera le nombre de coulombs ayant traversé le circuit en mesurant exactement le temps d'électrolyse. Pendant la durée de l'électrolyse, il faut veiller à ce qu'il n'y ait pas de mélange entre les différents compartiments. En conséquence, il y a lieu d'éviter toute secousse ou échauffement ou dégagement gazeux trop abondant. Pour prélever le liquide dans les compartiments anodique, cathodique et médian, on peut ouvrir simultanément, soit le robinet des trois compartiments, soit ceux des compartiments A et C. Ces opérations doivent être conduites avec beaucoup de soin pour éviter tout reflux d'un compartiment dans l'autre. Le calcul de la quantité d'ions transportés se faisant grâce au changement de titre des compartiments anodique et cathodique, il y aura lieu d'effectuer les différents dosages avec le maximum de précision.

On déterminera le nombre de transport de l'ion SO_4^{2-} et de l'ion Zn^{2+}. Introduire dans l'appareil de Hittorf, une solution environ 0,1 M en $ZnSO_4$ jusqu'au niveau N ; entre deux électrodes de zinc, faire passer un courant de 5 mA pendant 90 min. Vérifier que les électrodes ne sont pas le siège d'un dégagement gazeux. Dès la fin de l'électrolyse, prélever les liquides sans couper l'alimentation des différents compartiments; en noter le volume. Enfin interrompre l'alimentation. Doser les ions sulfate par conductimétrie à l'aide d'une solution de $BaCl_2$ de titre connu (0,1 M) en commençant par la solution cathodique. Doser la solution initiale pendant l'électrolyse; l'expérience aura été menée à bien si le titre du compartiment central est demeuré constant.

Principaux résultats et discussion

Les réactions aux électrodes lors de l'électrolyse du sulfate de zinc, après passage d'une quantité d'électricité Q sont :

- À la cathode : $Zn^{2+} + 2\,e^- \rightarrow Zn$

  Il y a $t_+ \dfrac{Q}{z_+F}$ mol de Zn^{2+} qui arrive ; $t_- \dfrac{Q}{z_-F}$ mole de SO_4^{2-} qui part de la cathode et $\dfrac{Q}{nF}$ mol de Zn^{2+} qui disparaît sous la forme de Zn.

  Soit alors la diminution dans le compartiment cathodique :

$$\mathrm{d}n_{\text{cathode}} = \frac{Q}{2F} - t_+ \frac{Q}{2F} = t_- \frac{Q}{2F} \text{ mol de } Zn^{2+}$$

- À l'anode : $Zn \rightarrow Zn^{2+} + 2\,e^-$

  Il y a $t_+ \dfrac{Q}{z_+F}$ mol de Zn^{2+} qui part ; $t_- \dfrac{Q}{z_-F}$ mol de SO_4^{2-} qui arrive et $\dfrac{Q}{nF}$ mol de Zn^{2+} qui apparaît.

  Soit une augmentation anodique :

$$\mathrm{d}n_{\text{anodique}} = \frac{Q}{2F} - t_+ \frac{Q}{2F} = t_- \frac{Q}{2F} \text{ mol de } Zn^{2+}$$

On peut alors calculer le nombre de transport de l'anion :

$$t_- = \frac{2F\mathrm{d}n_{\text{anodique}}}{Q} = \frac{2F\mathrm{d}n_{\text{cathode}}}{Q} \text{ et celui du cation par } t_+ = 1 - t_-.$$

Exploitation

- Faire le bilan de l'électrolyse pour les trois compartiments.
- Déduire du dosage conductimétrique la quantité de zinc consommée ou produite dans chaque compartiment.
- Donner les valeurs trouvées des deux nombres de transport et les comparer aux valeurs des tables.

Données

Conductivités ioniques équivalentes limites à 25 °C :

pour Zn^{2+} : 56,6 $S.cm^2$;
pour SO_4^{2-} : 80,0 $S.cm^2$.

6. Titrage par un réactif électrogénéré

Objectifs

- Mettre en œuvre un titrage, dans lequel le réactif titrant est généré à l'électrode par électrolyse à courant imposé.
- Détecter la fin du titrage par une méthode potentiométrique.

Matériel

- Cellule pour électrolyse à deux compartiments séparés par un verre fritté
- Agitateur magnétique
- Alimentation stabilisée
- Coulomètre (intégrateur)
- Ampèremètre et voltmètre
- Fils de connexion
- 2 électrodes de platine de grande surface
- 2 électrodes indicatrices de platine (fils)

Produits et solutions

- Solution de bromure d'ammonium 0,5 $mol.L^{-1}$
- Acétylacétone (2,4-pentanedione) $C_5H_8O_2$

Protocole

Réaliser le montage représenté ci-dessous :

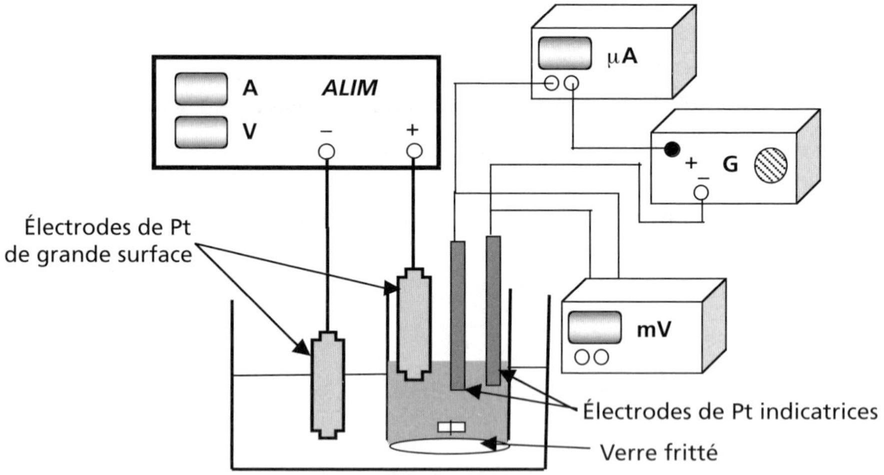

Introduire l'électrolyte (bromure d'ammonium) dans le compartiment cathodique de la cellule d'électrolyse. Dans le compartiment anodique, introduire la solution d'acétylacétone à titrer, ainsi que l'électrolyte. Dans chaque compartiment, plonger une électrode de platine de grande surface (électrodes en H) et la relier à l'alimentation stabilisée via un ampèremètre ; puis ajouter les deux électrodes indicatrices de platine dans le compartiment anodique, et les relier à une boite de polarisation (pile + résistance variable). La tension entre les deux électrodes indicatrices de platine, polarisées sous 10 µA environ, est mesurée grâce à un voltmètre.

Le dibrome est généré par électrolyse sous courant constant (100 mA par exemple) et la quantité d'électricité traversant le circuit est mesurée à l'aide d'un coulomètre (placé en série avec l'ampèremètre).

Principaux résultats

Au cours de l'électrolyse, du dihydrogène est produit à la cathode et du dibrome est produit à l'anode. Celui-ci réagit instantanément sur l'acétylacétone pour donner un mélange de dérivés monobromé et dibromé :

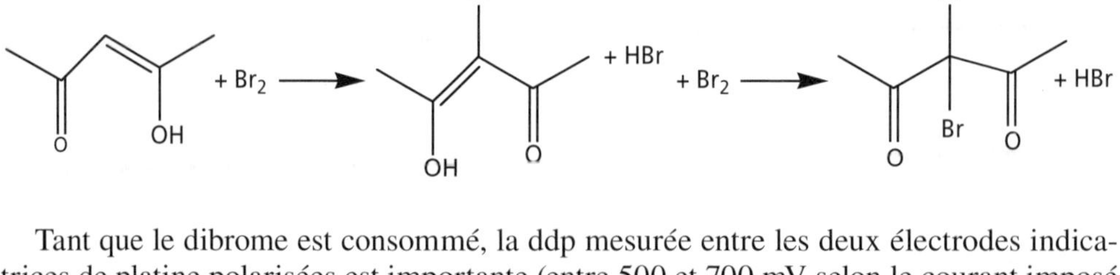

Tant que le dibrome est consommé, la ddp mesurée entre les deux électrodes indicatrices de platine polarisées est importante (entre 500 et 700 mV selon le courant imposé et la chute ohmique éventuelle). Dès que le dibrome est en excès, cette ddp chute à zéro [1]. La quantité d'électricité correspondante est reliée à la quantité de dibrome par la loi de Faraday ($Q = 2\ F.n_{Br_2}$).

Pour une quantité d'acétylacétone de 5×10^{-4} mol, la quantité d'électricité nécessaire à la consommation totale du réactif est de 170 C, correspondant à 3,5 électrons échangés par acétylacétone, soit 1,75 équivalent de dibrome.

7. Électrodéposition sélective du cuivre

Objectifs

- Mettre en œuvre une électrolyse pour déposer un métal à la surface d'une électrode.
- Tester la composition d'un alliage métallique.

Matériel

- Bécher de 250 mL
- Agitateur magnétique + barreau aimanté
- Alimentation stabilisée
- Ampèremètre et voltmètre
- Électrode de platine de grande surface
- Fils de connexion + pinces crocos
- Électrode de platine de grande surface
- 1 pièce de 1 euro

Produits et solutions

- Acide chlorhydrique HCl, environ 6 mol.L^{-1}

Protocole

Réaliser le montage représenté ci-contre :

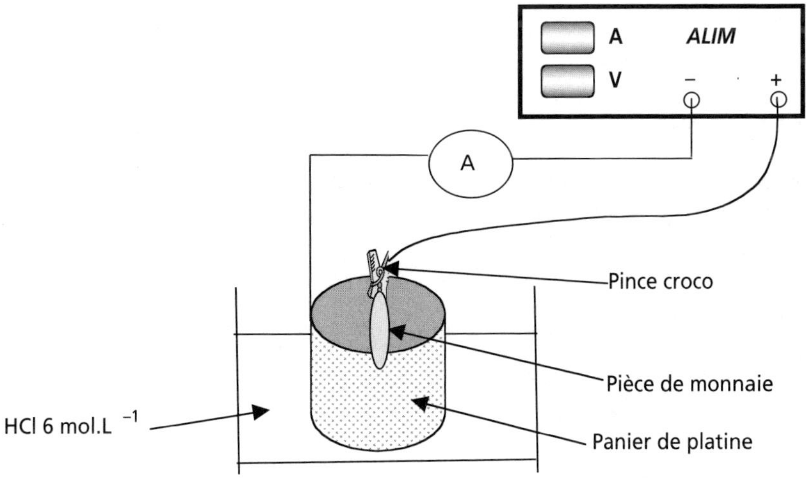

1. Parallèlement, la solution du compartiment anodique devient jaune.

Introduire dans le bécher l'acide chlorhydrique de façon à recouvrir environ la moitié de la pièce de monnaie.

Brancher les électrodes en prenant soin de connecter la pièce de monnaie au pôle + du générateur (alimentation stabilisée).

Procéder à l'électrolyse sous 1 A environ pendant 30 min (on mesure une tension entre les deux électrodes de 0,5 V environ).

Principaux résultats

La pièce de 1 euro est composée principalement de nickel (au centre) et d'un alliage cuivre-nickel (à la périphérie). Au cours de l'électrolyse, les deux métaux passent en solution, mais seul le cuivre est redéposé à la cathode.

Le nickel reste en solution sous la forme d'ions $NiCl_{4\,aq}^{2-}$, de couleur verte lorsque la concentration est suffisante.

On illustre ainsi le principe du raffinage électrolytique, sous la forme de la séparation des deux métaux constitutifs de l'anode : ici le nickel, plus oxydable que le cuivre reste en solution tandis que du cuivre pur se dépose à la cathode.

La quantité de cuivre déposée peut être évaluée par deux méthodes :

- coulométrique : la masse de cuivre vaut :

$$m_{Cu} = M_{Cu} \frac{i\,\Delta t}{2F}$$

où i est l'intensité du courant, Δt la durée de l'électrolyse et M_{Cu} la masse molaire du cuivre ;

- gravimétrique : on pèse la cathode de platine après électrodéposition et on soustrait la masse initiale.

La première méthode n'est précise qu'en l'absence de réactions parasites (réduction des protons par exemple) tandis que la seconde requiert un séchage poussé.

8. Analyse de traces de cations métalliques par redissolution anodique

Objectifs

- Mettre en œuvre la polarographie impulsionnelle différentielle.
- Utiliser la redissolution anodique pour détecter des traces de cations métalliques en solution aqueuse.

Matériel

- Cellule électrochimique
- Stand polarographique
- Potentiostat
- Bouteille d'azote
- Fils de connexion

- 1 EGM
- 1 contre-électrode en Pt
- 1 électrode de référence (AgCl|Ag)
- barreau aimanté

Produits et solutions

- Eau de mer naturelle ou artificielle (solution de chlorure de sodium à 20 $g.L^{-1}$)
- Chlorure de cadmium(II) ultrapur.

Protocole

Introduire la solution d'eau de mer (10 mL) dans la cellule. On veillera à rincer très soigneusement les électrodes, la cellule et le bulleur plusieurs fois à l'acide nitrique molaire, puis à l'eau distillée, puis avec un peu de solution à analyser.

Enregistrer le polarogramme impulsionnel différentiel (PID) de la solution après 5 min de désoxygénation entre – 0,2 V et – 1,4 V à 2,5 $mV.s^{-1}$, pour des impulsions d'amplitude – 25 mV (temps de goutte : 2 s). Vérifier l'absence d'impuretés (on ne doit observer que des courants de l'ordre du nA).

Réaliser la redissolution anodique de l'échantillon d'eau de mer en effectuant successivement :

- Une pré-concentration par électrolyse à – 1,2 V pendant 5 min sous agitation ;
- Après un temps de repos au même potentiel (60 s), un enregistrement du PID entre – 1,2 V et – 0,2 V dans des les mêmes conditions que précédemment (sauf les impulsions d'amplitude mV). On observe plusieurs pics mettant en évidence la présence de nickel, zinc, cadmium, dans l'ordre croissant des potentiels :

Métal	$E_{1/2}$ (V *vs.* ECS) en milieu $NaCl_{aq}$	Teneur approximative ($\mu g.L^{-1}$)
Cd	– 0,6	0,2
Cu	0,0	0,7
Fe	– 1,3	0,2
Mn	– 1,5	0,9
Ni	– 1,1	2
Pb	– 0,4	0,05
Zn	– 1,0	2

On peut évaluer la teneur en cations métalliques dans la solution à partir d'une solution étalon. On introduira par exemple 10 L de solution de chlorure de cadmium à 2 $mg.L^{-1}$ (procéder par dilution d'une solution mère) dans les 10 mL de solution contenue dans la cellule. On effectue une redissolution anodique dans les mêmes conditions que ci-dessus après l'ajout de cadmium : la variation correspondante de courant de pic permet d'évaluer le facteur de proportionnalité de celui-ci avec la concentration en cation dans l'échantillon (compte tenu du facteur de pré-concentration, qui est typiquement de l'ordre de 500 pour une durée de pré-électrolyse de 5 min).

Principaux résultats

Le premier polarogramme permet de s'assurer de l'absence d'impuretés dans la solution et le dispositif expérimental. En effet, les traces de cations métalliques se trouvent en concentration submicromolaire (< 5 $\mu g.L^{-1}$) dans l'eau de mer et ne donnent quasiment pas de signal en PID « directe ».

Après la pré-concentration suivie de la redissolution, on identifie plusieurs pics correspondant notamment au zinc et au nickel (vers – 1,1 V), au cadmium (vers – 0,6 V) et éventuellement à d'autres espèces résiduelles (Cu, Fe, As...).

L'utilisation de solutions étalon permet d'évaluer la concentration en cadmium présente dans l'échantillon. Elle est typiquement de l'ordre de 0,3 $\mu g.L^{-1}$ (soit environ 3 $nmol.L^{-1}$), alors qu'elle est de 2 $\mu g.L^{-1}$ pour le zinc (soit 60 $nmol.L^{-1}$): cependant le dosage du zinc est beaucoup plus délicat, compte tenu du nombre important de cations qui sont réduits vers –1 V.

Bibliographie

Quigley M.N., Vernon F. – *J. Chem. Ed.* 73, 1996, p. 671.

9. Mesures de coefficients de diffusion par voltamétrie cyclique

Objectifs

- Mettre en œuvre la voltampérométrie cyclique.
- Utiliser la dépendance du courant de pic avec la vitesse de balayage pour mesurer le coefficient de diffusion d'une espèce électroactive dans différents milieux.

Matériel

- Cellule électrochimique
- Dispositif de polissage (bande abrasive)
- Potentiostat
- Fils de connexion
- 1 électrode à disque de carbone (∅ 2 mm)
- 1 contre-électrode en Pt
- 1 électrode de référence (ECS ou AgCl|Ag)

Produits et solutions

- Solution de tétraéthylammonium perchlorate 0,1 $mol.L^{-1}$ dans l'acétonitrile anhydre (séché sur tamis moléculaire ou alumine activée) (a)
- Solution aqueuse de NaCl 0,1 $mol.L^{-1}$ (b)

- Solution aqueuse de NaCl 0,1 mol.L^{-1} SDS[1] 0,1 mol.L^{-1} (c)
- Solution aqueuse de NaCl 0,1 mol.L^{-1} CTAB[2] 0,1 mol.L^{-1} (d)
- Solution de ferrrocène ($C_{10}H_{10}Fe$) 0,03 mol.L dans l'éthanol
- Solution de ferrrocène 0,01 mol.L^{-1} dans l'acétonitrile

Protocole

Verser 25 mL de la solution a) dans la cellule. Installer les 3 électrodes.

Régler les paramètres d'enregistrement de la voltamétrie cyclique :

- bornes de potentiel : de – 0,2 V à + 0,8 V
- vitesse de balayage : 50 mV.s^{-1}.

Enregistrer un voltamogramme (1 cycle) dans les conditions ci-dessus. Vérifier l'absence de pics dans la zone de potentiel explorée.

Ajouter 5 mL de la solution de ferrocène dans l'acétonitrile à l'électrolyte présent dans la cellule. Homogénéiser la solution.

Enregistrer un nouveau voltamogramme. Observer le signal caractéristique du ferrocène.

Enregistrer les voltamogrammes aux vitesses de balayage suivantes : 10 ; 20 ; 50 ; 100 ; 200 mV.s^{-1}.

Recommencer la procédure avec successivement les solutions b), c) et d) dans lesquelles on ajoutera 10 mL de solution de ferrocène dans l'éthanol.

Principaux résultats

Le tableau ci-dessous rassemble les valeurs des potentiels standard et coefficients de diffusion (déduits de la pente des variations du courant de pic avec la racine carrée de la vitesse de balayage selon l'équation de Randles-Sevcik) :

Solution	a)	b)	c)	d)
E° (V *vs.* AgCl|Ag)	0,36	0,12	0,09	0,24
10^6 D (cm^2.s^{-1})	6,5	6,8	0,8	0,2

On observe un décalage vers les potentiels négatifs du potentiel standard du couple ferriciniumferrocène lorsqu'on passe du milieu organique au milieu aqueux, correspondant à la stabilisation plus importante de la forme chargée en milieu aqueux. On remarque qu'un tensioactif cationique (CTAB) stabilise moins l'ion ferricinium qu'un tensioactif anionique (SDS), d'où la valeur du potentiel standard supérieure pour d) par rapport à c).

Dans les solutions c) et d), le coefficient de diffusion du ferrocène est notablement abaissé, traduisant l'augmentation du rayon hydrodynamique due à l'insertion dans les micelles (particulièrement pour CTAB dont la taille de micelles est supérieure à celle du

1. SDS = dodécylsulfate de sodium.
2. CTAB = bromure de cétyltétraméthylammonium.

SDS). Pour comparer les valeurs de D dans les solutions a) et b), il faut non seulement comparer la solvatation du ferrocène dans l'eau et l'acétonitrile, mais également tenir compte de la moindre viscosité de l'acétonitrile par rapport à l'eau (0,4 pour 1).

Bibliographie

Williams K.R., Bravo R. – *J. Chem. Ed.* 77, 2000, p. 392.

10. Étude de la corrosion de l'acier

Objectifs

- Mettre en évidence les domaines d'immunité, corrosion, passivation d'un métal usuel tel que l'acier.
- Déterminer les potentiels et courants de corrosion par la méthode d'Evans.

Matériel

- Cellule électrochimique
- Dispositif de polissage (bande abrasive)
- Potentiostat
- Fils de connexion
- 1 plaque d'acier (largeur 2 cm)
- 1 plaque de zinc (largeur 2 cm)
- 1 contre-électrode en Pt (plaque)
- 1 électrode de référence (ECS ou AgCl|Ag)

Produits et solutions

- Solution de nitrate d'ammonium 1 M acidifiée à pH 4 (tampon acétate)

Protocole

Dégraisser la plaque d'acier au dichlorométhane puis polir sur bande abrasive.

Introduire l'électrolyte dans la cellule et connecter les électrodes : plaque d'acier (électrode de travail), plaque de platine (électrode auxiliaire) et ECS (électrode de référence). On veillera à immerger au maximum 1 cm^2 de la plaque d'acier pour ne pas générer des courants trop importants.

Régler les paramètres d'enregistrement de la voltamétrie cyclique :

- bornes de potentiel : de – 0,4 V à + 1,6 V ;
- vitesse de balayage : 50 $mV.s^{-1}$.

Enregistrer un voltamogramme dans les conditions indiquées ci-dessus.

Enregistrer un voltamogramme en faisant varier la vitesse de balayage (entre 10 et 100 $mV.s^{-1}$).

Remplacer la contre-électrode en platine par la plaque de zinc, après l'avoir dégraissée et polie. Connecter les électrodes de la manière suivante : zinc (électrode de travail), acier (électrode auxiliaire), ECS (électrode de référence).

Enregistrer le diagramme d'Evans du couple fer-zinc : pour ce faire, augmenter progressivement l'intensité du courant dans le circuit[1] et mesurer le potentiel pris par chaque électrode par rapport à la référence. Procéder ainsi jusqu'à atteindre le courant de court-circuit.

Principaux résultats

On observe la courbe de polarisation classique d'une électrode métallique mettant en évidence successivement le domaine de corrosion (le courant croît), puis le domaine de passivation (le courant chute brutalement et reste quasiment nul) et enfin le domaine de transpassivation (le courant augmente à nouveau à haut potentiel). Au cours du balayage retour, on met en évidence la dissolution brutale de la couche passive par l'apparition d'un courant anodique (bien qu'on balaye vers les potentiels négatifs).

Le potentiel d'apparition de la couche passive, appelé potentiel de Flade, n'est pas un potentiel thermodynamique, mais une grandeur cinétique, comme le montre la dépendance avec la vitesse de balayage.

Le tracé du diagramme d'Evans permet de construire les branches anodique et cathodique de la courbe intensité-potentiel du système acier-zinc. Le potentiel de l'anode en zinc est quasiment indépendant du courant, ce qui est caractéristique d'un couple rapide, alors que le potentiel de la cathode en acier présente une variation beaucoup plus marquée avec le courant, ce qui est caractéristique d'un système lent (en l'occurrence la réduction de l'oxygène dissous puis des protons).

Dans une représentation $E = f(\log|i|)$, les deux courbes de polarisation se croisent au potentiel de corrosion E_{corr} : le courant correspondant à la mise en court-circuit des deux électrodes est le courant de corrosion i_{corr}. La densité de courant correspondant $j_{corr} = i_{corr}/A$, où A est l'aire de la cathode en acier, permet d'évaluer la vitesse de corrosion v_{corr} (en masse consommée par unité de surface et de temps) de l'acier :

$$v_{corr}\,(\text{g.cm}^{-2}\cdot j^{-1}) \approx \frac{j_{corr} M_{Fe}}{2F} = 28\, j_{corr(\text{A.cm}^{-2})}$$

Bibliographie

SARRAZIN J., VERDAGUER M. – *L'oxydoréduction*. Ellipses, chap. 5.

1. On peut utiliser une résistance variable entre les 2 électrodes métalliques.

11. Électrodes sélectives d'ions

Objectifs

Utiliser une électrode sélective afin de réaliser un dosage potentiométrique d'ions, en présence éventuellement d'ions interférents.

Matériel

- Béchers de 100 et 250 mL (verre et polyéthylène).
- Agitateur magnétique + barreau aimanté
- Fioles jaugées de 50 mL
- Pipettes jaugées de 1, 5, 10 mL (en verre et polyéthylène)
- Voltmètre de forte impédance
- Électrode au calomel saturé
- Électrodes sélectives (calcium, fluorure)
- Câbles de connexion

Produits et solutions

- Solution aqueuse de fluorure de sodium NaF, 0,1 mol.L^{-1}
- Solution aqueuse de chlorure de calcium $CaCl_2$, 0,1 mol.L^{-1}
- Solution aqueuse de chlorure de potassium KCl 0,5 mol.L^{-1}
- Chlorure de potassium cristallisé KCl
- Eaux minérales : St-Yorre™, Badoit™, Contrex™

Protocole

Réaliser des solutions étalons par dilutions successives d'une solution mère de fluorure de sodium (pour l'électrode à fluorure) ou de chlorure de calcium (pour l'électrode à calcium) dans KCl 0,5 mol.L^{-1}, de façon à obtenir des concentrations (en fluorure ou calcium) comprises entre 10^{-1} et 10 mol.L^{-1}. *On prendra soin d'utiliser des béchers et fioles en polyéthylène dans le cas des solutions de fluorure.*

Fixer l'électrode sélective ainsi que l'électrode de référence externe (ECS) et les connecter au millivoltmètre.

Mesurer le potentiel de l'électrode sélective par rapport à l'électrode de référence pour chaque solution étalon. On prendra soin d'attendre quelques minutes pour obtenir une valeur stable du potentiel.

Pour réaliser la solution d'analyte, dissoudre 0,745 g de KCl dans 20 mL d'eau minérale. Mesurer le potentiel de l'électrode sélective pour cet échantillon.

Principaux résultats et discussion

L'électrode sélective à calcium utilise une membrane échangeuse d'ions liquide (polymère), dont la partie active est constituée d'un agent chélatant (un ester phosphorique en l'occurrence). L'électrode sélective à fluorure utilise une membrane cristalline, constituée d'un cristal de LaF_3 dopé EuF_2. Dans chaque cas, l'électrode comporte une solution de remplissage interne de concentration fixée en ions à détecter, ainsi qu'une électrode de référence interne (AgCl|Ag).

Le potentiel de l'électrode sélective E, en présence de l'ion à doser p (activité a_p et charge z_p) et de l'ion interférent j (activité a_j et charge z_j), est donné par l'équation de Nikolskii :

$$E = K + \frac{RT}{Z_p F} \ln\left[a_p + K_{p.j} a_j^{\frac{z_p}{z_j}} \right]$$

où K est une constante, $K_{p.j}$ est le coefficient de sélectivité de l'électrode.

Ainsi, la courbe d'étalonnage est une droite tant que le second terme est négligeable devant le premier dans le facteur entre crochets, ce qui est réalisé pour les concentrations supérieures à 10^{-4} mol.L^{-1}. La pente théorique est de + 59 mV par décade pour l'ion fluorure, et de – 29,5 mV par décade pour l'ion calcium.

Pour que la courbe d'étalonnage réelle $E = f(-\log[F^{-1}])$ ou $E = f(-\log[Ca^{2+}])$ soit linéaire (en l'absence d'ions interférents), il convient de fixer la force ionique des solutions utilisées, de façon à fixer le coefficient d'activité de l'ion à doser. Ainsi, la droite d'étalonnage réelle est seulement décalée par rapport à la droite théorique, sans modification de la pente.

Dans le cas de l'électrode à fluorure, on trouve une concentration dans l'échantillon à analyser de 8 mg.L^{-1} dans l'eau de St-Yorre (valeur indiquée sur la bouteille : 9 mg.L^{-1}) et de 1,6 mg.L^{-1} dans l'eau de Badoit (valeur indiquée sur la bouteille : 1 mg.L^{-1}).

Dans le cas de l'électrode à calcium, on trouve une concentration dans l'échantillon à analyser de 81 mg.L^{-1} dans l'eau de St-Yorre (valeur indiquée sur la bouteille : 90 mg.L^{-1}) et de 462 mg.L^{-1} dans l'eau de Contrex (valeur indiquée sur la bouteille : 486 mg.L^{-1}). On peut également tester un échantillon d'eau du robinet lorsque la dureté est suffisante (un échantillon d'eau de Cachan a donné une teneur en calcium de l'ordre de 100 mg.L^{-1}).

Bibliographie

FABRY P. – *L'actualité chimique*. nov-déc. 2004, p. 96.

SKOOG, WEST, HOLLER. – *Chimie analytique*. De Boeck, 1997, chap. 18.

12. BIOCAPTEUR À GLUCOSE

Objectifs

Réaliser un biocapteur à partir d'un procédé sol-gel et tester le fonctionnement de ce biocapteur.

Matériel

- Béchers de 25 et 50 mL

- Colle silicone
- Cellule électrochimique
- Anneau de verre
- Potentiostat
- Électrode au calomel saturé
- Fil de Pt
- Électrode à disque de C vitreux
- Câbles de connexion

Produits et solutions

- TMOS (tétraméthoxysilane) $Si(OCH_3)_4$
- Solution aqueuse de HCl, 0,04 mol.L^{-1}
- GOD (glucose oxydase)
- Solution tampon pH 8
- Ferrocèneméthanol ($C_{11}H_{12}OF_e$)

Protocole

Préparation de l'électrode. Pour obtenir une électrode correspondant au schéma ci-dessous, il suffit de coller avec une colle silicone (ou Araldite™, mais dans ce cas l'électrode sera bien plus difficile à nettoyer ensuite) un petit anneau de verre sur l'extrémité de l'électrode. Il suffit que le diamètre interne de l'anneau soit le même ou un peu plus grand que celui du disque de métal constituant la partie active de l'électrode. Remplir alors la cavité ainsi préparée par la solution précurseur du gel décrite ci-dessous, puis attendre la gélification (de 30 à 40 min environ). On peut alors laisser équilibrer l'électrode au réfrigérateur.

Élaboration du gel. Mélanger dans un bécher 12,4 g de tétraméthoxysilane (TMOS), 4 mL d'eau désionisée, et 0,11 mL d'une solution aqueuse d'acide chlorhydrique à la concentration 0,04 M ; on agite fortement pendant 10 min. La solution obtenue (sol) est alors refroidie autour de 4 °C (réfrigérateur). Puis préparer une deuxième solution en mélangeant 5 mg de GOD dans 5 mL d'un tampon pH 8 de concentration 0,01 M, et également refroidie. Enfin, mélanger 0,4 mL de la première solution à 1 mL de la deuxième (toujours à froid) ; le sol résultant est utilisé pour remplir la cavité d'électrode correspondant au schéma de la figure ci-dessous.

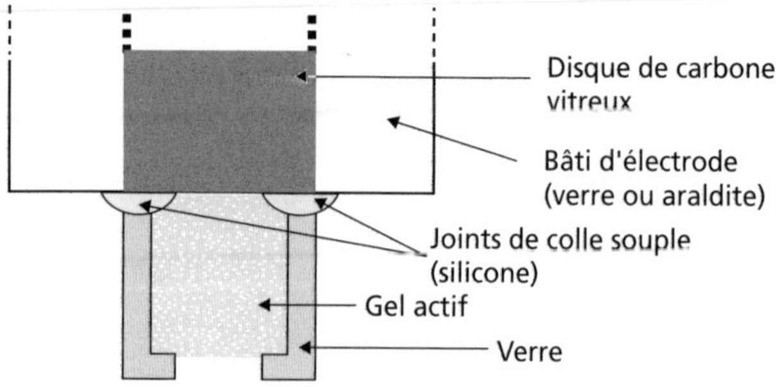

Laisser gélifier à 4 °C pendant environ 2 h (voire un peu plus). Une fois le gel formé, il ne peut plus se séparer de l'électrode ; équilibrer alors l'électrode pendant une nuit à 4 °C dans une solution du tampon pH 8 saturée en hydroxyméthylferrocène (ferrocène méthanol).

Cyclage de l'électrode. Le lendemain on effectue la série d'expériences suivante:

- L'électrode est cyclée (par voltamétrie cyclique) entre 0 et 0,6 V (*vs.* ECS) à des vitesses variant entre 5 et 100 $mV.s^{-1}$ dans une solution de tampon pH 8 saturée en ferrocène méthanol[1].
- Ajouter ensuite dans la solution une quantité de glucose correspondant à une concentration de 1 $mol.L^{-1}$, et laisser l'électrode s'équilibrer pendant environ 30 min. Enregistrer ensuite une série de voltamétries cycliques dans les mêmes conditions que précédemment.

Principaux résultats et discussion

On observe le signal caractéristique de l'oxydation du ferrocèneméthanol (E_p vers + 0,3 V), qui présente la forme d'un pic en l'absence de glucose.

En présence de glucose, le même signal a l'allure d'une vague, présentant un palier de diffusion.

On peut montrer que le rapport du courant limite de diffusion en présence de glucose au courant de pic en l'absence de glucose varie comme :

$$\frac{i_p}{i_p^0} = \frac{(\lambda^{1/2})}{0{,}446}$$

avec :

$$\lambda = \frac{2k_3C_E^0}{v}$$

Bibliographie

AUDEBERT P., DEMAILLE C., SANCHEZ C. – *Chem. Mater.* 5, 1993, p. 911.

1. La solution doit être saturée en ferrocèneméthanol afin d'éviter le relarguage du médiateur de l'électrode modifiée.

ANNEXES

A.1 POTENTIELS STANDARD DE COUPLES D'OXYDO-RÉDUCTION EN SOLUTION AQUEUSE À 25 °C

(s) : solide ; (l) : liquide ; (g) : gaz ; en l'absence d'indication, l'espèce est considérée en solution aqueuse.

Élément	Couple redox	E°(V *vs.* ESH)
Aluminium (Al)	Al^{3+}/Al^{+} $Al^{3+}/Al_{(s)}$	– 2,76 – 1,66
Argent (Ag)	$Ag^{+}/Ag_{(s)}$	0,80
Arsenic (As)	$H_3AsO_4/HAsO_2$	0,56
Azote (N)	NO_3^-/HNO_2 $NO_3^-/NO_{(g)}$ $NO_3^-/N_2O_{4(g)}$ $HNO_2/NO_{(g)}$	0,94 0,96 0,80 0,98
Baryum (Ba)	$Ba^{2+}/Ba_{(s)}$	– 2,91
Béryllium (Be)	$Be^{2+}/Be_{(s)}$	– 1,85
Bore (B)	$H_3BO_3/B_{(s)}$	– 0,87
Brome (Br)	BrO_4^-/BrO_3^- BrO_3^-/Br_2 $HBrO/Br_2$ Br_{2aq}/Br^-	1,76 1,50 1,60 1,08
Cadmium (Cd)	$Cd^{2+}/Cd_{(s)}$	– 0,40
Calcium (Ca)	$Ca^{2+}/Ca_{(s)}$	– 2,87
Carbone (C)	$CO_{2(g)}/H_2C_2O_4$ $CO_{2(g)}/CO_{(g)}$ $CO_{2(g)}/HCO_2H$	– 0,49 – 0,12 – 0,20

Élément	Couple redox	E°(V *vs.* ESH)
Cérium (Ce)	Ce^{4+}/Ce^{3+}	1,44
Chlore (Cl)	ClO_4^-/ClO_3^- $ClO_3^-/HClO_2$ $ClO_3^-/Cl_{2(g)}$ $HClO/Cl_{2(g)}$ $Cl_{2(g)}/Cl^-$	1,19 1,21 1,47 1,63 1,36
Chrome (Cr)	$Cr_2O_7^{2-}/Cr^{3+}$ $Cr^{3+}/Cr_{(s)}$	1,33 – 0,74
Cuivre (Cu)	$Cu^{2+}/Cu_{(s)}$ Cu^{2+}/Cu^+ $Cu+/Cu_{(s)}$	0,34 0,17 0,52
Étain (Sn)	Sn^{4+}/Sn^{2+} $Sn^{2+}/Sn_{(s)}$	0,14 – 0,14
Fer (Fe)	FeO_4^{2-}/Fe^{3+} Fe^{3+}/Fe^{2+} $Fe^{2+}/Fe_{(s)}$	2,20 0,77 – 0,44
Fluor (F)	$F_{2(g)}/F^-$	2,87
Hydrogène (H)	$H^+/H_{2(g)}$ $H_{2(g)}/H^-$	0,00 – 2,25
Iode (I)	$IO_3^-/I_{2(s)}$ HIO/I^- I_{2aq}/I^- $I_{2(s)}/I^-$	1,19 0,99 0,62 0,53
Lithium (Li)	$Li^+/Li_{(s)}$	– 3,30
Magnésium (Mg)	$Mg^{2+}/Mg_{(s)}$	– 2,37
Manganèse (Mn)	MnO_4^-/ MnO_4^{2-} $MnO_4^-/MnO_{2(s)}$ MnO_4^-/Mn^{2+} $MnO_{2(s)}/Mn^{2+}$ $Mn^{2+}/Mn_{(s)}$	0,57 1,68 1,51 1,23 – 1,17
Mercure (Hg)	Hg^{2+} / Hg_2^{2+} $Hg_2^{2+}/H_{g(l)}$	0,91 0,79
Nickel (Ni)	$Ni^{2+}/Ni_{(s)}$	– 0,25

Élément	Couple redox	E°(V *vs.* ESH)
Oxygène (O)	$O_{3(g)}/O_{2(g)}$ $O_{2(g)}/H_2O_2$ $O_{2(g)}/H_2O$ H_2O_2/H_2O	2,07 0,69 1,23 1,77
Phosphore (P)	H_3PO_4/H_3PO_3 H_3PO_3/H_3PO_2 $H_3PO_2/P_{4(s)}$ $P_{4(s)}/PH_{3(g)}$	– 0,28 – 0,50 – 0,51 0,06
Platine (Pt)	$PtCl_4^{2-}/Pt_{(s)}$	0,73
Plomb (Pb)	$PbO_{2(s)}/Pb^{2+}$ $Pb_3O_{4(s)}/PbO_{(s)}$ $Pb^{2+}/Pb_{(s)}$	1,45 0,25 – 0,13
Potassium (K)	$K^+/K_{(s)}$	– 2,92
Sodium (Na)	$Na^+/Na_{(s)}$	– 2,71
Soufre (S)	$S_2O_8^{2-}/SO_4^{2-}$ SO_4^{2-}/ H_2SO_3 $H_2SO_3/S_2O_3^{2-}$ $H_2SO_3/S_{(s)}$ $S_2O_3^{2-}/S_{(s)}$ $S_4O_6^{2-}/S_2O_3^{2-}$ $S_{(s)}/S^{2-}$ $S_{(s)}/H_2S_{aq}$	2,00 0,17 0,40 0,45 0,50 0,09 – 0,48 0,14
Zinc (Zn)	$Zn^{2+}/Zn_{(s)}$	– 0,76

A.2 Produits de solubilité de quelques solides à 298 K

Substance solide	pK_S	Substance	pK_S
AgOH	7,7	$Ca(OH)_2$	5,3
AgCl	9,7	CaC_2O_4	8,6
AgBr	12,3	$Ca_3(PO_4)2$	26,0
AgI	16,1	$CaSO_3$	6,5
$AgCH_3CO_2$	2,7	$CaSO_4$	4,6
Ag_2CrO_4	11,9	$CaCO_3$	8,4
Ag_3PO_4	15,8	$Cr(OH)_3$	31,0
AgSCN	12,0	$Co(OH)_2$	14,8
Ag_2S	49,2	CuCl	6,7
$Al(OH)_3$	32,3	CuI	12,0
$Ba(OH)_2$	2,3	$Cu(OH)_2$	18,5
$BaCO_3$	8,3	CuS	35,2
$BaSO_4$	10,0	CuOH	14,0
$Fe(OH)_2$	15,1	$Ni(OH)_2$	17,2
FeS	17,2	NiS	18,5
$Fe(OH)_3$	38,6	$Pb(OH)_2$	16,1
Hg_2Cl_2	17,9	$PbCl_2$	4,8
Hg_2I_2	28,4	PbI_2	8,2
Hg_2SO_4	6,1	PbC_2O_4	10,5
$Hg(OH)_2$	25,4	$PbCrO_4$	13,8
HgS	52,0	PbS	26,6
$Mg(OH)_2$	10,7	$PbSO_4$	7,8
MgC_2O_4	4,1	$Zn(OH)_2$ cristallisé	16,9
$MgCO_3$	5,0	ZnS (blende)	23,8
$Mn(OH)_2$	12,7	MnS (rose)	9,6

A.3 Constante d'acidité à 298 K de quelques couples acido-basiques en solution aqueuse

Acide	Base	pKA
H_3O^+	H_2O	0,0
CCl_3COOH	CCl_3COO^-	0,7
$CHCl_2COOH$	$CHCl_2COO^-$	1,2
$H_2C_2O_4$	$HC_2O_4^-$	1,2
SO_2	HSO_3^-	1,9
HSO_4^-	SO_4^{2-}	2,0
H_3PO_4	$H_2PO_4^-$	2,1
$CH_2ClCOOH$	CH_2ClCOO^-	2,9
HF	F^-	3,2
HNO_2	NO_2^-	3,3
HCOOH	$HCOO^-$	3,8
C_6H_5COOH	$C_6H_5COO^-$	4,2
$HC_2O_4^-$	C_2O^{2-}	4,3
$C_6H_5NH_3^+$	$C_6H_5NH_2$	4,6
CH_3COOH	CH_3COO^-	4,8

Acide	Base	pKA
NH_3OH^+	NH_2OH	6,0
CO_2	HCO_3^-	6,4
H_2S	HS^-	7,0
$H_2PO_4^-$	HPO_4^{2-}	7,2
HSO_3^-	SO_3^{2-}	7,3
HClO	ClO^-	7,5
NH_4^+	NH_3	9,2
HCN	CN^-	9,3
C_6H_5OH	$C_6H_5O^-$	9,9
HCO_3^-	CO^{2-}	10,3
$(C_2H5)_3NH^+$	$(C_2H_5)_3N$	10,9
HPO_4^{2-}	PO_4^{3-}	12,4
HS^-	$S2^-$	13,0
H_2O	OH^-	14,0

A.4 Constantes globales de formation de complexes à 298 K

Ion métallique	Ligand	$\log \beta_1$	$\log \beta_2$	$\log \beta_3$	$\log \beta_4$	$\log \beta_5$	$\log \beta_6$
Al^{3+}	Fluoro F^-	6,1	11,1	15,0	17,7	19,4	19,7
	Hydroxo OH^-				33,3		
	EDTA	16,3					
Ag^+	Ammine NH_3	3,4	7,4				
	Cyano CN^-		21,1	21,8	20,7		
	Thiocyanato SCN^-	7,6	9,1	10,1			
	Thiosulfato $S_2O_3^{2-}$	8,8	13,5				
	Éthylène diamine	4,7	7,7				
	EDTA	7,3					

Ion métallique	Ligand	log β_1	log β_2	log β_3	log β_4	log β_5	log β_6
Ba^{2+} EDTA	7,8						
Ca^{2+} EDTA	10,7						
Noir Ériochrome	5,4						
Cd^{2+} EDTA	16,6						
Cr^{3+} EDTA	24,0						
Cu^{+} Ammine NH_3	5,9	10,8					
Cyano CN^-		24,0	28,6	30,3			
Thiocyanato SCN^-		11,0					
Thiosulfato $S_2O_3^{2-}$	10,3	12,2	13,8				
Cu^{2+} Ammine NH_3	4,1	7,6	10,5	12,6			
Chloro Cl^-	0,1	– 0,5					
Thiocyanato SCN^-	1,7	2,5	2,7	3,0			
EDTA	18,8						
Fe^{2+} Chloro Cl^-	0,4						
1,10 Phénantroline	5,8	11,1	21,1				
Thiocyanato SCN^-	1,3						
EDTA	14,3						
Fe^{3+} Chloro Cl^-	0,6	0,7	– 0,7				
Fluoro F^-	5,2	9,2	11,9				
Oxalato $C_2O_4^{2-}$	8,0	14,3	18,5				
1,10 Phénantroline			14,0	16,3			
Sulfato SO_4^{2-}	4,0	5,4					
Thiocyanato SCN^-	2	3,3					
EDTA	21,9						
Hg^{2+} Cyano CN^-	18,0	34,7	38,5	41,5			
Iodo I^-	12,9	23,8	27,6	29,8			
Thiocyanato SCN^-		16,1	19,0	20,9			
EDTA	21,9						
Mg^{2+} EDTA	8,7						
Noir Ériochrome	7,0						

Ion métallique	Ligand	$\log \beta_1$	$\log \beta_2$	$\log \beta_3$	$\log \beta_4$	$\log \beta_5$	$\log \beta_6$
Ni^{2+} Ammine NH_3	2,7	4,9	6,6	7,8	8,5	8,5	
Cyano CN^-				31,3			
EDTA	18,6						
Pb^{2+} Hydroxo OH^-	6,2	10,3		13,3			
EDTA	18,0						
Tl^{3+} EDTA	38,0						
Zn^{2+} Ammine NH_3	2,3	7,0	9,1	31,3			
Hydroxo OH^-	4,4	14,4	15,5				
EDTA	16,7						

A.5 Conductivités molaires ioniques équivalentes à dilution infinie en solution aqueuse à 25 °C

Cation	H^+	Na^+	Li^+	K^+	NH_4^+	Ag^+	Ba^{2+}	Ca^{2+}	Cd^{2+}	Co^{2+}	Cu^{2+}
λ_k°/mS.m².mol⁻¹	34,96	5,01	3,87	7,35	7,35	6,19	6,37	5,94	5,4	5,5	5,36

Cation	Fe^{2+}	Hg^{2+}	Mg^{2+}	Mn^{2+}	Ni^{2+}	Pb^{2+}	Zn^{2+}	Al^{3+}	Fe^{3+}	Ce^{3+}	Cr^{3+}
λ_k°/mS.m².mol⁻¹	5,4	6,36	5,31	5,35	4,96	7,1	5,28	6,1	6,8	6,98	6,7

Anion	OH^-	F^-	Cl^-	Br^-	I^-	CN^-	NO_2^-
λ_k°/mS.m².mol⁻¹	19,8	5,54	7,63	7,81	7,68	7,8	7,18

Anion	NO_3^-	ClO_4^-	HS^-	HSO_3^-	HSO_4^-	MnO_4^-	HCO_3^-
λ_k°/mS.m².mol⁻¹	7,14	6,73	6,5	5	5	6,13	4,45

Anion	CH_3COO^-	$H_2PO_4^-$	CO_3^{2-}	$C_2O_4^{2-}$	HPO_4^{2-}	SO_3^{2-}	SO_4^{2-}
λ_k°/mS.m².mol⁻¹	4,09	3,3	6,93	7,41	5,7	7,99	8

Anion	$S_2O_3^{2-}$	PO_4^{3-}	$Fe(CN)_6^{3-}$	$Fe(CN)_6^{4-}$
λ_k°/mS.m².mol⁻¹	8,5	9,28	10,09	11,04

A.6 Transformées de Laplace

Définition

Les transformées de Laplace sont un outil mathématique qui permet de passer *de manière bijective, et pour une variable choisie*, de l'espace des fonctions dérivées vers celui de polynômes, et réciproquement. Elle permet donc de résoudre des équations dans lesquelles les dérivées partielles de deux (ou plus, mais le problème devient très compliqué) variables sont liées, comme l'équation de Fick par exemple, qui est omniprésente en électrochimie.

Par définition, on transforme une fonction de la variable t, soit $f(t)$ dans la variable s, par $F(s)$ telle que :

$$TL[f(t)] = F(s) = \int_0^{\infty} e^{-st} f(t)\,dt$$

Il y a certaines conditions que doit respecter la fonction f pour que l'on puisse effectuer cette transformation ; par exemple, les plus importantes sont que f doit croître suffisamment lentement pour que l'intégrale soit bornée lorsque t tend vers l'infini, et t doit être positif.

Propriétés de la transformée de Laplace

- Elle est linéaire, c'est-à-dire que, si a et b sont des scalaires, F et G désignant respectivement les transformées de f et g (notées aussi souvent : $\overline{f}$ et $\overline{g}$.

$$TL[af(t) + bg(t)] = aF(s) + bG(s)$$

- Les transformées de Laplace des fonctions dérivées sont des polynômes de la transformée de la fonction initiale. Par exemple :

$$TL\left[\frac{\partial^n f(t)}{dt^n}\right] = s^n F(s) - s^{n-1} f(0) - s^{n-2} f'(0) - \ldots - f^{(n-1)}(0)$$

soit pour la dérivée première :

$$TL\left[\frac{\partial f(t)}{dt}\right] = sF(s) - f(0)$$

Transformées de Laplace les plus utiles :

Fonction $f(t)$	**Transformée $F(s)$**
K (constante)	$\frac{K}{s}$
$\exp(-at)$	$\frac{1}{(a+s)}$
$\sin(at)$	$\frac{a}{(a^2+s^2)}$
$\cos(at)$	$\frac{s}{(a^2+s^2)}$

Fonction $f(t)$	Transformée $F(s)$
$\sinh(at)$	$\frac{a}{(s^2 - a^2)}$
$\cosh(at)$	$\frac{s}{(s^2 - a^2)}$
t	$\frac{1}{(s^2)}$
$\frac{t^{(n-1)}}{(n-1)!}$	$\frac{1}{(s^n)}$
$(\pi t)^{-1/2}$	$\frac{1}{(s^{1/2})}$
$\text{efrc}\left(\frac{x}{2(kt)^{1/2}}\right)$	$e^{-\beta x}$ avec $\beta = \left(\frac{s}{k}\right)^{1/2}$

Illustration de résolution d'un problème simple avec l'aide de la transformée de Laplace : l'oscillateur harmonique

Considérons l'équation de cet oscillateur (par exemple une masse m lâchée à l'extrémité d'un ressort sans vitesse initiale, avec un déplacement $x°$ par rapport à l'équilibre). On a :

$$m\left(\frac{d^2x(t)}{dt^2}\right) = -\,kx$$

Cette équation peut se résoudre en utilisant les transformées de Laplace.
Soit la transformée de :

$$s^2X - sx(0) - \left(\frac{dx}{dt}\right)(0) = \left(\frac{-k}{m}\right)x$$

Comme $\left(\frac{dx}{dt}\right)_{(O)} = 0$ et $x(0) = x°$ (par définition), il vient :

$$s^2X - sx° = \left(\frac{-k}{m}\right)x$$

Soit encore :

$$X = \frac{x°s}{s^2 - \left(\frac{k}{m}\right)}$$

Il suffit alors de se référer au tableau des transformées pour trouver la transformée inverse, qui est la solution classique bien connue :

$$x(t) = x^\circ \cos\left[\left(\frac{k}{m}\right)^{1/2} t\right]$$

INDEX

Pour l'éditeur, le principe est d'utiliser des papiers composés de fibres naturelles, renouvelables, recyclables et fabriquées à partir de bois issus de forêts qui adoptent un système d'aménagement durable.
En outre, l'éditeur attend de ses fournisseurs de papier qu'ils s'inscrivent dans une démarche de certification environnementale reconnue.

56654 - (I) - (1,2) - OSB 80° - TYP - MLN

Achevé d'imprimer sur les presses de
Snel
Z.I. des Hauts-Sarts - Zone 3
Rue Fond des Fourches 21 – B-4041 Vottem (Herstal)
Tél +32(0)4 344 65 60 - Fax +32(0)4 286 99 61
Octobre 2011 – 55441

Dépôt légal de la 1re édition : juillet 2005
Dépôt légal : novembre 2011

Imprimé en Belgique